K. W. Schmitz · G. Schaur

Kraft-Wärme-Kop

Karl W. Schmitz · Gunter Schaumann

Kraft-Wärme-Kopplung

3., vollständig überarbeitete und erweiterte Auflage

Mit 150 Abbildungen

Dipl.-Ing. K. W. Schmitz
EU Consult GmbH
Nettegasse 10–12
50259 Pulheim
schmitz@kwk-buch.de

Prof. Dr. Gunter Schaumann
Beirat der Transferstelle Bingen
Jupiterweg 9
55126 Mainz
schaumann@kwk-buch.de

Ursprünglich erschienen im VDI-Verlag unter: Schmitz, K. W.; Koch, G.: Kraft-Wärme-Kopplung – Anlagenauswahl, Dimensionierung, Wirtschaftlichkeit, Emissionsbilanz. Düsseldorf 1996

ISBN 3-540-20903-4

Bibliografische Information der Deutschen Bibliothek
Die Deutsche Bibliothek verzeichnet diese Publikation in der Deutschen Nationalbibliografie; detaillierte bibliografische Daten sind im Internet über http://dnb.ddb.de abrufbar.

Dieses Werk ist urheberrechtlich geschützt. Die dadurch begründeten Rechte, insbesondere die der Übersetzung, des Nachdrucks, des Vortrags, der Entnahme von Abbildungen und Tabellen, der Funksendung, der Mikroverfilmung oder Vervielfältigung auf anderen Wegen und der Speicherung in Datenverarbeitungsanlagen, bleiben, auch bei nur auszugsweiser Verwertung, vorbehalten. Eine Vervielfältigung dieses Werkes oder von Teilen dieses Werkes ist auch im Einzelfall nur in den Grenzen der gesetzlichen Bestimmungen des Urheberrechtsgesetzes der Bundesrepublik Deutschland vom 9. September 1965 in der jeweils geltenden Fassung zulässig. Sie ist grundsätzlich vergütungspflichtig. Zuwiderhandlungen unterliegen den Strafbestimmungen des Urheberrechtsgesetzes.

Springer ist ein Unternehmen von Springer Science+Business Media
springer.de

© Springer-Verlag Berlin Heidelberg 2005
Printed in Germany

Die Wiedergabe von Gebrauchsnamen, Handelsnamen, Warenbezeichnungen usw. in diesem Buch berechtigt auch ohne besondere Kennzeichnung nicht zu der Annahme, dass solche Namen im Sinne der Warenzeichen- und Markenschutz-Gesetzgebung als frei zu betrachten wären und daher von jedermann benutzt werden dürften. Sollte in diesem Werk direkt oder indirekt auf Gesetze, Vorschriften oder Richtlinien (z. B. DIN, VDI, VDE) Bezug genommen oder aus ihnen zitiert worden sein, so kann der Verlag keine Gewähr für die Richtigkeit, Vollständigkeit oder Aktualität übernehmen. Es empfiehlt sich, gegebenenfalls für die eigenen Arbeiten die vollständigen Vorschriften oder Richtlinien in der jeweils gültigen Fassung hinzuzuziehen.

Anzeigen: Renate Birkenstock, Springer-Verlag GmbH, Heidelberger Platz 3, 14197 Berlin
Umschlaggestaltung: Struve&Partner, Heidelberg
Satz: Digitale Druckvorlage der Autoren

Gedruckt auf säurefreiem Papier   68/3020/M   - 5 4 3 2 1 0

Vorwort

Vorwort zur ersten Auflage

Mit dem vorliegenden Beitrag wird der Versuch unternommen, die Grundlagen für die technische Auslegung und die ökologische und ökonomische Bewertung der in der Energietechnik eingesetzten KWK-Anlagen zusammenzustellen.

Das Werk ist als Anregung und Arbeitshilfe konzipiert, um die im jeweiligen Einzelfall erforderlichen Untersuchungen und Berechnungen durchzuführen, die Ergebnisse bewerten und ggf. vorhandene Studien nachvollziehen zu können.

Langjährige Erfahrungen aus der Praxis und einschlägige Hinweise in der Fachliteratur bilden die Grundlage der zusammengetragenen Auslegungsdaten. Es wurde angestrebt, möglichst konkrete Aussagen zu Dimensionierung, Wirkungsgradbewertung und Einbindung von KWK-Anlagen in bestehende Systeme zu treffen. Der strukturelle Aufbau orientiert sich an den für eine Studie zur Beurteilung einer KWK-Anlage erforderlichen Schritten und Arbeitsabläufen.

Das Buch wurde mit großer Sorgfalt erstellt; sollte der Anwender Druckfehler bemerken oder sollten Fragen unbeantwortet bleiben, werden der Dialog und die daraus entstehenden Hinweise gerne und offen aufgenommen.

Düsseldorf, im August 1994

Vorwort zur zweiten Auflage

Nachfrage, Zuspruch und auch Kritik an der ersten Auflage dieses Buches haben uns ermutigt, eine Überarbeitung vorzunehmen. Im Wesentlichen wurden der Dampfturbinenprozess und die Adsorptionstechnik neu gestaltet oder in die Darstellung aufgenommen.

Wir danken unseren Lesern für viele wertvolle Hinweise.

Düsseldorf, im August 1996

Vorwort zur dritten Auflage

Seit der letzten Auflage haben sich für die Anwendung der Kraft-Wärme-Kopplung eine Reihe neuer Gesichtspunkte ergeben. Diese sind sowohl auf dem Gebiet der Technik, als auch auf dem Gebiet der Ökonomie und der Ökologie zu sehen.

Bei großen zentralen Kraftwerken oder Heizkraftwerken sind in den letzten Jahren wesentliche Effizienzsteigerungen zu verzeichnen, die Einfluss auf den Vergleich zwischen KWK und getrennter Erzeugung von Strom und Wärme haben. Andererseits sind auch bei kleiner KWK Erfahrungen gesammelt worden und neue Entwicklungen dazugekommen. Ebenso ist der Einsatz von regenerativen Energien in KWK technisch weiterentwickelt worden.

Auf die Wirtschaftlichkeit der KWK wirken sich eine Reihe von Gesetzen aus, die mittlerweile geschaffen wurden mit dem Ziel, den Vorteil der KWK bei der Ressourcenschonung und bei der CO2-Emissionsminderung stärker zu nutzen. Diese Rahmenbedingungen sind in ihrem gegenwärtigen Stand eingearbeitet. Deren Zielrichtung, auch auf europäischer Ebene, ist für zukünftige Vorhaben in betrieblichen und kommunalen Energiekonzepten zu berücksichtigen.

Die KWK als eine herausragende Möglichkeit, den Primärenergieeinsatz zu reduzieren und die CO_2-Emissionen zu senken, spielt ihre Rolle in einem sich rasch entwickelnden Umfeld. Deshalb danken wir unseren Lesern für ihre wertvollen Hinweise, die zur Weiterentwicklung dieses Buches beigetragen haben und weiter beitragen werden.

Düsseldorf, im August 2004

Inhalt

1 Einführung 1

2 Systemübersicht und Vorteile der KWK 5
   2.1 Anlagenübersicht 7
   2.2 Energetische und ökologische Vorteile der KWK 15

3 Methodisches Vorgehen bei der Vorbereitung von Systementscheidungen 21
   3.1 Darstellung der Rahmenbedingungen 22
   3.2 Zusammenstellung der technischen und wirtschaftlichen Grundlagen für Auswahl und Berechnung der Varianten 23
   3.3 Ermittlung und Analyse der Bedarfswerte 23
   3.4 vorhandene Energieversorgungsanlagen 24
   3.5 Auswahl und Dimensionierung 25
   3.6 Berechnung der ökonomischen Eckdaten Variantengegenüberstellung 26
   3.7 Ökologische Systemanalyse und Variantengegenüberstellung 27
   3.8 Zusammenfassende Bewertung und Systemempfehlung 27

4 Anlagenauswahl und Dimensionierung 29
   4.1 Auswahl der einsetzbaren KWK-Anlagen 30
   4.2 Festlegung der Betriebsart 32
   4.3 Leistungsauslegung der Gesamtanlage 34
   4.4 Auswahl und Dimensionierung der peripheren Hilfseinrichtungen und Anlagen für jede Variante 37
   4.5 Erstellen der Aufstellungskonzepte 37
   4.6 Festlegung der Mengengerüste und Ermittlung der Investitionen und der dazugehörigen Kapitalkosten 38
   4.7 Ermittlung der Bedarfswerte 38
   4.8 Ermittlung der Kosten 38
   4.9 Ökonomische und ökologische Variantengegenüberstellung .. 38
   4.10 Optimierung der Auslegungsdaten 39

5 Technische Grundlagen ... 41
5.1 KWK-Anlagen mit Verbrennungsmotoren ... 55
5.1.1 Aufbau und Integration in die Wärmeversorgung ... 57
5.1.2 Aufstellungsverhältnisse/Gesamtanlagenumfang ... 60
5.1.3 Motorbauarten/Aggregatetechnik ... 67
5.1.4 Emissionen/Emissionsminderungsmaßnahmen ... 70
5.1.5 Basisdaten der Wirtschaftlichkeitsberechnung ... 78
5.1.6 Konzeption von Klein-BHKW-Anlagen ... 90
5.2 KWK-Anlagen mit Gasturbinen ... 93
5.2.1 Gesamt-Anlagenprozess ... 95
5.2.2 Aufstellungsverhältnisse/Gesamtanlage ... 102
5.2.3 Gasturbinenbauarten ... 112
5.2.4 Emissionen/Emissionsminderungsmaßnahmen ... 116
5.2.5 Basisdaten der Wirtschaftlichkeitsberechnung ... 117
5.3 KWK-Anlagen mit Dampfturbinen ... 131
5.3.1 Gesamtanlagenprozess ... 133
5.3.2 Aufstellungsverhältnisse/Gesamtanlagenumfang ... 139
5.3.3 Bauarten und technische Rahmenbedingungen für die Konzeptionierung von Heizkraftwerken mit Dampfturbinen .. 154
5.3.4 Emissionen/Verbrennungsrückstände ... 158
5.3.5 Basisdaten der Wirtschaftlichkeitsberechnung ... 165
5.4 Sonstige KWK-Anlagen ... 197
5.4.1 Direktantrieb von Arbeitsmaschinen durch Verbrennungskraftmaschinen oder Dampfturbinen ... 197
5.4.2 KWK-Anlagen auf Basis von Dampfmotoren ... 198
5.4.3 Verbrennungsmotorwärmepumpen ... 199
5.4.4 Absorptionskälteanlagen ... 203
5.4.5 Adsorptionskälteanlagen ... 208
5.4.6 ORC-Anlagen und ihre Anwendung in der Geothermie ... 210
5.4.7 Stirling-Motoren ... 215
5.4.8 Brennstoffzellen-Heizkraftwerke ... 217

6 Investitionsrechnungen – Betriebswirtschaftliche Grundlagen 221
6.1 Allgemeines ... 222
6.2 Statische Verfahren ... 225
6.2.1 Kostenvergleichsrechnung ... 225
6.2.2 Gewinnvergleichsrechnung ... 228
6.2.3 Rentabilitätsvergleichsrechnung ... 229
6.2.4 Amortisationsrechnung ... 231
6.2.5 MAPI-Methode ... 234
6.2.6 Anmerkungen zu den statischen Verfahren der Investitionsrechnung ... 236

    6.3 Dynamische Verfahren 237
        6.3.1 Kapitalwertmethode..241
        6.3.2 Interne Zinsfuß-Methode 243
        6.3.3 Annuitätenmethode...245
        6.3.4 Anmerkungen zu den dynamischen Verfahren der
             Investitionsrechnung...247
    6.4 Anwendung der Investitionsrechnung in der Praxis 250

7 Wirtschaftlichkeitsberechnung...251
    7.1 Zusammenstellung der Kostenansätze 253
    7.2 Berechnung der Leistungs- und Arbeitswerte 258
    7.3 Zusammenstellung der Investitionen und der Kapitalkosten.......268
    7.4 Zusammenstellung der betriebsgebundenen Kosten....................271
    7.5 Jahreskostenberechnung und Variantengegenüberstellung.........273
    7.6 Sensitivitätsanalyse..277

8 Ökologische Systemanalyse..279
    8.1 Schadstoffbilanz 279
    8.2 Ökologische Bewertung der Systeme...284
        8.2.1 Emissionsbewertung..285
        8.2.2 Immissionsbewertung..288
    8.3 Die Kraft-Wärme-Kopplung im Emissionshandel 289
        8.3.1 Das Prinzip des Emissionshandels.......................................290
        8.3.2 Beispiel für den Emissionshandel (Abb. 8.3-1):.................290
        8.3.3 Gesetzliche Rahmenbedingungen des Emissionshandels.....291
        8.3.4 Die Bedeutung der KWK für die CO_2–Emissionen des
             deutschen Kraftwerksparks...292
        8.3.5 Klimaschutz als übergeordnetes Ziel; gesetzliche Fest-
             legungen 293

9. Beispiele ausgeführter KWK-Anlagen..295
    9.1 Kraft-Wärme-Kälte-Druckluft-Kopplung.....................................295
        9.1.1 Anlagenbeschreibung Kraft-Wärme-Kälte-Druckluft-
             Kopplung..296
        9.1.2 Betriebspunkte der Anlage 298
    9.2 Standardisierte BHKW-Wirtschaftlichkeitsberechnung..............315
    9.3 Biomasse-Heizkraftwerk, Realisierungsergebnisse.....................318
    9.4 Nachrüstung einer Gasturbinenanlage..321
        9.4.1 Aufgabenstellung..321
        9.4.2 Ergebnis der Bestandsaufnahme..322
        9.4.3 Auswahl und Dimensionierung technisch sinnvoller
             Varianten 322

9.4.4 Ökonomische und ökologische Gegenüberstellung der ausgewählten Varianten 324
9.5 Wärmeauskopplung aus großen GuD-Anlagen 340

Literatur **345**

Sachverzeichnis **351**

Abbildungs- und Tabellenverzeichnis **355**

Autoren

Furchner, Hasso, Dipl. -Ing. Kühnle, Kopp & Kausch AG Frankenthal	Dampfturbinentechnik
Girbig, Paul, Dr. Dipl. -Ing. Siemens AG Erlangen	Kraft-Wärme-Kälte-Druckluft -Kopplung
Märker, Wolfgang, Dipl. -Ing. Siemens AG Erlangen	Großkraftwerkstechnik
Münz, Thomas H., Dipl. Kfm. PFALZWERKE AG Ludwigshafen	Betriebswirtschaftliche Grundlagen
Pohl, Christian, Dipl.-Ing. (FH) Transferstelle Bingen-TSB Bingen	BHKW-Technik, Energiewirtschafts- recht
Schaumann, Gunter, Prof. Dr. Transferstelle Bingen-TSB Bingen	KWK-Technik, Geothermie, Brenn- stoffzellen- und Stirlingmotortechnik, Emissionshandel u.a.m.
Schmitz, Karl W., Dipl. -Ing. EU-Consult GmbH Pulheim	Gasturbinen- Kälteanlagen- und Um- welttechnik, Energiewirtschaft, u.a.m.
Zihla, Wolfgang, Dipl. -Ing. Standardkessel Lentjes GmbH Duisburg	Kesseltechnik

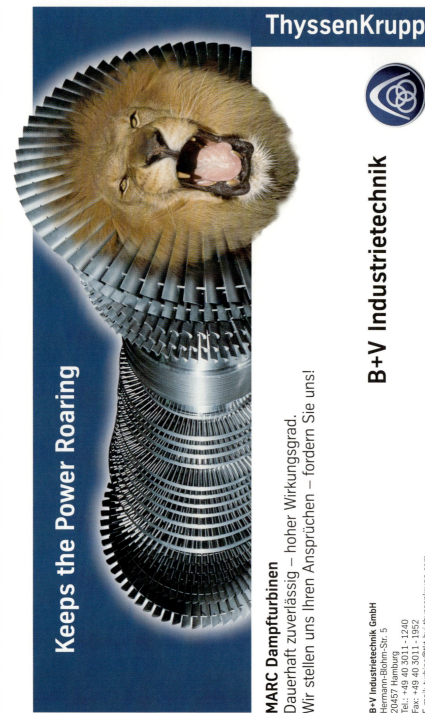

1 Einführung

Der gekoppelten Erzeugung von elektrischer und thermischer Energie kommt durch den hohen Gesamtwirkungsgrad der Systeme besonders im Hinblick auf Ressourcenschonung und Umweltschutz eine besondere Bedeutung zu. Insbesondere bei der Bereitstellung von Niedertemperaturwärme ist die Primärenergieausnutzung in den konventionellen Kesselanlagen aus exergetischer Sicht sehr verbesserungswürdig. Um jedoch Anlagen realisieren zu können, die aus wirtschaftlicher und ökologischer Sicht optimale Verhältnisse erwarten lassen, muss das technisch Machbare und energiepolitisch Gewollte mit dem wirtschaftlich Notwendigen verknüpft werden. Die komplexen Systemzusammenhänge erfordern bereits im Vorfeld von Entscheidungen ökonomische und ökologische Systemanalysen, um eine technisch und wirtschaftlich optimal dem Bedarfsfall angepasste Anlagenauswahl sicherzustellen.

Als Grundlage für die Durchführung der erforderlichen Untersuchungen liegen in ausreichender Form Literatur (siehe Anhang) und Fachvorschriften (hier insbesondere die VDI-Richtlinien 2067, 3985 und 4608) vor. Wenig verbreitet ist jedoch ein Leitfaden, in dem die Vielzahl der vorhandenen Hinweise so zusammengefasst werden, dass mit vertretbarem Aufwand eine Einarbeitung in die technischen und kaufmännischen Rahmenbedingungen der Kraft-Wärme-Kopplung (KWK) gelingt.

In diesem Sinne versteht sich die nachfolgende Ausarbeitung als Ergänzung zu den verfügbaren Richtlinien und Literaturstellen, wobei der Schwerpunkt auf die Darstellung praxisorientierter Lösungsansätze gelegt wird. Aufbauend auf den verfügbaren Lehrbüchern, VDI-Richtlinien und Normen erfolgt eine Darstellung der zur Vorbereitung von Systementscheidungen erforderlichen Arbeitsschritte und Basisdaten. Neben den grundsätzlichen Erläuterungen zu Funktion und Einsatzbereich der unterschiedlichen Energieerzeugungssysteme wird eine Übersicht über die am Markt verfügbaren (Bauteile), ihre Leistungsdaten und die zugehörigen Emissionen gegeben.

Im Mittelpunkt der Ausführungen liegen Anlagen zur gekoppelten Strom- und Wärme-/Kälteerzeugung im Leistungsbereich bis etwa 30 MW elektrischer und 100 MW thermischer Gesamtanlagenleistung. Sinngemäß gelten die Aussagen aber auch für leistungsstärkere Anlagen. Auf

Besonderheiten beim Einsatz der Kraft-Wärme-Kopplung in Großkraftwerken wird ebenfalls eingegangen.

Die Vorgehensweise bei der technischen und wirtschaftlichen Gegenüberstellung der Systeme wird anhand von Beispielen gezeigt, wobei außer den technischen Rahmenbedingungen auch das betriebswirtschaftliche Basiswissen erfasst wird. Praxisorientiert werden die zugehörigen Rechenschritte erläutert.

In einem separaten Kapitel wird auf die Umwelteinflüsse der einzelnen Systeme eingegangen und ein Schema zur Ermittlung und Gegenüberstellung der Schadstoffbilanzen angegeben. Zur gegenwärtigen Förderung der KWK und der Gesetzeslage werden für den Nutzer die wichtigsten Informationen in den einzelnen Kapiteln bereitgestellt.

Im Anhang wird ein Literaturverzeichnis aufgeführt, in welchem der interessierte Leser die erforderlichen Hinweise für einen tiefergehenden Einstieg in die einzelnen Fachgebiete findet. Nachfolgendes Bild 1-1 gibt eine Übersicht über die inhaltlichen Schwerpunkte der jeweiligen Kapitel.

Ergänzend zu den Darstellungen in gedruckter Form werden dem Leser auf der Homepage des Buches unter www.kwk-buch.de weitere aktuelle Beispiele, Ergänzungen, Literaturhinweise und Aktualisierungen der im Buch enthaltenen Informationen zur Verfügung gestellt.

1 Einführung 3

Abb. 1-1: Kapitelübersicht

Pro2 Anlagentechnik GmbH Tel.: +49 / 2154 / 488-0 www.pro-2.net

With the power of nature ...

Bewegung Leistung Erfolg

Ihr Systempartner für Gasnutzungsanlagen im Bereich
Erneuerbare Energien
und
Kraft-Wärme-(Kälte)-Kopplung

- BHKW-Module 100 - 2.000 kW_{el}
- Verdichterstation
- Gasaufbereitung
- Notfackel

Anlagenbau - Service - Mietanlagen
Finanzierung

- Deponiegas
- Biogas
- Klärgas
- Erdgas
- Grubengas
- Sondergase

2 Systemübersicht und Vorteile der KWK

Kraft-Wärme-Kopplungsanlagen zeichnen sich durch eine besonders rationelle Energieumwandlung aus. Bei der Erzeugung von mechanischer Energie durch Verbrennen fossiler Brennstoffe entsteht ein großes Wärmepotential, welches z.B. bei der Stromerzeugung in konventionellen Großkraftwerken häufig ungenutzt an die Umgebung abgegeben wird; in diesen Fällen ist dann zusätzlich Primärenergie zur Deckung des Wärmebedarfs erforderlich.

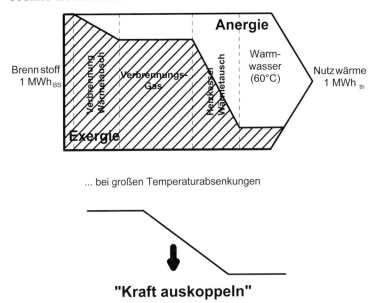

Abb. 2.0-1: Verbesserte Primärenergieausnutzung durch Auskoppeln von Kraft bei der Wärmeerzeugung

Der Hauptvorteil der KWK-Anlagen besteht in der systematischen Nutzung der im Brennstoff enthaltenen Exergie, also dem wertvollen Anteil der Energie. Das heißt einerseits, dass die Brennstoffenergie nicht einfach in niederwertige Wärme umgewandelt wird, sondern der Exergieabbau für Auskopplung von Kraft/Strom genutzt wird (Abb. 2.0-1) und andererseits, dass die bei der Stromerzeugung entstehende Umwandlungsabwärme auf einem genügend hohen Nutztemperaturniveau ausgekoppelt wird.

Bei optimaler Konzeption und optimalem Betrieb einer KWK-Anlage lässt sich bis zu einem Drittel der Primärenergie einsparen, die für die getrennte Erzeugung der elektrischen und der thermischen Nutzenergie aufzuwenden wäre. Bei der gekoppelten Erzeugung nach Abb. 2.0-2 werden statt (60,5 + 75) % nur noch 100% Brennstoff zur Deckung des Bedarfs von 54 % Wärme und 27 % Strom eingesetzt.

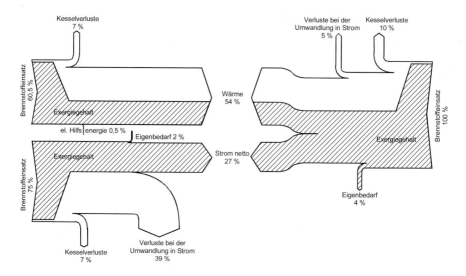

Abb. 2.0-2: Energie-/Exergiefluss für getrennte und gekoppelte Strom- und Wärmeerzeugung (Dampf mit 200 °C)

Definition:

Kraft-Wärme-Kopplung (KWK) ist die gleichzeitige Gewinnung von mechanischer und thermischer Nutzenergie aus anderen Energieformen mittels eines thermodynamischen Prozesses in einer technischen Anlage.

2.1 Anlagenübersicht

Eine gekoppelte Erzeugung von „Kraft und Wärme" kann prinzipiell erfolgen durch:
- Auskopplung von Wärme bei der Stromerzeugung. Das ist eine strombedarfsorientierte KWK mit der prioritären Zielenergie Strom.
- Auskopplung von „Kraft" (mechanische Energie, Strom) bei der Wärmeerzeugung. Das ist eine wärmebedarfsorientierte KWK mit der prioritären Zielenergie Wärme. Unter die Erzeugung mechanischer Energie fällt auch Drucklufterzeugung.

Die bei KWK-Anlagen abgegebene mechanische Arbeit wird in der Regel unmittelbar in elektrische Energie umgewandelt. Den KWK-Anlagen im Sinne dieser Definition sind folgende Energieerzeugungsanlagen zuzuordnen:
- Blockheizkraftwerke (BHKW) mit Dieselmotor,
- Blockheizkraftwerke (BHKW) mit Ottomotor,
- Heizkraftwerke basierend auf
  - Gasturbinenanlagen mit nachgeschalteten Abhitzekesseln
  oder auf
  - GuD-Anlagen,
- Heizkraftwerke mit Dampfkesseln und Dampfturbinen,
- Heizkraftwerke mit Dampfkesseln und Dampfmotoren.

Ferner zählen hierzu Absorptions-Kälteanlagen (wenn die Heizenergie aus der bei Kraft- oder Stromerzeugung anfallenden Abwärme gewonnen wird), Brennstoffzellen-Heizkraftwerke, Stirlingmotorheizkraftwerke, Brüdenverdichteranlagen,, ORC-Heizkraftwerke, Gasmotor-Wärmepumpen und andere ähnliche Anlagensysteme.

Abbildung 2.1-1 zeigt am Beispiel einer Otto-Motorenanlage die mögliche Primärenergieeinsparung in Abhängigkeit des KWK-Anteils an der gesamten thermischen Leistung einer Energieerzeugungsanlage.

Der optimale Einsatz einer KWK-Anlage ist gegeben, wenn zeitgleich ein Bedarf an thermischer und elektrischer oder mechanischer Energie vorliegt.

Sowohl Wärme als auch elektrische Energie müssen von der Erzeugungsanlage zum Verbraucher transportiert werden. Während dies bei Strom selbst über große Entfernungen relativ kostengünstig möglich ist, sind für den Wärmetransport oft erhebliche Investitionen in Heizwassernetze zu tätigen.

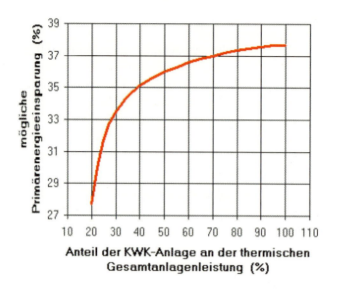

Abb. 2.1-1: Mögliche Primärenergieeinsparung von KWK-Anlagen durch Einsatz von KWK-Anlagen am Beispiel eines Verbrennungsmotor-BHKW

Wirtschaftlich besonders interessant sind daher in der Regel kleinere, dezentral in Verbrauchernähe bzw. in Verbrauchschwerpunkten errichtete KWK-Anlagen. Die Einspeisung und Verteilung der elektrischen Energie erfolgt in diesen Fällen über die ohnehin erforderlichen und in der Regel vorhandenen Mittel- und Niederspannungsnetze, während die Wärmeenergie über Nahwärme- oder Fernwärmenetze verteilt wird. Bedarfsstrukturen dieser Art findet man bei:

- kommunalen Energieversorgungsunternehmen,
- Industriebetrieben,
- Hotelanlagen,
- Krankenhäusern,
- Universitäten,
- Wäschereien,
- Schwimmbädern,
- Kaufhäusern und Einkaufszentren,
- kommunalen Klärwerken,
- Reststoffdeponien
- u.a.m.

Die KWK-Anlagen stehen dort üblicherweise im Wettbewerb mit:
- konventionellen Dampf- oder Heißwasserkesselanlagen zur Wärmeerzeugung

und
- zusätzlichem Strombezug aus dem örtlichen oder überregionalen Versorgungsnetz eines Energieversorgungsunternehmens (EVU).

Eigenstromerzeugungsanlagen mit fossilen Brennstoffen ohne Abwärmenutzung sind im hier behandelten Leistungsbereich selten anzutreffen und dienen dann meist nur der Notstromversorgung bei Netzausfall. Da bei mehr als 90% aller Anwendungen die in den KWK-Anlagen erzeugte mechanische Energie sofort in elektrische Energie umgewandelt wird, liegt auch der Schwerpunkt der nachfolgenden Ausführungen bei derartigen Systemen. Für die direkte mechanische Umsetzung der Energie (z.B. direkt von Verbrennungskraftmaschinen angetriebene Pumpen und Verdichter) gelten die Ausführungen sinngemäß.

In den vorgenannten Anwendungsgebieten werden im Regelfall Anlagen im Leistungsbereich bis zu einer elektrischen Gesamtleistung von ca. 25 MW bzw. einer thermischen Leistung von ca. 100 MW vorgefunden. Auf diesen Anwendungsbereich beziehen sich die nachfolgenden Ausführungen in erster Linie, gelten aber sinngemäß auch für leistungsstärkere Anlagen.

Im kleineren Leistungsbereich unter 1 MW_{el} dominieren die Motorheizkraftwerke. Die Leistungen beginnen bereits bei einer Abgabeleistung von 1 kW_{el}. Diese Kleinstanlagen werden für die Warmwasserversorgung und Raumheizung eingesetzt. Der von ihnen erzeugte Strom wird grundsätzlich in das Niederspannungsnetz eingespeist.

Die nachfolgenden Bilder 2.1-2 bis 2.1-5 zeigen eine Übersicht über die wesentlichen Unterschiede zwischen den reinen Wärme- oder Stromerzeugungssystemen und den darauf aufbauenden KWK-Anlagen.

Kraft-Wärme-Kopplungsanlagen werden unterschieden in Anlagen mit einem und solche mit zwei Freiheitsgraden. Darunter ist zu verstehen, dass im ersten Fall Strom und Wärme immer in einem von der Anlage her festen Verhältnis erzeugt werden. Dagegen können Anlagen mit zwei Freiheitsgraden mit unterschiedlichen Strom-/Wärmeverhältnissen betrieben werden.

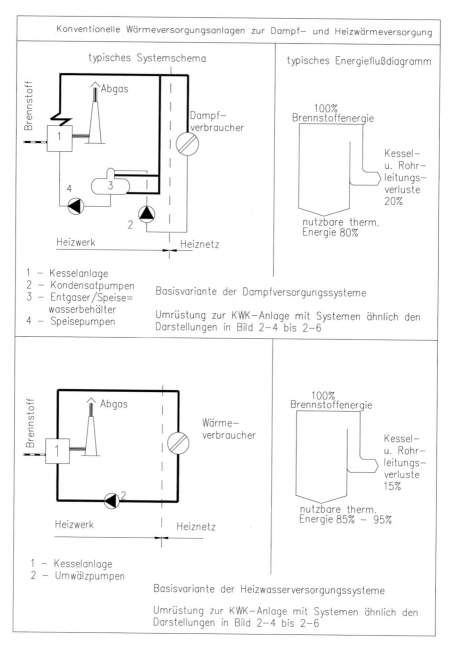

Abb. 2.1-2: Konventionelle Wärmeversorgungsanlagen zur Dampf- und Heizwärmeversorgung

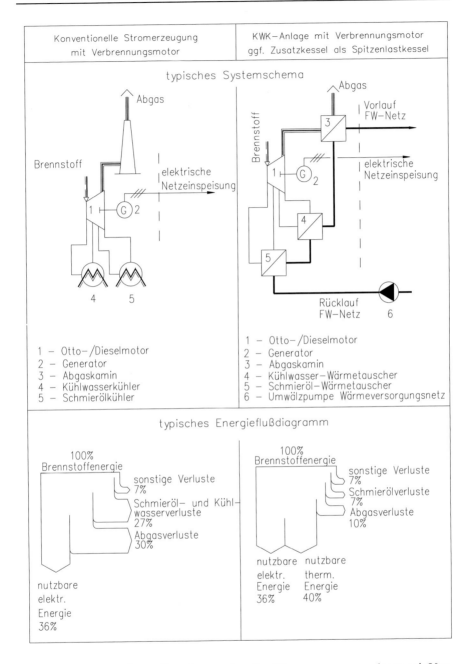

Abb. 2.1-3: Gegenüberstellung konventioneller Stromerzeugungsanlagen mit Verbrennungsmotorenanlagen gegenüber KWK/BHKW-Anlagen auf gleicher Anlagenbasis

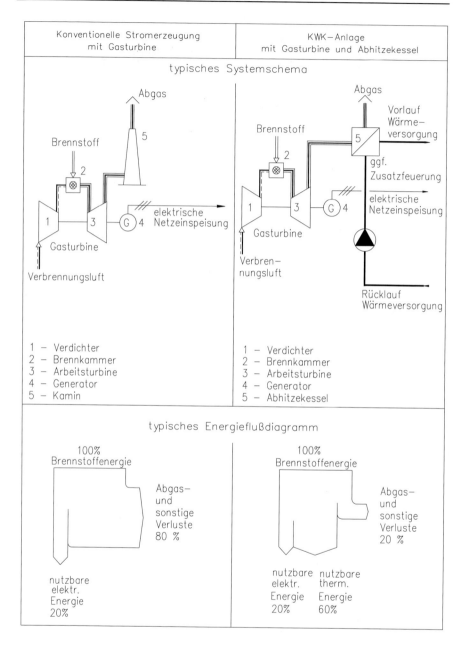

Abb. 2.1-4: Gegenüberstellung konventioneller Stromerzeugungsanlagen mit Gasturbinen gegenüber KWK-Anlagen auf gleicher Anlagenbasis

2.1 Anlagenübersicht 13

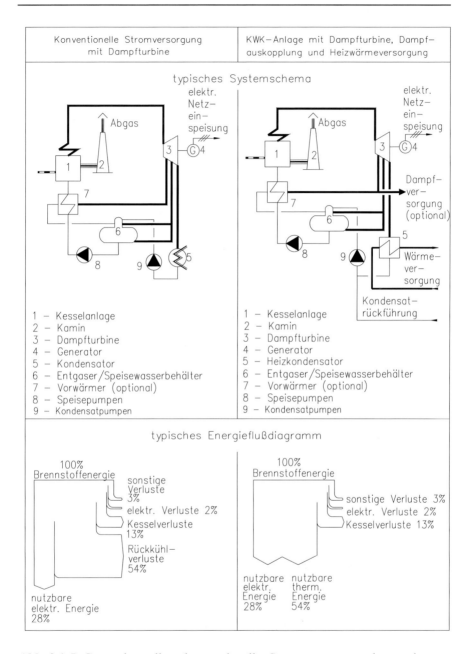

Abb. 2.1-5: Gegenüberstellung konventioneller Stromerzeugungsanlagen mit Dampfturbinen gegenüber KWK-Anlagen auf gleicher Anlagenbasis

Zu den KWK-Anlagen mit einem Freiheitsgrad zählen Anlagen ohne Möglichkeit einer ungekoppelten Stromerzeugung:

- Gegendruckdampfturbinenanlage GDT,
- Entnahmegegendruckdampfturbinenanlage EG(D)T,
- Gasturbinenanlage mit Abhitzekessel
    o GT-AHK ohne AHK-Bypass
    o GuD - GT mit einer GDT (GuD-GDT)
    o GuD - GT mit einer EGDT (GuD-EG(D)T)
    o GuD - beides mit Zusatzfeuerung des AHK,
- BHKW-Verbrennungsmotor BHKW-VM (nur wenn die Abhitzenutzungseinrichtung nicht abschaltbar ist)
    o BHKW-Stirlingmotor BHKW-SM,
- Brennstoffzellen(heiz)kraftwerk BZ(H)KW
- Dampfmotor DM
- ORC-Anlage ORC
- ....

Zu den KWK-Anlagen mit zwei Freiheitsgraden zählen:

- KWK-Anlagen mit der Möglichkeit geringfügiger oder gelegentlicher ungekoppelter Stromerzeugung
anteilige Stromerzeugung ohne Wärmenutzung (Hilfskühler, Bypass, ...) anteilige Wärmeerzeugung ohne gekoppelte Stromerzeugung (z.B. mittels Dampfentnahme vor der Turbine bzw. zwischen den einzelnen Turbinenstufen) ...
- KWK-Anlagen mit Kondensationsstromerzeugung
    o Dampfturbinenanlagen
        - Entnahmekondensationsanlage EKT
        - Anzapfkondensationsanlage AKT
    o Gas- und Dampfturbinenanlagen GuD
        - GuD AK und GuD EK

Als Referenzsysteme für die getrennte Erzeugung kommen unter Berücksichtigung der Bilanzgrenzen in Frage:

- Bezug aus dem Netz der öffentlichen oder betrieblichen Versorgung,
- Kraftwerke, die mit dem gleichen Energieträger wie die KWK-Anlage betrieben werden,
- Kraftwerke, die mit einem anderen Energieträger wie die KWK-Anlage betrieben werden,
- Fern-/Nahwärmenetz,
- Wärmeerzeuger (Warmwasser, Heißwasser, Dampf),

– Wärmepumpen,
– ....

2.2 Energetische und ökologische Vorteile der KWK

Kraft-Wärme-Kopplung ist aus energietechnischer Sicht sinnvoll, wenn zur Erzeugung der geforderten Zielenergien in der gesamten Umwandlungskette durch KWK der Primärenergieaufwand reduziert wird. Damit verbunden sind bei gleichartigen Brennstoffen Reduktionen der CO_2- und anderer Emissionen [VDI-Richtlinie 4608]. Der Vorteil der Wärmeerzeugung mit Kraft-Wärme-Kopplung gegenüber getrennter Erzeugung von Strom und Wärme hängt von den als Referenz herangezogenen Kraftwerken und Wärmeerzeugungstechniken ab. Sowohl bei der Bewertung des Kraft-Wärme-Kopplungs-Systems als auch bei der Bewertung der herangezogenen Referenzsysteme ist der jeweilige technische Fortschritt zu berücksichtigen. Energetische und ökologische Bewertungen führen zu technisch-wissenschaftlichen Aussagen, die alleine aber für den Investor noch keine Auswahlempfehlungen darstellen. Erst durch die spätere Wirtschaftlichkeitsbetrachtung kann eine Auswahl im Hinblick auf die Marktgegebenheiten getroffen werden.

Als Zielenergien für KWK-Systeme kommen in Frage:
– Elektrischer Strom mit der Größe W_{el} für die elektrische Arbeit und P_{el} für die elektrische Leistung
– Mechanische Energie mit der Größe W_{mech} für die mechanische Arbeit und P_{mech} für die mechanische Leistung
– Raumwärme und Wärme für Warmwasser mit der Größe Q_{RH} für die Wärme und $\dot{Q}_{RH}$ für die Wärmeleistung
– Prozesswärme mit der Größe Q_{PW} für die Wärme und $\dot{Q}_{PW}$ für die Wärmeleistung
– „Kälte" mit der Größe Q_K für die Kälte (Wärme unterhalb von der Umgebungstemperatur Tu) und $\dot{Q}_K$ für die Kälteleistung

Das Leistungsverhältnis der Zielenergien:

Wenn für den Zielenergiebedarf ein festes Verhältnis zwischen der Bedarfsleistung für die elektrische/mechanische Energie und der Bedarfsleistung für den Nutzwärmestrom besteht, dann lässt sich die Stromkennzahl des Bedarfs σ_{Bed} definieren [VDI-Richtlinie 4608]. Für diesen Bedarfsfall ist zunächst zu prüfen, welche KWK-Anlage für den jeweiligen Einsatzfall am besten geeignet ist.

Um zu prüfen, ob und in welchem Umfang Kraft-Wärme-Kopplungs-Anlagen effizienter als die getrennte Erzeugung der Zielenergien arbeiten, müssen Referenzsysteme, mit denen dieselbe Menge und Art von Zielenergien erzeugt werden können, zum Vergleich herangezogen werden. Dies sind Wärmeerzeuger oder vor Ort vorhandene Wärmenetze, sowie Kondensationskraftwerke oder das elektrische Verbundnetz. Dafür sind die elektrischen und thermischen Brennstoffnutzungsgrade zu bestimmen.

Grundsätzlich bieten sich drei Arten von Referenzsystemen an:

- Die vorhandene Technologie des Anlagenbestandes, welcher ersetzt wird (z.B. Erneuerung eines bestehenden Kohlekraftwerkes durch einen Neubau). Die Jahresnutzungsgrade sind aus dem Verhältnis der jährlich nutzbar abgegebenen Arbeit zu den jährlich zugeführten Primärenergiemengen zu ermitteln.
- Repräsentative Durchschnittswerte der Nutzungsgrade (z.B. durchschnittliche elektrische und thermische Nutzungsgrade der getrennten Energieerzeugung). Konkret gilt für das Jahr 2000, dass zur Bereitstellung von 1 kWh elektrischer Energie beim Verbraucher ein Primärenergieeinsatz von 9,2 MJ erforderlich war. Dies entspricht einem durchschnittlichen Kraftwerkswirkungsgrad im Verbundnetz von $\eta_{KW} = \eta_{el} = 39,1\ \%$.
- Stand der Technik als Referenz für Neuanlagen. Als Referenzwerte für den Netto-Jahresnutzungsgrad für die Stromerzeugung können Werte aus Tabelle 2.2-1 dienen. Dabei handelt es sich um Bestwerte für das Jahr 2003 von in 2002/03 errichteten Anlagen.
- Als Referenz für die getrennte Wärmeerzeugung ist der Wirkungsgrad η_{Kessel} für einen vor Ort alternativen Wärmeerzeuger mit dem vorgesehenen Brennstoff anzusetzen.

Kraft-Wärme-Kopplung ist eine für jeden Energieträger mögliche Technik. Deshalb sind Bewertungen zunächst unabhängig vom Energieträger vorzunehmen.

Tabelle 2.2-1: Anhaltswerte für Netto-Jahresnutzungsgrade von Kondensationskraftwerken η_{KW}

Brennstoff	Erdgas	Steinkohle	Biomasse (Holz)	Braunkohle
Netto Jahresnutzungsgrad	53% Leistung > 350 MWel	42% Leistung > 350 MWel	> 30% Leistung < 20 MWel	40% Leistung > 350 MWel

Primärenergieeinsparung

Zur Ermittlung der Primärenergieeinsparung sind die Bilanzgrenzen der Kraft-Wärme-Kopplungs-Anlage und des Referenzsystems in gleicher Weise zu ziehen.

Um die Effizienz unterschiedlicher Kraft-Wärme-Kopplungs-Systeme miteinander vergleichen zu können, wird die relative/prozentuale Primärenergieeinsparung zusätzlich ermittelt.

Die relative Primärenergieeinsparung als Quotient aus dem Primärenergieaufwand für die getrennte Erzeugung *PE* und dem Primärenergieaufwand *(PE - Δ PE)* für die gekoppelte Erzeugung stellt eine Effizienzkennzahl für die KWK dar.

$$\text{Effizienzkennzahl der KWK}: \quad \gamma_{KWK} = \frac{PE}{PE - \Delta PE}$$

Die Effizienzkennzahl γ_{KWK} nimmt immer dann, wenn das Kraft-Wärme-Kopplungssystem hinsichtlich des Brennstoffaufwandes (Primärenergieaufwandes) vorteilhafter als das Referenzsystem mit getrennter Erzeugung ist, Werte größer als Eins an.

Emissionsminderung

Werden als Primärenergie kohlenstoffhaltige Brennstoffe eingesetzt, dann hat der geringere Primärenergieaufwand durch effizientere Energienutzung bei Verwendung gleicher Brennstoffe auch die Verringerung der Kohlendioxidemission und aller anderen an die Menge des Primärenergieaufwandes gebundenen Emissionen wie Schwefeloxid und Methanverluste in der Umwandlungskette, zur Folge. Alle anderen, nicht Brennstoff gebundenen Emissionen wie z.B. Stickoxide müssen separat behandelt werden.

In dem seit 1.4.02 geltenden Kraft-Wärme-Kopplungsgesetz wird auf die AGFW-Richtlinie FW308 als anerkannte Regel der Technik zur KWK-Stromermittlung verwiesen. In der FW 308 wird das Nutzungsgradpotenzial eingeführt, für das ein Grenzwert vorgegeben wird, der von KWK-Anlagen mindestens erreicht werden sollte, um eine Förderung von Kondensationsstrom weitestgehend auszuschließen.

Dies entspricht allerdings nur der Brennstoffausnutzung, ohne Berücksichtigung der unterschiedlichen Qualität der Zielenergien Strom, Hochtemperatur-Wärme, Niedertemperatur-Wärme oder Kälte.

Energetisch richtig ist dagegen, wenn die Qualität der Zielenergien (Exergie) in die Bewertung eingeht.

Der Zusammenhang zwischen Primärenergieeinsparung und der Effizienz-Kennzahl der KWK [1]

Für die reine Erzeugung von Strom und Wärme lässt sich aus dem exergetischen Wirkungsgrad für den getrennten und den gekoppelten Prozess

$$\zeta_{getrennt} = \frac{\eta_{el,KWK}(1+\frac{\eta_C}{\sigma})}{\frac{\eta_{el,KWK}}{\eta_{KW}}+\frac{\eta_{th,KWK}}{\eta_{Kessel}}} = \frac{(\sigma+\eta_C)\eta_{KW}\cdot\eta_{Kessel}}{\sigma\cdot\eta_{Kessel}+\eta_{KW}}$$

$$\zeta_{KWK} = \eta_{el,KWK}(1+\frac{\eta_C}{\sigma}) = \eta_{th,KWK}(\sigma+\eta_C)$$

die relative Primärenergieeinsparung und damit die Effizienzkennzahl ableiten. Dabei ist η_C der Carnotfaktor der Wärme und σ die Stromkennzahl der erzeugten und der abgenommenen Zielenergien. Auf Grund der ungefähren Gleichheit der Primärenergie der Brennstoffe und ihrer Exergie gilt für die Effizienzkennzahl γ_{KWK}:

$$\gamma_{KWK} = \zeta_{KWK}/\zeta_{getrennt} = PE/(PE - \Delta PE)$$

bzw.

$$\gamma_{KWK} = \frac{\eta_{el,KWK}}{\eta_{KW}}+\frac{\eta_{th,KWK}}{\eta_{Kessel}}$$

Für die Primärenergieeinsparung folgt:

$$\Delta PE = PE(1-\gamma_{KWK}^{-1}) = PE(1-\frac{1}{\frac{\eta_{el,KWK}}{\eta_{KW}}+\frac{\eta_{th,KWK}}{\eta_{Kessel}}})$$

---

[1] [VDI-Bericht 1767, 2003, Schaumann, G.]

Dasselbe Ergebnis für die Primärenergieeinsparung und für die Effizienz-Kenngröße wäre entstanden, wenn die Wärme nicht mit dem Carnotfaktor bewertet worden wäre, also wenn die energetischen Wirkungsgrade eingesetzt worden wären.

Vorteil der KWK bei der Exergienutzung

In Abbildung 2.2-1 werden die Exergiewirkungsgrade der gekoppelten und getrennten Erzeugung über der Stromkennziffer der Anlage dargestellt. Dabei wird von einem Referenzsystem mit Kraftwerkswirkungsgraden von η_{KW} = 0,35; 0,45; 055 ausgegangen und von einer Wärmeerzeugung mit einem Kesselwirkungsgrad von η_{Kessel} = 0,90 und einer Temperatur der Wärme gemäß einem Carnotfaktor von η_C = 0,15. Die KWK-Anlage soll eine Gesamteffizienz von ω = 0,80 bzw. 0,85 haben. Man erkennt, dass die KWK-Anlage bis hinunter zu Stromkennziffern von σ = 0,20 immer im Vorteil ist. Bei der Auskopplung der Wärme aus sonst im Kondensationsbetrieb eingesetzten Kraftwerken mit der Leistung P_0 kann der exergetische Wirkungsgrad höher oder niedriger werden gemäß folgender Gleichung, die im übrigen der obigen Gleichung entspricht:

$$\zeta = \frac{P_0 + \dot{Q}_H(\eta_C - \vartheta)}{\dot{W}_B} = \eta_{el,KWK} + \eta_C \cdot \eta_{th,KWK} = \eta_{el,KWK}\left(1 + \frac{\eta_C}{\sigma}\right)$$

Darin setzt die Stromverlustkennziffer die elektrische Leistungsminderung

$$\vartheta = \frac{P_0 - P}{\dot{Q}_H}$$

$P_0 - P$ ins Verhältnis zur ausgekoppelten Wärme.

In Abbildung 2.2-2 ist für moderne hocheffiziente GuD-Anlagen und Steinkohle-Dampfturbinenkraftwerke die Stromausbeute und der Brennstoffausnutzungsgrad (= Gesamteffizienz) über der reziproken Stromkennzahl der Anlage aufgetragen.

20   2 Systemübersicht und Vorteile der KWK

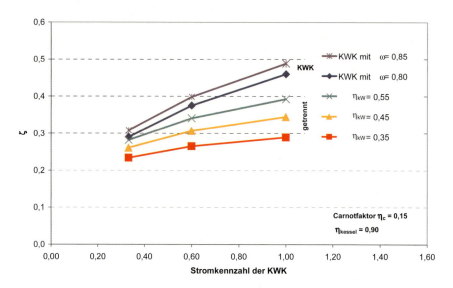

Abb. 2.2-1: Exergiewirkungsgrade der gekoppelten und getrennten Erzeugung von Wärme und Strom

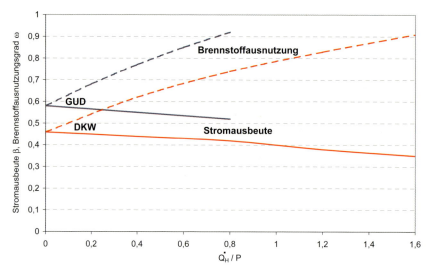

Abb. 2.2-2: Brennstoffausnutzungsgrad und Stromausbeute bei Wärmeauskopplung aus modernen GUD- und Steinkohlekraftwerken, aufgetragen über der reziproken Stromkennzahl
(mit $\eta_{el,GUD,nenn} = 0{,}58$ und $\eta_{el,DKW,nenn} = 0{,}46$)

3 Methodisches Vorgehen bei der Vorbereitung von Systementscheidungen

Die Wirtschaftlichkeit von Energieversorgungsanlagen wird entscheidend durch die jeweilige Auswahl der Energieerzeugungsanlage beeinflusst. Hinzu kommt, dass durch die gestiegenen ökologischen Anforderungen und die damit verbundenen Änderungen in der Genehmigungspraxis die zu erwartenden Emissionen der Energieerzeugungsanlagen bereits in der Phase der Systemauswahl größte Bedeutung gewinnen. Um aussagefähige und belastbare Entscheidungsgrundlagen zu erhalten, wird im Regelfall ein Energiekonzept angefertigt, das alle die Erzeugung und Verteilung der Energie beeinflussenden Größen erfasst. Hierbei wird eine Gegenüberstellung der technisch sinnvollen Systemvarianten in ökonomischer und ökologischer Hinsicht durchgeführt, einschließlich

- Standortoptimierung,
- Festlegung der Leistungsgrößen (Dimensionierung),
- Auswahl und Optimierung des verfahrenstechnischen Prozesses und der Prozessparameter. Beispiele sind unter [www.kwk-buch.de] zu finden.

Die Methodik der Entscheidungsvorbereitung muss naturgemäß der jeweiligen Aufgabenstellung Rechnung tragen. Die Darstellung der vielfältigen hier denkbaren Möglichkeiten würde den Rahmen dieser Zusammenstellung sprengen. Beispielhaft wird daher ein im Regelfall ausreichendes Verfahren beschrieben, dessen Anpassung an hiervon abweichende Vorgehensweisen leicht möglich ist.

Abbildung 3-1 zeigt eine Übersicht über die notwendigen Arbeitsschritte bei der Aufstellung und Ausarbeitung einer Energieversorgungsstudie. Die Kurzbeschreibung der Inhalte erfolgt anschließend. Tiefergehende Ausführungen und Detailinformationen zu den angeschnittenen Themen sind in den nachfolgenden Kapiteln enthalten.

3.1 Darstellung der Rahmenbedingungen

Im ersten Schritt einer Energieversorgungsstudie ist eine Zusammenfassung der Ausgangssituation und die Darstellung der zukünftigen Anforderungen an die Systeme einschließlich der Definition der Wesentlichen Entscheidungsdeterminanten zu leisten. Die Aufgabenstellung ist so zu formulieren, dass die grundsätzlichen unternehmenspolitischen Vorgaben Leitlinie für die weiteren Arbeitsschritte sind. Dabei sind auch die aus der Energiepolitik folgenden Gesetze und Verordnungen zu beachten, von denen die Rahmenbedingungen wesentlich beeinflusst werden. Ebenso spielen die Marktbedingungen für den Bezug oder die Einspeisung der Zielenergien eine maßgebliche Rolle. Eine Wärmeabgabe in große dezentrale Wärmenetze ist nur begrenzt möglich, da solche Netze im Gegensatz zum Stromnetz nur an wenigen Orten bestehen. Dies ist gleichzeitig der Grund dafür, dass zukünftig eher kleinere KWK-Anlagen unter ca. 5 MW zu planen sind. Allgemein gültige Vorschläge für die Form und die Darstellung der Arbeitsergebnisse sind aufgrund der Vielfalt der Möglichkeiten nicht sinnvoll.

---

1. Darstellung der Rahmenbedingungen
2. Zusammenstellung der technischen und kaufmännischen Grundlagen für Auswahl und Berechnung der Varianten
3. Ermittlung und Analyse der Bedarfswerte
4. Darstellung und Analyse der vorhandenen Energieversorgungsanlagen (entfällt bei Neuanlagen)
5. Auswahl und Dimensionierung technisch sinnvoller Energieversorgungsvarianten
6. Berechnung der ökonomischen Eckdaten und Variantengegenüberstellung
7. Ökologische Systemanalyse und Variantengegenüberstellung
8. Zusammenfassende Bewertung und Systemempfehlung

Abb. 3-1: Arbeitsschritte bei der Durchführung von Energieversorgungsstudien

3.2 Zusammenstellung der technischen und wirtschaftlichen Grundlagen für Auswahl und Berechnung der Varianten

Alle das Energieerzeugungs-, Verteilungs- oder Nutzungssystem beschreibenden und beeinflussenden Größen und Merkmale, Nutzerverhalten, Standortbedingungen, Kostenansätze usw. werden in einem für die Untersuchungen und Berechnungen gemeinsamen Grundlagenkapitel zusammengefasst.

Hierbei erfolgt auch die Ermittlung und Darstellung sonstiger Rahmenbedingungen wie z.B.:

− Notstrombedarf,
− verfügbare Brennstoffe,
− Fremdbezugsmöglichkeiten für Strom, Wärme und Kälte,
− Aufstellungsverhältnisse.

Bei der Beurteilung von Neuanlagen erfolgt in diesem Kapitel meist auch die Ermittlung und Darstellung der Bedarfswerte. Es empfiehlt sich, zumindest die Kostenansätze als Grundlage der weiteren Berechnungen in Tabellenform zusammenzufassen.

3.3 Ermittlung und Analyse der Bedarfswerte

Die elektrischen und thermischen Bedarfswerte wie

− Leistungen,
− Bedarfsgrößen (z.B. Jahresarbeit),
− Tages-, Wochen-, Monats-, Jahresganglinien,
− Nutzerparameter (Temperatur, Druck, Medium, elektrische Leistungsgrößen usw.)

und die Gleichzeitigkeiten für den Strom- und Wärmebedarf sind zusammenzustellen. Standortbezogen werden die Leistungs- und Arbeitswerte der Energieerzeugungsanlagen bzw. die Summe der Bedarfswerte der zugehörigen Energieverbraucher mit Gleichzeitigkeitsfaktoren gewichtet erfasst, so dass die Grundlage für die Dimensionierung und die Prozessauswahl der zu untersuchenden Energieversorgungsvarianten gegeben ist. Für neue Anlagen müssen diese Daten mittels spezieller Kennzahlen ermittelt werden. Bei der Nachrüstung oder Sanierung vorhandener Versorgungsanlagen können die notwendigen Daten meist anhand vorhandener

Kesselbücher, Verbrauchserfassungsgeräte usw. zusammengestellt werden.

Die Erzeugung von Wärme steht bei vielen KWK-Projekten im Vordergrund. Daher wird die Vorgehensweise bei wärmeorientiertem KWK-Anlagenbetrieb beispielhaft auch für die übrigen Betriebsweisen erläutert. Von besonderer Bedeutung bei der Auslegung der Leistungsgrößen ist die Jahresdauerlinie. Wird die erzeugte Wärme ausschließlich zur Raumheizung verwendet, so kann aus der Jahresdauerlinie der Außentemperatur auf die Jahresdauerlinie des Wärmebedarfs geschlossen werden. Dazu wird die Häufigkeit der aufgetretenen stündlichen Außentemperatur (Ordinate) über der entsprechenden Anzahl der Stunden (Abszisse) während eines Kalenderjahres aufgetragen (s. Abb. 4-1). Die erforderliche Heizleistung ist in erster Näherung eine Funktion der Außentemperatur. Der maximale Wert für den Wärmebedarf und damit die Skalierung der Ordinate entspricht dem rechnerischen DIN-Wärmebedarf bzw. dem rechnerischen DIN-Anschlusswert (ggf. unter Berücksichtigung der Netzgleichzeitigkeiten).

Die Fläche unterhalb der Jahresdauerlinie entspricht der Jahresarbeit an Wärme (Jahres-Wärmebedarf der Verbraucher) in kWh (MWh).

Da in vielen Fällen zum reinen Heizwärmebedarf noch der Wärmebedarf für Brauchwarmwasserbereitung, Lüftungsanlagen sowie industrieller Wärmeverbrauch, also der Bedarf anderer, von der Außentemperatur weitgehend unabhängiger Verbraucher hinzukommt, ist es meist notwendig, die Jahresdauerlinie durch andere Methoden zu entwickeln bzw. zu ergänzen. Liegen z.B. Kesselbücher mit Aufzeichnung der stündlichen Energieverbräuche und Angabe der zugehörigen Außentemperatur vor, so lässt sich hieraus die Jahresdauerlinie ermitteln, indem die Werte nach Leistung und Dauer geordnet aufgeschrieben werden und daraus die Kurve gezeichnet wird. Unabdingbar für die Auslegung der Anlagen ist die Überprüfung der tageszeitlichen Lastschwankungen mindestens an den Tagen mit dem höchsten und dem niedrigsten Energieverbrauch im Jahresverlauf.

3.4 vorhandene Energieversorgungsanlagen

In diesem Schritt erfolgt die Darstellung und Analyse der vorhandenen Energieversorgungsanlagen. Für die Auslegung und Dimensionierung von neu zu konzipierenden Energieversorgungsanlagen ist die Kenntnis der vorhandenen Anlagen von ausschlaggebender Bedeutung. Üblicherweise wird daher eine Bestandsaufnahme erstellt und die vorhandene Anlagentechnik hinsichtlich

- Anlagenprozess,
- Prozessparameter, Leistungsdaten,
- Alter, Fabrikat, Zustand,
- Standort u.s.w.

aufgenommen und beschrieben. Nach diesem Arbeitsschritt werden dann Optimierungsmöglichkeiten für die vorhandene Anlagentechnik festgehalten und bewertet. Aus diesen Arbeiten heraus wird die technische Konzeption der Basisvariante erarbeitet, mit der dann alle übrigen Alternativen oder Varianten konkurrieren.

3.5 Auswahl und Dimensionierung

Zur Auswahl und Dimensionierung technisch sinnvoller Energieversorgungsvarianten erfolgt ausgehend von den Auslegungsgrundlagen und der Festlegung der Bedarfswerte (Ziff. 1 bis 4 in Abb. 3-1) zunächst die Aufstellung der technisch denkbaren Versorgungsvarianten. In einer ersten Bewertung werden anhand von Bewertungskriterien wie Technik, Verfügbarkeit, Versorgungssicherheit, Umweltverträglichkeit usw. sowie anhand von Überschlagsrechnungen die technisch sinnvoll realisierbaren Varianten ausgewählt. Für diese erfolgt dann eine detaillierte Anlagenbeschreibung, Dimensionierung und Berechnung aller Parameter, die für eine Wirtschaftlichkeitsberechnung erforderlich sind.

Nur die technisch sinnvollen Varianten werden einer aufwendigeren Analyse (siehe 3.6, 3.7, 3.8) unterzogen.

Für die Auswahl der im jeweiligen Einzelfall wirtschaftlichsten Energieerzeugungsanlage werden sowohl bei Neuanlagen als auch bei der Substitution und Sanierung vorhandener Anlagen immer die konventionelle Energiebereitstellung in Kesselanlagen mit Strombezug aus dem öffentlichen Netz oder die vorhandene Anlage als Basisvariante mitbetrachtet. An dieser Stelle hat jeder Planer gemäß den unter 3.1 gemachten Vorgaben zu entscheiden, welcher technische Standard dem Referenzsystem zu Grunde zu legen ist. Insbesondere geht es um den elektrischen Wirkungsgrad des Stromnetzes, der im Jahr 2001 bei ca. 39% lag, der aber bei neuen Erdgas-GuD-Kraftwerken bei 56% und mehr liegen kann. Die genaue Beschreibung zur Anlagenauswahl und Dimensionierung ist in Kapitel 4 enthalten.

3.6 Berechnung der ökonomischen Eckdaten und Variantengegenüberstellung

Für die ausgewählten, technisch sinnvollen Energieerzeugungsvarianten wird ein Wirtschaftlichkeitsvergleich durchgeführt. Ausgehend von einer statischen Betrachtung aller Varianten erfolgt für die hieraus hervorgehenden günstigsten Varianten in der Regel eine dynamische Wirtschaftlichkeitsbetrachtung und/oder eine Sensitivitätsanalyse. Zunächst werden für die statische Wirtschaftlichkeitsberechnung alle im Jahresverlauf anfallenden Kosten und Vergütungen wie z.B.

- kapitalgebundene Kosten,
- verbrauchsgebundene Kosten,
- betriebsgebundene Kosten,
- sonstige Kosten,
- Gutschriften für die Abgabe von Strom, Wärme, Kälte an externe Verbraucher

für den zukünftigen Betrieb der Anlagen (als Mittelwerte während des rechnerischen Nutzungszeitraumes) erfasst. Auf diesen Ergebnissen aufbauend erfolgt dann durch Variation der Ansätze für z.B. Energiekosten und Lohnkosten die dynamische Bewertung bzw. die Sensitivitätsanalyse. Weitere Erläuterungen hierzu sind in Kapitel 6 und 7 enthalten.

Die Gutschriften für ins Netz eingespeisten Strom setzen sich zusammen aus (Stand 2004):

- der eigentlichen Stromvergütung, die mit dem Netzbetreiber, der den KWK-Strom abnimmt, zu verhandeln ist,
- der Vergütung für vermiedene Netznutzung die auch mit dem Netzbetreiber, der den KWK-Strom abnimmt, zu verhandeln ist,
- der gesetzlich festgelegten Vergütung für ins Netz eingespeisten KWK-Strom aus regenerativen Energien,
- dem Bonus für KWK-Strom gemäß dem KWK-Ausbaugesetz.

Ökosteuer wird auf den Brennstoff (Mineralöl, Erdgas), der in KWK-Anlagen mit mindestens 70 % Gesamteffizienz eingesetzt wird, nicht erhoben. Falls die Gesamteffizienz zwischen 60 - 70% liegt, wird ein verminderter Satz fällig.

Stromsteuer wird für KWK-Strom gemäß den gleichen Voraussetzungen nicht erhoben.

3.7 Ökologische Systemanalyse und Variantengegenüberstellung

Für die in der Wirtschaftlichkeitsberechnung untersuchten Varianten wird eine ökologische Bewertung durchgeführt. Im Regelfall sind hier die Jahresemissionen der Luftschadstoffe und sonstige, von den Anlagen ausgehende Emissionen für die einzelnen Varianten zu ermitteln und gegenüberzustellen. Da die reinen Summenergebnisse (Schadstofffrachten) über die von der einzelnen Komponente ausgehende Toxizität oder Umweltbelastung keine qualitative Aussage ermöglichen, sollte eine Wichtung der Ergebnisse vorgenommen werden. Hierbei könnte als Wichtungsfaktor z.B. der Kehrwert des jeweiligen Immissionsgrenzwertes (z.B. IW/1-Wert) dienen. Weitere Ausführungen hierzu sind in Kapitel 8 enthalten.

3.8 Zusammenfassende Bewertung und Systemempfehlung

Eine Zusammenfassung der Ergebnisse aus der technischen, wirtschaftlichen und ökologischen Variantengegenüberstellung einschließlich einer Gesamtbeurteilung aller Einzelergebnisse rundet die Untersuchungen ab. Hieraus ergibt sich dann die Systemempfehlung.

**Aktiengesellschaft
Kühnle, Kopp & Kausch**

KK&K
Dampf- und Gasentspannungsturbinen

▸ Ob zur Stromerzeugung als Generatorantrieb oder als mechanischer Antrieb diverser Arbeitsmaschinen

▸ Ob in der Kraft-Wärme-Kopplung, der Abwärmenutzung oder der Entsorgung

mit einer KK&K-Turbine treffen Sie immer die richtige Wahl!

AG Kühnle, Kopp & Kausch ▲ Heßheimer Straße 2 ▲ 67227 Frankenthal
Telefon (0 62 33) 85 - 22 91 ▲ Telefax (0 62 33) 85 - 26 00 ▲ E-Mail turbines@agkkk.de
www.agkkk.de

4 Anlagenauswahl und Dimensionierung

Die Auswahl und Dimensionierung von KWK-Anlagen (siehe Kapitel 3.5) erfordert in allen Bearbeitungsschritten ein hohes Maß an Sorgfalt, da die Wirtschaftlichkeit der Anlage entscheidend von der richtigen Auswahl und Dimensionierung des kompletten Systems abhängt. Zu groß ausgelegte Anlagen werden nur in geringem Umfang betrieben, so dass die eingesetzten Investitionen nur zum Teil genutzt werden. Unterdimensionierte KWK-Aggregate schöpfen nicht alle vorhandenen Möglichkeiten aus und erreichen somit nicht die optimal erzielbare Wirtschaftlichkeit für das Gesamtsystem. Zusätzlich ist eine Vielzahl an Einflüssen zu berücksichtigen, wie z.B.

- Sicherheit und Verfügbarkeit der gewählten Anlagenart,
- ausreichende Reserveleistung,
- zeitliche Abhängigkeit zwischen Strom- und Wärmebedarf,
- Grundlast- und Spitzenlastdeckung,
- verfügbare Brennstoffe.

Darüber hinaus sind in zunehmendem Maße auch ökologisch begründete Rahmenbedingungen von Bedeutung. Dazu gehören das KWK-Modernisierungsgesetz und der Handel mit Emissionszertifikaten.

Die Konzeption der Gesamtanlage erfolgt üblicherweise in einzelnen Schritten (wie in Tabelle 4-1 dargestellt), wobei die Übergänge teils fließend sind und die Reihenfolge der Arbeitsschritte in Einzelfällen auch unterschiedlich sein kann. Ausgangspunkt der Arbeiten sind die vorhandene Anlagensituation und die Bedarfswerte der Verbraucher für Strom und Wärme.

Die in Tabelle 4-1 genannten Arbeitsschritte werden im Folgenden erläutert.

Tabelle 4-1: Arbeitsschritte bei der Auswahl und Dimensionierung von KWK-Anlagen

1. Auswahl der einsetzbaren KWK-Anlagen anhand der verfügbaren Brennstoffe und der sonstigen Rahmenbedingungen (z.B. Notstrombedarf)
2. Festlegung der Betriebsart
   - stromorientiert
   - wärmeorientiert
   - Wechsel zwischen strom- und wärmeorientiertem Betrieb
3. Leistungsauslegung der Gesamtanlage und zweckmäßige Aufteilung der Aggregateleistungen für jede ausgewählte Variante einschließlich Erstellung der Übersichtsschemata
4. Auswahl und Dimensionierung der peripheren Anlagen und Hilfseinrichtungen für jede ausgewählte Variante
5. Erstellen der Aufstellungskonzepte
6. Festlegung der Mengengerüste und Ermittlung der Investitionen und der zugehörigen Kapitalkosten
7. Ermittlung der Bedarfswerte für
   - Brennstoff (Leistung und Jahresarbeit)
   - Betriebsmittel
8. Ermittlung der Kosten für
   - Wartung/Instandhaltung
   - Brennstoff
   - Betriebsmittel
9. Ökonomische und ökologische Gegenüberstellung der Varianten
10. Optimierung der Auslegungsdaten

4.1 Auswahl der einsetzbaren KWK-Anlagen

Bei der Auswahl der im jeweiligen Einzelfall zu untersuchenden Energieversorgungsvarianten wird sowohl bei Neuanlagen als auch bei der Substitution und Sanierung vorhandener Anlagen immer die Energiebereitstellung in Kesselanlagen bei gleichzeitigem Strombezug aus dem öffentlichen Netz als die investiv günstigste Lösung und somit als Basisvariante mitbetrachtet. Daneben gibt es weitere Referenzsysteme, die z. B. für die Ermittlung der primärenergetischen oder ökologischen Vorteile der KWK herangezogen werden können (s. dazu Kapitel 2 - Systemübersicht und Vorteile der KWK). Um die Auswahl der in Frage kommenden KWK-Anlagen zu erleichtern, zeigt die nachfolgende Tabelle 4-2 einen Überblick über die Vor- und Nachteile der einzelnen KWK-Anlagensysteme.

4.1 Auswahl der einsetzbaren KWK-Anlagen

Tabelle 4-2: Übersicht über die Vor- und Nachteile verschiedener KWK-Systeme

Vorteile	Nachteile
1. KWK/BHKW-Anlage mit Otto-Motor	
- guter elektrischer Wirkungsgrad (auch im Teillastbereich) - kurze Liefer- und Montagezeiten - schnelle Anpassung an Laständerungen - gute Brennstoffausnutzung - Zweistoffbetrieb möglich (Gas/Gas) - geringer elektr. Eigenbedarf	- nur gasförmige Brennstoffe einsetzbar wie z.B. Erdgas, Flüssiggas, Klärgas, Deponiegas und dergleichen - Wärmeauskopplung mit Standardaggregaten nur bis 100 °C möglich
2. KWK/BHKW-Anlage mit Dieselmotor	
- hoher elektr. Wirkungsgrad (auch im Teillastbereich) - kurze Liefer- und Montagezeiten - schnelle Anpassung an Laständerungen - hohe Brennstoffausnutzung - gute Teillastwirkungsgrade - Zweistoffbetrieb (Öl/Gas möglich) - geringer elektrischer Eigenbedarf	- auch im Gasbetrieb geringer Heizölverbrauch (4 - 10% für Zündstrahl) erforderlich - bei Dauerbetrieb mit Heizöl Rauchgasreinigung (Kat) erforderlich - nur für flüssige und gasförmige Brennstoffe einsetzbar wie z.B. Heizöl EL, Erdgas, Flüssiggas, Deponiegas, Klärgas und dergleichen - Wärmeauskopplung mit Standardaggregaten nur bis 100 °C möglich
3. KWK-Anlage mit Gasturbine und Abhitzekessel	
- sehr kurze Liefer- und Montagezeit - schnelle Anpassung an Laständerungen - geringer Platzbedarf - spezifisch geringes Gewicht - geringer elektrischer Eigenbedarf - Zweistoffbetrieb (Öl/Gas) möglich	- niedrigerer elektrischer Wirkungsgrad und ungünstigerer Teillastwirkungsgrad als bei 1. u. 2. - nur für flüssige und gasförmige Brennstoffe einsetzbar wie z. B. Heizöl EL, Erdgas, Flüssiggas, Deponiegas, Klärgas und dergleichen
4. KWK-Anlage mit Gasturbinen- und Dampfturbinenprozess (GUD-Anlage)	
- hohe Brennstoffausnutzung - hoher elektrischer Wirkungsgrad - geringer spezieller Platzbedarf - feste, flüssige und gasförmige Brennstoffe einsetzbar (Zusatzfeuerung) - Zweistoffbetrieb (Öl/ Gas) in Gasturbine möglich	- ungünstiger Teillastwirkungsgrad - Nachteile für Gasturbinenteil gemäß 3. - für die im Abhitzekessel durch Zusatzfeuerung eingebrachten Energiemengen siehe 5. - feste Brennstoffe nur im Kessel-/Dampfturbinenteil nutzbar (Ziff.5)
5. KWK-Anlage mit Dampfkessel und Dampfturbine (Heizkraftwerk)	

- feste, flüssige und gasförmige Brennstoffe einsetzbar
 - bei Auslegung mit Kondensationsanlage hohe Flexibilität bei Bedarfsschwankungen
	- ohne Kondensationsteil nur geringe Flexibilität bei Bedarfschwankungen
	 - gegenüber den Vergleichsvarianten:
	   * hoher Platzbedarf
	   * geringer elektr. Wirkungsgrad
	   * hoher Eigenbedarf
	   * hohe Kapitalkosten
	 - bei Kondensationsbetrieb große Energiemengen über Rückkühlanlagen abzuführen

6. KWK-Anlage mit Dampfkessel und Dampfmotor	
- feste, flüssige und gasförmige Brennstoffe einsetzbar - bei Auslegung mit Kondensationsanlage hohe Flexibilität bei Bedarfsschwankungen - relativ geringer Platzbedarf - niedrige Betriebs- u. Wartungskosten	- geringer elektr. Anlagenwirkungsgrad
7. KWK-Anlage mit Stirlingmotor oder Brennstoffzelle	
- ökologische Vorteile - hohe Effizienz	- derzeit noch nicht wettbewerbsfähig

4.2 Festlegung der Betriebsart

Hinsichtlich der Betriebart ist zu unterscheiden:

a) Stromorientierter Anlagenbetrieb

Auswahl, Auslegung und Betrieb der KWK-Anlagen erfolgen anhand der elektrischen Bedarfswerte. Die je nach Betriebszustand nicht ausreichende Einspeisung in das Wärmeverteilnetz wird mittels Kesselanlagen separat bereitgestellt. Die Auslegung muss so erfolgen, dass ein Wärmeüberschuss vermieden wird, da die überschüssigen Energiemengen in Rückkühlwerken vernichtet werden müssen.

b) Wärmeorientierter Anlagenbetrieb

Auswahl, Auslegung und Betrieb der KWK-Anlage erfolgen anhand der thermischen Bedarfswerte. Die je nach Betriebszustand zu hohe oder zu niedrige Stromeinspeisung in das elektrische Netz wird durch Rückspeisung bzw. Bezug in/aus dem öffentlichen Netz ausgeglichen. KWK-Anlagen werden üblicherweise nicht auf die Wärmehöchstlast ausgelegt.
Die Wärmespitzenlast wird ebenfalls mittels Kesselanlagen abgedeckt.

Eine Anhebung des Wärmebedarfs außerhalb der Heizperiode kann durch die Versorgung von Absorptionskälteanlagen erreicht werden. Dadurch wird die Jahresdauerlinie des Wärmebedarfs zu größeren Stundenzahlen verschoben. Die Jahresbetriebsstundenzahl von KWK-Anlagen kann dadurch typischerweise um 1000 Stunden pro Jahr erhöht und der Betrieb vergleichmäßigt werden

Der wärmeorientierte Betrieb ist im Hinblick auf die Einsparung von Primärenergie und CO_2–Emissionen gegenüber der Wärmeerzeugung in Kesselanlagen vorteilhafter.

c) Wechsel zwischen strom- und wärmeorientiertem Betrieb.

Diese Betriebsweise ist in Sonderfällen anzutreffen, wenn aufgrund von gravierenden Änderungen in der Verbraucherstruktur oder den Marktgegebenheiten beide Fahrweisen erforderlich sind. In diesem Fall wird z.B. eine erste Auslegung für eine wärmeorientierte Fahrweise erfolgen, die dann für den stromorientierten Alternativbetrieb überprüft bzw. nachvollzogen wird. Mit Hilfe der Mess- und Regeleinrichtungen werden beide Betriebsarten ständig überwacht und entsprechend den aktuellen Erfordernissen umgeschaltet.

Die stromorientierte Fahrweise gewinnt an Bedeutung, wenn Regelenergie und Ersatzenergie für zeitweise fehlende elektrische Leistung erforderlich wird. Bei einer zunehmenden Zahl von dezentralen Einspeisern mit nicht voraussagbarer Leistungsverfügbarkeit kann dieser Fall auch im mitteleuropäischen Verbundnetz Vorteile für die Einspeisung aus KWK-Anlagen bringen.

Das nachfolgende Beispiel zeigt die Wärmeleistung einer Gas- und Dampfturbinen-KWK-Anlage für ein kommunales Versorgungsunternehmen bei wärmeorientiertem Betrieb (Jahresdauerlinie des Wärmebedarfs Abb. 4-1). Hieraus abgeleitet ist in Abb. 4-2 die im KWK-Betrieb gleichzeitig erzeugte elektrische Leistung aufgetragen.

Es ist erkennbar, dass bedingt durch die Unterschiede im Netzleistungsbedarf die mit der Wärmeabgabe schwankende elektrische Leistung der KWK-Anlage ganzjährig im elektrischen Netz abgesetzt werden kann. Die Regelung der KWK-Anlage kann sich in diesem Fall an den Wärmebedarfswerten orientieren. Für die MSR-Technik auf der elektrischen Seite genügen die üblichen Schutzeinrichtungen.

Eine Auslegung für stromorientierten Betrieb führte zwar zu größeren Anlagenleistungen aufgrund der höheren elektrischen Netzleistung, jedoch könnte die gleichzeitig erzeugte Wärmeenergie nicht ganzjährig im FW-Netz untergebracht werden. In allen Fällen, in denen ausreichende Versorgungsmöglichkeiten aus einem übergeordneten Netz bestehen, ist der Reststrombezug aus einem Versorgungsnetz anstelle der kompletten Stromeigenversorgung zu empfehlen, solange die Grenzkosten für die Eigenerzeugung unter dem Strombezugspreis liegen.

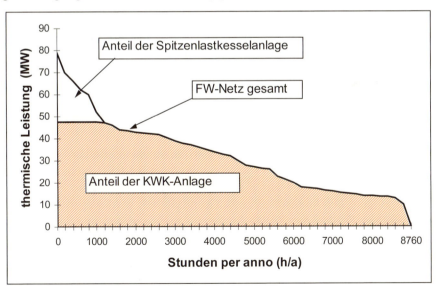

Abb. 4-1: Jahresdauerlinie des thermischen Energiebedarfs

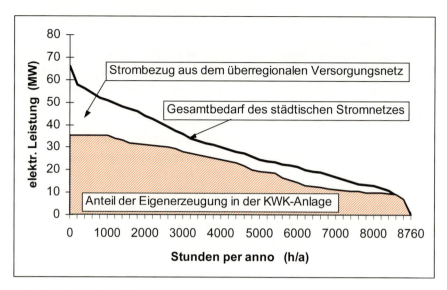

Abb. 4-2: Jahresdauerlinie des elektrischen Energiebedarfs

4.3 Leistungsauslegung der Gesamtanlage

Sind die charakteristischen Wärme- und Stromverläufe auf der Bedarfsseite bekannt, lässt sich, bei Beachtung der wechselseitigen Abhängigkeiten und der technisch wirtschaftlichen Einschränkungen, die Leistung der Gesamtanlage bestimmen und die zweckmäßige Aufteilung der Aggregateleistungen vornehmen; z.B. die aus der wärmeorientierten Fahrweise resultierende Stromeigenerzeugung ermitteln (näheres hierzu siehe Kapitel 5).

Im einzelnen ist für jede KWK-Anlage zu untersuchen, ob für den bei der Wärmeerzeugung anfallenden Strom ausreichend Bedarf vorhanden ist. Gegebenenfalls sind Rückspeisebedingungen ins EVU-Netz zu klären. Die Aufteilung der Last auf die einzelnen KWK-Aggregate erfolgt zunächst anhand der Jahresdauerlinie. Grundsätzlich wird wegen der hohen spezifischen Kosten der KWK-Aggregate nicht die gesamte Jahresarbeit im KWK-Betrieb gedeckt. Vielmehr wird das wirtschaftliche Optimum zwischen der KWK-Anlagenleistung und der Leistung einer preiswerteren konventionellen Spitzenlast- oder Reservekesselanlage gesucht. Dieser Optimierungsprozess wird in der Regel in einer iterativen Wirtschaftlichkeitsberechnung durchgeführt.

In Abb. 4-3 ist für die in Abb. 4-1 gezeigte Jahresdauerlinie die im KWK-Betrieb erzeugte Jahreswärmearbeit in Abhängigkeit vom Anteil der installierten KWK-Leistung an der Gesamtwärmeleistung dargestellt. Im Regelfall wird mit einer KWK-Anlage nicht die gesamte Jahreswärmearbeit abgedeckt, da aufgrund des Betriebsverhaltens der Aggregate immer auch ein geringer Anteil an reiner Wärmeerzeugung vorgehalten werden muss, um z.B. die Wärmebereitstellung in den Revisions- und Wartungsstillstandszeiten, bei Aggregateabschaltungen bei Unterschreitung der Mindestlast, bei Abschaltungen zu Zeiten, in denen der erzeugte Strom nicht mehr im Versorgungsnetz unterzubringen ist, und vielem mehr sicherzustellen.

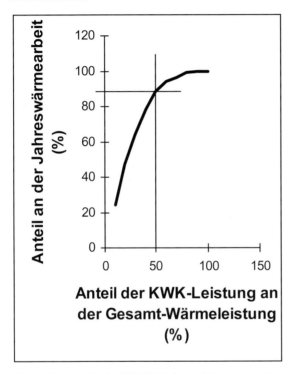

Abb. 4-3: Anteil der KWK-Anlagenleistung an der gesamten thermischen Jahresarbeit

KWK-Anlagen erfordern gegenüber den konventionellen Wärme- bzw. Stromversorgungsvarianten eine deutlich höhere Kapitalbindung. Diese ist nur dann sinnvoll, wenn ein hoher Anteil an Jahresarbeit durch die Anlagen abgedeckt wird und die spezifischen Wärme- und Stromgestehungskosten trotz hoher Investitionen gering gehalten werden. Wie in Abb. 4-3 zu sehen, wird bereits mit einem KWK-Anteil von nur 40 % an der gesamten Wärmeleistung ein Anteil von mehr als 75 % der Jahreswärmearbeit im KWK-Betrieb erbracht. Die spezifisch hohen Investitionen weisen hier bereits eine vergleichsweise hohe jährliche Ausnutzung auf. Nur in den Fällen, in denen der im wärmeorientierten KWK-Betrieb produzierte Strom immer im elektrischen Netz unterzubringen ist und die Kleinstlast im Wärmeversorgungsnetz niemals unter die Mindestlast der Aggregate absinkt, ist die 100 %ige Wärmelastdeckung mit KWK-Aggregaten theoretisch denkbar, wenn die Aggregate (n-1)-sicher ausgelegt werden (dies bedeutet bei Aufteilung auf 4 Aggregate eine Überinstallation um ca. 30 %). Im Regelfall ist eine derartige Auslegung unwirtschaftlich, kann aber aus anderen Gründen (z.B. Notstromversorgung etc.) erforderlich sein.

Nachdem der KWK-Anteil an der Gesamtanlagenleistung festgelegt wurde, ist noch die Aufteilung der KWK-Leistung auf die Einzelaggregate durchzuführen. Entsprechend den Ausführungen in Kapitel 5 sind bei den einzelnen Systemen unterschiedliche Kriterien für die Leistungsauslegung der Einzelaggregate anzusetzen. Grundsätzlich ist mit Ausnahme der Dampfturbinenanlagen eine Lastaufteilung auf mehrere Einzelaggregate sinnvoll. Das Prinzipschaltbild hierfür ist z.B. in Abb. 5.1-1 dargestellt. Bei der Leistungsaufteilung sind folgende Kriterien zu beachten:

– Leistungsabstufung
  Je größer die Anzahl der Erzeugereinheiten ist, um so besser ist die Leistungsanpassung auf hohem Wirkungsgradniveau möglich.
– Verfügbarkeit
  Je größer die Anzahl der Erzeugereinheiten ist, um so größer ist die gesicherte Leistung (Ansatz: unplanmäßiger Ausfall ist von jeweils nur einer Einheit anzunehmen).
– Raumbedarf
  Je größer die Anzahl der Aggregate ist, um so größer ist der Raumbedarf.
– Wirtschaftlichkeit
  Die Wirtschaftlichkeit wird mit steigender Aggregatezahl tendenziell eher ungünstiger. Dies ist stark vom Einzelfall abhängig und muss daher immer speziell geprüft werden.

Die Leistungsregelung der Einzelaggregate erfolgt üblicherweise so, dass zunächst alle in Betrieb befindlichen Aggregate im Teillastbereich gleichmäßig heruntergeregelt werden, bis der Abstand zwischen Leistungsbedarf und verfügbarer Nennleistung der Einzelaggregate die Abschaltung einer Anlageneinheit zulässt. Nach Außerbetriebnahme einer Einheit werden dann die übrigen Aggregate wieder mit höherer Last (z.B. Nennlast) betrieben. Im Kleinstlastpunkt ist nur noch eine Einheit mit ihrer Mindestlast in Betrieb. Beispiele für diese Betriebsweise und die Auswirkungen auf den Anlagenwirkungsgrad sind Kapitel 5 zu entnehmen (z.B. Kap. 5.1, Abb. 5.1-20).

Beispiel:
Mögliche Minimallast eines KWK-Einzelaggregates: 25 % der Nennlast
therm. Maximallast KWK-Anlage-gesamt: 6 MW_{th}
(ohne Anteil Spitzenlastkessel)
therm. Minimalbedarf im Wärmeversorgungsnetz: 0,5 MW_{th}
Aggregatesauslegung hierfür:
- *Nennlast Einzelaggregat:*   2,0 MW_{th}
- *Kleinstlast Einzelaggregat:*   0,5 MW_{th}
- *Anzahl der Aggregate :*   3 Stück
- *Mindestlast Reserve-/Spitzenlastkessel:*   2,0 MW_{th}

Im vorstehendem Beispiel stehen bei Betrieb aller KWK-Anlagen 6 MW thermische Leistung zur Verfügung. Im Kleinstlastpunkt (d.h. Betrieb nur eines Aggregates) muss der Wärmebedarf der Abnehmer mindestens 25 % der Einzelaggregateleistung (25 % von 2 MW = 0,5 MW) betragen. Bei Ausfall eines KWK-Aggregates übernimmt der Spitzenlastkessel den entsprechenden Lastanteil. Weitere bedarfabhängige Einflüsse wie z.B. Strombedarf sind zusätzlich zu den wärmeseitigen Überlegungen einzelfallspezifisch zu beachten.

4.4 Auswahl und Dimensionierung der peripheren Hilfseinrichtungen und Anlagen für jede Variante

Entsprechend den Ausführungen in Kapitel 5 sind die Systemübersichtsbilder aufzustellen und die Hilfseinrichtungen und Nebenanlagen für jede ausgewählte KWK-Variante zu dimensionieren.

4.5 Erstellen der Aufstellungskonzepte

Zur Bestimmung des Platzbedarfs und der erforderlichen Bautechnik sind anhand von technischen Datenblättern Aufstellungskonzepte entsprechend dem jeweiligen Einsatzfall aufzustellen. Detailangaben hierzu werden in Kapitel 5 gegeben.

4.6 Festlegung der Mengengerüste und Ermittlung der Investitionen und der dazugehörigen Kapitalkosten

Als Grundlage für die Wirtschaftlichkeitsberechnung sind die Investitionen und die dazugehörigen Kapitalkosten zusammenzustellen. Der Detaillierungsgrad ist dabei abhängig von der erforderlichen Genauigkeit der Aussagen. Im Regelfall reicht eine Zusammenstellung entsprechend den in Kapitel 5 und 9 enthaltenen Beispielen aus.

4.7 Ermittlung der Bedarfswerte

Als Grundlage für die Wirtschaftlichkeitsberechnung sind die Bedarfswerte für

- Brennstoffe,
- Betriebsmittel

usw. zu ermitteln (Berechnungsbeispiele hierzu in Kapitel 5, 7 und 9).

4.8 Ermittlung der Kosten

Die Ermittlung der Kosten für

- Brennstoff,
- Betriebsmittel,
- Wartung/Instandhaltung, Versicherung usw.

als Grundlage der Wirtschaftlichkeitsberechnung werden entsprechend den in Kapitel 5, 7, und 9 enthaltenen Erläuterungen ermittelt und zusammengestellt.

4.9 Ökonomische und ökologische Variantengegenüberstellung

Hierbei werden die Energieversorgungsvarianten einem ökonomischen und ökologischen Vergleich unterzogen. Dieser dient dann als Entscheidungsgrundlage. Weitere Detailangaben hierzu in den Kapiteln 6, 7, 8 sowie in den Beispielen in Kapitel 9.

4.10 Optimierung der Auslegungsdaten

Anhand einer Wirtschaftlichkeitsberechnung auf Basis der Jahreskosten, bzw. hiervon abgeleitet anhand der spezifischen Nutzenergiegestehungskosten wird die optimale Aufteilung der Aggregateleistungen und der KWK-Anteil an der Gesamtanlagenleistung ermittelt. Unter Umständen werden die Arbeitsschritte 3 bis 9 mehrmals wiederholt, um die optimale Konzeption zu finden.

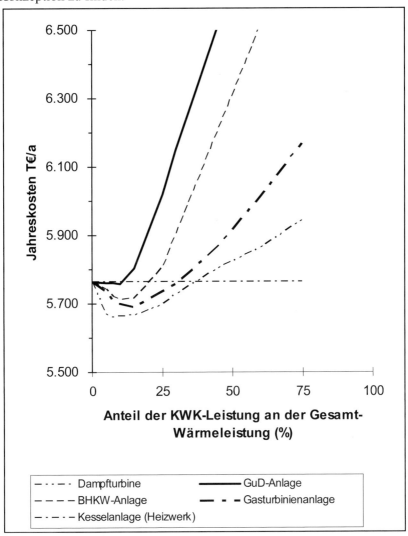

Abb. 4-4: Beispiel für die Jahreskostenentwicklung in Abhängigkeit des KWK-Anteils an der Gesamt-Wärmeleistung

Abbildung 4-4 zeigt beispielhaft den Vergleich der Jahreskosten für verschiedene KW-Systemvarianten bei unterschiedlichem KWK-Anteil an der Gesamtanlagenleistung. Man sieht, dass das Kostenoptimum bei den einzelnen Systemvarianten (Anlagenarten) nicht beim gleichen KWK-Leistungsanteil liegen muss. Im Regelfall muss daher für jede Anlagenart (Systemvariante) zunächst die optimale Leistungsaufteilung zwischen KWK-Anlage und Spitzenlastanlage gefunden werden, bevor der endgültige Wirtschaftlichkeitsvergleich der Systemvarianten durchgeführt wird. In dem in Abb. 4-4 dargestellten Beispiel liegt das Kostenminimum der Kraft-Wärme-Kopplung bei einem Leistungsanteil von 10 bis 20 % an der Gesamtwärmeleistung. 0 % KWK-Anteil entspricht der Basisvariante „Heizwerk (Kesselanlagen) ohne KWK".

Das Beispiel zeigt auch, dass die Jahreskostenvorteile für KWK-Anlagen nicht immer sehr hohe Werte annehmen aber trotzdem positiv zum Betriebsergebnis beitragen können. Im vorliegenden Beispiel ist für die günstigste KWK-Variante mit einem Jahreskostenvorteil von ca. 130 T€/a gegenüber der reinen Heizwerk-Variante zu rechnen.

EU – Consult GmbH
Ingenieurbüro für Energie- und Umwelttechnik

- **Anlagen zur Energieerzeugung**
- **Gebäudeausrüstung**
- **Elektrotechnische Ausrüstung**
- **Erschließungsmaßnahmen**

Beratung
- Beratung in der Konzeptphase
- Analyse bestehender Anlagen
- Bestandsaufnahmen
- Wirtschaftlichkeits-Berechnung

Planung
- Vorplanung
- Genehmigungsplanung
- Ausführungsplanung
- CAD Dokumentation

Realisierung
- Projektmanagement
- Bauleitung
- Schulung
- Contracting Management

Mundenheimer Str.222 • 67061 Ludwigshafen • Tel. 0621 58 89 001 • www.e-u-c.de

5 Technische Grundlagen

KWK-Anlagen werden seit Jahren erfolgreich zur gekoppelten Produktion von Strom und Wärme sowie auch Kälte eingesetzt. Der Leistungsbereich der Anlagen beginnt bereits bei wenigen kW und reicht bis zu einigen hundert MW elektrischer Gesamtleistung. Bis Mitte der 90er Jahre lag der Haupteinsatzbereich zwischen ca. 100 kW und 30 MW elektrischer Leistung. In jüngerer Zeit werden auch Anlagen unter 50 kW in größerer Zahl installiert. Grund dafür sind die gesetzlichen Rahmenbedingungen, mit denen auch die Deckung des dezentralen Raumwärmebedarfs durch KWK verstärkt werden soll. Im Folgenden wird der gesamte durch KWK abgedeckte Leistungsbereich behandelt.

Je nach System dient die KWK-Anlage zur Heizwasseraufwärmung, Kälteerzeugung (z.B. durch Kaltwassererzeugung) oder Dampfproduktion, jeweils bei gleichzeitiger Stromerzeugung. Auf die unterschiedlichen Betriebsweisen (z.B. wärme- oder stromorientierter Betrieb) wurde bereits in Kapitel 2 und 4 ausführlich eingegangen.

Der thermische Energiebedarf des jeweiligen Versorgungsnetzes (Verbraucher) ist zuverlässig zu erfassen. Er ist in dem häufig vorkommenden wärmeorientierten Betrieb die Führungsgröße für die Leistungsregelung der Aggregate.

Für die Einbindung von KWK-Anlagen in Wärmeversorgungssysteme gelten grundsätzlich die allgemeinen Regeln der Heizungstechnik, die entsprechenden DIN-Normen, die VDI-Richtlinien, die Druckgeräterichtlinie, die Technischen Regeln für Dampfkessel (TRD). Besonders zu beachten sind die VDI-Richtlinien 2035 und 3985, die DIN-Normen 4751 (Blatt 1-4) und 4752.

Im Regelfall wird man die Gesamtanlage entsprechend den in den nachfolgenden Kapiteln enthaltenen Anlagenkonzepten aufbauen. Je nach Anlagensystem sind hierbei Vorlauftemperaturen im Wärmeverteilungssystem zwischen 70 °C und 250 °C üblich. Die Druckverhältnisse richten sich nach den zugehörigen Dampfdrücken des Heizmediums, den Netzverhältnissen, Geländeverhältnissen und anderem mehr.

Die von den Generatoren erzeugte elektrische Energie wird über die Schaltanlage und ggf. erforderliche Trafoanlagen in das elektrische Stromnetz eingespeist. Im unteren Leistungsbereich (kleiner 800 kW) arbeiten die Generatoren üblicherweise auf Niederspannungsniveau (0,4 kV), darüber im Mittelspannungsbereich (6, 10 oder 20 kV in Einzelfällen auch 110 kV).

Der gesamte Anlagenumfang einer KWK-Anlage ist entsprechend den örtlichen Gegebenheiten zu konzipieren. Als Grundlage zur Abschätzung des Gesamtaufwandes erfolgt an dieser Stelle eine Zusammenstellung der im Standardfall erforderlichen Hauptkomponenten. Die Auflistung in Abb. 5.0-1 erhebt keinen Anspruch auf Vollständigkeit. Nur eine dem Einzelfall Rechnung tragende Planung kann zur Konkretisierung des am vorgesehenen Aufstellungsort erforderlichen Anlagenumfanges führen.

Anlagenkomponenten der KWK-Anlagen

Der gesamte Umfang einer KWK-Anlage lässt sich unter Berücksichtigung einer eindeutigen Zuordnung des Gewährleistungs- und Fertigungsumfanges der Lieferanten für die Berechnung der Investitionen und die Entwicklung der Aufstellungskonzepte auf die in Abb. 5.0-1 aufgelisteten Anlagengruppen aufteilen. Die einzelnen Anlagenkomponenten werden im folgenden beschrieben, wobei die Nummerierung entsprechend Abb. 5.0-1 erfolgt. Dort wo systemspezifische Details ausgeführt werden müssen, erfolgen in den jeweils relevanten Fachkapiteln weitergehende Darstellungen (für Motorenanlagen Kapitel 5.1, für Gasturbinenanlagen Kapitel 5.2, für Dampfturbinenanlagen Kapitel 5.3 usw.).

1. Baugrundstück

Hier sind alle mit dem Erwerb oder der Miete des Baugrundstückes verbundenen Aufwendungen zu erfassen. Die erforderlichen Flächen sind anhand eines Aufstellungskonzeptes dem jeweiligen Einzelfall entsprechend festzulegen. Typische Aufstellungsbeispiele sind in den Fachkapiteln enthalten. Auf gute Transportmöglichkeiten und ausreichende Zufahrten für Öl-, Aggregate-, Ersatzteillieferungen usw. ist besonders Wert zu legen.

2. Erschließungsmaßnahmen

Sofern im Zusammenhang mit der Errichtung der KWK-Anlage Aufwendungen für Anschlüsse an das Kanalnetz, Stromnetz, Gasnetz, Telefonnetz usw. entstehen, sind diese hier zusammenzustellen.

3. Bautechnik-/Baukonstruktion

Hier sind alle Aufwendungen für die Errichtung oder Herrichtung von Gebäuden für die KWK-Anlagen aufzulisten wie z.B.:

– Gebäude für Verdichterstationen, Kesselhaus/Maschinenhaus,
– Fundamente,
– ggf. auch Umbau, Demontage vorhandener Gebäude und Bauteile,

		Motorenanlagen	Gasturbinenanlagen	Dampfturbinenanlagen
1.	Baugrundstück	X	X	X
2.	Erschließungsmaßnahmen	X	X	X
3.	Bautechnik/-Konstruktion	X	X	X
3.1	KWK-Gebäude			
3.2	Außenanlagen/Nebengebäude			
3.3	Abbruch-/Demontagearbeiten			
4.	Energietechnische Anlagen			
4.1	Maschinentechnik			
4.1.1	Motoraggregate	X		
4.1.2	Gasturbinenaggregate		X	
4.1.3	Dampfturbinenanlage		(X)(GUD)	X
4.2	Wärmeerzeuger			
4.2.1	Wärmetauscher	X		
4.2.2	Abhitzekesselanlage		X	
4.2.3	Dampfkesselanlage			X
4.2.4	Heizkondensatoranlage			X
4.3	Abgasreinigungsanlage	X	(X)	X
4.4	Kaminanlage	X	X	X
4.5	Brennstoffversorgungsanlage	X	X	X
4.6	Entaschungsanlage		(X)	X
4.7	Betriebswasserversorgungsanlage	X	X	X
4.8	Druckluftversorgungsanlage	X	X	X
4.9	Schmierölversorgung	X	X	X
4.10	E-/MSR-Technik, Leittechnik	X	X	X
4.11	Reserve-/Spitzenlastkesselanlagen	X	X	X
4.12	Heizwasser-Kreislauf-Komponenten	X	X	X
4.13	Dampf- /Kondensat - Kreislaufkomponenten		(X)	X
4.14	Notkühleinrichtung			
4.14.1	Kondensationsanlage, einschl. Rückkühlwerk		(X)	X
4.14.2	Notkühler einschließlichKreislaufkomponenten	X	(X)	
5.	Gebäudetechnik	X	X	X
5.1	RLT-Anlagen			
5.2	Trinkwasserversorgung			
5.3	Abwasser-/Sanitäranlagen			
6.	Stahlbaukonstuktionen	X	X	X
6.1	Stahltreppen			
6.2	Bühnen			

Abb. 5.0-1: Übersicht über die Anlagenkomponenten von KWK-Anlagen

Ausrüstung und Ausführung der Baukonstruktion erfolgen gemäß VDI 2050, soweit diese anwendbar ist. Darüber hinaus gelten zusätzliche behördliche Vorschriften (siehe Literaturverzeichnis). Raum für Erweiterungsmöglichkeiten oder Reserveanlagen ist u.U. zusätzlich zum Momentanbedarf vorzuhalten. Die Konzeption sollte so gewählt werden, dass spätere Erweiterungsmöglichkeiten gegeben sind, was insbesondere bei der Fundamentierung zu berücksichtigen ist.

4. Energietechnische Anlagen
Energietechnische Anlagen werden in die einzelnen Hauptkomponenten wie folgt unterteilt:

4.1 Maschinentechnik
Als komplette funktionsfähige Einheit, je nach KWK-Anlagensystem aus unterschiedlichen Komponenten (z.B. Motorenanlagen, Gasturbinen, Dampfturbinen usw.) bestehend, die in den jeweiligen Fachkapiteln detaillierter dargestellt sind.

4.2 Wärmeerzeuger
Als komplette funktionsfähige Einheit einschließlich der erforderlichen Überwachungseinrichtungen (je nach Druck und Temperatur nach TRD auszulegen), Anlagenausrüstung und Konzeption entsprechend den Ausführungen in den Fachkapiteln.

Wesentliche Anlagenkomponenten sind:

- Wärmetauscher (bei Motorenanlagen)
- Abhitzekesselanlagen (vor allem bei Gasturbinen)
- Dampfkesselanlagen (vor allem bei Dampfturbinenanlagen)
- Heizkondensatoren (bei Dampfsystemen mit Heizwassererwärmung)

Weitere Erläuterungen hierzu erfolgen in den Fachkapiteln 5.1 bis 5.4.

4.3 Abgasreinigungsanlage
Als komplettes System, Ausführung entsprechend Erfordernis des jeweiligen KWK-Anlagensystems, einschließlich Abgasabführung als komplettes System, einschl. zugehöriger E-/MSR-Technik gemäß Anlagenkonzept.

4.4 Kaminanlage
Für die KWK-Anlagen sowie die ggf. erforderlichen Spitzenlast-/ Reservekesselanlagen, komplett einschl. Leiter, Kondensatableitung, Schwingungsdämpfer usw.

4.5 Brennstoffversorgungsanlage
Als komplette funktionsfähige Einheit, bestehend z.B. aus:
- Erdgasversorgung
  Anschlussleitung an das Erdgasnetz, wenn erforderlich Erdgasdruckerhöhungsanlage (Verdichteranlage), Armaturen und Rohrleitungsan-

lagen, Zuleitung zur KWK-Anlage, komplett einschl. E- und MSR-Technik.
– Klärgasversorgung
Anschluss an Faultürme, ggf. Anschluss an Klärgasspeicher, Klärgasverdichter, Klärgasmischanlage (wenn Klärgas und Erdgas im Dreibrennstoffbetrieb gleichzeitig und zusätzlich zu Heizöl als Brennstoff eingesetzt werden sollen), komplett einschl. Armaturen, Rohrleitungsanlage und zugehöriger E- und MSR-Technik. Der vor beschriebene Lieferumfang gilt gegebenenfalls analog für die Versorgung mit

– Deponiegas,
– Kokereigas,
– sonstigen gasförmingen Brennstoffen (z.B. brennbare Restgase aus chemischer Produktion).

Reicht der Gasvordruck nicht aus, sind Gasverdichterstationen den KWK-Anlagen vorzuschalten, deren Antriebsleistung auch in der Energiebilanz zu berücksichtigen ist. Abbildung 5.0-2 zeigt ein typisches Beispiel für die Gasversorgungsanlage einer KWK-Anlage.

– Heizölversorgung
Entladegarnitur für Tanklastzüge, Vorratstanks, Brennstoffpumpengruppe, Ringleitungssystem usw. als komplette Einheit, einschließlich zugehörige E- und MSR-Technik. Abbildung 5.0-3 zeigt ein typisches Beispiel für die Heizölversorgungsanlage einer KWK-Anlage.

4.6 Entaschungsanlage
Diese nur bei Festbrennstoffkesseln (Kapitel 5.3) erforderliche Anlage dient sowohl der Entsorgung der Brennstoffrückstände wie auch der Reaktionsprodukte der Rauchgasreinigung. Der den Investitionen zuzuordnende Lieferumfang enthält die komplette Anlage einschließlich zugehöriger Elektro- und MSR-Technik, Rohrleitungen, Behälter, Armaturen, Apparate usw. ab Kesselanschluss bis Verladegarnitur einschließlich des Aschesilos (Aschebunkers) für die Kesselasche und die Filterasche (Flugstaub).

4.7 Betriebswasserversorgungsanlage
Diese besteht im Regelfall aus der eigentlichen Wasserversorgungsanlage mit Anschluss an ein Trinkwassernetz oder einer Brunnenanlage etc., der Wasseraufbereitung wie z.B. einer Enthärtungsanlage und unter Umständen dem aggregatebezogenen Kühlwassersystem.

4.8 Druckluftversorgungsanlage
Die Druckluftversorgung besteht im Regelfall aus:

- Druckluftkompressor,
- Druckluftflaschen, -windkessel,
- Druckluftaufbereitung (Wasserabscheider, Trockner, Filter usw.),
- Rohrleitungssystem.

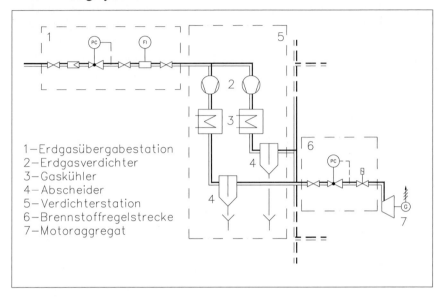

Abb. 5.0-2: Beispiel einer Gasversorgungsanlage mit zwei Erdgasverdichtern

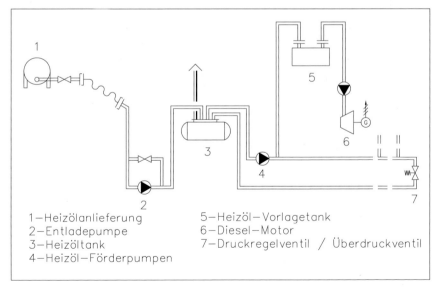

Abb. 5.0-3: Beispiel einer Heizölversorgungsanlage für ein BHKW

4.9 Schmierölversorgung
Die Schmierölversorgung besteht im Regelfall aus

- dem Frischöl-Fasslager bzw. bei größerem Bedarf dem Frischölvorratstank,
- dem Altölfasslager bzw. bei größerem Altölanfall dem Altöltank,
- ggf. dem Frischölversorgungssystem, bestehend aus dem Rohrleitungsringnetz und den Frischölpumpen, bei kleinerem Bedarf genügen Fasspumpen.

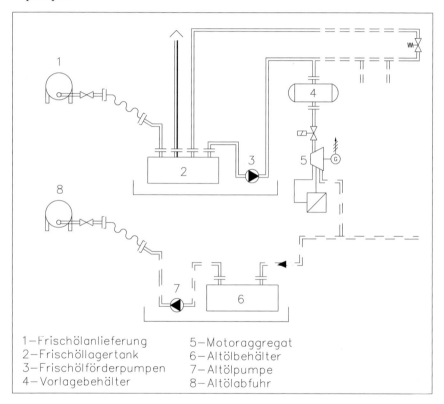

Abb. 5.0-4: Aufbau der Schmierölversorgungsanlage für ein BHKW

Abbildung 5.0-4 zeigt den typischen Aufbau einer vollautomatischen Schmierölversorgungsanlage für eine Motorenanlage. Bei Gasturbinen- bzw. Dampfturbinenanlagen ist dieser Aufwand aufgrund des hier deutlich geringeren Bedarfs an Schmieröl im Regelfall nicht erforderlich.

4.10 E-/MSR-Technik, Leittechnik
Die aggregatespezifische E-/MSR- und Leittechnik ist im Lieferumfang des jeweiligen Komponentenherstellers enthalten. Um den Gesamtbetrieb

vollautomatisch zu gewährleisten ist darüber hinaus eine übergeordnete Leittechnik (Messwarte) und eine übergeordnete Schaltanlage erforderlich.

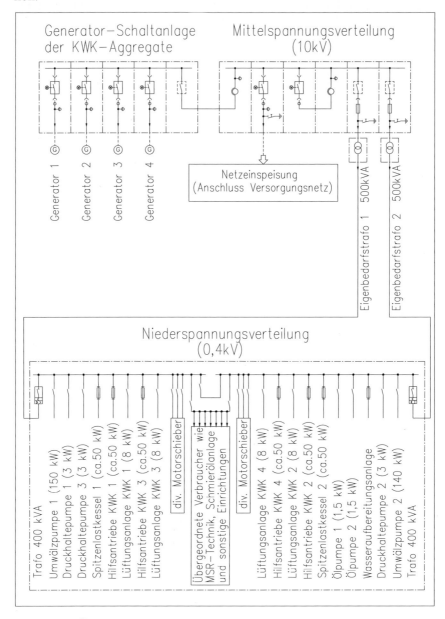

Abb. 5.0-5: Übersichtsschema der Schaltanlage einer KWK-Anlage

Übergeordnete Schaltanlage:
Komplette Schaltanlage zur Versorgung der Unterstationen und zur Netzeinspeisung einschließlich Netz-Kuppelschalter, Messfelder, Transformatoren, Synchronisiereinrichtung, Leistungsschalter usw. (Beispiel gemäß Abb. 5.0-5).

Übergeordnete MSR-Technik/Leittechnik:
Zentrales Bindeglied zwischen den einzelnen Unterstationen (z.B. für Kessel, KWK-Aggregate, usw.) einschließlich Protokollier- und Visualisierungssystem (Beispiel gemäß Abb. 5.0-6).

4.11 Reserve-/Spitzenlastkesselanlage
Spitzenlast- und/oder Reserveheizkesselanlage als komplette funktionsfähige Einheit, bestehend aus:

– Heißwasserkessel, einschließlich grober und feiner Armatur, Isolierung usw. als komplette Einheit, im Regelfall auf Grundrahmen montiert,
– Abgassystem bis Kaminanschluss,
– Frischluftgebläse einschl. Kanalsystem, Schalldämpfer, Schallhaube usw.,
– Brenner (ggf. Zweibrennstoff-Brennersystem), komplett, einschl. Schalldämmung,
– Brennstoffregelstrecke, komplett, ggf. für zwei Brennstoffarten (z.B. Erdgas und Heizöl).

Eine Prinzipskizze und für eine Voruntersuchung ausreichend genaue Maßangaben enthält Abb. 5.0-7.

4.12 Heizwasserkreislaufkomponenten
Die Heizwasserkreislaufkomponenten bestehen aus:

– Umwälzpumpengruppe
– Druckhaltung
– Vorratsbehälter
– Wasseraufbereitung (im Regelfall Enthärtung)
– Armaturen und Rohrleitungssystem
– zugehörige E-und MSR-Technik
– Wärmespeicher (wenn erforderlich).

Heizwasserkreislaufkomponenten sind im Regelfall Bestandteile der Nah- bzw. Fernwärmeversorgungssysteme oder der Heizwassersysteme, in die die KWK-Anlage einspeist. Ausrüstung und Auslegung erfolgen entsprechend den einschlägigen technischen Richtlinien und Vorschriften (z.B. DIN 4752). Als Richtwerte für den erforderlichen Platzbedarf enthält Abb. 5.0-8 Flächenbedarfsangaben die anhand von ausgeführten Anlagen abgeleitet wurden. Die Anordnung der einzelnen Anlagenteile kann auf unterschiedlichen Ebenen (z.B. EG und KG) erfolgen. Angaben zu den erforderlichen Raumhöhen sind in den Kapiteln 5.1 bis 5.3 enthalten.

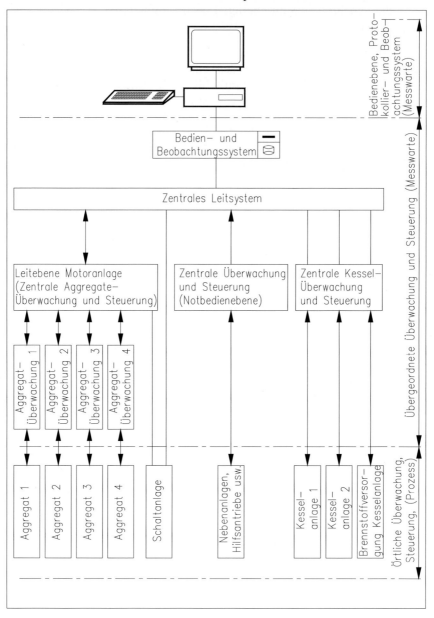

Abb. 5.0-6: Übersichtsschaltbild der MSR-/Leittechnik einer KWK-Anlage auf Basis von Motoraggregaten

5 Technische Grundlagen 51

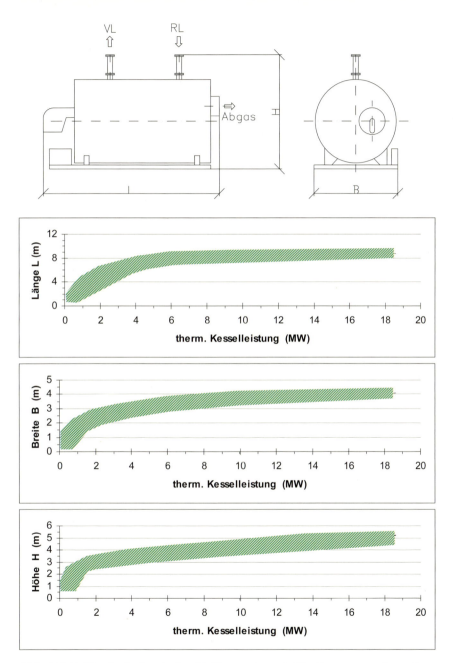

Abb. 5.0-7: Platzbedarf typischer Heißwasserkessel (Großwasserraumkessel)

In Abb. 5.0-8 ist der Gesamtflächenbedarf angegeben. Naturgemäß streuen die Einzelwerte sehr stark, da die örtlichen Verhältnisse von Anlage zu Anlage oft erhebliche Unterschiede aufweisen. Die VDI-Richtlinie 2050 enthält als Richtwerte für Vorplanungen hierzu weiterführende Informationen.

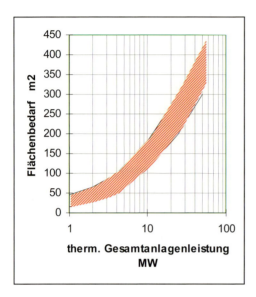

Abb. 5.0-8: Flächenbedarf für Heizwasserkreislaufkomponenten bei KWK-Anlagen

4.13 Dampf-/Kondensatkreislaufkomponenten
Diese Anlagenkomponenten sind je nach Anlagenkonzept zusätzlich oder alternativ zu den Heizwasserkreislaufkomponenten einzusetzen. Die komplette Anlage kann nach vielfältig unterschiedlichen Konzeptionen ausgeführt werden und besteht im Regelfall aus

- Entgaser, Speisewasserbehälter,
- Kessel-/Speisepumpen,
- Kondensatpumpen,
- Speisewasservorwärmer,
- Kondensatbehälter,
- zugehörige Dampf- und Kondensatleitungen, einschl. Frischdampfleitungen zwischen Kessel und Turbine usw.,
- zugehörige E-/MSR-Technik.

Weitere Angaben hierzu finden sich vor allem in Kapitel 5.2 sowie 5.3 bei den Erläuterungen der Prozessvarianten.

4.14 Notkühleinrichtungen
Soll in Ausnahmefällen die Stromproduktion vom Wärmebedarf entkoppelt werden (z.B. bei KWK-Anlagen die gleichzeitig der Notstromversorgung dienen), sind Rückkühlanlagen erforderlich, die die bei der Stromproduktion anfallende Überschusswärme abführen.

- Bei Dampfturbinenanlagen sind hierzu Kondensationsanlagen vorzusehen.
- Bei Motorenanlagen genügt ein Bypass um die Abgaswärmetauscher sowie eine Rückkühlanlage für die Zylinder- und Schmierölkühlwasserkühlung.
- Bei Gasturbinenanlagen genügt im Regelfall ein Kesselbypass bzw. ein Notkamin.

5. Gebäudetechnik
Komplette Heizungs-, Lüftungs- und Sanitärtechnik in den erforderlichen Gebäuden für die KWK-Anlage und die zugehörigen Hilfsanlagen, ggf. mit Werkstattausrüstung, Hebezeugen usw.; hinzuweisen ist an dieser Stelle auf zwei wesentliche Punkte:

a) Raumlufttechnik
Es ist durch ausreichend bemessene Lüftungsanlagen sicherzustellen, dass die im Betrieb der KWK-Aggregate anfallende Wärmeabstrahlung sicher abgeführt wird. Bei Anlagen, die größere Wärmeleistungen an die Umgebung abgeben, müssen hierzu Zu- und Abluftventilatoren installiert werden; ansonsten reicht es aus, wenn die Verbrennungsluft aus dem Maschinenhaus abgesaugt wird und zusätzlich zur Bewältigung von Extremsituationen Zu- und Abluftöffnungen an geeigneter Stelle vorgesehen werden. Die Regelung der Lüftungsanlagen (und damit die Raumtemperaturregelung) erfolgt über Raumthermostate. Um auch bei niedrigen Außentemperaturen die Maschinenraumtemperatur nicht unter 20 °C absinken zu lassen, sollte eine Umluftbeimischung möglich sein. Bei reinen Zu-/Abluftanlagen ist in den Zuluftstrom ein Heizregister zu integrieren.

b) Hebezeuge
Oberhalb der Hauptaggregate sind Hebezeuge bzw. Befestigungspunkte für Hebezeuge vorzusehen. Die Auslegung sollte für das schwerste, bei Wartungsarbeiten zu händelnde Ersatzteil ausgelegt sein. Sofern keine anderen Angaben vorliegen, kann für erste Ansätze ein Erfahrungswert von 1,5 t je Befestigungspunkt angesetzt werden. Zur Abschätzung des Investitionsaufwandes ist damit eine ausreichende Grundlage geschaffen.

6. Stahlkonstruktionen

Der Aufwand hierfür hängt entscheidend vom Aufstellungskonzept ab, wobei die Investitionsansätze meist anhand spezifischer Erfahrungswerte über die Gitterrostflächen ermittelt werden.

Auf Basis der vorstehenden Ausführungen kann die Komponentenzusammenstellung für die Gesamtanlage, als Grundlage für die Ermittlung der Investitionen, erfolgen.

Systemtypische Einzelheiten und Besonderheiten werden in den nachfolgenden Fachkapiteln beschrieben.

Für die Zusammenstellung der Investitionen und Kapitalkosten enthält Kapitel 7 die entsprechenden Tabellen und Erläuterungen.

Hinweise zu Kostenansätzen und Verbrauchswerten erfolgen darüber hinaus systemspezifisch in den Kapiteln 5.1 bis 5.4.

GEUmbH, Nettegasse 10-12,
50259 Pulheim-Stommeln
Tel: 02238 966254 Fax: 02238 966258
e-mail: mail@g-e-u.de www.g-e-u.de

Energieerzeugung
- Heizwerke, Heizkraftwerke
- Blockheizkraftwerke
- Gasturbinenanlagen
- Brennstoffzellenanlagen
- Gas-, Wasser-, Fernwärmenetze

Umwelttechnik
- Deponieentgasung
- Rauchgas-, Abgasreinigung
- Abwasserbehandlung
- Wärmepumpen
- Energiecontainer

Gebäudetechnik
- Heizung-, Lüftung-, Sanitär
- Schwimmbadtechnik
- Solaranlagen
- Kältetechnik
- Elektrotechnik
- Gebäudeleittechnik

Elektro- und Leittechnik
- Schaltanlagen
- Antriebstechnik
- Leittechnik

5.1 KWK-Anlagen mit Verbrennungsmotoren

KWK-Anlagen auf Basis von Verbrennungsmotoren werden seit Jahren erfolgreich zur gekoppelten Produktion von Strom und Wärme eingesetzt. Der Leistungsbereich beginnt bereits bei Aggregaten mit wenigen Kilowatt elektrischer Leistung und endet für die üblichen Anwendungen bei cirka 2 MW_{el} Aggregategröße. In einzelnen Fällen werden auch Anlagen größer 2 bzw. bis 4 MW_{el} elektrischer Leistung oder sogar darüber realisiert.

Der Verbrennungsmotor, ein Diesel- oder Ottomotor, treibt einen Generator zur Stromerzeugung an. Die im Motorkühlwasser, Ladeluftkühler, Ölkühler und Abgas des Motors anfallende Wärmeenergie wird in Wärmetauschern (bei gleichzeitiger Aufheizung des sekundärseitig fließenden Heizwassers) abgeführt. In Sonderfällen (z.B. Schlammtrocknung) kommen die Motorabgase auch direkt in Produktionsprozessen zum Einsatz. Die gebräuchliche Motorentechnik kommt aus dem Schiffbau und dem Industriemotorenbau.

Abbildung 5.1-1 zeigt das typische Prinzipschaltbild einer KWK-Anlage mit Diesel- oder Ottomotoren.

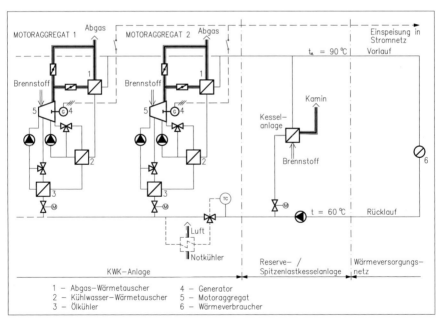

Abb. 5.1-1: Prinzipschaltbild einer KWK-Anlage auf Basis von Diesel-/Otto - Motoren

Mit den Energiekrisen in den 70er Jahren entstanden in der Bundesrepublik eine Vielzahl dezentral und in Verbrauchernähe angeordneter KWK-Anlagen (auch als Blockheizkraftwerke (BHKW) bezeichnet). Der Zubau endete praktisch mit der Liberalisierung des Strommarktes und den damit stark gesunkenen Strompreisen vor allem bei Großverbrauchern. Bedingt durch das Kraft-Wärme-Kopplungsgesetz vom April 2002 werden zumindest im Leistungsbereich unter 50 kW_{el} wieder vermehrt Anlagen installiert. Kleinst-BHKW kommen in den letzen Jahren auch in kleinen Objekten bis hin zu Ein- und Zweifamilienhäusern zum Einsatz.

In der Regel kommen KWK-Anlagen auf Basis von Verbrennungsmotoren zum Einsatz in der Wärmeversorgung von:

– Nahwärmenetzen,
– öffentlichen Gebäuden,
– Schwimmbädern,
– Krankenhäusern,
– Gewerbe- und Industriebetrieben,
– Kläranlagen und Deponien.

Charakteristisch für die in Frage kommenden Wärmekunden ist das niedrige Temperaturniveau der Nutzwärme meist unter 100 °C. In Einzelfällen sind auch Heizwassertemperaturen bis 130 °C oder auch die Dampferzeugung mit der Abgaswärme möglich.

Im Leistungsbereich oberhalb von 2 MW_{el} elektrischer Leistung besteht ein starker Wettbewerb zu den unter Ziff. 5.2 beschriebenen Gasturbinen. Trotz des deutlich besseren Wirkungsgrades der Motorenanlagen können die niedrigeren Investitionen der Gasturbinenanlagen ausschlaggebend für eine Systementscheidung werden.

Als Brennstoffe sind üblicherweise je nach Motorkonzept einsetzbar:

– Heizöl,
– Erdgas,
– Flüssiggas,
– Klärgas,
– Deponiegas,
– Kokereigas,
– Restgase aus Produktionsanlagen,
– Kombinationen der genannten Brennstoffe.

Typische Beispiele für die hier einsetzbaren Brennstoffversorgungssysteme sind in Kapitel 5.0 (Abb. 5.0-2, Abb. 5.0-3) dargestellt.

5.1.1 Aufbau und Integration in die Wärmeversorgung

Der Wärmebedarf eines Objektes besteht aus einem außentemperaturabhängigen (Raumheizung) und einem außentemperaturunabhängigen Teil (Warmwasser, Prozesswärme). Damit die Motorenanlagen kontinuierlich betrieben werden können, werden sie mit einer konventionellen Wärmeerzeugung kombiniert. Damit wird zusätzlich die Versorgungssicherheit erhöht. Aufgrund des typischen Einflusses der Raumheizung auf den Wärmebedarf deckt die KWK-Anlage in den meistens Fällen nur einen Teil (10 % - 50 %) der thermischen Gesamtleistung ab.

Wie in Abb. 5.1-1 zu sehen, erfolgt die Aufteilung der Last auf die einzelnen Wärmeerzeuger mit Hilfe von rücklaufseitig angeordneten Regelventilen (eigene, aggregatebezogene Umwälzpumpen sind ebenfalls möglich). Als Regelkriterium dient üblicherweise entweder die für das jeweilige Aggregat gemessene Wärme- oder Durchflussmenge oder der Differenzdruck über Vorlauf- und Rücklaufseite der Aggregate. Das von den Verbrauchern zurückfließende Heizwasser wird von den Netzumwälzpumpen in die Wärmeerzeugungsanlage gefördert. Hier teilt sich der Wasserstrom auf die einzelnen in Betrieb befindlichen Aggregate auf, wird in den Wärmetauschern der KWK-Anlagen (oder auch im Spitzenlastkessel) auf die erforderliche Temperatur erwärmt und fließt dann den Wärmeverbrauchern wieder zu.

Die Druckhaltung wird wie bei konventionellen Wärmeerzeugungsanlagen je nach den Anforderungen des Wärmeverteilnetzes als Rücklauf-, Vorlauf- oder Mitteldruckhaltung ausgeführt.

Kleinere BHKW-Anlagen werden oft so in die Wärmeversorgung eingebunden, dass sie die Rücklauftemperatur des Heizwassers anheben. Sie werden dazu in Reihe mit der konventionellen Heizanlage betrieben.

Innerhalb der KWK-Anlage erfolgt die Heizwasseraufwärmung zunächst im Öl- und Zylinderkühlwasserwärmetauscher. Die Restaufheizung erfolgt anschließend in der Abgaswärmetauscheranlage. Der Bypass über die Abgaswärmetauscheranlage ist für Anfahrvorgänge sowie bei Wärmeüberschuss z.B. bei stromorientiertem Betrieb erforderlich.

Bei der Auslegung der Aggregate sind lange Laufzeiten ohne häufige Zu- und Abschaltung von Aggregaten sowie eine möglichst konstante Rücklauftemperatur anzustreben.

Ausgehend von üblichen Rücklauftemperaturen von ca. 50 bis 70 °C erfolgt die Aufheizung des Heizwassers auf 90 bis 110 °C, je nach Erfordernis des zugehörigen Wärmeverbrauchernetzes. Der aus aggregatetechnischen Gründen optimale Temperaturbereich liegt bei Rücklauftemperaturen unter 60 °C und bei Vorlauftemperaturen unter 90 °C. Höhere Rücklauftemperaturen bis zu 90 °C und Vorlauftemperaturen von 110 bis zu

130 °C sind mit heißgekühlten Aggregaten möglich. Hinsichtlich Investitionen, Wartungskosten und Lebensdauer sind derartige Lösungen jedoch gegenüber den Standardmodulen im Nachteil. Sofern die Rücklauftemperaturen niedrig gehalten werden können, ist zur Erzielung einer höheren Vorlauftemperatur unter Umständen der Einsatz eines Spitzenlastkessels in Reihenschaltung mit den Motoraggregaten wie in Abb. 5.1-2 dargestellt insgesamt günstiger.

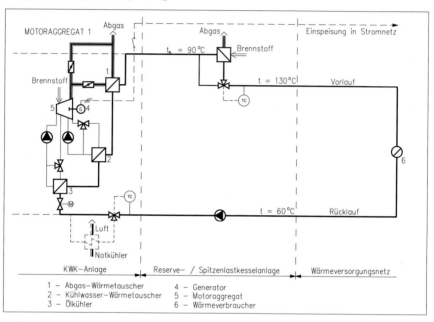

Abb. 5.1-2: Anlagenschema einer KWK-Anlage auf Basis von Diesel-/Otto-Motorenanlagen für VL-Temperatur über 90°

Sind Einsatzzeiten denkbar, in denen eine ausreichende Wärmeabnahme bzw. eine ausreichend niedrige Rücklauftemperatur nicht sichergestellt werden können (z.B. bei stromorientiertem Betrieb zu Wärme-Schwachlastzeiten), muss rücklaufseitig, z.B. in einem Bypass, ein Notkühler vorgesehen werden. Sind derartige Betriebsfälle regelmäßig zu erwarten, wenn zum Beispiel Strom- und Wärmebedarfskennlinien unterschiedliche Zyklen aufweisen, ist der Einsatz einer Wärmespeicheranlage zum Ausgleich der Erzeugungs- und Bedarfszyklen zu prüfen. Damit wird die Wärmeerzeugung vom Wärmeverbrauch entkoppelt.

Es können ein oder mehrere Speicherbehälter eingesetzt werden. Aus betriebstechnischen Gründen, zum Beispiel aufgrund der besseren Temperaturschichtung, sind stehende Behälter liegenden Ausführungen vorzuziehen. Die Speicherkapazität sollte mindestens 50 % der stündlichen Wärmeleistung eines Motoraggregates betragen, um so in extremen Schwachlastzeiten zumindest einen halbstündigen Dauerbetrieb zu gewährleisten.

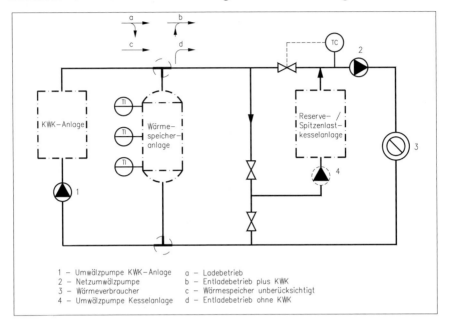

Abb. 5.1-3: Anlagenschema einer KWK-Anlage mit Wärmespeicher

Wichtig ist die richtige Anordnung und Auslegung der Umwälzpumpen. Der Wärmespeicher wird über hydraulische Weichen ins Netz eingebunden. Je nach Förderleistung der Umwälzpumpen 1, 2 und 4 (drehzahlgeregelt, mehrstufig oder als Pumpengruppen mit mehreren Einheiten ausgeführt) wird automatisch der Lade- oder Entladebetrieb gesteuert. Reicht die Leistung der KWK-Anlage nicht mehr aus und/oder ist der Wärmespeicher entladen, sinkt die Netzvorlauftemperatur ab und die Spitzenlastkesselanlage wird zugeschaltet. Je nach Erfordernis kann hierbei direkt aus dem Rücklauf (Parallelschaltung zur KWK-Anlage) oder aus dem Vorlauf (Reihenschaltung mit KWK-Anlage) die Wassermenge entnommen werden. Bei Auslegung der Pumpengruppe 2 ist der Druckverlust der Kesselanlage zu berücksichtigen. Unter Umständen kann der Kesselanlage auch eine eigene zusätzliche Pumpengruppe zugeordnet werden.

Analog zu der vorbeschriebenen Verfahrensweise bei der Heizwassererwärmung kann die Abgasenergie der Motoraggregate auch zur Dampfproduktion eingesetzt werden. Überschlägig wird etwa 50% der gesamten thermischen Nutzenergie aus dem Abgasmassenstrom gewonnen. Aufgrund der hohen Abgastemperaturen von bis zu 600 °C sind Dampftemperaturen bis zu 300 – 450 °C bei entsprechendem Druckniveau durchaus möglich. Bei der Auslegung ist aber zu berücksichtigen, dass

- die Schmierölkühlung und die Abführung der Wärme aus dem Motorkühlwasser immer gewährleistet werden muss, was gegebenenfalls nicht mit dem Kondensat des Dampfkreislaufs (zu hohe Temperatur) sondern mittels eines eigenen Niedertemperaturwärmenetzes erfolgen muss,
- die erforderlichen bzw. maximal zulässigen Temperaturen am Eintritt der Bauteile der Rauchgasreinigungsanlage gewährleistet werden müssen. Hohe Dampftemperaturen sind hierdurch oft nicht möglich.

Bei kleinen Aggregaten ist der mit der Dampfproduktion verbundene technische Aufwand im Regelfall nicht wirtschaftlich darstellbar. Bei Großmotoren über 2 MW elektrischer Aggregateleistung sind aber Referenzanlagen vorhanden. Entsprechende Anlagen kommen beispielsweise in Krankenhäusern zum Einsatz, da dort einerseits Wärme zur Raumheizung und Warmwasserbereitung benötigt wird und andererseits auch Dampfbedarf zur Sterilisation oder zur Versorgung der Küche besteht.

5.1.2 Aufstellungsverhältnisse/Gesamtanlagenumfang

Der gesamte Anlagenumfang einer KWK-Anlage wurde in Kapitel 5.0 zusammenfassend für die unterschiedlichen Anlagentypen dargestellt. Nachfolgend wird daher nur noch auf die Besonderheiten bei Anlagen mit Motoraggregaten eingegangen. Anhand von Beispielen werden die für eine Vorprojektierung der Gesamtanlage notwendigen Einzelangaben angerissen, um bei der Ermittlung der Investitionssumme die gegebenenfalls geforderte Genauigkeit erreichen zu können.

Für die Ermittlung der Gebäudekosten sind die erforderlichen Räumlichkeiten anhand eines Aufstellungskonzeptes (Beispiel Abb. 5.1-4) festzulegen.

Als Anhaltswerte für die Abmessungen der einzelnen Motoraggregate können die in diesem Kapitel enthaltenen Masstabellen dienen. Entsprechend der Zielsetzung dieses Buches berücksichtigen die Tabellen einen Querschnitt der am Markt erhältlichen Fabrikate. Bei der Realisierung des so gefundenen Raumkonzeptes werden die tatsächlich erforderlichen Platzverhältnisse je nach Ausführungsfabrikat hiervon abweichen. Daher sollte man bei der Anwendung der Masstabelle die Platzverhältnisse für Montageflächen und Durchgänge nicht zu eng bemessen, so dass dann in der späteren Ausführungsplanung Ausgleichsflächen für evtl. erforderliche Anpassungen nutzbar sind. Die Konzeption sollte darüber hinaus so gewählt werden, dass spätere Erweiterungsmöglichkeiten gegeben sind.

Raum für ein Reserveaggregat ist u.U. von vornherein mit einzuplanen. Bei kleinen bis mittleren Aggregaten mit schnelllaufenden Motoren (Drehzahl über 1500 U/min) ist die Erstellung eines besonderen Fundamentes nicht erforderlich, wenn ein ausreichend tragfähiger Betonboden oder eine tragfähige Decke vorhanden sind.

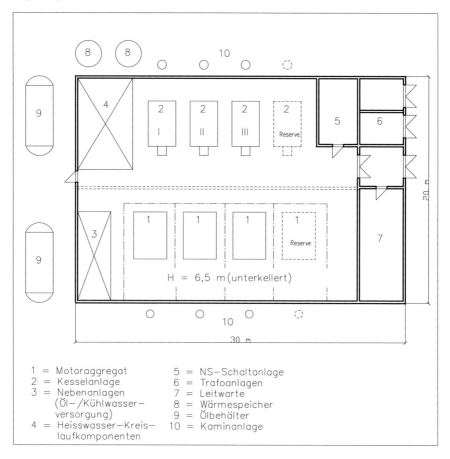

Abb. 5.1-4: Aufstellungsbeispiel einer KWK-Anlage mit Gas-Diesel-Motoren

Die Aufstellung erfolgt in der Regel immer elastisch, so dass dynamische Beanspruchungen durch freie Massenkräfte höherer Ordnung oder freie Massenmomente nur sehr geringfügig auf das Fundament einwirken. Zur statischen Überprüfung sind das statische Gewicht und das Kippmoment (Reaktionsmoment zum Drehmoment des Motors) von Bedeutung, wobei man das größtmögliche Kippmoment (z.B. bei plötzlicher dynamischer Belastung durch Generatorkurzschluss) zugrunde legt. Die Betonoberfläche muss glatt sein. Eine Aufkantung ist empfehlenswert.

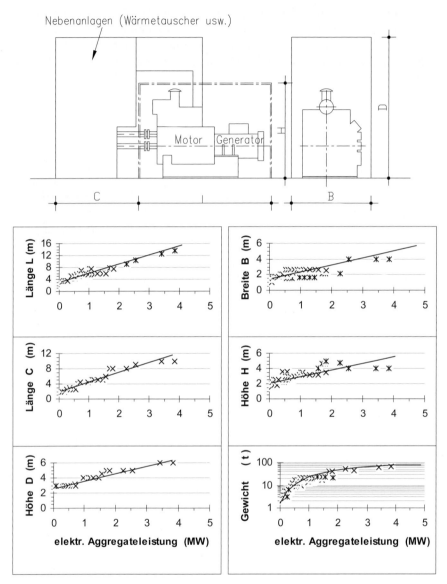

Abb. 5.1-5: Platzbedarf typischer BHKW-Aggregate (Otto- und Diesel-Gasmotoraggregate einschließlich Abgasreinigung und Wärmetauscher

Für langsam- und mittelschnelllaufende Motore sind Einzelfundamente erforderlich. Im Regelfall ist das Fundament starr gegründet. Das Aggregat wird mit Federelementen elastisch auf dem Fundamentblock gelagert. In besonderen Fällen (z.B. bei hohen Anforderungen an Körperschalldämmung) wird der gesamte Fundamentblock auf einer Fundamentplatte durch entsprechend schwere Federisolatoren elastisch gelagert. Das Aggregat wird dann auf dem Fundamentblock starr aufgestellt. Diese Variante wirkt durch die große abgefederte Masse (Fundament plus Motor) wesentlich dämpfender als die erste Lösung. Allerdings sind auch die Herstellungskosten höher.

Abb. 5.1-6: BHKW-Anlage größerer Leistung (Foto: Deutz Energy)

Der komplette Lieferumfang für das Motoraggregat besteht jeweils aus:

– Verbrennungsluft-Ansaugleitung mit Luftfilter und ggf. Schalldämpfer, Motoraggregat komplett einschließlich Zündanlage, Vergaser (bzw. Einspritzpumpe), Abgassystem, Ölwanne, Ölpumpen, Anlasser, Dreheinrichtung usw.,
– Brennstoffregelstrecke (ggf. auch für zwei Brennstoffe wie Heizöl und Erdgas),
– Abgasturbolader (je nach Bedarf),
– am Motor angeflanschtem Generator,
– Schaltschrank mit zugehöriger E- und MSR-Technik,
– Wasser und Schmierölsystem,
– Wärmetauscher für Öl- und Kühlwasserkreislaufsystem.

Das komplette Aggregat wird werksseitig vorgefertigt und üblicherweise anschlussfertig auf einem Grundrahmen montiert auf der Baustelle angeliefert. Bei größeren Aggregaten werden Wärmetauscher und Schaltanlage separat vom Motorenlieferanten beigestellt und unterhalb oder neben den Motoren aufgestellt. Typische Beispiele für die Abmessungen der Aggregate sind den in Abb. 5.1-5 enthaltenen Darstellungen zu entnehmen, weitere Erläuterungen dem Abschnitt Motorbauarten/Aggregatetechnik (Kap. 5.1.3).

Die Wärmetauscher (Schmieröl-, Zylinderkühlwasser-, Abgaswärmetauscher sowie der Ladeluftkühler) werden vom Aggregatehersteller als komplette funktionsfähige Einheit einschließlich der erforderlichen Überwachungseinrichtungen, je nach Druck und Temperatur nach TRD ausgelegt, geliefert.

Bei kleineren Aggregaten (im Regelfall unter 500 KW) werden alle Wärmetauscher einschließlich Katalysator in einem „Wärmeschrank" komplett vormontiert geliefert oder sind direkt an der Anlage montiert. Bei größeren Aggregaten werden die Einzelkomponenten (Wärmetauscher, Katalysatoren, Pumpen, Behälter usw.) jeweils separat geliefert, neben den Aggregaten plaziert und vor Ort montiert.

In Abbildung 5.1-5 sind die Platzverhältnisse jeweils einschließlich dieser Nebenanlagen angegeben. Abbildung 5.1-7 enthält Angaben zur erforderlichen Raumhöhe der Maschinenhalle, die anhand ausgeführter Anlagen zusammengestellt wurden. Naturgemäß streuen die Einzelwerte sehr stark, da die örtlichen Verhältnisse von Anlage zu Anlage erhebliche Unterschiede aufweisen.

Die VDI-Richtlinie 2050 enthält ebenfalls Richtwerte und weiterführende Informationen für Vorplanungen.

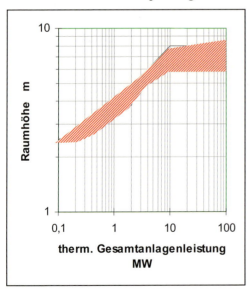

Abb. 5.1-7: Raumhöhe typischer KWK-Anlagen mit Diesel-/Ottomotoren

Eine Druckluftversorgung bestehend aus

- Druckluftkompressor,
- Druckluftflaschen,
- Rohrleitungssystem,

als Startvorrichtung für die Druckluftanlasser der Motoraggregate und als Betriebsmittelversorgung für Reparaturwerkzeuge im Motorenbereich ist ebenfalls im Aufstellungskonzept zu berücksichtigen.

Für die Schmierölversorgung ist die Planung einer automatisch arbeitenden Anlage entsprechend dem Beispiel in Kapitel 5.0, Abb. 5.0-4 empfehlenswert.

Durch ausreichend bemessene Lüftungsanlagen ist sicherzustellen, dass die im Betrieb der Motoraggregate anfallende Wärmeabstrahlung, die bis über 10 % der Aggregateleistung betragen kann, auch unter den extremsten Sommerbedingungen abgeführt werden kann. Die Frischluftzufuhr sollte so erfolgen, dass vor allem den Generatoren möglichst kühle Luft zugeführt wird.

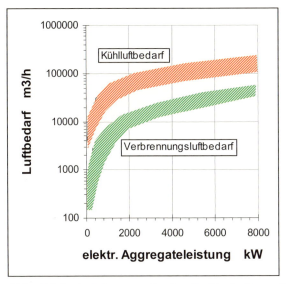

Abb. 5.1-8: Anhaltswerte für den Luftbedarf von KWK-Anlagen auf Basis von Diesel-/Ottomotoren

Die in die Motorenhalle einzubringende Mindestluftmenge entspricht dem Verbrennungsluftbedarf der Motoraggregate, da die Verbrennungsluft der Motoren im Regelfall aus dem Maschinenraum angesaugt wird. Für die Belüftung kleiner Maschinenräume genügen Abluftventilatoren und ausreichend dimensionierte Zuluftöffnungen (Unterdruck in der Maschinenhalle ist zu vermeiden). Bei größeren Anlagen müssen Zu- und Abluftventilatoren installiert werden. Die Regelung der Ventilatoren (und damit die Raumtemperaturregelung) erfolgt über Raumthermostate. Um auch bei niedrigen Außentemperaturen die Maschinenraumtemperatur nicht unter 20 °C absinken zu lassen, sollte Umluftbeimischung möglich sein. Bei reinen Zu-/Abluftanlagen ist in den Zuluftstrom ein Heizregister zu integrieren. Abbildung 5.1-7 gibt Anhaltswerte für die Auslegung, Abb. 5.1-8 für den elektrischen Leistungsbedarf von üblichen Lüftungsanlagen mit mechanischer Lüftung.

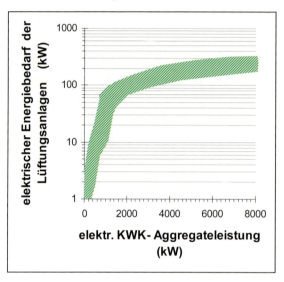

Abb. 5.1-9: Anhaltswerte für den elektrischen Energiebedarf der Lüftungsanlage von Diesel-/Ottomotorenanlagen

Oberhalb der Motoraggregate (vor allem der Zylinderreihen) sind Hebezeuge bzw. Befestigungspunkte für Hebezeuge vorzusehen. Die Auslegung sollte für das schwerste bei Wartungsarbeiten zu händelnde Ersatzteil ausgelegt sein. Sofern keine anderen Angaben vorliegen, kann für erste Ansätze ein Erfahrungswert von 1,5t je Befestigungspunkt angesetzt werden.

Der Transport von Motor bzw. Generator oder gar der kompletten Aggregateeinheit erfolgt erfahrungsgemäß günstiger mit Schwerlastrollen oder ähnlichen Transporthilfen über den Boden der Maschinenhalle, als mit Hilfe eines Hallenkrans. Krananlagen für Wartungszwecke sind zwar wünschenswert, aufgrund der damit verbundenen Kosten für die höhere Gebäudekonstruktion, die Krananlagen, Rohrleitungsführung usw. im Regelfall aber unwirtschaftlich. BHKW-Anlagen mit Leistungen bis zu wenigen hundert kW_{el} werden als Komplettmodul vom Hersteller geliefert. Im schallgedämmten Gehäuse sind sämtliche zum Betrieb der Anlage gehörenden Bauteile installiert.

Die Anlage kann im Heizraum aufgestellt und an die Wärme-, Strom- und Brennstoffversorgung sowie an das Abgassystem angeschlossen werden. Der Raum muss so bemessen sein, das Wartungsarbeiten durchgeführt werden können.

Abb. 5.1-10: Bild einer Komplettanlage (Werksfoto Communametall)

5.1.3 Motorbauarten/Aggregatetechnik

Die Motoraggregate arbeiten je nach Fabrikat und Leistung im 2-Takt- (ventillos) oder 4-Takt-Betrieb. Mit Ausnahme von ausgesprochen kleinen und extrem großen Motoreinheiten hat das Viertaktverfahren gegenüber dem ventillosen Zweitaktprinzip Vorteile wie z.B.

- günstigerer spez. Brennstoffverbrauch (insbesondere im Teillastbetrieb),
- geringerer Schmierölverbrauch,
- geringerer Verschleiß (vor allem bei Zylinderlaufbuchsen und Kolbenringen),
- geringere Schadstoffemission.

Darüber hinaus unterscheiden sich die Anlagenaggregate noch durch die aggregatetechnische Ausrüstung wie z.B. Abgas-/ Turbolader, Ladeluftkühler usw. Da für die Ermittlung der elektrischen Gesamt-Anlagenleistung (Nettoanlagenleistung; nur diese sollte in der Wirtschaftlichkeitsbewertung erfasst werden) auch die Leistung der Hilfsantriebe wie

- Lüftungsanlagen,
- Brenngasverdichter,
- elektrisch angetriebene Ölpumpen,
- usw.

zu berücksichtigen sind, muss an dieser Stelle noch ein Hinweis zum Prinzip der Gemischbildung erfolgen.

Bei der konventionellen Abgas-Turboaufladung von Gasmotoren wird nur die Verbrennungsluft vorverdichtet und das Brenngas anschließend zur Gemischbildung dem Luftstrom zugeführt. Dies erfordert einen Gasdruck nach der Gasregelstrecke, der über dem Ladeluftdruck liegen muss und je nach Motorbauart bis zu 2,5 bar betragen kann. Demgegenüber kann das Prinzip der Gemischverdichtung, welches neuerdings von einigen Herstellern angeboten wird, mit geringeren Brenngasvordrücken arbeiten und erspart insbesondere bei Betrieb mit Klär-, Bio- oder Deponiegas elektrische Eigenbedarfsleistung in den Gasverdichteranlagen.

Entsprechend den jeweiligen Randbedingungen muss von Fall zu Fall geprüft werden, welches Verbrennungsverfahren die geeignetere Lösung darstellt. In Bezug auf das Arbeitsverfahren unterscheidet man nach:

- Otto-Verfahren
- Diesel-Verfahren

Beim Otto-Verfahren wird ein zündfähiges Gas-Luft-Gemisch verdichtet. Anschließend wird die Verbrennung durch eine elektrische Zündanlage mittels Zündkerze eingeleitet. Die Verbrennung ist weitgehend russfrei, was eine geringe Belastung des Schmieröls mit physikalischen Verunreinigungen und damit geringen Verschleiß und hohe Lebensdauer aller Bauteile erwarten lässt. Eine Lastregelung bis zu 50% der Nennleistung ist mit nur geringen Wirkungsgradeinbußen möglich. Mehrbrennstoffbetrieb (Mehrgasbetrieb) ist auch mit Gasen unterschiedlicher Methanzahl (MZ) und damit unterschiedlicher Klopffestigkeit realisierbar. Die Motorleistung und/oder der Zündzeitpunkt werden in diesem Fall auf das ungünstigste Gasgemisch eingestellt. Im Normalfall bedeutet dies eine Leistungsreduktion. Da die meisten Brenngase nur einen geringen Schwefelanteil enthalten, kann die Abkühlung der Motorabgase auf 120 °C zugelassen werden, wodurch sich ein guter thermischer Wirkungsgrad ergibt.

Beim Diesel-Verfahren erfolgt die Gemischbildung und Zündung durch Einspritzen von Dieselkraftstoff (Heizöl EL). Vielfach wird auch das Gas-

Diesel-Verfahren angewendet. Hierbei wird der Diesel-Motor im Zweibrennstoffbetrieb gefahren. Das Anlassen und Abschalten des Motors erfolgt im reinen Dieselbetrieb. Nach Erreichen der Nennleistung (nach dem Anlassvorgang) wird dem Motor ein Brenngas-Luftgemisch (z.B. Erdgas und Luft) zur Verdichtung zugeleitet. Die Zündung erfolgt dann durch Einspritzung einer geringen Dieselkraftstoffmenge (4 - 10%). Von diesem Gas-Diesel-Betrieb kann unterbrechungsfrei auf reinen Dieselbetrieb umgeschaltet werden. Dieses Verfahren lässt auch die Verwendung von mehreren Gasarten wie z.B. Erdgas-Deponiegas bzw. Erdgas-Klärgas zu. Diese Anlagen sind aufgrund des zusätzlich möglichen Dieselbetriebes dann auch zur Notstromerzeugung bei Netzausfall einsetzbar.

Das Abgas der Gas-Diesel-Aggregate ist ähnlich dem eines reinen Dieselmotors, wenn auch in geringerem Umfang mit Russ und Schwefel belastet. Daher erfordert die Auslegung der Wärmetauscher und Katalysatoren besondere Aufmerksamkeit. Im Vergleich zum Gas-Otto-Motor ist das Teillastverhalten des Gas-Diesel-Motors ungünstiger. Durch den unvollkommeneren Verbrennungsablauf im Teillastbetrieb bleibt ein Teil des Gases unverbrannt. Hierdurch nimmt der Teillastwirkungsgrad stärker ab. Ein Betrieb mit weniger als 70% Nennlast sollte daher vermieden werden.

Im Notstrom- oder Netzersatzbetrieb kann der Gas-Diesel-Motor zuverlässig eingesetzt werden, wenn die Einhaltung der VDE-Vorschrift 0108 erfüllt werden muss (Zeitdifferenz zwischen Stromausfall und Lastübernahme durch Notstromaggregat max. 15 sec.). In diesem Fall arbeitet das Aggregat dann allerdings im reinen Dieselbetrieb. Aufgrund des Schwefelgehaltes im Dieselkraftstoff und der daraus resultierenden Gefahr des Auskondensierens von H_2SO_3 im Abgassystem sollte die Abgasabkühlung in den Abgaswärmetauschern im Dieselbetrieb auf ca. 180 Grad Celsius eingeschränkt werden. Im Gas-Dieselbetrieb ist eine weitere Abkühlung für das Aggregat unbedenklich, wegen der Beanspruchung des Abgassystems sollte dies aber nur bei Verwendung geeigneter Materialien zugelassen werden.

Gase mit niedriger Methanzahl können als Brennstoff nur nach vorheriger Abstimmung mit den Herstellern eingesetzt werden, da die erforderliche Herabsetzung der Verdichtungsverhältnisse unter Umständen die sichere Zündung gefährdet.

Die Abgas-Turboaufladung kann beim Diesel-Motor und beim Otto-Motor erfolgreich angewendet werden. Im Gasbetrieb (vor allem für Otto-Motore) sind die möglichen Aufladegrade jedoch durch die Klopffestigkeit des Brenngases bestimmt und bauartbedingt 25 - 60% niedriger als beim Dieselmotor.

Bei aufgeladenen Motoren wird üblicherweise ein Ladeluftkühler vorgesehen, um die Gemischtemperatur niedrig zu halten. Besondere Beachtung ist den Kühlmedien des Ladeluftkühlers zu schenken, da die Ladeluft möglichst auf 40 °C zurückgekühlt werden sollte. Meist kann die hierfür abzuführende Energie wegen fehlender Niedertemperaturwärmeverbraucher aber nicht genutzt werden. Bei großen Motoraggregaten (z.B. 1,5 MW_{el}) lohnt es sich, den Teil der Ladeluftwärme zu nutzen, der bei Abkühlung auf ca. 80 °C anfällt, und nur den Rest als Verlustwärme abzuführen.

Für die erste Bewertung und den Vergleich mit den übrigen KWK-Systemen ist die Kenntnis weiterer fabrikate- und leistungsbezogener Details zunächst nicht von ausschlaggebender Bedeutung. Erst im Rahmen der weiteren Entwurfs-/Ausführungsplanung sowie beim Vergleich konkreter Angebote sind detailliertere Informationen wesentlich. Aus Gründen der Übersichtlichkeit muss daher für tiefergehende technische Detailfragen auf die Literaturhinweise im Anhang und auf die Internetplattform www.kwk-buch.de verwiesen werden.

5.1.4 Emissionen/Emissionsminderungsmaßnahmen

Unter den von Motorenanlagen ausgehenden Emissionen wie

– Geräusche,
– Schwingungen
und
– Abgase,

kommt den Abgasen eine besondere Bedeutung zu.

Geräuschemissionen wie auch die Körperschallschwingungen können problemlos durch einfache bautechnische Maßnahmen minimiert bzw. aufgefangen werden, so dass die Errichtung der Anlagen sogar in reinen Wohngebieten möglich wird.

Die bei der motorischen Verbrennung entstehenden Abgase enthalten neben unschädlichen Bestandteilen (Wasserdampf) auch Luftschadstoffe (vor allem Kohlenmonoxid, unverbrannte Kohlenwasserstoffe und Stickoxide) sowie andere luftfremde Stoffe. Bei der Verbrennung von Dieselkraftstoff kommen noch Russemission und Schwefeldioxidemission hinzu.

In Deutschland wurden in der „Technischen Anleitung zur Reinhaltung der Luft" (TA Luft) die einzuhaltenden Schadstoffgrenzwerte genannt bzw. festgelegt. Die Tabellen 5.1-1 und 5.1-2 enthalten die Grenzwerte in der Fassung vom 1. Oktober 2002.

Bezugsgröße für die in der TA Luft genannten Grenzwerte ist „trockenes Abgas im Normzustand (0 °C, 1013 mbar), sowie ein Sauerstoffgehalt im Abgas von 5%". Messergebnisse, die sich auf einen höheren Sauerstoffgehalt beziehen, sind nach den in Kapitel 8 enthaltenen Ausführungen umzurechnen. Bei Einsatz von Abgasreinigungsanlagen entfällt die Umrechnung, wenn geringere Sauerstoffkonzentrationen als 5 Vol-% gemessen werden (z.B. beim 3-Wege-Kat).

Die Emissionsgrenzwerte für Stickoxide finden bei Notstromaggregaten (reiner Dieselbetrieb) im Regelfall keine Anwendung. Die bei der motorischen Verbrennung von flüssigem Brennstoff in Dieselmotoren entstehenden Schwefeldioxide werden toleriert, wenn der im Brennstoff enthaltene Massengehalt an Schwefel den Vorgaben der DIN 51 603 entspricht. Ansonsten sind gleichwertige Maßnahmen zur Emissionsminderung zu treffen. Die nachfolgenden Tabellen 5.1-1 und 5.1-2 geben die Grenzwerte der TA Luft für Gas- und Dieselmotoren (Selbstzündermotoren) an.

Tabelle 5.1-1: Grenzwerte nach TA-Luft für Gasmotoren (Stand 1.10.2002)

	Grenzwert TA Luft
NOx-Grenzwerte	
Magermotoren	500 mg/m^3
Sonstige 4-Takt-Motoren	250 mg/m^3
Zündstrahlmotoren für Bio-/Klärgas (> 3 MW)	500 mg/m^3
Zündstrahlmotoren für Bio-/Klärgas (< 3 MW)	1000 mg/m^3
CO-Grenzwerte	
Erdgas und andere Gase (außer Bio-/Klärgas)	300 mg/m^3
Fremdzündungsmotoren für Bio-/Klärgas (> 3 MW)	650 mg/m^3
Fremdzündungsmotoren für Bio-/Klärgas (< 3 MW)	1.000 mg/m^3
Zündstrahlmotoren für Bio-/Klärgas (> 3 MW)	650 mg/m^3
Zündstrahlmotoren für Bio-/Klärgas (< 3 MW)	2.000 mg/m^3

Die Einhaltung der Schadstoffgrenzwerte kann zum einen durch Primärmaßnahmen wie

1. Entfernen der Brennstoffbestandteile, die beim Verbrennungsvorgang die Basis für die Luftschadstoffe bilden,
2. „motorische" Maßnahmen (Abgasrückführung, Wassereinspritzung, Magerbetrieb u.a.)

oder durch Sekundärmaßnahmen, d.h. Reinigung der Abgase nach dem eigentlichen Verbrennungsvorgang, erreicht werden.

Entsprechend dem derzeitigen Stand der Technik gibt es kein Verfahren, das für alle Motorbauarten, Brennstoffe usw. gleichermaßen optimal eingesetzt werden kann. Daher muss unter Berücksichtigung der technischen und wirtschaftlichen Gesichtspunkte jeweils im Einzelfall entschieden werden, welches Verfahren zur Einhaltung der Schadstoffgrenzwerte geeignet ist.

Tabelle 5.1-2: Grenzwerte nach TA-Luft für Selbstzündermotoren (Stand 1.10.2002)

	Grenzwert TA Luft
NOx-Grenzwerte	
Selbstzündermotoren größer als 3 MW	500 mg/m³
Selbstzündermotoren unter 3 MW	1000 mg/m³
CO-Grenzwerte	
Selbstzündermotoren	300 mg/m³
Staub-/Partikelgrenzwerte	
Selbstzündermotoren	20 mg/m³

Die Beeinflussung der Brennstoffbestandteile ist nur bei Deponie- und Klärgasen in Einzelfällen sinnvoll. Alle übrigen Brennstoffe werden im Rahmen von Norm- oder Standardgüten geliefert.

Die „motorischen" Maßnahmen sind im Zusammenhang mit den Sekundärmaßnahmen zu sehen. Im Regelfall sind motorische Maßnahmen zunächst wirtschaftlicher. Typabhängig wurden und werden hier durch die Hersteller Weiterentwicklungen betrieben. Entsprechend dem heutigen Stand der Technik sind folgende Verfahren zur Einhaltung der Schadstoffgrenzwerte am Markt eingeführt:

- Dreiwege-Katalysator (Lambda-1-Betrieb)
- Mager-Konzept (u.U. mit Oxidations-Katalysator)
- SCR-Verfahren (mit vorgeschaltetem Oxidations-Katalysator)
- Oxidations-Katalysator (als Ergänzung der Verfahren 2. u. 3.)
- Russ-Abbrennfilter (Dieselmotor)

Zur Entwicklung und zu den chemischen verfahrens- und verbrennungstechnischen Zusammenhängen bei den einzelnen Verfahren sind umfangreiche Literaturstellen verfügbar (siehe Literaturhinweise im Anhang).

Bei der Konzeption einer KWK-Anlage muss ebenfalls der Einfluss der Abgasbehandlungsanlage auf

- die Investitionen,
- die Platzverhältnisse,
- den Anlagenwirkungsgrad,
- den Betriebsmittelverbrauch (Betriebskosten),
- die Standzeiten (Instandhaltungskosten),
- den Wartungsaufwand (Wartungskosten),
- die zu erwartenden Emissionswerte (einschl. Langzeitperspektive) berücksichtigt werden.

Abbildung 5.1-11 zeigt eine Übersicht über den Einsatzbereich der Abgasreinigungsverfahren bei Motorenanlagen.

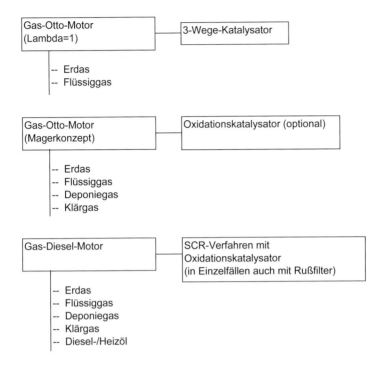

Abb. 5.1-11: Übersicht Motorkonzepte einschl. Abgasreinigung

Generell gilt festzuhalten, dass bei Einsatz von Oxidationskatalysatoren sowie beim 3-Wege-Katalysator im Brennstoff die in Klär- und Deponiegasen häufig anzutreffenden „Katalysatorgifte" Fluor, Chlor, Wasserstoff, Schwefel usw. nicht oder nur in sehr geringen Konzentrationen vorhanden sein dürfen. Im Regelfall erfordert dies bei den vorgenannten Gasarten die Erstellung entsprechender Brennstoffanalysen, klärende Gespräche mit den Aggregateherstellern und ggf. Brennstoffaufbereitungsanlagen. Bei Verzicht auf Oxidationskatalysatoren sind Magerkonzept-Motore und Gas-Diesel-Motore im Regelfall in diesen Einsatzfällen ohne Brennstoffaufbereitung einsetzbar. Unter Beachtung der vorgegebenen Randbedingungen bieten die Hersteller Standzeitgarantien bis zu 20.000 Stunden für die Katalysatoreinsätze an. Die grundsätzlichen Verfahrenszusammenhänge der Abgasreinigungsverfahren lassen sich wie folgt beschreiben:

Dreiwege-Katalysator

Der Dreiwege-Katalysator arbeitet in Verbindung mit einem nahezu stöchiometrischen Motorbetrieb (Lambda=1). Der Katalysator besteht aus einem keramischen oder metallischen Trägerkörper, der mit einer Edelmetallbeschichtung (z.B. Platin-Rhodium) versehen ist. Der optimale Arbeitsbereich liegt bei Abgastemperaturen zwischen 400 und 600° C.

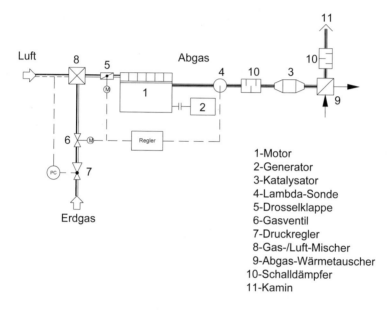

1-Motor
2-Generator
3-Katalysator
4-Lambda-Sonde
5-Drosselklappe
6-Gasventil
7-Druckregler
8-Gas-/Luft-Mischer
9-Abgas-Wärmetauscher
10-Schalldämpfer
11-Kamin

Abb. 5.1-12: Funktionsschema 3-Wege-Katalysator

Im 3-Wege-Kat werden gleichzeitig Stickoxide (NOx), Kohlenmonoxide (CO) und Kohlenwasserstoffe (HC) abgebaut oder umgewandelt. Die Katalysatorbeschichtung bewirkt sowohl oxidierende als auch reduzierende Reaktionen. Ein stöchiometrisches Luftverhältnis ist Voraussetzung für die optimale Wirkung. Restsauerstoff im Abgas würde nur den Oxidationsprozess nicht aber die Reduktion der Stickoxide ermöglichen. Nur in einem sehr schmalen Luftverhältnisbereich (Lambda-Fenster) werden für alle drei Schadstoffe die höchsten Umwandlungsraten erzielt. Das Funktionsschema ist in Abb. 5.1-12 dargestellt. Vorkommen an Schwermetallen und Schwefel, Phosphorverbindungen, Chlor und Flourverbindungen (Halogenverbindungen) im Brennstoff gefährden die Standzeit der Anlage schon bei niedrigen Konzentrationen. Der 3-Wege-Kat kann bei Diesel-, Gas-Diesel- und Zweitaktmotoren nicht eingesetzt werden, da diese mit Luftüberschuss betrieben werden müssen.

Magerkonzept

Bei der Magergemisch-Verbrennung mit Luftverhältnissen (Lambda) von ca. 1,45 bis 1,6 kann die Entstehung von NOx soweit reduziert werden, dass der Grenzwert der TA Luft in allen Betriebszuständen unterschritten wird. Je nach Motorfabrikat ist der CO-Gehalt der Abgase, der hierbei ansteigt, durch Nachschaltung eines Oxidationskatalysators zu verringern. Nachteilig ist bei diesem Verfahren die Verringerung des Wirkungsgrades gegenüber einer leistungs- oder verbrauchsoptimierten Einstellung. Aufgrund der geringeren Investitionen und der geringeren Betriebs- und Wartungskosten ist das Verfahren trotzdem sehr wirtschaftlich. Ein Beispiel für das Regelkonzept ist in Abb. 5.1-13 dargestellt.

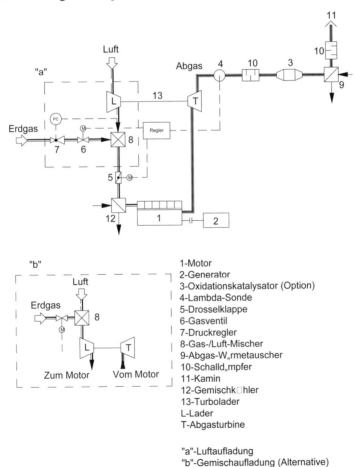

1-Motor
2-Generator
3-Oxidationskatalysator (Option)
4-Lambda-Sonde
5-Drosselklappe
6-Gasventil
7-Druckregler
8-Gas-/Luft-Mischer
9-Abgas-Wärmetauscher
10-Schalldämpfer
11-Kamin
12-Gemischkühler
13-Turbolader
L-Lader
T-Abgasturbine

"a"-Luftaufladung
"b"-Gemischaufladung (Alternative)

Abb. 5.1-13: Regelschema eines nach dem „Magerkonzept" arbeitenden aufgeladenen Otto-Motoraggregates

SCR-Verfahren

Dort, wo bauartbedingt weder Dreiwege-Kat noch Magerkonzept verwendbar sind, wird das SCR-Verfahren eingesetzt (Dieselmotore, Gas-Diesel-Motore und z.T. aufgeladene Otto-Motore). Beim SCR-Verfahren (Selektiv Catalytic Reduktion) erfolgt die Abgasreinigung durch Reaktion der Stickstoffoxide mit dem in den Abgasstrom eingespritzten Ammoniak (NH_3) zu Stickstoff und Wasserdampf. Zur Verminderung der Restemissionen bei CO und NH_3 kann ein Oxidationskatalysator nachgeschaltet werden. Die SCR-Reaktion verläuft exotherm. Die entstehende Wärme trägt in den Abgaswärmetauschern zur Heizwasseraufwärmung bei. Abbildung 5.1-14 zeigt das Verfahrensschema anhand eines Ausführungsbeispieles für einen Gas-Dieselmotor. Das als Reduktionsmittel eingesetzte Ammoniak kann entweder in reiner Form (Gasflaschen) oder als 25%-ige wässrige Lösung genutzt werden. Bei Verwendung der wässrigen Lösung geht zwar die geringe Verdampfungswärme der Lösung an der thermischen Leistung der Aggregate verloren, jedoch sind Handhabung und Lagerung problemloser. Auf die richtige Arbeitstemperatur der Katalysatoren, die nötigenfalls durch Zwischenschaltung von Wärmetauschern steuerbar ist, ist besonders zu achten (Arbeitstemperatur SCR-Katalysator ca. 300 °C, Arbeitstemperatur Oxidationskatalysator: 250 bis 600 °C). Werden die Aggregate überwiegend im Dieselbetrieb eingesetzt, muss u. U. ein Russfilter der Katalysatoranlage vorgeschaltet werden (Einzelfallprüfung erforderlich).

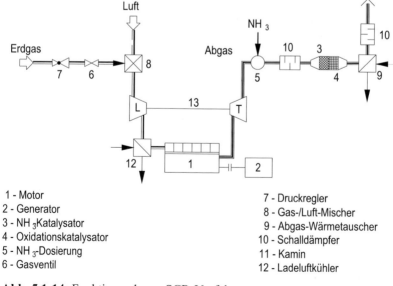

1 - Motor
2 - Generator
3 - NH_3Katalysator
4 - Oxidationskatalysator
5 - NH_3-Dosierung
6 - Gasventil
7 - Druckregler
8 - Gas-/Luft-Mischer
9 - Abgas-Wärmetauscher
10 - Schalldämpfer
11 - Kamin
12 - Ladeluftkühler

Abb. 5.1-14: Funktionsschema SCR-Verfahren

Da bei Einsatz des SCR-Verfahrens das Motoraggregat jeweils im Wirkungsgrad-/Leistungsoptimum betrieben werden kann, steht dem Nachteil der höheren Betriebskosten der Vorteil des besseren Wirkungsgrades gegenüber. Systementscheidungen können daher nur anhand einer den Erfordernissen des Einzelfalls Rechnung tragenden Wirtschaftlichkeitsberechnung getroffen werden.

Der NH3-Bedarf der SCR-Anlagen ist u.a. von der konkreten Auslegung der Abgasbehandlungsanlage sowie den vom Motor emittierten NOx-Mengen abhängig. In erster Näherung kann im hier besprochenen Leistungsbereich als Anhaltswert für Voruntersuchungen ein Erfahrungswert von 0,8 bis 1,0 g NH3 je kWh erzeugter elektrischer Energie (bzw. ca. 3,2 g/kWh bei 25 %-tiger wässrigen Lösung) dienen (Tabelle 5.1-3).

Tabelle 5.1-3: Additivkosten bei Motorenanlagen (Erfahrungswerte)

NH_3 –Bedarf	g/kWh	0,8			1,0		
spez. NH_3- Kosten	€/kg	2,0	-	2,5	2,0	-	2,5
spez. Betriebskosten	ct/kWh	0,15	-	0,2	0,2	-	0,25

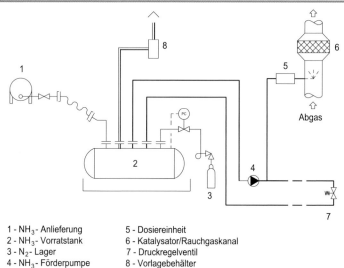

1 - NH_3- Anlieferung
2 - NH_3- Vorratstank
3 - N_2- Lager
4 - NH_3- Förderpumpe
5 - Dosiereinheit
6 - Katalysator/Rauchgaskanal
7 - Druckregelventil
8 - Vorlagebehälter

Abb. 5.1-15: Typische NH_3-Versorgungsanlage

Abbildung 5.1-15 zeigt das Fließbild einer typischen NH_3-Versorgungsanlage für eine Gas-Diesel-Motorenanlage.

Die Abbildungen 5.1-16 und 5.1-17 zeigen das Aufstellungskonzept einer Motoranlage für die gleiche Aggregateleistung. Abbildung 5.1-16 zeigt eine Anlage mit SCR-Katalysator (Gas-Diesel-Motor), im Gegensatz hier-

78   5 Technische Grundlagen

zu zeigt Abb. 5.1-17 die Anlagenkonzeption für einen Gas-Otto-Motor (Mager-Konzept mit Oxidationskatalysator). Die Unterschiede in Platzbedarf und apparativem Aufwand werden deutlich.

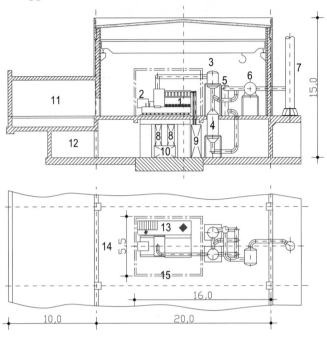

1 - Motoraggregat
2 - Generator
3 - Schalldämpfer
4 - Katalysator
5 - Rauchgas-Wärmetauscher
6 - Schalldämpfer
7 - Kamin
8 - Kühlwasser-Wärmetauscher

9 - Schmieröl-Wärmetauscher
10 - Hilfspumpen (Schmieröl, Kühlwasser, usw.)
11 - Messwarte/Schaltanlage
12 - Betriebsmittellager
13 - Montage-/Wartungsbühne
14 - Durchgang/Transportweg
15 - Schalldämmhaube (optional)

Abb. 5.1-16: Aufstellungsbeispiel KWK-Anlage mit Gas-Diesel-Motor

5.1.5 Basisdaten der Wirtschaftlichkeitsberechnung

Unter Berücksichtigung der Ausführungen in Kapitel 3, 4 und 5.1.1 bis 5.1.4 sind

– die Leistungs- und Arbeitswerte,
– der Betriebsmittelverbrauch,
– die Investitionen und Kapitalkosten

als Grundlage für die anschließende Wirtschaftlichkeitsberechnung zu ermitteln. Die Bilanzgrenze umfasst die gesamte Energieerzeugungsanlage einschließlich aller zugehörigen Hilfs- und Nebenanlagen, so dass der Vergleich mit anderen Systemen immer auf Basis der abgegebenen Nettoleistung, der tatsächlichen Einspeiseleistung erfolgt. Der Berechnungsvorgang ist für alle KWK-Systeme nach dem gleichen Schema durchzuführen und wird in Kapitel 7 ausführlich dargestellt. Die nachfolgenden Erläuterungen enthalten die anlagenspezifischen Kenndaten und Besonderheiten, die bei Motoraggregaten zu berücksichtigen sind.

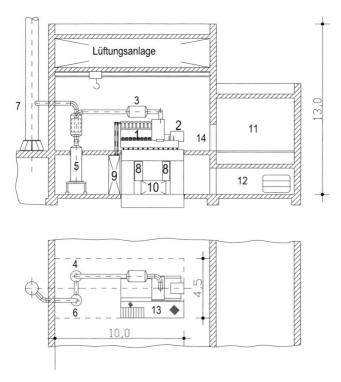

1 - Motoraggregat
2 - Generator
3 - Schalldämpfer
4 - Katalysator
5 - Rauchgas-Wärmetauscher
6 - Schalldämpfer
7 - Kamin
8 - Kühlwasser-Wärmetauscher
9 - Schmieröl-Wärmetauscher
10 - Hilfspumpen (Schmieröl, Kühlwasser, usw)
11 - Messwarte/Schaltanlage
12 - Betriebsmittellager
13 - Montage-/Wartungsbühne
14 - Durchgang/Transportweg

Abb. 5.1-17: Aufstellungsbeispiel KWK-Anlage mit Otto-Motor

5.1.5.1 Leistungsdaten

Die Abhängigkeit zwischen thermischer und elektrischer Leistung der KWK-Aggregate ergibt sich anhand der in Kapitel 7.2 dargestellten mathematischen Zusammenhänge.

Abbildung 5.1-18 enthält eine Zusammenstellung der Wirkungsgrade für typische Motoraggregate. Trotz des großen Streubereiches ist die Abhängigkeit des elektrischen und thermischen Wirkungsgrades von der Leistungsgröße der Motoraggregate zu erkennen. Der Gesamtwirkungsgrad ist nicht so stark betroffen, da eine Verringerung der elektrischen Leistung im Regelfall eine Verbesserung des thermischen Wirkungsgrades mit sich bringt.

Der große Streubereich bei den thermischen Wirkungsgraden hängt bei gleicher Aggregategröße von der Gesamtkonzeption der Energienutzung ab. Die obere Grenzkurve ist zu berücksichtigen, wenn die gesamte Motorabwärme (d.h. auch die Ladeluft-Kühlwasserenergie) optimal genutzt werden kann und eine Abgastemperatur von 120 °C möglich ist. Die untere Grenzkurve entspricht einer Abgastemperatur von 180 °C (z.B. bei Dieselbetrieb und nur teilweise genutzter Kühlwasserenergie).

Bei den elektrischen Wirkungsgraden entspricht die obere Grenzkurve den Werten der Gas-Diesel- bzw. der Diesel-Aggregate, die im Regelfall wirkungsgradoptimiert betrieben werden. Die untere Grenzkurve entspricht den Otto-Motoraggregaten (Magerkonzept/Lambda-1-Betrieb).

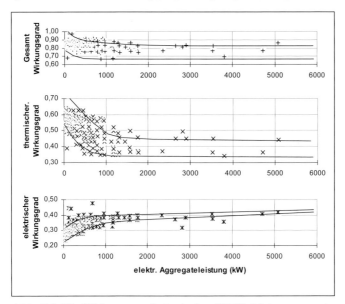

Abb. 5.1-18: Wirkungsgrade typischer KWK-Motoraggregate

Eine exakte Auswahl eines konkreten Aggregates anhand dieser Kurven ist weder möglich noch im konkreten Projektfall wirklich sinnvoll. Hier sollte man den Wettbewerb nicht einschränken. Erst der detaillierte Angebotsvergleich auf Basis der Nutzwärmekosten kann eine fundierte Entscheidungsgrundlage bieten. Um aber bereits in der Phase der Projektierung eine realistische Auswahl der Wirkungsgradansätze für die Wirtschaftlichkeitsvoruntersuchung zu erleichtern, wurden in Tabelle 5.1-4 typische Anhaltswerte zusammengestellt.

In Abhängigkeit von der Aggregategröße kann durch Interpolieren der Zahlen anhand der Kurven in Abb. 5.1-18 der jeweils einzusetzende Wert abgeschätzt werden. Zu beachten ist, dass sich unter den üblichen Gegebenheiten der Gesamtwirkungsgrad nur unwesentlich ändert, da eine Korrektur des elektrischen Wirkungsgrades zu einer umgekehrt proportionalen Veränderung des thermischen Wirkungsgrades führt.

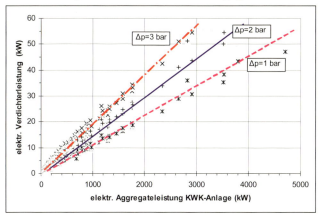

Abb. 5.1-19: Anhaltswerte für den elektrischen Energiebedarf der bei Motorenanlagen eingesetzten Brenngasverdichter

Im Ergebnis erhält man mit den vorgenannten Ansätzen zunächst die aggregatespezifischen Leistungen. Nicht berücksichtigt in den Werten ist der Eigenbedarf elektrisch angetriebener Hilfsaggregate und der thermische Eigenbedarf der gesamten Erzeugungsanlage. Während der thermische Eigenbedarf oft vernachlässigbar ist, muss der elektrische Eigenbedarf separat erfasst werden. Hauptverbraucher sind hier

- Lüftungsanlagen,
- Brenngasverdichter,
- Öl-, Brennstoff-, NH_3–Pumpen.

Während Brennstoff- und Umwälzpumpen nur geringe Leistungswerte erreichen (hierfür genügt im Regelfall ein Zuschlag unter „Sonstiges" in der

Höhe von z.B. 0,15 bis 0,5% der elektr. Aggregateleistung) können die Antriebsleistungen der Lüftungs- und Verdichteranlagen doch einzelfallabhängig deutlich größere Werte annehmen.

Um erste Anhaltswerte für eigene Berechnungen zur Verfügung zu stellen wurde in Abb. 5.1-9 die elektrische Stromaufnahme der Lüftungsanlagen für typische BHKW-Anlagen dargestellt.

Für Brenngas-Verdichteranlagen können für übliche Drücke im ND- oder MD-Erdgasnetz entsprechende Anhaltswerte der Abb. 5.1-19 entnommen werden.

Als Beispiel für eine mögliche tabellarische Wiedergabe der Berechnungs- bzw. Auslegungsergebnisse dienen die Tabellen 5.1-4 und 5.1-5, die ein einfaches Erfassungsschema zeigen.

Tabelle 5.1-4: Zusammenstellung der Wirkungsgradansätze

Aggregatewirkungsgrade	Dimension	Variante ...
elektrischer Wirkungsgrad	/	
thermischer Wirkungsgrad	/	
Gesamteffizienz	/	

5.1.5.2 Jahresarbeit

Die Berechnung der Ansätze erfolgt gemäß den in Kapitel 7.2 enthaltenen Erläuterungen und Formeln.

Als Auslegungshilfe für die aggregatespezifische Erfassung des Teillastverhaltens von Motorenanlagen zeigt Abb. 5.1-20 am Beispiel einer typischen, aus drei Gas-Diesel-Motoraggregaten bestehenden KWK-Anlage die lastabhängige Veränderung des elektrischen Wirkungsgrades. Durch Zu- und Abschalten einzelner Motoraggregate bei Erreichen der entsprechenden Teillastpunkte entsteht der leicht sägezahnartige Verlauf der Kurve. Anhand dieses Beispiels und der tatsächlichen Jahresdauerlinie kann die Betriebszeit der jeweiligen Lastpunkte abgeschätzt und so der durchschnittliche Jahresnutzungsgrad ermittelt werden. Im Regelfall liegen die Werte für den Jahresnutzungsgrad ein bis zwei Punkte unter den entsprechenden thermischen oder elektrischen Wirkungsgradansätzen. Die Berechnungen der Arbeits- und Brennstoffbedarfswerte müssen die Jahresnutzungsgrade der Wärme- und Stromerzeugung berücksichtigen, in welchen die vorgenannten Einflüsse mathematisch erfasst werden. Meistens liegen die Jahresnutzungsgrade für die drei Kennzahlen Wärme, Strom, Brennstoff einen Prozentpunkt unter den Wirkungsgraden.

Tabelle 5.1-5: Leistungsdatenzusammenstellung

	Dimension	Variante ...
thermische Leistung der Anlage		
- Aggregat 1	kW_{th}	
- Aggregat 2	kW_{th}	
- Aggregat ...	kW_{th}	
Summe Aggregateleistung	kW_{th}	
thermischer Eigenbedarf	kW_{th}	
thermische Netzeinspeiseleistung	$\mathbf{kW_{th}}$	
elektrische Leistung der Anlage		
- Aggregat 1	kW_{el}	
- Aggregat 2	kW_{el}	
- Aggregat ...	kW_{el}	
Summe Aggregateleistung	kW_{el}	
elektrischer Eigenbedarf		
- Lüftungsanlage	kW_{el}	
- Hilfs- und Nebenanlagen, Sonstiges	kW_{el}	
- Brenngasverdichter	kW_{el}	
- Netzumwälzpumpen, Druckhaltepumpen	kW_{el}	
Summe elektrischer Eigenbedarf	kW_{el}	
elektrische Netzeinspeiseleistung	$\mathbf{kW_{el}}$	

Tabelle 5.1-6: Zusammenstellung der Nutzungsgradansätze

Gesamtanlagennutzungsgrade	Dimension	Variante ...
elektrischer Nutzungsgrad		
thermischer Nutzungsgrad		
Gesamtnutzungsgrad		

84 5 Technische Grundlagen

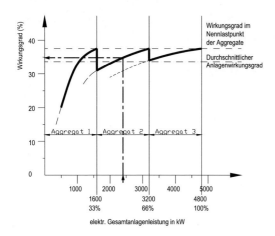

Abb. 5.1-20: Teillastverhalten von KWK-Anlagen auf Basis von Motoraggregaten

Tabelle 5.1-7: Berechnung der jährlichen Netzeinspeisung (thermisch/elektrisch

	Dimension	Variante ...
thermische Jahresarbeit der Anlage		
- Aggregat 1	kWh$_{th}$/a	
- Aggregat ….	kWh$_{th}$/a	
Summe thermische Jahresarbeit	kWh$_{th}$/a	
thermischer Eigenbedarf	kWh$_{th}$/a	
thermische Netzeinspeisearbeit		
elektrische Jahresarbeit der Anlage		
- Aggregat 1	kWh$_{el}$/a	
- Aggregat ….	kWh$_{el}$/a	
Summe elektrische Jahresarbeit	kWh$_{el}$/a	
elektrischer Eigenbedarf		
- Lüftungsanlage	kWh$_{el}$/a	
- Hilfs- und Nebenanlagen, Sonstiges	kWh$_{el}$/a	
- Brenngasverdichter	kWh$_{el}$/a	
- Netzumwälzpumpen, Druckhaltepumpen	kWh$_{el}$/a	
Summe elektrischer Eigenbedarf	kWh$_{el}$/a	
elektrische Netzeinspeisung	kWh$_{el}$/a	

Der elektrische Jahresenergiebedarf der Hilfsanlagen und Nebenantriebe kann über die Ausnutzungsstunden der KWK-Anlage berechnet werden. Der Rechenweg ist in Kapitel 7.2 erläutert.

Der sich entsprechend dem Rechenschema in Kapitel 7.2 für die Hilfsantriebe errechnende Betrag wird von der erzeugten Jahresarbeit in Abzug gebracht. Soweit keine besonderen Verhältnisse vorliegen, kann mit ausreichender Genauigkeit auch ein Anteil zwischen 3 und 8 % der elektrischen Leistung bzw. Arbeit für den Bedarf der Hilfsantriebe angesetzt werden.

Tabelle 5.1-8 zeigt eine Übersicht über typische Jahresnutzungsgrade von BHKW-Anlagen.

Tabelle 5.1-8: Typische Nutzungsgradansätze von Motorenanlagen [Quelle: VDI 2067]

Nutzungsgrad (%)	Gas-Otto-Motoraggregat	Gas-Diesel-Motoraggregat	Diesel-Motoraggregat
elektr. Nutzungsgrad	29 - 35	31 - 37	33 - 39
therm. Nutzungsgrad	51 - 52	47 - 44	43 - 41
Gesamtnutzungsgrad	80 - 87	78 - 81	76 - 80

5.1.5.3 Investitionen

Die Angabe allgemeingültiger Ansätze zum erforderlichen Investitionsvolumen ist aufgrund der vielfältigen Einflüsse nicht unproblematisch. Einzelfallabhängig sind hier nur konkrete Anfragen ausreichend aussagefähig.

Um eine erste Abschätzung der bei Motorenanlagen zu erwartenden Investitionen zu ermöglichen, wurden anhand der Erfahrungswerte ausgeführter und kalkulierter Anlagen die spezifischen Investitionen, hochgerechnet auf den aktuellen Preisstand, in Abb. 5.1-21 für KWK-Gesamtanlagen angegeben. Eine Aufgliederung der Gesamtinvestitionen auf alle einzelnen Anlagengruppen und die Angabe spezifischer Ansätze ist schwierig und schwankt von Projekt zu Projekt deutlich.

Die Aufstellung in Tabelle 5.1-9 kann nur Anhaltswerte für einen ersten Ansatz liefern. Bei neuen KWK-Anlagen ohne Nebenbauwerke (wie z.B. Verwaltungsgebäude, Werkstätten), Wärmetransportanlagen usw. teilen sich die Kosten in etwa wie in Tabelle 5.1-9 angeben auf.

Zur Vereinfachung der weiteren Rechenschritte empfiehlt sich die Zusammenfassung der Ergebnisse in einer Aufstellung entsprechend der in Kapitel 7.3 verwendeten Tabelle 7.3-1.

5 Technische Grundlagen

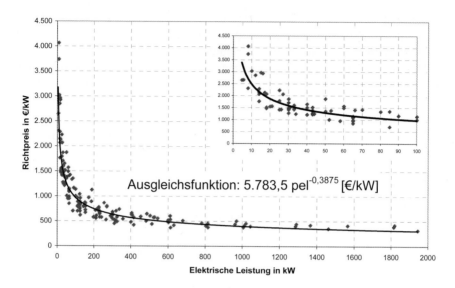

Abb. 5.1-21: Investitionsansätze für Motorenanlagen Spezifische Preise für Erdgas-BHKW-Anlagen [Quelle: BHKW-Kenndaten 2001, ASUE – Arbeitsgemeinschaft für sparsamen und umweltfreundlichen Energieverbrauch e.V., Kaiserslautern]

Tabelle 5.1-9: Investitionsansätze für KWK-Anlagen auf Motorenbasis

Nr.	Anlagenkomponente	Dimension	Investitionen von	bis
1	Baugrundstück		*1)	*1)
2	Erschließungsmaßnahmen		*1)	*1)
3	Bautechnik / -Konstruktion	€/m³	150	400
4	Technische Anlagen			
4.1	KWK-Anlage komplett	€/kW$_{el}$	siehe Abb. 5.1-21	
4.2	Betriebsmittelversorgungsanlagen	€/kW$_{el}$	40	160
4.3	Reserve-/Spitzenlastkesselanlagen	€/kW$_{th}$	20	60
4.4	Heizwasser-Kreislauf-Komponenten	€/kW$_{th}$	15	90
5	Gebäudetechnik	€/kW$_{el}$	10	50
6	Stahlbaukonstruktion		*1)	*1)

*1) Diese Kosten können nur einzelfallbezogen ermittelt werden

5.1.5.4 Wartungs- und Instandhaltungsaufwand

Motorenanlagen werden möglichst im Dauerbetrieb vollautomatisch geregelt und überwacht betrieben.

Man unterscheidet:
- Tägliche Kontrolle/Anlagenbegehung
Hierbei erfolgt die optisch-akustische Funktionsüberprüfung. Kleinere Mängel (z.B. Undichtigkeiten) werden bemerkt und beseitigt. Kontrolliert werden die Ölstände in den Aggregaten, Kühlwasserstände, Batterie- und Druckluftzustand, allgemeine Instrumentenkontrolle, Führen des Kessel- u. Maschinenbuches usw. In den Ansätzen der Wirtschaftlichkeitsberechnung werden diese Arbeiten dem Betriebspersonal (Personalkosten) zugeordnet.
- Zustandskontrollen in größeren Intervallen: Hierbei erfolgt:
  - Kerzenwechsel,
  - Ventilspielkontrolle,
  - Ölprobenahme,
  - Abgasgegendruckkontrolle,
  - Brenngasanalyse,
  - Kalibrierung/Prüfung der Rauchgasmessgeräte,
  - Reinigung der Abgas-Wärmetauscher,
  - Brenner-Funktionskontrolle der Reserve-/Spitzenlastkessel,
  - Funktionskontrolle der Hilfsanlagen und Messgeräte.
  Diese Arbeiten werden auch durch das Betriebspersonal durchgeführt und ebenfalls in den Wirtschaftlichkeitsansätzen den Personalkosten zugeordnet.
- Instandhaltung/Wartung der Motorenaggregate:
Die eigentlichen Instandhaltungs- und Wartungsarbeiten, die das Spezialwissen des Aggregatelieferanten bzw. speziell geschulte Monteure erfordern, werden im Regelfall durch Personal des Aggregateherstellers gemäß Wartungs- und Instandhaltungsvertrag ausgeführt. Hierbei werden entsprechend den Wartungsvorschriften des Herstellers alle erforderlichen Verschleißprüfungen, Einstellarbeiten und Austauscharbeiten durchgeführt, die für den Erhalt der vollen Funktionstüchtigkeit der Aggregate erforderlich sind. Hierunter fallen Arbeiten wie:
  - Zylinderkopfaustausch (nach ca. 15.000 bis 35.000 Betriebsstunden),
  - Generalüberholung des kompletten Motors einschließlich Erneuern aller Verschleißteile (nach 35.000 bis ca. 60.000 Betriebsstunden je nach Einsatz und Motortyp) u.a.

Haupteinflussgrößen der Kosten hierfür sind:
- Zylinderanzahl,
- Motorkonzept (Magermotor, SCR- oder 3-Wege-Kat.),
- Verbrennungsverfahren (2-takt, 4-takt, Otto-, Diesel-Motor),
- Brennstofftyp u.a.

Abbildung 5.1-22 zeigt für typische Motorenanlagen (einschl. Abgasreinigung) Erfahrungswerte zu den hier anzusetzenden Kosten. Näherungswerte für den zu kalkulierenden Wartungsaufwand der peripheren Anlagen sind Tabelle 5.1-10 zu entnehmen. Die Daten zeigen aber nur die zu erwartenden Größenordnungen. Aufgrund der Vielzahl an Einflussgrößen erfordern exakte Angaben die Einzelfallprüfung und ggf. eine Angebotseinholung.

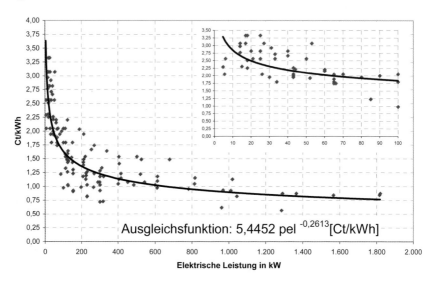

Abb. 5.1-22: Konditionen für Instandhaltungsverträge [Quelle: BHKW-Kenndaten 2001, ASUE – Arbeitsgemeinschaft für sparsamen und umweltfreundlichen Energieverbrauch e.V., Kaiserslautern]

Tabelle 5.1-10: Wartungs- und Instandhaltungsansätze

	jährliche Wartungs- und Instandhaltungskosten in % der anteiligen Investitionen (%/a)	
	von	bis
Motoraggregate einschließlich Hilfsanlagen	Abb. 5.1-22	
Reserve-/Spitzenlastkesselanlagen	1,	2,5
Heizwasserkreislaufkomponenten (Wärmezentrale)	1,8	2,2
Schaltanlage (Stromeinspeisung)	1,8	2,2
Betriebsmittelversorgungsanlagen	1,2	1,8
Gebäudetechnik (Heizung, Lüftung, Sanitär)	1,6	2,5
Bautechnik	1,0	1,5

Schmierölbedarf
In den Wartungsansätzen ist der bei Motorenanlagen nicht unerhebliche Schmierölbedarf im Regelfall nicht enthalten. Abhängig vom Einsatz der Motoren und hier vor allem von der Brennstoff- und Ansaugluftqualität sowie von der Betriebsart (kontinuierlich/intermittierend) sind in regelmäßigen Abständen komplette Ölwechsel durchzuführen. Im Normalfall wird man die Ölwechselintervalle anhand von Ölanalysen festlegen.

Hier hinzu kommt noch ein ständiger Verbrauch an Schmieröl, dessen Höhe im Wesentlichen vom Motortyp, dem Alter und dem Zustand des jeweiligen Aggregates abhängt.

Als Anhaltswert für die Wirtschaftlichkeitsberechnung kann ein Erfahrungswert in Abhängigkeit von der elektrischen Jahresarbeit von 0,001 bis 0,002 €/kWh$_{el}$ als Durchschnittswert (Verbrauch plus Ölwechsel) angesetzt werden.

5.1.5.5 Personalaufwand

Der erforderliche Personalaufwand ist grundsätzlich abhängig von der technischen Ausrüstung der Gesamtanlage. Wird die Gesamtanlage (KWK-Anlagen und Spitzenlastkesselanlagen) für Betrieb ohne ständige Beaufsichtigung (TRD 604) ausgelegt und mit einer vollautomatischen Steuer- und Regelanlage ausgerüstet, so beschränkt sich der personelle Aufwand auf täglich einmal durchzuführende Kontrollgänge (Sichtkontrolle).

Je nach Wartungskonzept wird hierbei im Tagschichtbetrieb sporadisch ein Elektromonteur und ein Maschinenschlosser bzw. Kraftwerksmonteur oder Rohrschlosser zur Durchführung kleinerer Wartungsarbeiten einzusetzen sein. Es empfiehlt sich auf jeden Fall, einen verantwortlichen Betriebsleiter zu benennen.

Über ein entsprechendes Rufbereitschaftssystem in Verbindung mit einer Störmeldeanlage sollte immer eine, der mit der Anlage vertrauten Personen, zur Beseitigung von Störungen verfügbar sein (Rufbereitschaft).

Hieraus abgeleitet ergibt sich je nach dem Gesamtaufgabenkomplex der betroffenen Personen ein Mindest-Personalansatz von 1 bis 3 „Mannjahren".

Je nach technischer Gesamtanlagenausrüstung, Betriebsführungskonzept, Bedeutung der Anlage, Wartungskonzept usw. werden aber auch Anlagen mit einem Betriebspersonalstamm von bis zu 15 Personen (3-Schichtbetrieb) angetroffen.

5.1.6 Konzeption von Klein-BHKW-Anlagen

Die bisherigen Betrachtungen gelten grundsätzlich für alle BHKW-Anlagen, über den gesamten verfügbaren Leistungsbereich hinweg.

Für große BHKW-Anlagen ist der Aufwand für die detaillierte Konzepterstellung unter Berücksichtigung der vorstehend im einzelnen behandelten Sachverhalte leicht zu vertreten, da die Gesamtkosten dieser Anlagen den damit verbundenen Aufwand rechtfertigen.

Bei der Konzeption von kleinen BHKW muss der Aufwand für Konzeption, Planung und Umsetzung geringer ausfallen als bei großen Anlagen, da ansonsten die Konzept- und Planungskosten nicht mehr in Relation zu den Investitionen stehen und somit die Wirtschaftlichkeit in Frage steht.

Abb. 5.1-23: Klein-BHKW der 5 kW$_{el}$-Klasse [Fotos: Ecopower, Senertec]

Bei kleinen Objekten ist oftmals die Datenbasis zur Dimensionierung nicht so breit wie bei großen Energieverbrauchern. Meist stehen lediglich monatliche Aufzeichnungen zum Brennstoff- und Stromverbrauch zur Verfügung. Detaillierte Messungen zur Aufstellung einer geordneten Jahresdauerlinie sind aufgrund der vorhandenen Messeinrichtungen nicht zu erhalten. Anhand der Monatsverbräuche ist zumindest die Charakteristik wie Raumheizung, Warmwasserbedarf und durchschnittliche Leistungsdaten ersichtlich. Ein weiterer Anhaltspunkt für die Dimensionierung ist die installierte Anlagentechnik. Dabei ist insbesondere die Dimensionierung des vorhandenen Kessels zu prüfen. Kesselanlagen sind sehr häufig weit überdimensioniert, so dass die Kesselleistung weit über dem tatsächlichen Wärmeleistungsbedarf liegt. Kennwerte wie, der spezifisch installierten Kesselleistung (W/m²) und den Jahresvollbenutzungsstunden, liefern hier wichtige Hinweise. Der richtig dimensionierte Kessel deckt den maximalen Wärmeleistungsbedarf des Objektes. Für die außentemperaturabhängigen Raumheizung kann die Leistung anhand des regional unterschiedlichen Temperaturverlaufs über die Heizperiode verteilt werden. Der Brennstoffverbrauch im Sommer liefert Daten zum Warmwasserbedarf des Objektes. Anhand der so gewonnen Hinweise lässt sich für eine erste Betrachtung ein BHKW in der Leistung festlegen, um eine Wirtschaftlichkeitsbetrachtung durchführen zu können. Grundsätzlich ist es günstiger das BHKW eher zu klein als zu groß ausgelegt zu haben. Zu groß dimensionierte BHKW-Anlagen müssen zur Deckung des Bedarfs häufig im Teillastbetrieb mit schlechteren Wirkungsgraden oder gar im Taktbetrieb gefahren werden. Neben der Technik leidet dann auch die Wirtschaftlichkeit, da in eine große Anlage investiert wurde, die nicht voll ausgenutzt wird. Eine zu klein dimensionierte Anlage kann lange Zeit unter optimalen Bedingungen mit Nennlast betrieben werden, so dass auch das investierte Kapital gut ausgenutzt wird. Mit der zu kleinen Anlage wird ggf. das wirtschaftliche Optimum nicht erreicht.

Hydraulisch wird das BHKW oft in den Rücklauf zur Anhebung der Temperatur eingebunden. Das vom Verbraucher zurückfließende Heizwasser fließt durch die im BHKW integrierten Wärmetauscher und wird dadurch in der Temperatur angehoben. Genügt das erreichte Temperaturniveau zur Deckung des Wärmebedarfs fließt das Heizwasser zu den Verbrauchern ansonsten wird der Heizkessel zur Erreichung der Solltemperatur zugeschaltet.

Zur Entkopplung der Wärmeerzeugung vom Wärmeverbrauch werden auch Speicher eingesetzt. Damit wird ein kontinuierlicher Betrieb des BHKW sichergestellt. Notkühler kommen in der Regel nicht zum Einsatz, da sich dadurch die Investitionen erhöhen und die vernichtete Wärme kein Deckungsbeitrag liefert.

Besondere Aufmerksamkeit bei den Kleinstanlagen ist dem zu treibenden baulichen Aufwand zu schenken. Gerade bei der Installation in bestehenden Heizanlagen muss anfänglich geprüft werden, ob eine einfache Einbringung und die Herstellung aller Anschlüsse möglich ist. Hierbei sind der Aufstellort und die Abgasführung wichtige Kriterien. Kurze Wege für die Anschlüsse sind notwenig, damit der Rohleitungsbau nicht zu aufwendig wird. Zur Abführung des Abgases sollte die Nutzung eines freien Kaminzuges oder auch die Einleitung des Abgases in den Kamin der Heizanlage angestrebt werden.

In Kapitel 9 wird die Dimensionierung und eine erste Wirtschaftlichkeitsbetrachtung für eine kleine BHKW-Anlage dargestellt.

5.2 KWK-Anlagen mit Gasturbinen

Die Gasturbinentechnik hat seit langem ihre Zuverlässigkeit in der kommunalen und industriellen Stromerzeugung bewiesen. In Deutschland sind eine Vielzahl von Gasturbinenanlagen installiert. Lag der Schwerpunkt der Installationen in der Vergangenheit bei großen Spitzenlastkraftwerken sowie kleineren KWK-Anlagen im Leistungsbereich von 1,5 MW_{el} bis 25 MW_{el}, so geht derzeit im unteren Leistungsbereich verstärkt der Trend hin zu kleinen elektrischen Aggregateleistungen im Bereich unter 100 kW (Mikro-KWK), Anlagen im Bereich um 2 MW_{el} (KWK-Gesetz enthält hier eine Leistungsschwelle) und bei den sehr großen GuD-Anlagen zu Leistungen bis zu 600 MW_{el}.

Unter der Bezeichnung Mikrogasturbinen (Miko-KWK) werden sehr kleine Gasturbinen im Bereich ab ca. 30 kW_{el} geführt. Der Brennstoffeinsatz liegt im Leistungsbereich von 100 bis einige 100 kW_{BS}. Mikro-KWK-Anlagen sind überall dort wirtschaftlich einsetzbar, wo ein ganzjähriger Wärme- und Strombedarf mit mindestens 5.000 h/a besteht. Im Leistungsbereich bis 1 kW_{el} ist dies das Einfamilienhaus, bis 5 kW_{el} ist dies das Mehrfamilienhaus, der Gewerbebetrieb, dann ab ca. 30 kW_{el} größere Büro- und Nutzgebäude. Generell wird in diesem Marktsegment mit positiver Entwicklung gerechnet, da die Vergünstigungen bei der Ökosteuer für Strom und Erdgas hier wirken.

Bei KWK-Anlagen auf Basis von Gasturbinen wird in einem ersten Schritt die elektrische Energie in einem von einer Gasturbine angetriebenen Generator erzeugt. Die Gasturbinenabgase mit Temperaturen zwischen 450°C und 600°C werden dann in einem nachgeschalteten Abhitzekessel zur Produktion von Dampf- oder Heißwasser eingesetzt, dabei abgekühlt und anschließend über den Kamin abgeleitet.

In Sonderfällen kommen die Abgase auch direkt in Produktionsprozessen (z. B. Trocknern) zum Einsatz.

Verstromt man den Dampf aus dem Abhitzekessel der Gasturbine dann in einer Dampfturbine, so erhält man den GuD-Prozess (Gas- und Dampfturbinenprozess). Je nach Leistungsgröße der Anlage sind hierfür unterschiedliche Anlagenkonzepte im Einsatz. Bei industriellen Anwendungen bis zu 50 MW_{el} überwiegen einfache Schaltungen, bei denen oft die Gasturbine dem Dampfturbinenprozess nur vorgeschaltet wurde und die Abhitzekessel mit Zusatzfeuerungen ausgerüstet sind. Bei den großen Kraftwerken der Stromwirtschaft (> 65 MW_{el}) überwiegen spezielle, zum Teil standardisierte, Schaltungen. Hier wird der Abhitzekessel wärmetechnisch so ausgelegt, dass mehrere Dampfdruckstufen und Zwischenüberhitzungen installiert werden und so das Gasturbinenabgas optimal genutzt werden kann. Gasturbine, Dampfturbine und der Generator werden hierbei zum Teil mit einer gemeinsamen Welle errichtet. Zusatzfeuerungen im Abhitzekessel und Vorwärmschaltungen sind hier ebenfalls nicht üblich.

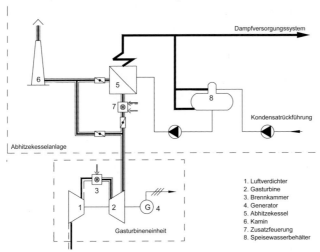

Abb. 5.2-1: Typisches Prinzipschaltbild einer industriellen Gasturbinen-KWK-Anlage (hier offener Gasturbinenprozess mit Dampferzeugung)

Abbildung 5.2-1 zeigt ein typisches Anlagenschema einer industriell eingesetzten Gasturbinen-KWK-Anlage (offener Gasturbinenprozess mit Dampferzeugung). Die Gasturbineneinheit, bestehend aus

– Verbrennungsluft-Kanalanschluss,
– Verbrennungsluft-Verdichter,
– Brennkammer,
– Brennstoffversorgungssystem,
– Arbeitsturbine,
– Generator,
– Abgas Kanalanschluss,
– Hilfseinrichtungen wie Ölversorgungssystem mit Schmierölkühler, MSR-Technik, Schaltanlage, usw.,
– Kühlluft-Kanalanschluss,
– Abluft-Kanalanschluss

wird üblicherweise in einem schallgedämmten Containergehäuse (Package) anschlussfertig frei Baustelle geliefert (Abb. 5.2-2).

Die Modellreihen, technischen Ausführungen und Leistungsabstufungen sind herstellerseits standardisiert, so dass eine kostengünstige Serienfertigung möglich wird. Durch diese Werksfertigung werden gerade im Leistungsbereich unter 50 MW$_{el}$ kurze Liefer- und Montagezeiten bei spezifisch niedrigen Investitionen realisiert.

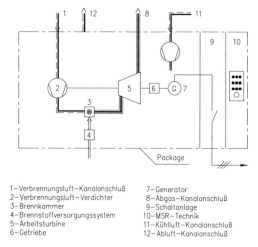

1-Verbrennungsluft-Kanalanschluß
2-Verbrennungsluft-Verdichter
3-Brennkammer
4-Brennstoffversorgungssystem
5-Arbeitsturbine
6-Getriebe
7-Generator
8-Abgas-Kanalanschluß
9-Schaltanlage
10-MSR-Technik
11-Kühlluft-Kanalanschluß
12-Abluft-Kanalanschluß

Abb. 5.2-2: Systemschema Gasturbinenpackage

5.2.1 Gesamt-Anlagenprozess

Im Bereich der hier besprochenen KWK-Anlagen unterscheidet man zwischen

- einfachem, offenem Gasturbinenprozess mit Abhitzekessel (Heizkraftwerk) (Abb. 5.2-1, Abb. 5.2-3) mit und ohne Zusatzfeuerung im Abhitzekessel,
- Gas- und Dampfturbinenprozess (GuD-Prozess)
  (auch als Kombiblock bezeichnet) (Abb. 5.2-6) mit und ohne Zusatzfeuerung im Abhitzekessel,
- Gasturbine mit Dampfeinspritzung (Cheng Cycle)
  ggf. mit Zusatzfeuerung und Dampfbereitstellung für Verbraucher (Dampfturbinen o.ä.) (Abb. 5.2-8).

Während die Gasturbine im Regelfall mit Erdgas- oder Heizöl betrieben wird, können in der Zusatzfeuerung nahezu alle verfügbaren flüssigen und gasförmigen Brennstoffe eingesetzt werden. In Sonderfällen sind auch Kombinationen mit festbrennstoffbefeuerten Zusatzfeuerungen getestet worden. In der Mehrzahl der derzeit realisierten Anlagen wird Erdgas und Heizöl in der Zusatzfeuerung bivalent eingesetzt. Im Regelfall arbeiten die Abhitzekessel der Gasturbinen wärmeseitig parallel zu konventionellen Reserve oder Spitzenlastkesseln. Aufgrund der hohen Abgastemperaturen (500 - 600 °C.) und der großen Abgasmengen sind Gasturbinen sowohl für Heißwasserproduktion bis zu Vorlauftemperaturen über 200 °C als auch zur Dampfproduktion (bis zu 160 bar) geeignet.

Die elektrische Leistung der Gasturbinen wird üblicherweise parallel zu bestehenden Stromanschlüssen an örtliche oder überregionale Versorgungsnetze in das Werksnetz eingespeist. Häufig erfolgt die Auslegung der elektrischen Anlagenteile der Gasturbinenanlage für den Inselbetrieb.

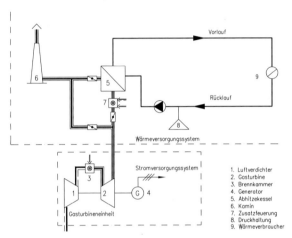

Abb. 5.2-3: Prinzipschaltbild einer industriellen Gasturbinen-KWK-Anlage (hier offener Gasturbinenprozess mit Heißwassererzeugung)

Man unterscheidet wie in Kap. 2.1 und Kap. 4 erläutert zwischen

- stromorientiertem Betrieb,
- wärmeorientiertem Betrieb,
- Wechsel zwischen strom- und wärmeorientiertem Betrieb.

Für die wärmeseitige Ausrüstung und Einbindung der Abhitzekessel in Wärmeversorgungssysteme gelten grundsätzlich die allgemeinen Regeln der Dampf- und Heißwassertechnik (Heizungstechnik), die entsprechenden DIN-Normen, VDI-Richtlinien, die Druckgeräte-Richtlinie und die Technischen Regeln für Dampfkessel (TRD).

Zur Entkopplung der Erzeugung von elektrischem Strom und Wärme sowie für Anfahrvorgänge kann ein Notkamin bzw. ein Bypass um den Abhitzekessel vorgesehen werden (wird häufig eingesetzt, wenn die Gasturbine auch zur Notstromversorgung eingesetzt wird bzw. wenn zwei Gasturbinen auf eine Kesselanlage arbeiten). Sind regelmäßig Betriebszeiten denkbar, bei denen die produzierte thermische Energie nicht im Wärmenetz absetzbar ist oder treten (z.B. im Dampfnetz) starke Lastspitzen auf, ist der Einsatz von Wärmespeichern zu prüfen (siehe hierzu auch die Ausführungen zu Abb. 5.1-3 in Kapitel 5.1.1, die hier analog Gültigkeit besitzen).

Anhaltswerte für die im KWK-Betrieb und mit Zusatzfeuerung möglichen Dampfmengen sind Abb. 5.2-4 zu entnehmen.

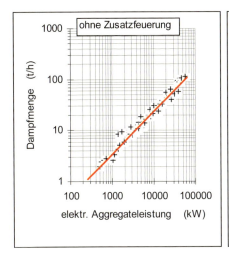
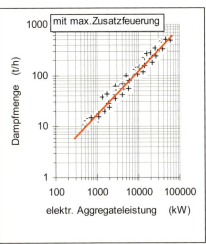

Abb. 5.2-4: Verhältnis von Dampfproduktion und elektrischer Gasturbinenleistung beim offenen Gasturbinenprozess mit Abhitzekessel

Sowohl bei der Dampf-, als auch bei der Heißwasserproduktion ist die Parallelschaltung mehrerer KWK-Einheiten sowie die Parallelschaltung von KWK-Einheiten und Spitzenlast-Kesselanlagen üblich. Auch besteht grundsätzlich die Möglichkeit, zwei Gasturbineneinheiten abgasseitig auf einen Abhitzekessel arbeiten zu lassen. Dem Vorteil der geringeren Investitionen stehen hierbei aber der Nachteil der niedrigeren Redundanz (z.B. bei Ausfall der Kesselanlage) und betriebliche Nachteile bei stark wechselnden Teillastbetriebspunkten der Gasturbinen und der Zusatzfeuerung gegenüber. Arbeiten zwei Gasturbinen auf einem Abhitzekessel, ist der sonst optionale rauchgasseitige Kesselbypass unbedingt als Anfahrhilfe zu empfehlen.

Abbildung 5.2-5 zeigt den Zusammenhang zwischen elektrischer Gasturbinenleistung und der thermischen Nutzleistung bei Heißwasserproduktion. Aufgrund der unterschiedlichen Anlagentypen, Fabrikate und Prozessdaten, ergibt sich der relativ große Streubereich der in den Abbildungen eingetragenen Leistungsdaten. Genauere Ergebnisse sind einzelfallspezifisch anhand der in Kapitel 7 erläuterten Rechengänge unter Verwendung der nachfolgend genannten Wirkungsgradansätze zu ermitteln.

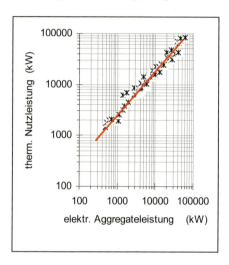

Abb. 5.2-5: Verhältnis von therm. Nutzleistung und elektr. Gasturbinenleistung beim offenen Gasturbinenprozess mit Abhitzekessel (Heißwasserproduktion)

5.2.1.1 Einfacher, offener Gasturbinenprozess mit Abhitzekessel

Die im industriellen Leistungsbereich hauptsächlich angewandte Anlagenkonzeption ist der einfache, offene Gasturbinenprozess mit nachgeschaltetem Abhitzekessel. Der Abhitzekessel wird je nach Erfordernis für Heißwasser- oder Dampferzeugung ausgelegt. Zur besseren Wärmeausnutzung werden bei Dampferzeugung häufig mehrere Druckstufen im Abhitzekessel vorgesehen. Der im Abhitzeprozess erzeugte Dampf (bzw. Heißwasser) wird anschließend über Verteilnetze den Wärmeverbrauchern zugeführt. Typische Beispiele hierfür zeigen die Darstellungen in Abb. 5.2-1 (Dampferzeugung) und Abb. 5.2-3 (Heißwassererzeugung).

5.2.1.2 Gas- und Dampfturbinenprozess

Eine wesentliche Steigerung des elektrischen Wirkungsgrades ist mit dem Gas- und Dampfturbinenprozess (GuD) zu erreichen. Hierbei wird das Abgas der Gasturbine zunächst in einem Abhitzekessel zur Dampfproduktion eingesetzt. Dieser Dampf wird anschließend in einer Dampfturbine entspannt.

Der Abdampf der Dampfturbine kann dann in ein Dampfnetz eingespeist oder über Heizkondensatoren zur Heißwasserproduktion genutzt werden. Ein für GuD-Prozesse typisches Anlagenschema zeigt Abb. 5.2-6.

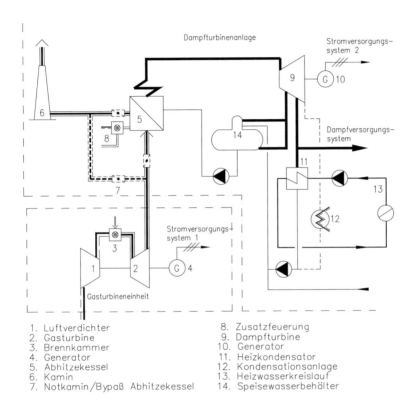

1. Luftverdichter
2. Gasturbine
3. Brennkammer
4. Generator
5. Abhitzekessel
6. Kamin
7. Notkamin/Bypaß Abhitzekessel
8. Zusatzfeuerung
9. Dampfturbine
10. Generator
11. Heizkondensator
12. Kondensationsanlage
13. Heizwasserkreislauf
14. Speisewasserbehälter

Abb. 5.2-6: Typisches Prinzipschaltbild einer GuD-Anlage

Die elektrische Leistung des Dampfturbinenprozesses ist zunächst abhängig von der Abgasenergie der eingesetzten Gasturbine und der Konzeption des Dampfturbinenprozesses bzw. den zugehörigen thermodynamischen Prozessdaten. Im hier besprochenen Leistungsbereich sind Frischdampfdaten mit Drücken bis 80 bar (520° C), oder 40 bar (450° C) üblich.

Die Drücke der Prozessdampfschienen liegen üblicherweise bei 2, 5, 12, 25, oder 40 bar. Auslegung und Konzept des Dampfturbinenprozesses entsprechen im Wesentlichen den Ausführungen in Kapitel 5.3. Der Parallelbetrieb mit konventionellen Dampferzeugern ist ohne weiteres möglich.

Abbildung 5.2-7 ermöglicht die überschlägige Ermittlung der, beim GuD-Prozess, durch die Dampfturbine zusätzlich zur Gasturbine erzielbaren elektrischen Leistung, wobei die Leistungsdaten anhand typischer Anlagenkonzepte und Turbinentypen errechnet wurden. Aufgrund der Bandbreite sowohl der Gasturbinendaten (bei unterschiedlichen Fabrikaten), als auch der Prozessdaten der Dampfturbinen ergeben sich z. T. unterschiedliche Leistungswerte.

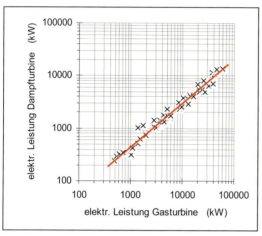

Abb. 5.2-7: Verhältnis von elektrischer Gasturbinenleistung zu elektrischer Dampfturbinenleistung beim GuD-Prozess (ohne Zusatzfeuerung)

Selbstverständlich besteht bei den Prozessvarianten die Möglichkeit der Zusatzfeuerung im Abhitzekessel zur Erhöhung der Wärmeproduktion unabhängig von der Gasturbinenleistung. Die hieraus resultierende zusätzliche elektrische Dampfturbinenleistung kann anhand der Darstellungen in Kapitel 5.3 ermittelt werden (Dampfturbinenprozess). Hinsichtlich des GuD-Prozesses ist zu berücksichtigen, dass die mit der Zusatzfeuerung erzeugten Dampfmengen nur mit dem relativ niedrigen Wirkungsgrad der Dampfturbinenanlage verstromt werden.

Die nachfolgend genannten thermischen Gasturbinenwirkungsgrade enthalten bereits die Kesselverluste. Dies ist zu berücksichtigen, wenn die Daten bei der Berechnung des GuD-Prozesses Verwendung finden.

5.2.1.3 Gasturbine mit Dampfeinspritzung (Cheng-Prozess)

Der Cheng-Prozess ist ein thermodynamischer Kreisprozess, der den Gasturbinen- und den Dampfturbinenprozess in einem Aggregat zusammenfassend realisiert. Abbildung 5.2-8 zeigt das Prinzipschema. Die Abgase einer Gasturbine werden hierbei in einem nachgeschalteten Abhitzekessel zur Dampfproduktion genutzt. Normalerweise ist dieser Abhitzekessel mit einer Zusatzfeuerung ausgerüstet. Der im Abhitzekessel erzeugte Heißdampf wird ganz oder teilweise in die Gasturbine eingespeist und führt durch den höheren Massendurchsatz in der Gasturbine zu einer Leistungssteigerung (max. bis zu 50% gegenüber dem Standardprozess).

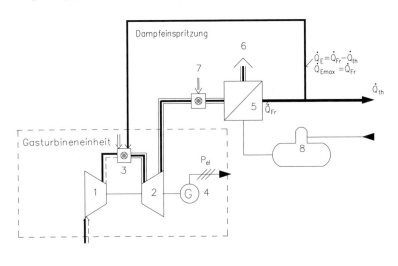

1 = Luftverdichter
2 = Gasturbine
3 = Brennkammer
4 = Generator
5 = Abhitzekessel
6 = Kaminanschluß
7 = Zusatzfeuerung
8 = Speisewasserbehälter/Entgaser

Abb. 5.2-8: Prinzipschema „Cheng-Prozess"

Der Cheng-Prozess ist im Prinzip mit dem GuD-Prozess vergleichbar. Hauptvorteil sind die gegenüber dem GuD-Prozess deutlich niedrigeren Investitionen. Dem stehen die Kosten für das Zusatzwasser und dessen Aufbereitung entgegen. Aufgrund der speziellen Anforderungen an das Gasturbinenaggregat ist nicht jede Gasturbine für diesen Prozess geeignet. Zugelassen ist z.B. die Allison 501-KH Gasturbine mit ca. 5,6 MW elektrischer Maximalleistung bei bis zu 20 t/h Prozessdampfproduktion. Das typische Kennfeld dieses Prozesses ist in Abb. 5.2-9 am Beispiel dieses Aggregates dargestellt.

Hierbei sind folgende Betriebsweisen möglich:

- Linie 8-6: Abgasnutzung im Abhitzekessel, keine Dampfeinspritzung, erzeugter Dampf wird in externes Dampfverbrauchssystem eingespeist.
- Linie 6-1: Bei Rückgang des externen Dampfbedarfs wird die überschüssige Dampfmenge des Abhitzekessels in die Gasturbine zur Erhöhung der elektrischen Leistung eingespeist.
- Linie 1-4: Zu Spitzenbelastungszeiten im elektrischem Netz erfolgt die maximal mögliche Dampfeinspritzung in die Gasturbine, der extern benötigte Prozessdampf wird mittels Zusatzfeuerung erzeugt.
- Linie 1-2-3-4: Durch Erhöhung der Turbineneintrittstemperatur ist eine zusätzliche Steigerung der elektrischen Leistung möglich, aber mit Lebensdauerreduzierung, Erhöhung der Wartungskosten usw. verbunden.
- Linie 4-5-7: Bei verringertem elektrischem Leistungsbedarf werden Laständerungen im Dampfnetz mittels Zusatzfeuerung ausgeglichen.
- Linie 6-5: Zusatzfeuerung bei erhöhtem Dampfbedarf ohne Dampfeinspritzung in der Gasturbine.

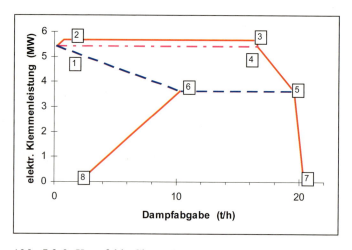

Abb. 5.2-9: Kennfeld „Cheng-Prozess" (Quelle: ELIN)

5.2.2 Aufstellungsverhältnisse/Gesamtanlage

Der gesamte Umfang einer KWK-Anlage wurde in Kapitel 5.0 zusammenfassend für alle unterschiedlichen Anlagentypen erfasst. Nachfolgend wird daher nur noch auf die Besonderheiten bei Anlagen mit Gasturbinen eingegangen.

Bei der Ermittlung der Investitionen kann, wenn eine entsprechende Genauigkeit gefordert wird, durchaus die Vorprojektierung der Gesamtanlage erforderlich sein. Daher werden die hierzu nennenswerten Einzelheiten nachfolgend kurz anhand von Beispielen angerissen.

Für die Ermittlung der Gebäudekosten sind die erforderlichen Räumlichkeiten anhand eines Aufstellungskonzeptes (Beispiel Abb. 5.2-10) festzulegen. Als Anhaltswerte für die Abmessungen der einzelnen Turbinenaggregate können die in Abb. 5.2-11 als Beispiele enthaltenen Maßtabellen dienen. Je nach den Detailierungs- oder Genauigkeitsanforderungen des Einzelfalls empfiehlt sich aber die gezielte Einholung von Angeboten. Gerade bei den möglichen Kesselkonstruktionen sind eine Vielzahl unterschiedlicher Konstruktionen denkbar, die Einfluss auf die Bauteile, die Baugestaltung und die Abmessungen haben können.

Im Regelfall werden die Gasturbinenaggregate als komplette schallgedämmte Einheiten (Package) geliefert. Eine Außenaufstellung ist prinzipiell möglich, wird in Deutschland aus Emissionsschutzgründen (Schall) sowie aus Wartungsgründen (Witterung) aber nur selten gewählt. Bei großen Einheiten (über 50 MW_{el}) bestehen die Turbinenanlagen auch aus vor Ort montierten Einzelkomponenten.

Für die Fundamente der Gasturbinenaggregate sind im Regelfall keine besonderen Aufwendungen zu kalkulieren. Das Gewicht der Aggregate ist im Verhältnis zur benötigten Auflagerfläche vergleichsweise gering. Üblicherweise genügen Fundamentsockel/-träger, auf die das Package abgesetzt werden kann. Die Aufstellung erfolgt elastisch auf Schwingungsdämpfern. Im Verhältnis zu Motoraggregaten sind die beweglichen Massen gering und haben zudem eine hohe, gleichförmige Frequenz (keine hin- und hergehenden Massen, sondern Drehbewegung). Die Kesselanlagen erhalten entsprechend ausgelegte Fundamente.

Der Gesamtlieferumfang der Gasturbineneinheit umfasst als komplette funktionsfähige Einheit folgende im Package integrierte Komponenten:

- Komplettes Gasturbinenaggregat bestehend aus Verdichter, Brennkammer, Arbeitsturbine, Generator usw.
- Schmierölsystem einschließlich Schmierölbehälter, -kühler, -pumpen usw.
- Anlasser mit Druckluft-, Elektro- oder Hydraulikantrieb
- Brennstoffregelstrecke gegebenenfalls als Zweistoffsystem (für Öl/Gas).
- Generatorableitung mit Leistungsschalter einschließlich Generatorregelung, Überwachung, Sternpunktbildung, Netzkuppelschalter, Synchronisierung usw..

– Erforderliche MSR-Technik zur Überwachung und Steuerung der im Package installierten Anlagen, einschließlich der Leistungsregelung für das Gasturbinenaggregat und Schnittstelle zur Anbindung an die übergeordnete Gesamtanlagen-Leittechnik
– Frischluftansaugung bestehend aus dem komplettem Luftkanalsystem mit Einlassgitter, Luftfilter, Schalldämpfer, bis zum Anschluss an das Gasturbinen Package.

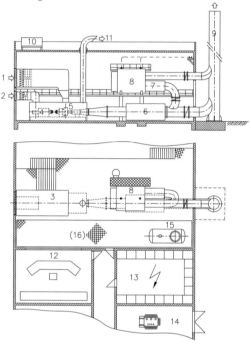

1 – Verbrennungsluftansaugung
2 – Lufteinlaß–Lüftungsanlage GT–Package
3 – Gasturbinen–Package
4 – Generator
5 – Gasturbine
6 – Schalldämpfer
7 – Zusatzfeuerung (Kanalbrenner)
8 – Abhitzekessel
9 – Kamin
10 – Rückkühler für Kühlwasserkreislauf
11 – Luftauslaß–Lüftungsanlage GT–Package
12 – Messwarte
13 – Schaltanlage
14 – Transformator
15 – Entgaser
16 – Platzbereich für Anlagenteile des Dampf-/Kondensatkreislaufs, Hilfsanlagen usw.

Abb. 5.2-10: Aufstellungsbeispiel einer Gasturbinen-KWK-Anlage

Der Abhitzekessel wird als komplette funktionsfähige Einheit geliefert, im Einzelnen bestehend aus:

– Abhitzekessel einschließl. grober und feiner Armatur, Isolierung usw.,
– Zusatzfeuerungsanlage (wenn erforderlich),

5.2 KWK-Anlagen mit Gasturbinen

- Frischluftgebläse (wenn die Zusatzfeuerung auch bei Ausfall der Gasturbine betrieben werden soll),
- Brennstoffregelstrecke ggf. für zwei Brennstoffarten (z.B. Erdgas und Heizöl),
- Abgaskanal zur Verbindung von Gasturbine und Abhitzekessel einschließlich Diffusor, Kesselbypass (wenn erforderlich), Abgasklappen, Brenner (wenn erforderlich),
- Rauchgaskanal ab Kesselende bis Kamin einschl. Schalldämpfer,
- zugehörige Elektroversorgungsanlage für die elektrischen Antriebe,
- zugehörige MSR-Anlage zur Überwachung und Steuerung der gesamten Kesselanlage einschließlich Brennersteuerung, Steuerung für Abgassystem, Druck-, Temperatur- und Leistungsregelung einschließlich Schnittstelle zur Anbindung an das übergeordnete Leitsystem der Gesamtanlage (Leitwarte).

Der hohe Sauerstoffgehalt im Turbinenabgas (bis zu 16 %) kann einer Zusatzfeuerung als Verbrennungsluft dienen, wodurch dann zum einen das hierfür ansonsten notwendige Verbrennungsluftgebläse eingespart werden kann, zum andern sich die Rauchgasmengen im Kessel nicht noch weiter erhöhen, was hier konstruktive und investive Vorteile bringt. Abhängig von den geforderten Dampf- bzw. Heißwasserparametern, der Abgasmenge und der Abgastemperatur der Gasturbine, sowie dem Brennstoff und der Bauart der Zusatzfeuerung sind eine Reihe unterschiedlicher Kesselkonstruktionen möglich. Die am häufigsten eingesetzten Varianten sind in Abb. 5.2-12 schematisch dargestellt. Hinsichtlich der Bauart der Zusatzfeuerung sind einmal konventionelle Brenner üblich, denen das Turbinenabgas ähnlich der sonst vorhandenen Verbrennungsluftversorgung zugeführt wird, oder es werden Kanalbrenner im Abgaskanal zwischen Gasturbine und Kesselanlage eingebaut.

Auslegung und Konstruktion der Abhitzekessel erfolgen entsprechend den geforderten Dampf oder Heißwasserparametern (Druck, Temperatur, Menge) sowie entsprechend den Lastanteilen von Gasturbinen- und Zusatzfeuerungsleistung. Hauptkriterien für die Kesselgröße sind in erster Näherung der Abgasmassenstrom der Gasturbine sowie der geforderte Dampfdruck. Auch bei voller Ausnutzung des Restsauerstoffgehaltes durch eine Zusatzfeuerung ändert sich der Rauchgasmassenstrom im Kessel nur geringfügig. Abbildung 5.2-4 zeigt die maximal mögliche Dampfproduktion im Abhitzekessel bei maximaler Ausnutzung des Restsauerstoffgehaltes im Gasturbinenabgas. Im ersten Ansatz kann dieser Wert für die Auswahl von Standardkesselanlagen (z.B. Großwasserraumkessel oder Industriedampfkessel) herangezogen werden. Die Abbildungen 5.2-4 und

5.2-5 eignen sich auch zur Abschätzung der möglichen Gasturbinenleistung, wenn einer vorh. Kesselanlage nachträglich eine Gasturbine vorgeschaltet werden soll. Ausgehend von der maximal möglichen Dampfmenge wird die zugehörige Gasturbinenleistung abgegriffen.

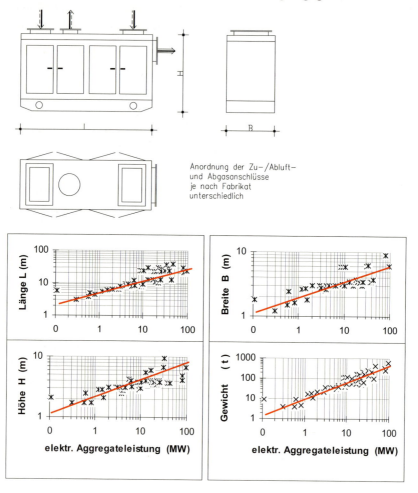

Abb. 5.2-11: Typische Abmessungen von Gasturbinenanlagen

Im Leistungsbereich bis ca. 15 MW thermische Kesselleistung und bei Drücken bis ca. 20 bar werden häufig Großwasserraumkessel als Abhitzekessel eingesetzt. In allen übrigen Fällen kommen Wasserrohrkessel zum Einsatz, wobei eine Vielzahl von Baukonstruktionen möglich sind. Im konkreten Fall sind Herstelleranfragen als Grundlage für die Wirtschaftlichkeitsuntersuchungen erforderlich. Bei Umbau vorhandener Industriedampfkesselanlagen auf Gasturbinenbetrieb, aber auch bei Neuanlagen ist u. a. die Anordnung der ECO-Heizflächen besonders zu beachten. Diese Heizflächen sind so zu positionieren, dass hier evtl. im Teillastbetrieb entstehende Dampfmengen gefahrlos abgeleitet werden können; während bei der normalen Kesselfeuerung der Rauchgasmassenstrom im Teillastbetrieb sinkt, bleibt er bei Gasturbinenanlagen weitestgehend konstant. Bei Kesselanlagen mit Zusatzfeuerung steigt die Abgastemperatur sogar mit sinkender Feuerungsleistung.

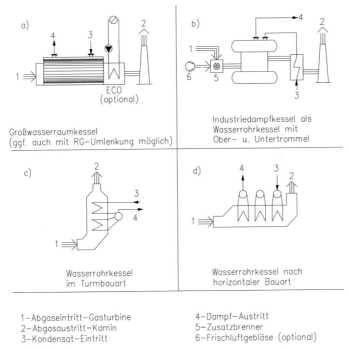

1 – Abgaseintritt – Gasturbine
2 – Abgasaustritt – Kamin
3 – Kondensat – Eintritt
4 – Dampf – Austritt
5 – Zusatzbrenner
6 – Frischluftgebläse (optional)

Abb. 5.2-12: Schematische Darstellung der unterschiedlichen Bauformen für Gasturbinen-Abhitzekessel

Die wesentlichen Unterscheidungskriterien für die in Abb. 5.2-12 dargestellten Kesselbauformen werden im Folgenden kurz angesprochen.

a) *Großwasserraumkessel*
Leistungsbereich:

- bis ca. 10 t/h Frischdampf (bzw. 15 MW_{th} bei Heizwasser),
- Drücke bis 20 bar,
- Dampftemperatur bis 450 °C bzw. Heizwassertemp. bis 200 °C.

Die Zusatzfeuerung wird bei kleinen Turbinenleistungen (unter 2 MW$_{el}$) meist in einem separaten Flammrohrzug installiert. Bei größeren Leistungen ist es oft günstiger, einen Kanalbrenner in dem Abgaskanal zwischen Gasturbine und Abhitzekessel vorzuschalten. Abbildung 5.2-10 und Abb. 5.2-13 zeigen Ausführungsbeispiele für derartige Anlagen.

b) *Wasserrohrkessel als Industriedampfkessel*
Leistungsbereich:

- Dampf-/Heizwassermengen nach Erfordernis,
- Dampfdrücke bis 80 bar (in Sonderfällen auch mehr),
- Dampftemperatur bis 540 °C bzw. Heizwassertemperatur bis 200 °C (in Sonderfällen auch mehr).

Hier sind die bei konventionellen Feuerungen bewährten, meist standardisierten Industriedampfkessel mit Ober- u. Untertrommel bzw. vergleichbare Konstruktionen einsetzbar. Die Zusatzfeuerung wird entsprechend der konventionellen Anordnung gewählt. Die Gasturbine speist in diesem Fall in das Brennerluftgeschränk ein, das den höheren Temperaturen entsprechend auszulegen ist. Abbildung 5.2-14 zeigt ein Ausführungsbeispiel für eine derartige Anlage.

c) *Wasserrohrkessel als vertikaler Einzugkessel*
Leistungsbereich:

- Dampf-/Heizwassermengen nach Erfordernis,
- Dampfdrücke bis 80 bar (vielfach auch mehr),
- Dampftemperaturen bis 535 °C, Heizwassertemperatur bis 200 °C (in Sonderfällen auch mehr).

Die Kessel werden speziell für die Abgasmengen und Abgaszustände der Gasturbinen ausgelegt. Daher sind diese Anlagen meist erst bei größeren Gasturbinenleistungen (über 10 MW$_{el}$) wirtschaftlich einsetzbar. In Sonderfällen, z.B. bei Platzproblemen, ist aber auch im unteren Leistungsbereich ein Einsatz möglich. Bei größeren Anlagen werden diese Kessel als Mehrdruckkessel betrieben.

d) *Wasserrohrkessel als horizontale Einzugkessel*
Leistungsbereich:

- Dampf-/Heizwassermengen nach Erfordernis,
- Dampfdrücke bis 80 bar (in Sonderfällen auch mehr),
- Dampftemperaturen bis 520 °C, Heizwassertemperatur bis 200 °C (in Sonderfällen auch mehr).

Hierbei handelt es sich um einen waagerecht angeordneten Einzugkessel (Dampf-/Heizwassermengen nach Erfordernis) mit Naturumlaufsystem, der aus einzelnen, werksseitig vorgefertigten Modulen zusammengesetzt wird. Der modulare Aufbau gestattet eine hohe Fertigungsflexibilität hinsichtlich Medium, Druck und Temperaturniveau. Im gleichen Kessel kann Dampf mit unterschiedlichen Druckstufen erzeugt werden. Die Zusatzfeuerung wird durch Vorschalten eines Kanalbrenners realisiert. Ein Wasserrohrkessel in horizontaler Bauweise benötigt bei geringer Bauhöhe eine erhebliche Ausdehnung in der Baulänge, wenn Gasturbine, Schalldämpfer, Flächenbrenner und Abhitzekessel in einer Linie aufgestellt werden sollen. Hinsichtlich der rauchgasseitigen Druckverluste bietet diese Konzeption aber Vorteile gegenüber den unter a) und b) beschriebenen Kesseltypen.

Abb. 5.2-13: Aufstellungsbeispiel einer Gasturbinenanlage mit nachgeschaltetem Abhitzekessel (Großwasserraumkessel) (Quelle: Standardkessel)

Im Regelfall ist, wie auch in Kapitel 5.2.4 näher erläutert, eine Rauchgasreinigungsanlage für die Gasturbinenabgase nicht erforderlich.

Das Brennstoffversorgungssystem entspricht im Wesentlichen den Ausführungen in Kapitel 5. Zu beachten ist, dass die erforderlichen Gasvordrücke vor den Gasregelstrecken der Gasturbinen je nach Typ zwischen 10 bar und 18 bar, in Sonderfällen auch 30 bar und mehr betragen. Zusätzlich sind die Druckverluste in der Versorgungsleitung zwischen Übergabepunkt, Gasspeicher etc. und Gasturbinenaggregat zu berücksichtigen. Reicht der Gasvordruck in der Erdgaszuleitung nicht aus, sind Gasverdichterstationen den Aggregaten vorzuschalten. Die hierfür erforderlichen Antriebsleistungen sind in der Energiebilanz als Eigenbedarf zu berücksichtigen. Die Ausführung der Gasversorgungsanlagen ist ähnlich wie für Motorenanlagen in Abb. 5.0-2 dargestellt.

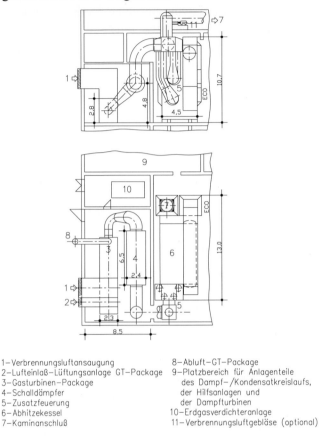

1 – Verbrennungsluftansaugung
2 – Lufteinlaß–Lüftungsanlage GT–Package
3 – Gasturbinen–Package
4 – Schalldämpfer
5 – Zusatzfeuerung
6 – Abhitzekessel
7 – Kaminanschluß
8 – Abluft–GT–Package
9 – Platzbereich für Anlagenteile
  des Dampf–/Kondensatkreislaufs,
  der Hilfsanlagen und
  der Dampfturbinen
10 – Erdgasverdichteranlage
11 – Verbrennungsluftgebläse (optional)

Abb. 5.2-14: Aufstellungsbeispiel für eine Gasturbinenanlage hier: offener Gasturbinenprozess mit Dampfproduktion (50 t/h, 40 bar, 450 °C.)

Betriebswasser wird in erster Linie in Form von Speisewasser zur Versorgung der Dampf- oder Heizwassersysteme der Abhitzekessel benötigt. Hinsichtlich der Wasserqualität sind die VdTÜV-Richtlinien zu beachten. Zusätzlich benötigen die Gasturbinen zur Schmierölkühlung ein eigenes Niedertemperatur-Kühlsystem (Wassereintrittstemperaturen zwischen 20 und 50 °C). Sind keine Niedertemperatur-Verbraucher vorhanden, ist für dieses System ein separates Rückkühlwerk erforderlich; der thermische Energieumsatz liegt hier im Mittel bei ca. 0,5 bis 2 % der elektrischen Aggregateleistung. Besondere Anforderungen an die Wasserbeschaffenheit werden nicht gestellt, jedoch sollte auf Frostschutz Wert gelegt werden.

Die Betriebswasserversorgungsanlage besteht im Regelfall aus der eigentlichen Wasserversorgungsanlage mit dem Anschluss an ein Trinkwassernetz oder eine Brunnenanlage, der Wasseraufbereitung mit Enthärtungs- oder Vollentsalzungsanlage und den für den Heizkreislauf oder Dampfkreislauf typischen Bauelementen wie

- Ausdehn-/Vorratsbehälter einschl. Nachspeiseeinrichtung,
- Rohrleitungssystem mit Anschluss an Aggregate und Behälter,
- Speisewasserbehälter-/Entgaser usw..

Der Niedertemperatur-Kühlkreislauf der Aggregate wird im Regelfall als geschlossenes System mit

- Umwälzpumpe,
- Netzausdehn-/Vorratsbehälter,
- Rückkühlanlage,
- usw.

betrieben.

Die Druckluftversorgung bestehend aus:

- Druckluftkompressor,
- Druckluftflaschen,
- Rohrleitungssystem,
- E-/MSR-Technik,

dient als Startvorrichtung für den Druckluftanlasser der Gasturbinen (wenn nicht ein hydraulisches oder elektrisches System eingesetzt wird) und als Betriebsmittelversorgung für Reparaturwerkzeuge.

Die Schmierölversorgung besteht im Regelfall aus

- Fasslager bzw. bei größeren Aggregaten Frischölvorratstank

und

- Altöltank bzw. Altölfasslager.

Der Aufwand für Schmierölverbrauch und Ölwechselintervalle ist deutlich günstiger als bei Motoraggregaten, da das Öl nicht direkt den Brennraum tangiert. Automatische Nachspeisevorrichtungen über die im Package enthaltenen Anlagen hinaus sind im allgemeinen nicht erforderlich.

Die aggregatespezifische E-/MSR- und Leittechnik ist im Lieferumfang des Gasturbinenherstellers enthalten. Um den Gesamtbetrieb vollautomatisch zu gewährleisten, ist darüber hinaus eine übergeordnete Anlage entsprechend den Ausführungen in Kapitel 5 erforderlich. Die komplette

Schaltanlage zur Versorgung der Unterstationen und zur Netzeinspeisung einschließlich Netzkuppelschalter, Messfelder, Transformatoren, Synchronisiereinrichtung, Leistungsschalter usw. wird entsprechend den Ausführungen in Kapitel 5 realisiert.

Die Reserve-/Spitzenlastkesselanlage und die Heizkreislaufkomponenten entsprechen den in Kapitel 5 bereits enthaltenen Darstellungen und sind abhängig von den Anforderungen des zu versorgenden Heizsystems.

Die Dampfturbinenanlage, die beim GuD-Prozess erforderlich wird, einschließlich aller zugehörige Nebenanlagen ist im Wesentlichen mit den ausführlich in Kapitel 5.3 behandelten Anlagen identisch.

In den Gebäuden für die KWK-Anlage sind die Heizung-, Lüftung- und Sanitärtechnik und die zugehörigen Hilfsanlagen ggf. mit Werkstattausrüstung, Hebezeugen usw. vorzusehen. Die Maschinenhalle ist mit einer Lüftungsanlage auszurüsten, die die Wärmeabstrahlung der Kesselanlagen und der Rohrleitungen sicher abführt. Die Gasturbinenanlage selbst strahlt keine nennenswerten Wärmemengen an die Umgebung ab. Es empfiehlt sich, einen Teil der Verbrennungsluft für die Gasturbinen unter der Kesselhausdecke abzusaugen. In diesem Fall sind für die Kesselhausbelüftung nur noch Zuluftöffnungen zu berücksichtigen.

Hebezeuge, Hallenkräne etc. sind im Regelfall nicht erforderlich. Meist reichen Befestigungspunkte für Hebezeuge. Innerhalb des Gasturbinenpackages ist im Regelfall ein Hebezeug für Wartungszwecke angeordnet. Der Transport größerer Aggregate erfolgt meist mittels Schwerlastrollen über die Erdgeschossebene.

Je nach Anlagen-Konzeption sind mehr oder weniger aufwändige Stahlkonstruktionen erforderlich. Die Investitionsansätze hierfür lassen sich anhand spezifischer Erfahrungswerte über die Gitterrostflächen ermitteln.

5.2.3 Gasturbinenbauarten

In Bezug auf die anlagentechnische Konzeption wird unterschieden in:

Mikrogasturbinen
Mikrogasturbinen sind kleine Hochgeschwindigkeitssysteme zur gekoppelten Strom- und Wärmeerzeugung. Sie sind derzeit im Leistungsbereich von 28 kW_{el} bis 100 kW_{el} verfügbar. Mikrogasturbinen bestehen im Wesentlichen aus den Hauptkomponenten Verdichter, Brennkammer, Turbine, Generator und Rekuperator. Abbildung 5.2-15 zeigt eine ausgeführte Anlage, Abbildung 5.2-16 das Prinzipschema. Der Rekuperator dient zur internen Luftvorwärmung, wodurch diese kleinen Aggregate relativ hohe elektrische Wirkungsgrade von ca. 25 bis 30 % erreichen.

5.2 KWK-Anlagen mit Gasturbinen

Abb. 5.2-15: Aufstellungsbeispiel Mikrogasturbine (Quelle: ASUE)

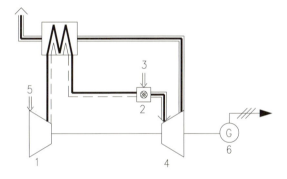

1. Verdichter
2. Brennkammer
3. Erdgas
4. Arbeitsturbine
5. Verbrennungsluftansaugung
6. Generator
7. Rekuperator

Abb. 5.2-16: Übersichtsschema Mikrogasturbine

Mikrogasturbinen sind als Ein-Wellen-Aggregate ohne Getriebe konstruiert. Drehzahlen von 70.000 bis 100.000 U/min sind üblich. Der direkt mit dieser Drehzahl angetriebene Generator liefert hochfrequenten Wechselstrom, der mit Hilfe eines digitalen Leistungsreglers zunächst in Gleichspannung und dann in netzkonforme Wechselspannung invertiert wird.

Der erforderliche Gasversorgungsdruck der Anlagen liegt bei ca. 3,8 bis 8,5 bar. Die meisten Hersteller haben jedoch einen Gasverdichter im Lieferumfang, so dass die Anlagen am Niederdrucknetz betrieben werden können, wobei die elektrische Leistung um die Antriebsleistung des Gasverdichters sinkt (und damit der elektrische Wirkungsgrad).

Die Abgastemperaturen liegen zwischen ca. 270 °C (Rekuperatorbetrieb) und 680 °C. Dampferzeugung im Abhitzekessel ist somit möglich. Serienmäßig sind die Aggregate für Heizwassererzeugung konzipiert.

Durch die modernen Brennkammersysteme werden niedrige Schadstoffemissionen gewährleistet. Die Wartungsintervalle liegen bei 4.000 bis 8.000 Betriebsstunden.

Industrieturbinen
Im Regelfall aus Flugtriebwerken für den Stationäreinsatz weiterentwickelt im Leistungsbereich bis ca. 25 MW, als

– Einwellenaggregate (Abb. 5.2-17A) (Verdichter und Turbine sind auf einer gemeinsamen Welle angeordnet und meist in einem Gehäuse untergebracht)

oder

– Zweiwellenaggregate (Abb. 5.2-17B) (Verdichter und Turbine sind auf getrennten Wellen angeordnet. Hier durch sind unterschiedliche Drehzahlen für Turbine und Verdichter möglich).

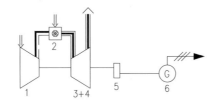

A) Einwellen – Gasturbinenaggregat

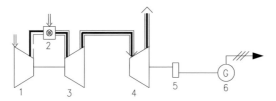

B) Zweiwellen – Gasturbinenaggregat

1. Kompressor
2. Brennkammer
3. Arbeitsturbine für Verdichterantrieb
4. Arbeitsturbine für Generatorantrieb
5. Getriebe (nach Erfordernis)
6. Generator

Abb. 5.2-17: Schematische Darstellung der Gasturbinenbauarten

5.2 KWK-Anlagen mit Gasturbinen 115

Schwere Kraftwerksturbinen (heavy duty)
Konventionell konzipierte schwere Stationäranlagen, die in der Kraftwerkstechnik seit Jahren erprobt sind, Leistungsbereich größer 10 MW_{el} (bis ca. 260 MW_{el}), in der Regel als Einwellenaggregate ausgeführt. Hier haben modularisierte Standard-Kraftwerkskonzepte in den letzten Jahren insbesondere den Markt bei den kombinierten Gas- und Dampfturbinenkraftwerken dominiert. Es sind z.B. Einwellen-Varianten verfügbar, bei denen 1 Gasturbine (Verdichter und Arbeitsturbine), 1 Dampfturbine und der Generator auf einer Welle angeordnet sind (Beispiel in Kap. 9 enthalten).

Je nach Fabrikat werden Gasturbinen mit einer oder mit mehreren Brennkammern ausgeführt.

Ein- oder Zweibrennstoffbetrieb z. B. Erdgas und Heizöl, stufenlos im Betrieb umschaltbar sowie Innenaufstellung oder Außenaufstellung der Aggregate sind im Leistungsbereich der Standardaggregate wahlweise möglich.

Gasturbinen mit Zwischenkühlung der verdichteten Verbrennungsluft zur Verbesserung des Verdichterwirkungsgrades oder mit Rekuperator sind auf Grund der dann niedrigeren Abgastemperatur für KWK-Anlagen weniger geeignet.

Innerhalb des Turbinenaggregates wird die angesaugte Luft zunächst im Verdichter auf den erforderlichen Brennkammerdruck komprimiert und der oder den Brennkammern zugeleitet. Ein Teil der verdichteten Luft wird als Kühlluft den Arbeitsturbinenschaufeln zugeleitet. Die Verbrennung erfolgt in der oder den Brennkammern. Das Abgas der Brennkammern wird der Arbeitsturbine zugeleitet und dort entspannt.

Zur Nutzung der Kraft-Wärme-Kopplung werden die ca. 500 bis 600 °C heißen Abgase dann dem Abhitzekessel zugeleitet und nach Abkühlung auf 140 °C (Erdgas) bis 180 ° C (Heizöl) über den Kamin abgeführt. Spezielle Schaltungen ermöglichen in vielen Fällen auch niedrigere Abgastemperaturen.

Gasturbinen sind für einen weiten Brennstoffbereich von Rohöl bis zu Restgasen aus chemischen Produktionsprozessen einsetzbar.

Mit Rücksicht auf die zulässigen Abgasemissionen wird bei KWK-Anlagen üblicherweise Erdgas eingesetzt, im Regelfall bivalent mit Heizöl zur Reserve- oder Spitzenlastversorgung.

Auch im Bereich der Deponie- und Klärgasnutzung sind eine Reihe von Einsatzfällen bekannt. Bei der Anlagenauswahl für Klärgasbetrieb ist zu berücksichtigen, dass nicht alle Modelle die herstellerseitige Zulassung für niedercalorige Gase besitzen.

5.2.4 Emissionen/Emissionsminderungsmaßnahmen

Bei von Gasturbinenanlagen ausgehenden Emissionen

– Geräusch,
– Schwingungen,
– Abgase

kommt den Abgasen eine besondere Bedeutung zu.

Geräuschemissionen und Körperschallschwingungen lassen sich durch einfache technische Maßnahmen (Schalldämmung der Maschinenhalle, schwingungsisolierte Aufstellung der Aggregate) so minimieren, dass die Errichtung der Anlagen auch in Wohngebieten möglich ist.

Die bei der Verbrennung der Brennstoffe in der Gasturbinenbrennkammer entstehenden Abgase enthalten neben unschädlichen Bestandteilen wie z. B. Wasserdampf auch Luftschadstoffe (vor allem Kohlenmonoxid, Stickoxide) sowie andere luftfremde Stoffe.

Bei der Verbrennung von Heizöl kommen noch Russemissionen und Schwefeldioxidemissionen hinzu.

In der Bundesrepublik sind in der „Technischen Anleitung zur Reinhaltung der Luft" (TA Luft) die einzuhaltenden Schadstoffgrenzwerte festgelegt. Die Emissionsgrenzwerte gelten für einen Bezugssauerstoffgehalt im Abgasstrom von 15 %. Messergebnisse, die sich auf einen höheren Sauerstoffgehalt beziehen, sind umzurechnen (siehe Kap. 8).

Die meisten Gasturbinenaggregate können im Erdgasbetrieb die in der Tabelle 5.2-1 genannten Grenzwerte ohne Zusatzmaßnahmen einhalten. Sind zusätzliche Maßnahmen erforderlich, wird VE-Wasser oder Dampf zur Reduzierung der NOx-Emission in die Brennkammer eingespritzt. Es ist davon auszugehen, dass die in Entwicklung befindlichen Low-NOx-Brennkammern die Emissionen zukünftig auch ohne diese Zusatzmaßnahmen deutlich unter die zulässigen Grenzwerte bringen werden.

Werden Kesselanlagen mit Zusatzfeuerungen ausgerüstet, gelten im Mischbetrieb oft, wie die Genehmigungspraxis zeigt, massenstrombezogene Mittelwerte der zulässigen Grenzwerte für beide Feuerungsarten. Auf Grund des gewählten Brennstoffes für die Zusatzfeuerung ist u.U. eine Rauchgasreinigung erforderlich. Diese ist auf das Abgasvolumen der Gasturbine auszulegen. Um die Anforderungen realistisch einschätzen zu können sind entsprechende Klärungen mit der Genehmigungsbehörde auch im Vorfeld der Wirtschaftlichkeitsuntersuchung sinnvoll.

Für die Kessel- und Dampfturbinenaggregate bei Gasturbinenanlagen gelten die Ausführungen in Kapitel 5.3.4 sinngemäß.

Tabelle 5.2-1: Zulässige Emissionswerte für Gasturbinenabgas gemäß TA Luft (Juli/2002)

Feuerungswärmeleistung	MW	bis 50	über 50
Zugehörige elektr. Leistung, ca.	MW	bis 20	über 20
Erdgasbetrieb			
- Staub	mg/m^3	RZ 2	RZ 2
- CO	mg/m^3	100	100
- NOx	mg/m^3	75	75
Heizölbetrieb und Betrieb mit sonstigen Gasen			
- Staub	mg/m^3	RZ 2	RZ 2
- CO	mg/m^3	100	100
- NOx	mg/m^3	120	120

RZ 2 = Russzahl 2
Bezugssauerstoffgehalt = 15 %

5.2.5 Basisdaten der Wirtschaftlichkeitsberechnung

Unter Berücksichtigung der Ausführungen in Kapitel 3, 4 und 5.2.1 bis 5.2.4 sind

– die Leistungs- und Arbeitswerte,
– der Betriebsmittelverbrauch,
– die Investitionen und Kapitalkosten

als Grundlage für die anschließende Wirtschaftlichkeitsberechnung zu ermitteln.

Die Bilanzgrenze umfasst die gesamte Energieerzeugungsanlage einschließlich aller zugehörigen Hilfs- und Nebenanlagen, so dass der Vergleich mit anderen Systemen immer auf Basis der abgegebenen Nettoleistung, der tatsächlichen Einspeiseleistung erfolgt.

Der Berechnungsvorgang ist für alle KWK-Systeme nach dem gleichen Schema durchzuführen und wird in Kapitel 7 ausführlich dargestellt. Die nachfolgenden Erläuterungen enthalten die anlagenspezifischen Kenndaten und Besonderheiten, die bei Gasturbinenaggregaten zu berücksichtigen sind. Für die Berechnung des Dampfturbinenteils der GuD-Anlagen gelten die Ausführungen in Kapitel 5.3.5 sinngemäß.

5.2.5.1 Leistungswerte

Die Abhängigkeit zwischen elektrischer und thermischer Aggregateleistung ergibt sich anhand der in Kapitel 7 dargestellten mathematischen Zusammenhänge. Abbildung 5.2-15 enthält eine Übersicht über die Wirkungsgrade typischer Gasturbinenanlagen. Die Kurven zeigen, dass wie bei Motoraggregaten mit der Verbesserung des elektrischen Wirkungsgrades eine Reduzierung des thermischen Wirkungsgrades verbunden ist. Während der elektrische Wirkungsgrad jedoch in erster Linie eine aggregatespezifische Größe ist, verändert sich der thermische Wirkungsgrad zusätzlich in Abhängigkeit von

– den geforderten Dampf oder Heizwasserparametern und
– der Leistung der Zusatzfeuerung.

Die niedrigen thermischen Wirkungsgradwerte in Abb. 5.2-18 gelten für Dampfkessel mit hohen Dampftemperatur, die ohne Economiser (Eco) ausgeführt wurden. Als Folge entstehen hohe Rauchgastemperaturen am Kamineintritt und damit höhere nicht nutzbare Energiemengen. Auf Grund des hohen Carnotfaktors für den Dampf kann die Effizienz dieser KWK-Anlage gemäß Kapitel 2.2 dennoch vergleichsweise hoch sein.

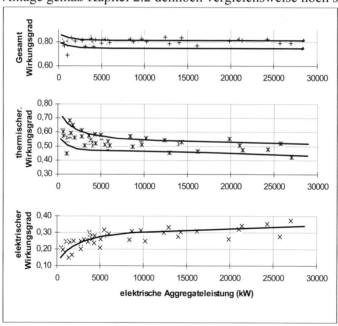

Abb. 5.2-18: Wirkungsgrade typischer Gasturbinenaggregate

Eine exakte Auswahl eines konkreten Aggregates anhand dieser Kurven ist weder möglich, noch im konkreten Projektfall wirklich sinnvoll. Hier sollte man den Wettbewerb nicht einschränken. Erst der detaillierte Angebotsvergleich auf Basis der Nutzwärmegestehungskosten kann eine fundierte Entscheidungsgrundlage bieten.

Tabelle 5.2-2: Gasturbinen-Wirkungsgrade (Quelle VDI 2067)

Wirkungsgrad bei Nennlast	Heizölbetrieb	Erdgasbetrieb
elektr. Wirkungsgrad	17 - 31	17 - 32
therm. Wirkungsgrad	59 - 48	63 - 52
Gesamtwirkungsgrad	76 - 79	80 - 84

Um in der Phase der Projektierung eine realistische Auswahl der Wirkungsgradansätze für die Wirtschaftlichkeitsberechnung zu erleichtern, wurden in Tabelle 5.2-2 Erfahrungswerte für Gasturbinenanlagen zusammengestellt. Die Daten gelten vor allem für den Einsatzbereich, in dem aufgrund der Dampf- oder Heizwasserparameter sowohl Motoraggregate als auch Gasturbinenanlagen mit Abhitzekessel einsetzbar sind.

In den Wirkungsgradansätzen in Abb. 5.2-18 wie auch in Tabelle 5.2-2 sind die Energiebedarfswerte der außerhalb des Gasturbinenpackages angeordneten Neben- oder Hilfsaggregate nicht enthalten. Hierzu zählen z. B. Brenngasverdichter, Brennstoffpumpen, Speisepumpen etc.

Aufwändige, leistungsintensive Lüftungsanlagen sind im Gegensatz zu z. B. Motorenanlagen aufgrund des hohen Verbrennungsluftbedarfs und der geringen Temperaturabstrahlung der Gasturbinenaggregate im allgemeinen nicht erforderlich.

Während Heizölpumpen und eventuell zusätzlich erforderliche Heizwasser-Umwälzpumpen nur geringe Leistungswerte erreichen (hierfür kann dann abhängig von der Leistungsgröße z. B. ein Zuschlag unter „Sonstiges" in Höhe von 0,5 % bis 1 % der elektrischen Aggregateleistung berücksichtigt werden), können Brenngas-Verdichteranlagen einzelfallabhängig deutlich höhere Werte benötigen.

Je nach Gasturbinenaggregat werden Erdgasvordrücke zwischen 10 und 18 bar in Sonderfällen bis zu 30 bar vor den Brennstoffregelstrecken der Aggregate benötigt. Ist keine Gas-Hochdruck-Leitung zur Energieversorgung verfügbar, müssen entsprechend dimensionierte Verdichteranlagen installiert werden. Erste Anhaltswerte für den dann erforderlichen elektrischen Eigenbedarf können z.B. Abb. 5.2-19 für verschiedene Erdgas-Vordrücke entnommen werden.

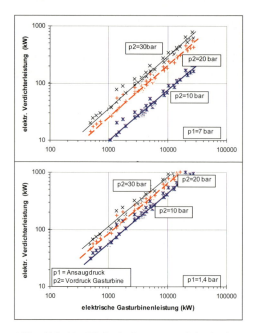

Abb. 5.2-19: Elektrischer Energiebedarf von Brenngasverdichtern für Gasturbinenaggregate

Tabelle 5.2-3: Beispiel für Übersichtstabelle der Wirkungsgradansätze

Aggregatewirkungsgrade	Dim.	Variante 1	Variante ...
Gasturbinenanlage			
- elektrischer Wirkungsgrad	/		
- thermischer Wirkungsgrad	/		
- Gesamt-Wirkungsgrad	/		
Dampfturbinenanlage			
- elektrischer Wirkungsgrad	/		
- thermischer Wirkungsgrad	/		
- Gesamt-Wirkungsgrad	/		
Gesamtanlage			
- elektrischer Wirkungsgrad	/		
- thermischer Wirkungsgrad	/		
- Gesamt-Wirkungsgrad	/		

Es empfiehlt sich, die Rechenergebnisse entsprechend Tabelle 5.2-3 und 5.2-4 tabellarisch festzuhalten.

5.2.5.2 Jahresarbeit

Die Berechnung der Ansätze erfolgt gemäß den Ausführungen in Kapitel 7.2, wobei die Anlagenwirtschaftlichkeit in der Regel auf den gesamten Abschreibungszeitraum von z. B. bis zu 15 Jahren bezogen wird. Zur Ermittlung der Leistungs- und Verbrauchsdaten über derartige Zeiträume ist nicht der Wirkungsgrad im Bestpunkt oder zum Errichtungszeitpunkt, sondern der Durchschnittswert über die gesamte Lebensdauer maßgebend.

Bei normaler Wartung und Instandhaltung sind die Leistungs- und Verbrauchsdaten jeweils abhängig von:

- Volllastbetriebsstunden per anno,
- Aufstellungshöhe,
- Verbrennungslufttemperatur,
- Zuluft- und Abgaskanalwiderstände,
- Teillastbetrieb,
- Brennstoffzusammensetzung ,
- Anzahl oder Häufigkeit der Starts.

Als Berechnungsgröße zur Berücksichtigung all dieser Einflussgrößen wurde der Jahresnutzungsgrad eingeführt. Als Anhaltswerte für die Jahresnutzungsgrade von Gasturbinen in Wirtschaftlichkeitsberechnungen können die in Tabelle 5.2-5 in Anlehnung an die VDI-Richtlinie 2067, Bl.7 angegebenen Werte genutzt werden.

Aufgrund der großen Bandbreite der in Tabelle 5.2-5 angegebenen Werte ist bei der Interpretation der Tabelle ausreichend Erfahrung erforderlich, um für ein spezielles Projekt möglichst exakte Angaben abzuleiten. Um die Auswahl zu erleichtern, zeigt Abb. 5.2-20 das typische Teillastverhalten von Gasturbinenanlagen anhand eines Ausführungsbeispiels. Die starke Wirkungsgradreduzierung im Teillastbetrieb des Einzelaggregates (Kurve a) ist unverkennbar. Muss die Gasturbine häufig im Teillastbetrieb eingesetzt werden, sollte eine Aufteilung der Leistung auf zwei Aggregate zumindest mit untersucht werden.

Kurve b in Abb. 5.2-20 zeigt das Teillastverhalten einer aus zwei Gasturbineneinheiten bestehenden Anlage. Man erkennt deutlich den höheren Gesamtnutzungsgrad bei der Aufteilung der Leistung auf zwei Aggregate. Haupteinflussgröße bei den hohen Wirkungsgradeinbußen im Teillastbetrieb ist der Luftdurchsatz des Verbrennungsluftverdichters. Trotz moderner Fertigungsmethoden ist die Teillastregelung der in Gasturbinen eingesetzten Verdichter nicht immer sehr befriedigend, was vor allem bei Einwellenaggregaten zu einem im Vergleich mit den Erfordernissen zu hohen Verbrennungsluftstrom im Teillastbetrieb führt. Hierdurch sinkt die

Verbrennungstemperatur und damit die elektrische Leistungsabgabe, die Abgastemperatur und die Nutzwärmeleistung.

Tabelle 5.2-4: Beispieltabelle für Leistungsdatenzusammenstellung

	Dim.	Variante 1	Variante ..
thermische Leistung KWK-Anlage			
- Abhitzekessel 1	MW th		
- Abhitzekessel 2	MW th		
- Dampfschiene 1	MW th		
- Dampfschiene 2	MW th		
- Heizkondensator 1	MW th		
- Heizkondensator 2	MW th		
Summe thermische Leistung	MW th		
thermischer Eigenbedarf	MW th	*1)	*1)
thermische Netzeinspeiseleistung	MW th		
elektrische Leistung KWK-Anlage			
- Gasturbine 1	MW el		
- Gasturbine 2	MW el		
- Dampfturbine 1	MW el		
-	MW el		
Summe elektrische Leistung	MW el		
elektrischer Eigenbedarf KWK-Anlage			
- Kesselspeisepumpen	MW el		
- Kondensatpumpen	MW el		
- Kühlwasserpumpen	MW el		
- Lüfter-Rückkühlwerk	MW el		
- Brennstoffversorgung	MW el		
- Verbrennungsluftgebläse	MW el		
- Rauchgasgebläse	MW el		
- Hilfs- u. Nebenanlagen, Sonstiges	MW el		
- Netzumwälzpumpen, Druckhaltepumpen	MW el		
Summe elektrischer Eigenbedarf	MW el		
elektrische Netzeinspeiseleistung	MW el		

*1) im Regelfall in thermodyn. Berechnung berücksichtigt

Tabelle 5.2-5: Übersicht Gasturbinen-Nutzungsgradansätze (Quelle VDI 2067)

Nutzungsgradansatz (%)	Heizölbetrieb	Erdgasbetrieb
elektr. Nutzungsgrad	16 - 29	16 - 30
therm. Nutzungsgrad	57 - 46	61 - 50
Gesamtnutzungsgad	73 - 75	77 - 80

Der große Einfluss der Verbrennungsluft auf die Leistungsdaten wird auch durch folgendes Phänomen deutlich. Aufgrund des bei Gasturbinen gegenüber Motorenanlagen deutlich höheren Luftdurchsatzes macht sich jede Veränderung der Luftdichte in der Durchsatzleistung des Verdichters und damit in der möglichen Gasturbinenleistung bemerkbar. Abbildung 5.2-20 zeigt daher auch den Einfluss der Außenlufttemperatur auf die Leistung (nicht den Wirkungsgrad) eines typischen Gasturbinenaggregates.

Bei Auslegung und Konzeption von KWK-Anlagen muss dieser Abhängigkeit Rechnung getragen werden, damit auch bei hohen Außenlufttemperaturen (z. B. im Sommer) die erforderliche Leistung bereitgestellt werden kann. Übliche Herstellerangaben beziehen sich auf Normbedingungen (15 °C Lufteintrittstemperatur, Aufstellungshöhe auf Meeresspiegelniveau).

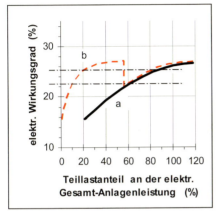 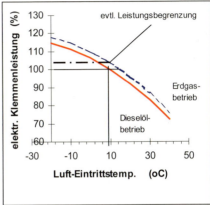

Abb. 5.2-20: Leistungs- und Wirkungsgradverhalten von Gasturbinenaggregaten bei unterschiedlichen Betriebsbedingungen

Bei der Leistungsauslegung und Aufteilung ist auch das konkrete Lieferprogramm der Gasturbinenhersteller zu berücksichtigen. Im infragekommenden Leistungsbereich gibt es bei Aggregaten, die die Emissionsanforderungen erfüllen, nicht die gleich feine Leistungsabstufung wie sie bei Motorenanlagen vorhanden ist. Dies ist auch an der Anzahl der Einzelwerte in Abb. 5.2-18 im Gegensatz zu Abb. 5.1-19 erkennbar. Eine zu große Stückelung ist daher nicht sinnvoll. Im Regelfall wird man die Gesamtleistung auf ein oder zwei Aggregate aufteilen, da unvermeidbare, betriebsbedingte Stillstandszeiten in der Spitzenlastperiode, wie sie bei Motorenanlagen z. B. zum Zündkerzenwechsel auftreten, bei Gasturbinenanlagen nicht zu erwarten sind. Planmäßige Wartungs- und Instandsetzungsarbeiten können im Regelfall in Schwachlastzeiten durchgeführt werden. Zu beachten ist, dass in den vorgenannten Nutzungsgradansätzen noch nicht der separat zu erfassende elektrische Strombedarf der Hilfs- und Nebenanlagen enthalten ist. Es empfiehlt sich daher, die Berechnungen tabellarisch analog zu den als Beispiele hier enthaltenen Tabellen 5.2-6 und 5.2-7 durchzuführen.

Tabelle 5.2-6: Beispiel für Zusammenstellungstabelle der Jahresnutzungsgradansätze

Jahresnutzungsgrade	Dim.	Variante 1	Variante ...
Gasturbinenanlage			
- elektrischer Jahresnutzungsgrad	/		
- thermischer Jahresnutzungsgrad	/		
- Gesamt-Jahresnutzungsgrad	/		
Dampfturbinenanlage			
- elektrischer Jahresnutzungsgrad	/		
- thermischer Jahresnutzungsgrad	/		
- Gesamt-Jahresnutzungsgrad	/		
Gesamtanlage			
- elektrischer Jahresnutzungsgrad	/		
- thermischer Jahresnutzungsgrad	/		
- Gesamt-Jahresnutzungsgrad	/		

Tabelle 5.2-7: Beispiel für Zusammenstellungstabelle der Jahresarbeitsansätze

	Dim.	Variante 1	Variante ..
therm. Jahresarbeit KWK-Anlage			
- Abhitzekessel 1	MWh th /a		
- Abhitzekessel	MWh th /a		
- Dampfschiene 1	MWh th /a		
- Dampfschiene	MWh th /a		
- Heizkondensator 1	MWh th /a		
- Heizkondensator	MWh th /a		
Summe thermische Jahresarbeit	MWh th /a		
thermischer Eigenbedarf	MWh th /a	*1)	*1)
thermische Netzeinspeisung	MWh th /a		
elektrische Jahresarbeit KWK-Anlage			
- Gasturbine 1	MWh el /a		
- Gasturbine	MWh el /a		
- Dampfturbine 1	MWh el /a		
-	MWh el /a		
Summe elektrische Jahresarbeit	MWh el /a		
elektrischer Eigenbedarf KWK-Anlage			
- Kesselspeisepumpen	MWh el /a		
- Kondensatpumpen	MWh el /a		
- Kühlwasserpumpen	MWh el /a		
- Lüfter-Rückkühlwerk	MWh el /a		
- Brennstoffversorgung	MWh el /a		
- Verbrennungsluftgebläse	MWh el /a		
- Rauchgasgebläse	MWh el /a		
- Hilfs- u. Nebenanlagen, Sonstiges	MWh el /a		
- Netzumwälzpumpen, Druckhaltepumpen	MWh el /a		
Summe elektrischer Eigenbedarf	MWh el /a		
elektrische Netzeinspeisung	MWh el /a		

*1) im Regelfall in thermodyn. Berechnung berücksichtigt

Der elektrische Jahresenergiebedarf der Hilfs- und Nebenantriebe kann über die Ausnutzungsstunden der KWK- Anlage entsprechend den Erläuterungen im Kapitel 7.2 berechnet werden.

5.2.5.3 Investitionen

Um eine erste Abschätzung der bei Gasturbinenanlagen zu erwartenden Investitionen zu ermöglichen wurden anhand der Erfahrungswerte ausgeführter und kalkulierter Anlagen die spezifischen Investitionen, hochgerechnet auf den aktuellen Preisstand, in nachfolgenden Abbildungen 5.2-21/-5.2-22 für Gasturbinen und zugehörige Abhitzekesselanlagen angegeben:

- unterer Ansatz: niedriger Kesseldruck, niedrige Dampf-/Heizwassertemperatur (10 bar, 13 bar, bis 130 °C)
- oberer Ansatz: hoher Kesseldruck, hohe Dampf-/Heizwassertemperatur (42 bar, 80 bar, 420 - 520 °C)

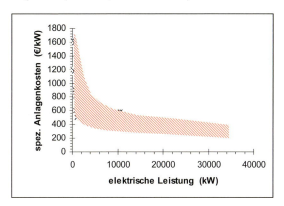

Abb. 5.2-21: Spezifische Investitionen für Gasturbinenanlagen

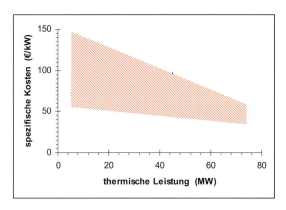

Abb. 5.2-22: Spezifische Investitionen für Abhitzekesselanlagen

Mit den vorgenannten Parametern sind die Investitionen für die Hauptkomponenten der KWK-Anlage überschlägig bestimmbar. Für die peripheren Anlagen der Gasturbinenanlagen gelten die Angaben in Kapitel 5.1.5.3 und 5.3.5.3, wo technisch ähnliche Bauteile entsprechend den dortigen Ausführungen zum Einsatz gelangen. Bei GuD-Anlagen sind Einzelfall-Kalkulationen unabdingbar. Hierbei kann der Dampfturbinen-Anlagenteil entsprechend den Ausführungen zu Kapitel 5.3 berücksichtigt werden. Zur Vereinfachung der weiteren Rechenwege empfiehlt sich die Zusammenfassung der Ergebnisse in einer Aufstellung gemäß der in Kapitel 7.3 als Beispiel enthaltenen Tabelle.

5.2.5.4 Wartungs- und Instandhaltungsaufwand

Energieerzeugungsanlagen werden möglichst im Dauerbetrieb vollautomatisch geregelt / überwacht betrieben. Man unterscheidet:

Tägliche Kontrolle/Anlagenbegehung
Es erfolgt eine optisch-akustische Funktionsüberprüfung. Kleinere Mängel (z. B. Undichtigkeiten) werden bemerkt und beseitigt. Durchzuführen sind die Kontrolle der Ölstände in den Aggregaten, Kühlwasserstände, Batterie- und Druckluftzustand, allgemeine Instrumentenkontrolle, Führen des Kessel- u. Maschinenbuches usw. In den Ansätzen der Wirtschaftlichkeitsberechnung werden diese Arbeiten dem Betriebspersonal (Personalkosten) zugeordnet.

Zustandskontrollen in größeren Intervallen.
Durchzuführen sind

- Sichtkontrolle,
- Luftfilterwechsel,
- Ölprobenahme,
- Abgasgegendruckkontrolle,
- Brenngasanalyse,
- Kalibrierung / Prüfung der Rauchgasmessgeräte,
- Reinigung der Wärmetauscher/Abhitzekessel,
- Brenner-Funktionskontrolle der Reserve/Spitzenkessel, der Zusatzfeuerung usw.,
- Funktionskontrolle der Hilfsanlagen und Messgeräte.

Diese Arbeiten werden durch das Betriebspersonal ausgeführt. Die Lohnkosten werden in den Wirtschaftlichkeitsberechnungen den Personalkosten zugeordnet. Die Materialkosten sind in den Ansätzen für Wartung oder Instandhaltung enthalten.

Instandhaltung/Wartung der Gasturbinenaggregate
Die eigentlichen Instandhaltungs- und Wartungsarbeiten, die das Spezialwissen des Aggregatelieferanten bzw. speziell geschulter Monteure erfordern, werden im Regelfall durch Personal des Aggregateherstellers im Rahmen von Wartungs- und Instandhaltungsverträgen ausgeführt. Hierbei werden entsprechend den Wartungsvorschriften des Herstellers alle erforderlichen Verschleißprüfungen, Einstell- und Austauscharbeiten durchgeführt, die für den Erhalt der vollen Funktionstüchtigkeit der Aggregate erforderlich sind. Hierunter fällt auch der komplette Austausch der Heißteile (Brennkammer, Arbeitsturbine usw.) der je nach Fabrikat, Lastwechsel, Teillastanteil, Starthäufigkeit usw. etwa alle 30 000 bis 40 000 Betriebsstunden (d.h. alle 4 bis 6 Jahre) erforderlich wird.

Aufgrund der Vielzahl an Einflussgrößen erfordern exakte Angaben die Einzelfallprüfung und ggf. die Angebotseinholung. Als Anhaltswerte können die Ansätze in Tabelle 5.2-8 dienen. Die dort für Gasturbineaggregate enthaltenen Angaben berücksichtigen den normalen Betrieb ohne häufige Stillstände. Da die Starthäufigkeit aufgrund der hierbei entstehenden Wärmespannungen als Haupteinflussfaktor auf diese Kosten einen erheblichen Einfluss ausübt, können die Werte z. B. bei täglichen An- und Abfahrprozessen bis zu 10 mal höhere Beträge erreichen. Betrieb mit konstanter Auslastung unterhalb des Nennlastpunkts führt im Regelfall zu günstigeren Werten.

Instandhaltung/Wartung der Gesamtanlage
Zur Erfassung des gesamten Instandhaltungsaufwandes empfiehlt sich eine differenzierte Ermittlung für die wesentlichen Anlagenkomponenten wie in Tabelle 5.2-8 angegeben. Die Bandbreiten sind wie folgt zu berücksichtigen:

– kleine Anlagen oberer Ansatz
– große Anlagen unterer Ansatz

Der Einfluss der Benutzungsstruktur wirkt sich in erster Linie auf die drehenden Anlagenteile aus. Hierbei ist der Hauptfaktor durch die Gasturbinenanlagen gegeben, die daher separat in Abhängigkeit zur erzeugten elektrischen Jahresarbeit erfasst wird.

Wartungs- und Instandhaltungsaufwendungen für die Dampf-/Kondensatsysteme der GuD-Anlagen können der Tabelle 5.3-7 in Kapitel 5.3 entnommen werden.

Tabelle 5.2-8: Wartungs- und Instandhaltungsansätze für Gasturbinenanlagen

	Jährliche Wartungs- u. Instandhaltungskosten	
	von	bis
Gasturbinenaggregat	0,007 €/kWh (el)	0,023 €/kWh (el)

	Jährliche Wartungs- u. Instandhaltungskosten in % der anteiligen Investitionen (% / a)	
Abhitzekesselanlagen	1,5	3,5
Heizwasserkreislauf-Komponenten (Wärmezentrale)	1,8	2,2
Schaltanlage (Stromeinspeisung)	1,8	2,2
Gebäudetechnik (Heizung, Lüftung, Sanitär)	1,6	3,5
Bautechnik	1,0	1,5

5.2.5.5 Personalbedarf

Der erforderliche Personalaufwand ist grundsätzlich abhängig von der technischen Ausrüstung der Gesamtanlage. Wird die Gesamtanlage (KWK-Anlagen und Spitzenlastkesselanlagen) für Betrieb ohne ständige Beaufsichtigung (TRD 604) ausgelegt und mit einer vollautomatischen Steuer- und Regelanlage ausgerüstet, so beschränkt sich der personelle Aufwand auf täglich einmal durchzuführende Kontrollgänge (Sichtkontrolle). Je nach Wartungskonzept wird hierbei im Tagschichtbetrieb sporadisch ein Elektromonteur und ein Maschinenschlosser / Kraftwerksmonteur/Rohrschlosser zur Durchführung kleinerer Wartungsarbeiten einzusetzen sein. Es empfiehlt sich auf jeden Fall, einen verantwortlichen Betriebsleiter zu benennen. Über ein entsprechendes Rufbereitschaftssystem in Verbindung mit einer Störmeldeanlage sollte immer eine mit der Anlage vertraute Person zur Beseitigung von Störungen verfügbar sein (Rufbereitschaft).

Hieraus abgeleitet ergibt sich je nach dem Gesamtaufgabenkomplex der betroffenen Personen ein Mindest-Personalansatz von 1 bis 3 „Mannjahren". Je nach technischer Gesamtanlagenausrüstung, Betriebsführungskonzept, Bedeutung der Anlage, Wartungskonzept usw. werden aber auch Anlagen mit einem Betriebspersonalstamm von bis zu 15 Personen (3-Schichtbetrieb) angetroffen.

Bei GuD-Anlagen werden die Anforderungen an die Betriebsführung so hoch, dass die Leitwarte der Anlage in der Regel immer besetzt bleiben muss. Die Personalaufwendungen sind mit denen für Dampfkraftwerke vergleichbar. Ein messbarer Mehraufwand für die Betriebsführung der Gasturbinen über den Aufwand für den Dampfturbinenprozess hinaus ergibt sich in der Praxis nicht.

5.3 KWK-Anlagen mit Dampfturbinen

Heizkraftwerke mit Dampfturbinen werden seit Jahren in der kommunalen und industriellen Stromerzeugung eingesetzt. Vor allem im industriellen Bereich, aber auch bei Anlagen zur Fernwärmeerzeugung hat die Kraft-Wärme-Kopplung mit Dampfkraftwerken seit Jahren ihren festen Platz, wobei der Leistungsbereich der Dampfturbinen von einigen hundert kW_{el} bis zu einigen hundert MW_{el} reicht.

Hauptvorteil der Dampfkraftwerke ist die Vielseitigkeit im Primärenergieeinsatz, da alle verfügbaren festen, flüssigen oder gasförmigen Brennstoffe verwendbar sind. Hinzu kommt eine hohe Flexibilität bei der Anpassung der Anlagen an die speziellen Bedürfnisse der Energieverbraucher.

Aufgrund der hohen spezifischen Investitionen und der vor allem im unteren Leistungsbereich recht bescheidenen elektrischen Anlagenwirkungsgrade ist der Anteil der Dampfkraftwerke an der Gesamt-Anlagenbautätigkeit jedoch seit Jahren im Verhältnis z.B. zu KWK-Anlagen auf Gasturbinen- oder Motoranlagenbasis stagnierend oder sogar rückläufig.

Auch vorhandene Altanlagen geraten teilweise an die Grenze der Wirtschaftlichkeit, wenn, vor allem die hohen Investitionen für die Nachrüstung der Rauchgasreinigungsanlagen, nachträglich eingerechnet werden müssen, wobei die gestiegenen Kapitalkosten nicht immer durch günstigere Brennstoffkosten aufgefangen werden können.

Durch den seit Jahren zunehmenden Einsatz elektrisch betriebener Aggregate und dem gleichzeitig insbesondere im hohen Temperaturbereich zu beobachtenden Rückgang an thermischem Bedarf wird der wirtschaftliche Einsatz der Dampfturbinenanlagen oft zusätzlich negativ beeinflusst. Bei reinen Gegendruckturbinen kann dann nicht mehr die volle installierte elektrische Leistung genutzt werden.

Trotzdem ist der Einsatz von Dampfturbinenanlagen unter Umständen wirtschaftlicher, als im ersten Ansatz erkennbar, da

- Altanlagen durch das Vorschalten von Gasturbinen zu GuD-Anlagen umgerüstet werden können (Wirkungsgradverbesserung),
- den speziellen Anforderungen der Energieverbraucher (vor allem im industriellen Bereich) mit speziell zugeschnittenen Dampfturbinenanlagen optimal entsprochen werden kann,
- preiswerte Brennstoffe, oft auch Betriebsabfälle u.a.m. zum Einsatz gelangen (Dies ist nur bei Dampfturbinenanlagen möglich. Neben der

thermischen Nutzung der Abfälle wird die Wirtschaftlichkeit in diesen Fällen durch die eingesparten Entsorgungskosten positiv beeinflusst.),
– Förderprogramme z.B. bei der Nutzung von Biomasse als Brennstoff in Anspruch genommen werden können.

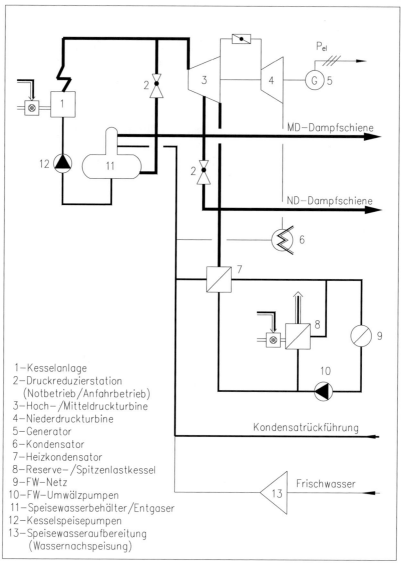

1 – Kesselanlage
2 – Druckreduzierstation (Notbetrieb/Anfahrbetrieb)
3 – Hoch-/Mitteldruckturbine
4 – Niederdruckturbine
5 – Generator
6 – Kondensator
7 – Heizkondensator
8 – Reserve-/Spitzenlastkessel
9 – FW-Netz
10 – FW-Umwälzpumpen
11 – Speisewasserbehälter/Entgaser
12 – Kesselspeisepumpen
13 – Speisewasseraufbereitung (Wassernachspeisung)

Abb. 5.3-1: Prinzipschaltbild Heizkraftwerk

5.3 KWK-Anlagen mit Dampfturbinen

Welches Gewinnpotential sich beim Betrieb eines Dampfkraftwerkes durch die KWK gegenüber der reinen Stromerzeugung ergibt, geht aus nachfolgender Gegenüberstellung hervor.

Kraftwerkskonzept	Nettowirkungsgrad im Kondensationsbetrieb	Nutzungsgrad bei voller Wärmeauskopplung (Kühldampfbetrieb)
- Steinkohlebefeuertes Dampfkraftwerk	43 %	89 %
- Erdgas-/kohlebefeuertes Kombikraftwerk	47 %	90 %
- Erdgasbefeuertes-Gas- u. Dampfturbinen-Kraftwerk	57 %	92 %
- Kohlegasbefeuertes-Gas- u. Dampfturbinen-Kraftwerk	47 %	88 %

Bei einem Kondensationskraftwerk, das mit maximal möglicher Heizdampfentnahme (Kühldampfbetrieb für den ND-Dampfturbinenteil) gefahren wird, fallen nur sehr geringe Wärmeverluste im Kondensator an. Die Höhe des Nutzungsgrades (Summe aus Strom- und Wärmeerzeugung) wird dann bei den verschiedenen Kraftwerkstypen im Wesentlichen durch die Höhe der Abgasverluste und des Eigenbedarfs beeinflusst.

5.3.1 Gesamtanlagenprozess

Bei KWK-Anlagen auf Basis von Dampfturbinen wird der Brennstoff in einem Dampfkessel zur Dampfproduktion eingesetzt. Der im Dampfkessel erzeugte Frischdampf expandiert anschließend in einer Dampfturbine, wobei ein Teil der, im Dampf enthaltenen, thermischen Energie in mechanische Energie und mit Hilfe eines Generators in elektrischen Strom umgewandelt wird. Der Abdampf der Dampfturbine wird anschließend entweder in Heizkondensatoren zur Heißwasserproduktion genutzt, oder in eine oder mehrere Dampfschienen eingespeist und zu den Verbrauchern weitergeleitet. Das zurückkehrende Kondensat wird über den Speisewasserbehälter (meist mit Entgaser kombiniert) dem Heizkessel zur erneuten Aufwärmung zugeleitet. Abb. 5.3-1 zeigt das typische Prinzipschaltbild eines Heizkraftwerkes mit Dampfturbinen. Im Regelfall werden Dampferzeuger- und Turbinenleistung auf mehrere Einzelaggregate aufgeteilt, aus Gründen der Übersicht jedoch in den hier verwendeten Symbolen der Prinzipschaltbilder zusammengefasst.

Analog zu Gasturbinen und Motorenanlagen werden auch die Heizkraftwerke wärmeorientiert oder stromorientiert betrieben. Die Auslegung erfolgt im Regelfall entsprechend dem Wärmebedarf der Verbraucher.

Dort wo eine Entkopplung zwischen Stromerzeugung und Wärmebedarfsdeckung erforderlich ist, werden Niederdruckturbinen mit Kondensator errichtet, die zu bestimmten Betriebszeiten Spitzenlaststrom im Kondensationsbetrieb produzieren können.

Interessant ist für die FW-Erzeugung eine mehrstufige Aufheizung des FW-Netzwassers. Im Regelfall wird die Vorlauftemperatur im FW-Netz außentemperaturabhängig gesteuert. Die Gesamtwärmeleistung wird aus Redundanzgründen ohnehin meist auf mehrere Wärmetauscher aufteilt. Setzt man für die Wärmeauskopplung, wie in Abb. 5.3-2 dargestellt, zwei unterschiedliche Turbinenanzapfungen ein, so lässt sich im Sommerbetrieb eine höhere Stromausbeute erreichen.

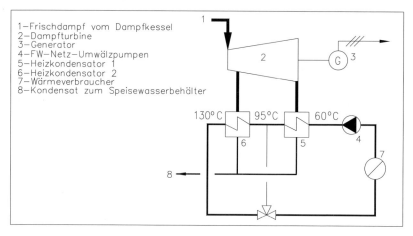

Abb. 5.3-2: Prinzipschaltbild zweistufige Heizwasseraufwärmung

Die bei großen Dampfkraftwerken üblichen Nieder- und Hochdruckspeisewasser-Vorwärmer wie auch die Aufteilung der Turbine in Hochdruck-/Mitteldruckteil mit Zwischenüberhitzung (Abb. 5.3-3) findet man bei Anlagen unter 30 MW elektrischer Generatorleistung normalerweise nicht. Die mit dieser Anlagentechnik verbundenen hohen Investitionen amortisieren sich nur bei großen Kraftwerksleistungen.

Auch bei Heizkraftwerken erfolgt die Anlagenauslegung so, dass möglichst hohe Vollbenutzungsstunden erreicht werden. Die teuren Dampfkessel zur Frischdampferzeugung werden im Regelfall entsprechend dem, auf möglichst hohe Ausnutzungsstunden ausgelegten, Nennbedarf der Dampfturbinen dimensioniert. Eine Leistungsaufteilung bei den Kesselanlagen auf mehrere Einheiten ist oft erforderlich, um Teillastbetrieb, Redundanz und Spitzenlastbetrieb sicherstellen zu können. Dampfturbinen erreichen eine hohe Verfügbarkeit und können oft über mehrere Jahre ohne längere Stillsetzung betrieben werden (Grundüberholung nur alle 6 bis 8 Jahre erforderlich). Daher ist eine Aufteilung der Turbinenleistung aus Verfügbarkeitsgründen auf mehrere Aggregate bei Neuanlagen nicht immer erforderlich.

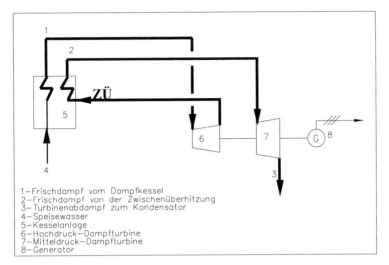

1-Frischdampf vom Dampfkessel
2-Frischdampf von der Zwischenüberhitzung
3-Turbinenabdampf zum Kondensator
4-Speisewasser
5-Kesselanlage
6-Hochdruck-Dampfturbine
7-Mitteldruck-Dampfturbine
8-Generator

Abb. 5.3-3: Prinzipschaltbild Dampfturbinenprozess mit Zwischenüberhitzung

Bei Altanlagen ergibt sich die Aufteilung der Turbinenleistung aufgrund des bedarfsabhängigen Zuwachses der Gesamtanlage. Das Druck- und Temperaturniveau eventuell erforderlicher Entnahmen zur Versorgung von Prozessdampfschienen (MD-Dampfschiene, ND-Dampfschiene usw.) richtet sich nach den Erfordernissen der Verbraucher.

Zur Deckung des Spitzenbedarfs der Dampfschienen sind Mittel- bzw. Niederdruckdampfkessel oder Wärmespeicher bzw. bei Heißwassererzeugung entsprechend ausgelegte Spitzen- oder Reservekessel (z.B. als Großwasserraumkessel) meist preiswerter einsetzbar als die aufwendigen Hochdruckkessel für die Turbinendampferzeugung.

Treten thermische und elektrische Lastspitzen nicht gleichzeitig auf, können Lastspitzen im Dampfnetz auch über Reduzierstationen (Turbinenumgehung) abgefangen werden.

Die technischen Möglichkeiten zur Anpassung an die jeweiligen örtlichen Gegebenheiten sind bei Heizkraftwerken auf Dampfturbinenbasis vielfältig. Hieraus ergeben sich Vorteile bei der exakten Anpassung der Anlagen an die Bedarfsstruktur der Verbraucher sowie an die örtlichen, räumlichen und versorgungstechnischen Verhältnisse. Zur Entkopplung der Auswirkungen von kurzzeitigen Lastspitzen im Dampfnetz auf die Stromproduktion werden Dampfspeicher eingesetzt.

Der Anforderungsrahmen für Heizturbinenanlagen kann wie folgt abgesteckt werden:
- Verhältnis Heizleistung zu elektrischer Leistung 0,4 bis 1,7
- elektrisches Leistungsband bis zu 800 MW$_{el}$,
- der optimale Betrieb bei reiner Stromerzeugung, (d.h. hohe Frischdampf- und Zwischenüberhitzerzustände) muss ebenso sichergestellt sein, wie der Betrieb bei voller Wärmeauskopplung. Selbstverständlich müssen jahreszeitlich stark schwankende kombinierte Betriebsfälle zwischen Wärme- und Stromerzeugung ohne betriebliche Einschränkungen und wirtschaftlichen Verlust gefahren werden können,
- zur Sicherstellung der optimalen Auslegung der Dampfturbine muss ein möglichst praxisnaher Lastplan (Jahresganglinien) herangezogen werden, welcher die zeitliche und leistungsmäßige Aufteilung von Strom- und Wärmebedarf über das Jahr möglichst exakt aufzeigt,
- große Wärmeauskopplungen vornehmlich in Mittellastkraftwerken mit Stromerzeugungsperioden bis ca. 4000 Vollbenutzungsstunden per anno, wobei diesem Betrieb 2000 bis 4000 Vollbenutzungsstunden für die Wärmeeinspeisung überlagert werden,
- mittlere Vorlauftemperaturen in Fernwärmenetzen bis ca. 120 °C, Rücklauftemperaturen meist unter 65 °C (im Sommer oft bis 80 °C),
- im Idealfall soll die Auslegung der Heizturbinen so erfolgen, dass Stromerzeugung und Heizdampfentnahme unabhängig voneinander gefahren werden können und der Verlust an elektrischer Leistung durch die Heizdampfentnahme im gesamten Lastbereich möglichst klein bleibt.

Um diesen Anforderungen zu genügen ist vor allem eine für die jeweiligen Projektbedingungen günstige Wärmeschaltung zu wählen. Mögliche Wärmegrundschaltungen für Dampfkraftwerke zeigen die Darstellungen in Abb. 5.3-3. Varianten mit Zwischenüberhitzung (ZÜ) sind bei Kraftwerken über 100 MW$_{el}$ (in Sonderfällen ab ca. 30 MW$_{el}$) üblich.

- Schaltung 1 zeigt eine einstufige Heizwassererwärmung, gespeist aus der Überströmung zwischen der MD- und der ND-Dampfturbine. Durch die fehlende Regelklappe vor der ND-Turbine sind nur kleine Aufwärmspannen und geringe Heizwärmeauskopplung möglich. Je nach Wahl des Überströmdruckes bei der Auslegung wird die Vorlauftemperatur (VL) durch eine wasserseitige Umführung des Heizkondensators (HK) geregelt. Bei Teillast und geschlossener Umführung ist die Vorlauftemperatur von der aktuellen elektrischen Leistung der Dampfturbine abhängig. Vorteilhaft ist der geringe Bauaufwand und die Vermeidung von Drosselverlusten in der Turbinen-Überströmleitung.

5.3 KWK-Anlagen mit Dampfturbinen

- Schaltung 2 zeigt wie durch Einbau einer Regelklappe in der Turbinen-Überströmleitung größere Heizleistungen erreicht werden können. Der gesamte Dampfstrom kann bis auf die Kühldampfmenge der ND-Turbine als Heizdampf entnommen werden. Drosselverluste – abhängig von der elektrischen wie auch von der thermischen Last sind nicht zu vermeiden.
- Schaltung 3 wird eingesetzt, wenn größere Heizwasserspreizung (z.B. 65 bis 130 °C) vorzusehen sind. In diesem Fall wird der Heizdampf zweistufig, aus der ND-Turbine und aus der Abströmung der MD-Turbine entnommen. Durch den Einsatz einer Regelklappe vor der ND-Turbine sind Heizleistungen bis zum Kühldampfbedarf auskoppelbar. Diese Schaltung besitzt den Nachteil, dass mit abnehmender Frischdampfmenge (Teillastbetrieb) und zunehmender Drosselung mit Hilfe der Regelklappe die Heizdampfanzapfung aus der ND-Turbine mit immer weniger Dampf beaufschlagt wird; die Heizentnahme wird zunehmend „einstufig".
- Schaltung 4 verbessert gegenüber Schaltung 3 das Teillastverhalten. Hier ist die Mitteldruckturbine mit einer doppelflutigen asymmetrischen Beschaufelung ausgeführt. Der Dampf wird auf zwei unterschiedliche Abdampfdrücke expandiert. In den Überströmleitungen sind Regelklappen eingebaut. Die doppelflutige ND-Turbine wird mit einem Zwischenboden versehen, um die unterschiedlichen Anzapfdrücke der MD-Turbine optimal verarbeiten zu können. Mit Hilfe der Regelklappen lassen sich die Aufwärmspannen in den einzelnen Heizvorwärmern unabhängig vom Frischdampfstrom gleichmäßig einstellen. Damit wird eine optimale Erzeugung elektrischer Leistung in allen Lastbereichen möglich.

In großen kohlebefeuerten Anlagen werden heute Frischdampfzustände bis 290 bar/600 °C und Zwischenüberhitzungstemperaturen bis 620 °C und sehr niedrige Kondensationsdrücke (Nasskühltürme) realisiert. Bei anderen Brennstoffen wie z.B. Holz, Ersatzbrennstoffen, Hausmüll usw. sind bedingt durch brennstoffspezifische Randbedingungen (z.B. Gefahr der Chlorkorrosion an den Überhitzerheizflächen, Ascheschmelzpunkt usw.) die Frischdampfzustände auf z. B. 42 bar/420 °C begrenzt. Entsprechend niedrig ist damit dann der Prozesswirkungsgrad.

Das Maß für die Güte eines Dampfkraftwerksprozesses mit Wärmeauskopplung ist die Stromverlustkennziffer (ϑ).

$$\vartheta = (P_{Turb.-Kond.} - P_{Turb.-Auskoppl.}) / Q_{Auskoppl.}$$

Die Stromverlustkennziffer ist das Verhältnis der Minderung der elektrischen Klemmenleistung der Dampfturbine bei Wärme-/Prozessdampfabgabe gegenüber dem Wert bei reinem Kondensationsbetrieb zum ausgekoppelten Wärmestrom ($Q_{Auskoppl.}$). Beispiele sind in Abb. 5.3-4 angegeben. Inwiefern sich durch die Wärmeauskopplung eine Verbesserung des exergetischen Wirkungsgrades und damit der Primärenergieausnutzung ergibt, kann mit Hilfe der in Kapitel 2.2 dargestellten Abbildung 2.2-2 und der dazugehörigen Gleichung ermittelt werden.

Schaltung	Vorteile	Nachteile	Stromverlust-kennziffer	Einsatzbereich (P_{th}/P_{el})
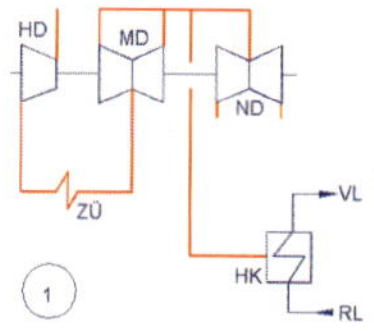 1	Geringer Bauaufwand	Begrenzte Heizleistung, VL-Temp. ist von der elektr. Leistung abhängig	0,14 bis 0,21	< 0,5
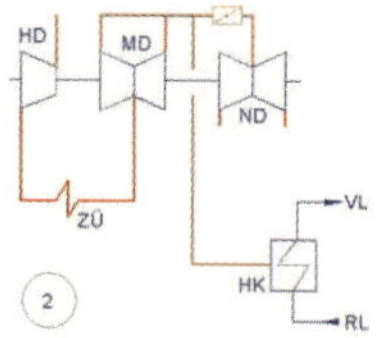 2	Größere Heizdampfentnahme möglich, geregelte VL-Temp., Heizbetrieb weitgehend unabhängig von Stromerzeugung	Drosselverluste bei elektr. Teillast		
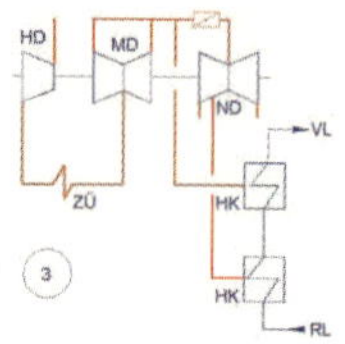 3			0,12 bis 0,16	
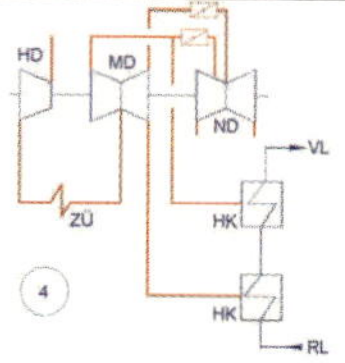 4	Heizdampfentnahme bis zum Kühldampfbetrieb im ND-Teil möglich, größte Unabhängigkeit zwischen Heizwärme- und Stromerzeugung		0,10 bis 0,15	>0,5

Abb. 5.3-4: Schaltungsmöglichkeiten bei Dampfkraftwerken

5.3.2 Aufstellungsverhältnisse/Gesamtanlagenumfang

Der gesamte Anlagenumfang einer KWK-Anlage wurde in Kapitel 5 zusammenfassend für die unterschiedlichen Anlagentypen dargestellt. Nachfolgend muss daher nur noch auf die Besonderheiten bei Heizkraftwerken mit Dampfturbinen eingegangen werden.

Zur Ermittlung der Investitionen kann, wenn eine entsprechende Genauigkeit gefordert wird, durchaus die Vorprojektierung der Gesamtanlage erforderlich sein. Daher werden die hierzu notwendigen Einzelheiten kurz anhand von Beispielen angerissen. Für die Ermittlung der *Gebäudekosten* sind die erforderlichen Räumlichkeiten anhand eines Aufstellungskonzeptes (Beispiel: Abb. 5.3-5) festzulegen.

Als Anhaltswerte für die Abmessungen der Hauptkomponenten (Dampfturbinen, Kesselanlagen) können die in Abb. 5.3-6 und Abb. 5.3-9 als Beispiele enthaltenen Maßtabellen dienen. Je nach den Genauigkeitsanforderungen des Einzelfalls empfiehlt sich die gezielte Einholung von Angeboten. Gerade bei den Kesselanlagen sind eine Vielzahl unterschiedlicher Konstruktionen denkbar, die hier nicht alle erfasst werden können. Bei der Realisierung der so gefundenen Aufstellungskonzepte können die tatsächlich erforderlichen Platzverhältnisse je nach Ausführungsfabrikat hiervon u.U. deutlich abweichen. Daher sollte man bei der Anwendung der Maßtabellen die Platzverhältnisse für Montageflächen, Durchgänge usw. nicht zu eng bemessen. Hierdurch sind dann in der späteren Ausführungsplanung Ausgleichsflächen für evtl. erforderliche Anpassungen vorhanden, ohne dass das grundsätzliche Konzept verändert werden muss. Die Konzeption sollte darüber hinaus so gewählt werden, dass spätere Erweiterungsmöglichkeiten gegeben sind. Raum für ein Reserveaggregat ist u.U. von vornherein mit einzuplanen.

Im Zusammenhang mit der Gebäudekonzeption kommt den *Fundamentierungen* und den Schallschutzmaßnahmen besondere Bedeutung zu. Kesselanlagen, Behälter usw. erhalten Fundamentierungen entsprechend den abzufangenden Gewichten. Die schwingungsisolierte Aufstellung von Pumpen und Turbinen sowie schwingungsisolierte Rohrbefestigungen werden heute auch unabhängig von genehmigungsrechtlichen Auflagen als Anlagenstandard realisiert.

Beim Bau neuer Kesselhäuser und Maschinenhallen sind notfalls anhand entsprechender bautechnischer Gutachten Materialien und Bautechniken zu wählen, die schallschluckende oder schalldämmende Wirkungen in hohem Maße ermöglichen. Da im normalen Betrieb der Anlagen zusätzliche Emissionsquellen, die im Vorfeld nicht immer erkennbar sind, hinzukommen, empfiehlt es sich, von vornherein einen entsprechend höheren Ansatz für schalltechnische Bauaufwendungen zu kalkulieren. Bei Umbauten vorhandener Anlagen ist die Abschätzung der notwendigen Maßnahmen und deren Kosten ohne Schallgutachten oft nicht möglich.

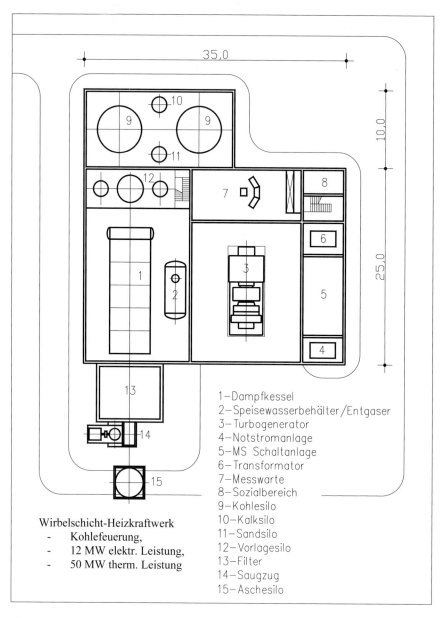

Abb. 5.3-5: Aufstellungsbeispiel KWK-Anlage mit Dampfturbine

5.3.2.1 Dampfturbinentechnik

Die Dampfturbine mit angebautem Generator (Turbogenerator) wandelt den von der Kesselanlage gelieferten Frischdampf (durch Entspannung in den Turbinenschaufeln) in mechanische/elektrische Energie um. Eine Heizturbine unterscheidet sich von einer reinen Kondensationsturbine auf den ersten Blick nur dadurch, dass in ihr mit Hilfe vergrößerter Anzapfstutzen zusätzlich Heizdampf oder Prozessdampf entnommen werden kann.

Heizturbinen sind deutlich größer und teurer als reine Kondensationsturbinen oder reine Gegendruckturbinen. Außer den Aufwendungen für die konstruktionsbedingt größeren Gehäuse sind auch die hohen technischen Anforderungen an die Anpassungen der Beschaufelung bei Heiz- und Kondensationsbetrieb zu berücksichtigen.

Gegendruckturbinen unterscheiden sich von reinen Kondensationsturbinen hauptsächlich dadurch, dass der Austrittsdruck entsprechend den Prozessdampfnotwendigkeiten im Überdruckbereich liegt, sie stellen das vergleichsweise kostengünstigste Aggregat dar.

Der Turbogenerator wird häufig auf ein schwingungsisoliertes Tischfundament gestellt. Unterhalb der Turbine werden im Regelfall die Hydraulikölanlage, die Generatorkühlung und sonstige Nebeneinrichtungen angeordnet, so dass unter der Turbinenhallenebene ein Raum von ca. 3 bis 5 m lichter Höhe benötigt wird.

Die *Dampfturbine* wird je nach Aggregategröße auf einem Grundrahmen montiert geliefert oder bei großen Aggregaten vor Ort aus Einzelkomponenten montiert. Im Leistungsbereich bis ca. 8 MW werden im Regelfall kostengünstige Gleichdruck-Dampfturbinen in axialer oder radialer Bauart eingesetzt, darüber hinaus vielstufige axiale Reaktionsturbinen. Der komplette Lieferumfang der Dampfturbinenanlage besteht im einzelnen aus den Komponenten:

- Dampfturbine,
- Generator,
- Turbinenregler/-regelung,
- Hydraulikanlage,
- Entwässerungseinrichtung,
- Generatorkühlanlage einschl. Rückkühlwerk,
- Feuerlöscheinrichtung,
- Generatorschaltanlage,
- MSR-Technik.

Abbildung 5.3.6 zeigt eine Übersicht über die vorzusehenden Fundamentabmessungen der Dampfturbinen als Grundlage für Aufstellungskonzepte usw..

142 5 Technische Grundlagen

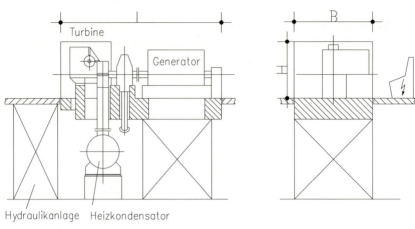
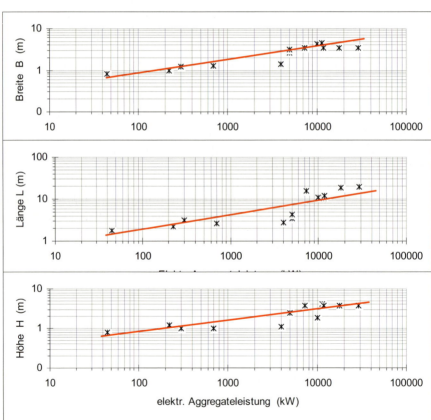

Abb. 5.3-6: Abmessungen von Dampfturbinen

5.3 KWK-Anlagen mit Dampfturbinen

Gleichdruckturbine
Der mit bestimmtem Druck und Temperatur in die Turbine einströmende Dampf wird in Düsen auf nahezu Gegendruckzustand (Abdampfzustand) entspannt. Dabei wird die Wärmeenergie des Dampfes in Geschwindigkeitsenergie umgewandelt. Der Dampf strömt durch die Beschaufelung des Laufrades und wird umgelenkt, wobei seine Geschwindigkeitsenergie in mechanische Energie umgesetzt wird. Die bei der Umlenkung auf die Laufschaufel ausgeübte Kraft wird als treibende Umfangskraft auf den Generator (oder die Arbeitsmaschine) übertragen. Gleichdruckturbinen sind relativ klein, erreichen im oberen Leistungsbereich nahezu die Wirkungsgrade mehrstufiger Reaktionsturbinen (Axialturbinen) und eigenen sich hervorragend bei kleineren KWK-Anlagen zur Stromerzeugung oder als Antrieb für Speisepumpen, Kompressoren usw. .

Abb. 5.3-7: Ausführungsbeispiel einer Gleichdruck-Dampfturbine (Bild KK&K)

Vielstufige Axialturbine
Diese Turbinen werden auch als Überdruck- oder Reaktionsturbinen bezeichnet. Sie arbeiten mit veränderlichen Querschnitten in den aufwendig geformten Schaufelkanälen. Das Gesamt-Druckgefälle wird in jeder Beschaufelungsreihe nur mit dem zugehörigen Anteil abgebaut. Die Umsetzung der Dampfenergie erfolgt durch Reaktions- und Aktionskräfte (je etwa zur Hälfte). Hierdurch sind hohe Gesamtwirkungsgrade erzielbar. Wegen der ungünst-

igen Wirkung des Hochdruckteils (hoher Spaltverlust) schaltet man dem Überdruckteil zunächst ein Gleichdruckrad vor. Die Turbinen werden im Regelfall mit horizontal geteilten Gehäusen ausgeführt. Aufgrund der aufwendigen Konstruktion sind für vielstufige Axialturbinen entsprechend hohe Investitionen erforderlich, so dass der Einsatz dieser Bauart erst oberhalb von ca. 8 MW elektrischer Leistung gegenüber den preiswerteren Gleichdruckanlagen wirtschaftlich ist.

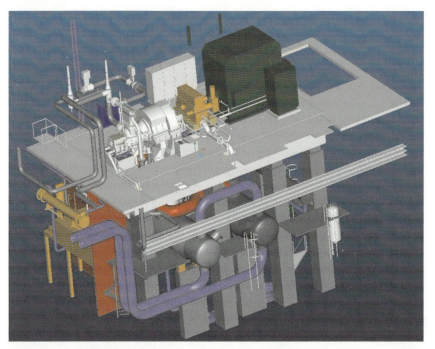

Abb. 5.3-8: Aufstellungsbeispiel Axialturbinenanlage (Bild B+V)

5.3.2.2 Dampfkesselanlagen für Dampfturbinen-Heizkraftwerke

Neben den Dampfturbinen sind die Kesselanlagen die Hauptkomponenten bei der konzeptionellen Planung der Aufstellungsverhältnisse. Obwohl aufgrund der Vielfalt der unterschiedlichen Bauformen keine exakten leistungsabhängigen Abmessungen als Grundlage für Flächen- und Raumhöhenbestimmung angegeben werden können, wurden hier, um einen ersten Eindruck von den Größenverhältnissen zu ermöglichen, die Platzverhältnisse ausgeführter und geplanter Wasserrohrkesselanlagen in Abb. 5.3-9 und 5.3-11 aufgeführt. Vergleichbare Angaben zu den Abmessungen öl- bzw. gasbefeuerten Großwasserraumkessel sind in Kapitel 5 enthalten.

Für die Kesselkonstruktionen sind abhängig vom Dampf- und Kondensatzustand und der Brennstoffart unterschiedliche Bauformen am Markt eingeführt.

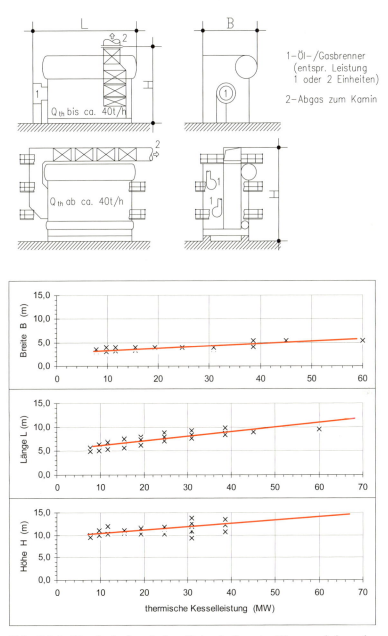

Abb. 5.3-9: Platzbedarf typischer öl-/gasbefeuerter Wasserrohrkessel

Die Auswahl wird bestimmt durch:

- Brennverhalten des eingesetzten Brennstoffes,
- erforderlichen, vor allem von Brennstoffart und -qualität abhängigen Emissionsminderungsmaßnahmen,
- Frischdampf- und Kondensatzuständen,
- Platzverhältnissen im Aufstellungsbereich,
- ggf. Abhitzebetrieb (bei Vorschaltung von Gasturbinen),
- erforderliche Regelgeschwindigkeit der Feuerung.

Man unterscheidet Wasserrohrkessel und Großwasserraumkessel.

a) Wasserrohrkessel

Wasserrohrkessel können mit allen Brennstoffen (fest, flüssig, und gasförmig) betrieben werden, wobei Kesseldrücke und Leistung entsprechend Erfordernis gestaltbar sind. Das Haupteinsatzgebiet der Wasserrohrkessel beginnt bei ca. 5 bis 10 MW Kesselleistung und/oder bei Dampfdrücken größer 20 bar, also oberhalb des Einsatzbereiches der Großwasserraumkessel (siehe hierzu auch Abb. 5.0-7).

Während bei der Verbrennung von flüssigen oder gasförmigen Brennstoffen standardisierte Kesselkonstruktionen (Beispiele für typische Öl- und Gaskesselkonstruktionen sind in Abb. 5.3-9 dargestellt) als Ein- oder Mehrzugkessel mit Boden-, Decken- oder Frontbrennern eingeführt sind, kommen bei den Festbrennstoffkesseln eine Vielzahl unterschiedlicher Konstruktionen zum Einsatz.

Die Einsatzgebiete der am häufigsten anzutreffenden Wasserrohrkesselkonstruktionen lassen sich wie folgt charakterisieren:

Kessel mit Rostfeuerung

mit Feuerungen ausgebildet z.B. als

- Wanderrost
- Vorschubrost
- Schüttelrost
- Stößelvorschubrost

Ein typisches Beispiel für eine Rostkesselanlage ist in Abb. 5.3-11 dargestellt. Rostfeuerungen sind bei festen Brennstoffen (Kohle/Holz) in Dampfkesselanlagen im Geltungsbereich der TA-Luft seit Jahren in vielen Anlagen im Einsatz. Grundbestandteil ist das, für den jeweiligen Brennstoff erforderliche Rostsystem, das unter dem Dampfkessel installiert wird. Der Brennstoff wird möglichst gleichmäßig auf der gesamten Rostbreite aufgegeben und verbrennt beim Transport durch den Brennraum. Die Feuerungsregelung erfolgt durch Rostvorschub und Brennstoff-Schichthöhe. Aufgrund der auf dem Rost befindlichen Brennstoffmenge und der mit dem Gesamtsystem zusammenhängenden hohen Wärmekapazität ist nur eine geringe Laständerungsgeschwindigkeit im Vergleich mit z.B. Öl- oder Gaskesseln möglich. Am Rostende wird die Schlacke in einen Nassentschlacker (Abkühlung) abgeworfen und über entsprechende Fördereinrichtungen abgeführt und entsorgt. Pneumatische Schlacketransporteinrichtungen sind ebenfalls im Einsatz. Das bei Rostfeuerungen einsetzbare Brennstoffband zeigt Abb. 5.3-10. Der Leistungsbereich reicht bis ca. 120 t/h Frischdampfmenge bei beliebigen Kesseldrücken. Als Sonderfall der Rostfeuerungen sind hier auch Müllverbrennungsanlagen zu nennen, die mit speziell auf den Brennstoff „Müll" zugeschnittenen Rostbauformen errichtet werden. Die Frischdampfparameter liegen aufgrund der brennstoffspezifischen Betriebsbedingungen (Verschmutzung, Korrosionsgefahr, Schadstoffbildung) bei max. 42 bar und 420 °C (höhere Dampfparameter nur in Ausnahmefällen).

Anhaltswerte für überschlägige Berechnungen (circa)	Heizwert Hu (kWh/kg) von	bis	Ascheanteil %
Braunkohle			
- Braunkohle u. Lignit	2,26	5,58	< 22
- Braunkohlenbriketts	4,58	5,61	< 12
Holz			
- Hackholz	2,28	4,67	< 5
- Hobel- u. Sägespäne	2,28	4,67	< 5
Hausmüll	0,86	3,56	< 35
Steinkohle			
- Koks	5,25	8,61	< 20
- Anthrazit	7,03	9,44	< 10
- Magerkohle	5,42	8,94	< 35
- Fettkohle	7,44	8,94	< 15
- Gasflammkohle	8,06	8,83	< 15
Torf	0,28	4,89	< 10

Abb. 5.3-10: Brennstoffe für Rostfeuerungen

148 5 Technische Grundlagen

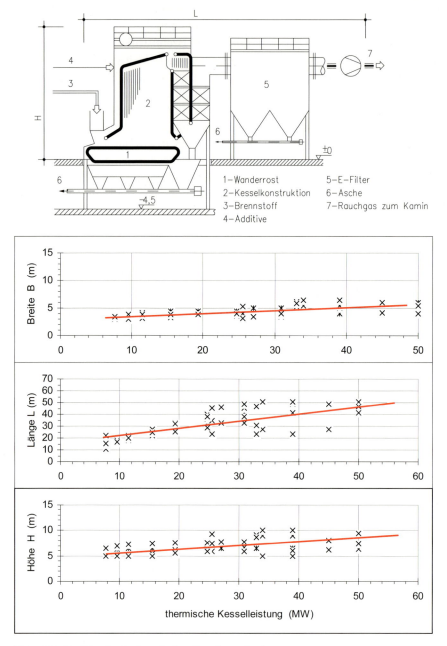

Abb. 5.3-11: Platzbedarf typischer Rostkesselanlagen

Kessel mit Staubfeuerungen

Kessel mit Staubfeuerungen sind für alle gängigen Kohlearten, in Sonderfällen auch für Torf, Holzstaub u.a. geeignet, werden hauptsächlich aber mit Braunkohle- Steinkohle betrieben. Die Kesselkonstruktionen sind den Öl- oder Gaskesselanlagen ähnlich, ebenso die Regelgeschwindigkeiten. Wichtigster Bestandteil der Anlage ist die Staubfeuerung und das zugehörige Brennstoffzuteilungssystem. Im Leistungsbereich zwischen 2 und 30 MW Feuerungswärmeleistung sind NOx-arme Staubbrenner verfügbar. Bei größeren Kesselleistungen arbeiten mehrere Brenner parallel. Der Aufwand für Transport und Lagerung des Brennstoffs ist bei Staubfeuerungen mit dem bei heizölbefeuerten Anlagen vergleichbar. Beispielsweise erfolgt bei Braunkohlenstaubfeuerungen die Anlieferung des fertig gemahlenen Kohlenstaubes mit Bahn- oder LKW-Silowagen (LKW=25 t, Bahn = 50 t Fassungsvermögen). Die Entladung wird pneumatisch mit den Bordverdichtern der Fahrzeuge oder, wenn z.B. Schallemissionsgrenzwerte dies erfordern, mit stationären Verdichteranlagen vorgenommen. Die Kohlenstaublagerung ist in druckstoßfesten Behältern (gemäß VDI Richtlinie 2673) mit Silogrößen bis zu 1400 m3 (700 t) möglich. Da die Staubzuführung pneumatisch betrieben wird, sind Abluftfilter erforderlich. Reststaubgehalte in der Abluft 2 mg/m3 bei Entlüftung in Hallenbereiche, 10 mg/m3 bei Entlüftung ins Freie sind üblich. Zur Überwachung sind Temperaturmessungen an Bunkerdecke und Bunkerauslauf, eine CO-Überwachung und bei besonders großen Behältern auch ein Inertgaspolster (CO_2 oder N_2) Stand der Technik. Zusammen mit den übrigen Maßnahmen wie Druckentlastungseinrichtung, druckstoßsichere Auslegung, Auflockerungseinrichtungen am Bunkerauslauf usw. sind heute Anlagen realisierbar, die den Ölfeuerungen beim Handling in keiner Weise nachstehen.

Kessel mit Wirbelschichtfeuerungen

Bei den Kesseln mit Wirbelschichtfeuerung ist zwischen atmosphärischer und druckaufgeladener Wirbelschicht sowie zwischen zirkulierender und stationärer Wirbelschicht zu unterscheiden. Von Versuchsanlagen abgesehen sind im Leistungsbereich unter 50 MW Feuerungswärmeleistung nur Anlagen mit atmosphärischer Wirbelschicht im Einsatz.

Bei der Wirbelschichtfeuerung wird einem Bett aus Inertstoff und Brennstoff die Verbrennungsluft über einen im oder unter dem Bett befindlichen Düsenboden zugeführt, was zu einem Verwirbeln der Bettpartikel führt. Wird z.B. mittels Anfahrbrenner das Bett auf Zündtemperatur erhitzt, so verbrennt der Brennstoff in der Wirbelschicht. Durch den innigen Kontakt zwischen Brennstoff und Zuschlagstoff oder Bettmaterial entsteht u.a. ein hohes Einbindepotential für Luftschadstoffkomponenten. Die optimalen Prozesstemperaturen liegen zwischen 800 und 900 °C. Hauptvorteil der Wirbelschichttechnologie ist die Übertragung großer Wärmemengen bei kleinen Heizflächen, sowie die Möglichkeit, Luftschadstoffkomponenten (z.B. Schwefel) im Wirbelbett in der Asche einzubinden. Hierdurch können aufwendige Rauchgasreinigungsanlagen vermieden werden (weitere Angaben hierzu in Kapitel 5.3.4). Die zirkulierende Wirbelschicht besitzt gegenüber der stationären Wirbelschicht den Vorteil des besseren Wirkungsgrades (2 bis 5 %), des geringeren Bedarfs an Zuschlagstoffen und damit auch des geringeren Ascheanfalls. Hinzu kommen die niedrigeren Emissionen z.B. bei Schwefel und NOx. Nachteilig sind die höheren Investitionen, der höhere Eigenstrombedarf, die aufwendigere Regelung und die langen Anfahrzeiten bei Kaltstart aufgrund der ausgemauerten Brennkammer.

b) Großwasserraumkessel

Großwasserraumkessel sind nur mit Kesseldrücken bis zu 30 bar und Kesselleistungen bis ca. 30 MW_{th} einsetzbar. Aufgrund konstruktiver Besonderheiten ist der zulässige Betriebsdruck von der Auslegungsleistung abhängig. Sie werden hauptsächlich mit Öl- oder Gasfeuerung (auch bivalent) ausgeführt. In Sonderkonstruktionen z.B. mit Unterschubfeuerung sind sie auch für Festbrennstoffe geeignet. Seit einiger Zeit werden diese Kessel auch mit Braunkohlenstaubfeuerung ausgeführt, wobei das Brennstoffhandling und der Anlagenbetrieb den Ausführungen mit Heizöl-/Gasfeuerung kaum noch nachsteht. Die relativ preiswerten Großwasserraumkessel werden häufig als Spitzenlast- oder Reservekesselanlagen parallel zu KWK-Anlagen errichtet (siehe hierzu auch die Ausführungen in Kapitel 5. Sie sind sowohl zur Heißwassererzeugung als auch zur Dampfproduktion einsetzbar. Im Heißwasserbetrieb sind diese Kesselkonstruktionen komplett mit Wasser gefüllt, die Druckhaltung erfolgt hierbei separat.

Wenn Großwasserraumkessel zur Dampfproduktion eingesetzt werden, wird der Kesselraum mit einem Dampfpolster betrieben und bei Erfordernis ein Überhitzer oder ein Ecomiser zusätzlich im Dampf-/Kondensatkreislauf vorgesehen.

Unabhängig von der Kesselbauform besteht die komplette Kesselanlage als funktionsfähige Einheit aus:

– Dampfkessel einschl. grober und feiner Armatur, Isolierung usw.,
– Verbrennungsluftversorgung einschließlich Frischluftgebläse, Luftkanal für Primär- und ggf. Sekundärluftversorgung usw.,

- Brennstoffversorgung als komplettes Versorgungssystem ggf. für zwei Brennstoffarten (z.B. Erdgas und Heizöl),
- Rauchgaskanal ab Kesselende bis Kamin, einschl. Abgasklappen, Saugzug (wenn erforderlich),
- Zugehörige Elektrotechnik (z.B. Stromversorgung, Schaltanlagen usw.),
- Zugehörige MSR-Technik (Mess-, Steuer-, Regeltechnik) für die Überwachung und Steuerung der gesamten Kesselanlage einschließlich Brennersteuerung, Steuerung für Abgassystem, Druck-, Temperaturüberwachung, Leistungsregelung einschließlich Schnittstelle zur Anbindung an das übergeordnete Leitsystem der Gesamtanlage (Leitwarte).

Die Platzverhältnisse der Kesselkonstruktionen können entsprechend den vorstehenden Ausführungen abgeschätzt werden. Der Platzbedarf der darüber hinaus erforderlichen peripheren Anlagen und Behälter kann im Regelfall anhand der Inhalte und sonstiger Leistungsdaten ermittelt werden. Soweit aufgrund der eingesetzten Brennstoffe erforderlich wird die Abgasreinigungsanlage als komplette Einheit einschließlich aller Nebenanlagen wie z.B. Kalkmilchaufbereitung etc. ausgelegt und konzipiert. Weitere Erläuterungen werden hierzu in Kapitel 5.3.4 gegeben.

Nebenanlagen

Betriebswasser wird zur Versorgung der Dampf- und Heizwassersysteme benötigt. Hinsichtlich der Wasserqualität sind die VdTÜV-Richtlinien für die Kesselanlagen, die TRD 611 und die AGFW-Richtlinie für Wärmeversorgungsnetze zu beachten. Zusätzlich benötigen die größeren Dampfturbinen zur Generator- und Ölkühlung ein eigenes *Niedertemperaturkühlsystem*. Für dieses System ist ein separates Rückkühlwerk erforderlich. Der thermische Energieumsatz in diesem System liegt im Mittel bei ca. 0,5 bis 0,8 % der elektrischen Dampfturbinenleistung. Besondere Anforderungen an die Wasserbeschaffenheit werden hier nicht gestellt, doch sollte auf Frostschutz Wert gelegt werden. Bei kleineren Dampfturbinenanlagen genügt die Luftkühlung des Generators.

Die *Betriebswasserversorgungsanlage* besteht im Regelfall aus der eigentlichen Wasserversorgung (z.B. Anschluss an ein Brauchwassernetz, eine Brunnenanlage etc.), der Wasseraufbereitung (z.B. Enthärtung oder Vollentsalzung) und den erforderlichen Rohrleitungen, Behältern usw. sowie der zugehörigen E- und MSR-Technik.

Zur Versorgung von Russbläsern, Messeinrichtungen und Werkzeugen ist ein *Druckluftnetz* mit

- Druckluftkompressor,
- Windkessel,

– Luftaufbereitung,
– Rohrleitungssystem,
– E-/MSR-Technik

vorzuhalten.

Für die *Schmierölversorgung* wird ein Fasslager, das die Betriebsmittel für die einzelnen Verbraucher aufnimmt, benötigt.

Die aggregatespezifische *E-/MSR-Technik* ist im Umfang der jeweiligen Komponenten enthalten. Um den Gesamtbetrieb vollautomatisch zu gewährleisten, ist darüber hinaus eine übergeordnete Anlage erforderlich, die als zentrales Bindeglied zwischen den einzelnen Unterstationen (z.B. für Kessel, Turbogenerator usw.) einschließlich Protokollier- und Visualisierungssystem fungiert (ähnlich wie für Motorenanlagen in Abbildung 5.0-6 dargestellt).

Eine übergeordnete *Schaltanlage* zur Versorgung der Unterstationen und zur Netzeinspeisung einschließlich Netz-Kuppelschalter, Messfelder, Transformatoren, Synchronisiereinrichtung, Leistungsschalter usw. ist z.B. gemäß Abbildung 5.0-5 (bei Motorenanlagen ähnlich) einzuplanen.

Die Heizwasserkreislaufkomponenten bestehend aus

– Umwälzpumpengruppe,
– Druckhaltung,
– Vorratsbehälter, Wärmespeicher (wenn erforderlich),
– Wasseraufbereitung (im Regelfall Anschluss an Enthärtungs- oder Vollentsalzungsanlage der Kesselanlage),
– Armaturen und Rohrleitungssystem,
– zugehörige E- und MSR-Technik,

sind im Wesentlichen ein Bestandteil des Heizwasserversorgungssystems, das durch die KWK-Anlage versorgt wird. Da diese Komponenten für alle KWK-Anlagenvarianten ähnlich sind, sind hier die erforderlichen Hinweise in Kapitel 5 enthalten. Der komplette *Dampf- und Kondensatkreislauf* einschließlich aller zugehöriger Komponenten kann gemäß Anlagenkonzept bzw. dem wärmetechnischen Anlagenschema in unterschiedlichen Konzeptionen ausgeführt werden und besteht im Regelfall aus

– Entgaser-/Speisewasserbehälter,
– Kessel-/Speisepumpen,
– Kondensatpumpen,
– Speisewasservorwärmer,
– Kondensatbehälter,
– zugehörigen Dampf- und Kondensatleitungen, einschl. Frischdampfleitungen zwischen Kessel- und Turbine usw.,
– zugehöriger E-/MSR-Technik.

5.3 KWK-Anlagen mit Dampfturbinen 153

Die komplette *Heizkondensatoranlage* einschließlich der zugehörigen E-und MSR-Technik wird entsprechend dem thermodynamischen Anlagenkonzept ausgelegt. Sofern aufgrund der Gesamtkonzeption eine zusätzliche Kondensationsanlage ohne Wärmenutzung (z.B. Notkondensator) einzuplanen ist, kann diese als Wasserkreislaufsystem, bestehend aus

- Kondensator,
- Rückkühlanlage,
- Pumpen, Rohrleitungen, Behälter,
- E-/MSR-Technik,

oder als Luftkondensationssystem, bestehend aus

- Luftkondensatoranlage,
- Dampfzuleitung ab Turbine,
- Kondensatsystem bis Kondensatsammelbehälter einschl. Rohrleitungen, Armaturen, Pumpen, usw.,
- E-/MSR-Technik

konzipiert werden.

Die Konzeption des *Aschebunkers* bzw. des Aschesilos einschließlich Entaschungsanlage ist abhängig von der Brennstoffart sowie der Kesselkonstruktion. Soweit für den eingesetzten Brennstoff erforderlich wird das komplette System ab Kesselentschlacker bis Aschebunker/-silo einschl. Verladeeinrichtung und zugehöriger E-/MSR-Technik von entsprechend spezialisierten Unternehmen geliefert.

Die *Gebäudetechnik* (Heizungs-, Lüftungs- und Sanitärtechnik) ggf. mit Werkstattausrüstung, Hebezeugen und zugehörigen Hilfsanlagen ist gesondert entsprechend den Erfordernissen der Heizkraftwerke zu kalkulieren. Die Maschinenhalle und das Kesselhaus werden mit einer Lüftungsanlage zur sicheren Ableitung der Wärmeabstrahlung der Anlagenteile und der Rohrleitungen ausgerüstet. Die Dampfturbinenanlage selbst strahlt ebenfalls nennenswerte Wärmemengen an die Umgebung ab. Es empfiehlt sich, die Verbrennungsluft für die Kesselanlagen unter der Kesselhausdecke abzusaugen. In diesem Fall sind noch Zuluftöffnungen zusätzlich zu berücksichtigen. Hebezeuge, Hallenkräne etc. sind im Regelfall für das Kesselhaus nicht erforderlich. Meist reichen Befestigungspunkte für Hebezeuge. Innerhalb der Maschinenhalle (Dampfturbine) ist ein Brückenkran für Wartungszwecke empfehlenswert.

Je nach Anlagenkonzeption sind mehr oder weniger aufwendige *Stahlkonstruktionen* erforderlich. Die Investitionsansätze hierfür können meist anhand spezifischer Erfahrungswerte über die Gitterrostflächen ermittelt werden, die Gebäudekosten über den umbauten Raum anhand von spezifischen Kostenansätzen berechnet werden.

5.3.3 Bauarten und technische Rahmenbedingungen für die Konzeptionierung von Heizkraftwerken mit Dampfturbinen

Das Herzstück eines Heizkraftwerkes ist der Heizturbosatz, dessen Aufgabe es ist, aus der für die Verbraucher benötigten Dampfmenge ein Maximum an elektrischer Energie zu erzeugen. Zur Auslegung eines Heizturbosatzes ist eine genaue Ermittlung und Planung des Wärmebedarfs der Dampfverbraucher erforderlich. Trotzdem muß die Auslegung so flexibel sein, dass unvorhergesehene Änderungen im Wärmebedarf auch später berücksichtigt werden können. Eine wichtige Frage bei der Auslegung eines Heizkraftwerkes ist die Wahl des optimalen Frischdampfzustandes. Die Investitionsaufwendungen für ein Dampf-Kraftwerk werden durch die Wahl des Frischdampfdruckes entscheidend beeinflusst. Generell gilt, je höher der Frischdampfzustand (Druck und Temperatur), umso höher ist der Wirkungsgrad der Anlage (bei gleichen Abdampfverhältnissen). Ein exemplarisches Beispiel für diese Abhängigkeit zeigt Abbildung 5.3-12 für typische Frischdampfwerte in kleinen Reststoffverbrennungsanlagen für Biomüll oder Abfall. Aufgrund der erforderlichen Werkstoffe und Anlagenkonzepte lassen sich für unterschiedliche Frischdampfzustände Investitionssprünge wie folgt feststellen:

a) Im Bereich von kleinen Kesselleistungen (Dampfmenge bis ca. 16 t/h) ergibt sich ein Kostensprung, wenn der zulässige Kesseldruck 24 bar überschreitet, da dann von preiswerten Großwasserraumkesseln auf teurere Wasserrohrkessel übergangen werden muss.

b) Ein weiterer Kostensprung entsteht wenn der erzeugte Dampf über eine Dampfturbine entspannt wird, da dann die Anlage mit einer aufwendigen Vollentsalzungsanlage ausgerüstet werden muss.

c) Ebenso ergibt sich eine Kostensteigerung, wenn Frischdampfdrücke über 90-110 bar bzw. Temperaturen über 540 °C überschritten werden. In diesen Fällen müssen sowohl die im Kessel eingebauten Dampf-Überhitzer als auch die Hochdruckteile der Turbine aus hochlegierten, austenitischen Werkstoffen gefertigt werden. Diese sind deutlich teurer, als die ansonsten verwendbaren ferritischen Werkstoffe. Wegen der geringeren Wärmeleitfähigkeit austenitischer Stähle treten darüber hinaus auch Probleme bei Lastschwankungen auf. Ihr Einsatz für Heizkraftwerke kommt daher üblicherweise nicht in Frage.

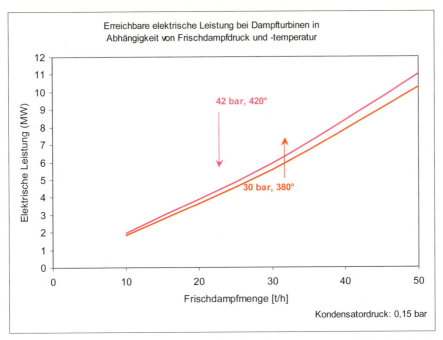

Abb. 5.3-12: Einfluss von Frischdampfdruck und –temperatur auf die elektrische Generatorleistung von Dampfturbinen bei Biomasse-Heizkraftwerken

Zur Vergrößerung des Wärmegefälles gibt es auch die Möglichkeit der Zwischenüberhitzung des Dampfes, die jedoch mit erheblichem Mehraufwand verbunden ist und hohe Anforderungen an die Bedienung der Anlagen stellt. Sie wird heute im Regelfall erst bei großen Blockleistungen (über 100 MW) eingesetzt. Bei der Ermittlung des Frischdampfzustandes muß auch der sinkende Wirkungsgrad der Dampfturbine infolge des kleineren Eintrittsvolumens berücksichtigt werden. Auch die Spaltverluste und die Beschaufelungsrandverluste in der Turbine nehmen mit steigendem Druck zu, so daß ein Teil des Vorteils des durch höhere Dampfzustände gewonnenen größeren Wärmegefälles durch den schlechteren Wirkungsgrad der Turbine wieder aufgezehrt wird. Auch die höheren Speisepumpenleistungen sind bei der Rechnung zu berücksichtigen. Wichtig für die Auslegung einer Gegendruckturbine ist, dass die Dampfexpansion bei allen Betriebspunkten nahe der Sättigungslinie (gegebenenfalls darüber) liegt.

Der Dampf am Turbineneintritt muss absolut trocken sein (dabei sind auch instationäre Betriebszustände, z.B. Anfahrvorgänge des Kessels zu berücksichtigen). In die Frischdampfleitung ist hierzu ein Tropfenabscheider - z.B. ein Zyklon - einzubauen. Abbildung 5.3-13 gibt Hinweise auf die erforderliche Dampfqualität für den Turbinenbetrieb.

Leitfähigkeit bei 25 °C in der kondensierten Probe nach starksaurem Kationenaustauscher und CO_2-Entfernung gemessen.	< 0,2 µS/cm
Kieselsäure (SiO_2)	< 0,02 ppm
Gesamt-Eisen (Fe)	< 0,02 ppm
Natrium + Kalium (Na + K)	< 0,01 ppm
Kupfer (Cu)	< 0,003 ppm
Sauerstoff (O_2)	< 0,02 ppm
Chlorid (Cl -)	< 0,01 ppm
PH-Wert	9,2 - 9,6

Alle anderen chemischen Elemente oder Verbindungen im Dampf sind nicht zulässig.

Abb. 5.3-13: Dampfqualität für den Turbinenbetrieb

Berücksichtigt werden müssen auch die Anforderungen eventuell angeschlossener Dampfverbraucher. Wird der Abdampf in einem Heizkondensator kondensiert, sollte die Überhitzung des Dampfes am Turbinenaustritt möglichst gering gehalten werden, da diese für den Wärmeübergang im Kondensator schädlich ist.

Generell können Dampfkraftwerke an jeden beliebigen Dampfzustand sowohl frischdampfseitig wie auch abdampfseitig angepaßt werden. Aus Kostengründen empfiehlt es sich jedoch, von vorn herein in Abhängigkeit von der Generatorleistung (Blockleistung) Auslegungspunkte anzustreben, die dem Standard der Hersteller am nächsten kommen. Zusätzlich zu den vorher genannten Punkten müssen bei der Auslegung und beim Vergleich von konkurrierenden Systemen einige grundsätzliche Eigenschaften von Dampfturbinen Berücksichtigung finden. Dampfturbinen sind teillastempfindlich; ihr Wirkungsgrad liegt bei Teillast niedriger als im Auslegungs- bzw. Vollastpunkt. Dies gilt vor allen Dingen für Gegendruckturbinen. Die Wirkungsgradeinbuße wird umso größer, je größer das Verhältnis von Gegendruck zu Frischdampfdruck ist. Abhilfe schafft die sog. Düsengruppenregelung. Hierbei werden die Düsen in verschiedene Gruppen aufgeteilt und je nach Lastzustand zu- und abgeschaltet.

Bei Kondensationsturbinen liegt der Leerlauf-Dampfdurchsatz bei 8-10 % der Vollast-Dampfmenge. Dies ist zu berücksichtigen, wenn bei der Auslegung unterschiedliche Betriebspunkte (z.B. volle Dampfabgabe im Gegendruckbetrieb bei im Leerlauf mitlaufender Niederdruckturbine) berechnet werden. Bei Gegendruckturbinen kann (je nach Konstruktion) bei niedrigen Frischdampfzuständen durch Verwendung eines Bypasses in der Radkammer der Turbine der Auslegungspunkt auf 70 bis 75 % des Vollastpunktes abgesenkt werden, um den Teillastwirkungsgrad etwas anzuheben. Wird die Abdampfenergie in einem Heizkondensator kondensiert, kann die Turbine (wenn die geforderten Wassertemperaturen auf der Heizkreisseite dies zulassen) entsprechend der geforderten Heizwassertemperatur im gleitenden Gegendruckbetrieb gefahren werden. Diese Turbinen sind dann nicht so teillastempfindlich wie reine Gegendruckmaschinen.

Aufgrund des höheren Wirkungsgrades und der günstigeren Investitionen werden Dampfturbinen bis zu elektrischen Leistungen von ca. 40 MW als Getriebeturbinen ausgeführt, darüber hinaus als direkttreibende Turbinen.

Für kleinere elektrische Leistungen (unter 1MW) ist ein kostengünstiger, schnell laufender Turbogenerator in der Entwicklung, der ohne Getriebe und Ölversorgung auskommt. Turbine und Hochfrequenzgenerator sitzen auf einer gemeinsamen Welle. Da der Generator über einen Frequenzumrichter mit dem elektrischen Netz verbunden ist, kann die Turbine auch bei Teillast stets mit optimaler Drehzahl gefahren werden.

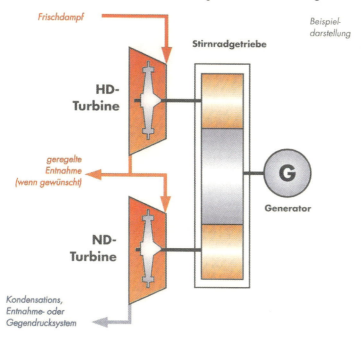

Abb. 5.3-14: Einfaches Gleichdruckturbinenkonzept durch Hintereinanderschaltung zweier Gleichdruckturbinen mit gemeinsamem Getriebe und Generator

Bei der Auslegung von Turbinen mit ungeregelten Anzapfungen ist zu berücksichtigen, dass im Teillastbetrieb die Dampfdrücke an den Anzapfpunkten absinken. Wenn die Dampfzustände in Dampfnetzen garantiert werden müssen, so kann durch entsprechend teurere Wanderanzapfungen (zwei Anzapfungen an unterschiedlichen Expansionspunkten) die Anzapfstelle in

Abhängigkeit von den Anzapfdrücken umgeschaltet bzw. durch geregelte Entnahmeanschlüsse Abhilfe geschaffen werden.

Bei einfachen Gleichdruckturbinenkonzepten bis 10 MW mit zwei hintereinander geschalteten Gleichdruckturbinen (siehe Abbildung 5.3-14) ist eine geregelte Entnahme einfach realisierbar, da die Niederdruckturbine standardmäßig mit einem Regelventil ausgestattet ist.

Eine häufig praktizierte Möglichkeit, die Stromausbeute eines Heizkraftwerkes zu erhöhen, ist die stufenweise Vorwärmung des Speisewassers. Der Aufwand für diese Maßnahme muss jedoch in sinnvollem Verhältnis zur Wirkungsgradverbesserung stehen. Für Anlagen bis ca. 30 MW lohnt sich meist nur die einstufige Vorwärmung des Speisewassers im thermischen Entgaser, maximal (bei Anlagen mit hohen Benutzungsstunden) eine zweistufige Speisewasseraufwärmung bestehend aus der Vorwärmung im Speisewasserentgaser und einem zweiten Hochdruckvorwärmer. Überschreiten die Speisewassertemperaturen am Kesseleintritt Temperaturen von 130-140 °C, ist oft aus Wirkungsgradgründen eine Verbrennungsluftvorwärmung im ECO anstelle der sonst üblichen Speisewasseraufwärmung notwendig. Dies führt allerdings zu höheren Investitionen.

Abbildung 5.3-15 enthält als Auslegungshilfe eine Übersicht über die üblichen Frischdampfparameter von Dampfturbinenanlagen.

Therm. Nutzleistung des Heizkraftwerks	Frischdampfdruck bar	Frischdampftemperatur °C
bis 25 MW	25 40/42	250 420/450
von 25 MW bis 100 MW	60 80	485 525
von 100 MW bis 200 MW	125	530
über 200 MW	185 *) 160 *)	535 *) 535 *)

*) mit Zwischenüberhitzung und Zwangsdurchlaufsystem

Abb. 5.3-15: Typische Frischdampfzustände bei Dampfkraftwerken

5.3.4 Emissionen/Verbrennungsrückstände

5.3.4.1 Emissionen

Unter den von Heizkraftwerken mit Dampfturbinenanlagen ausgehenden Emissionen

- Geräusch,
- Schwingungen,
- Rauchgasemissionen,
- evtl. Kraftverkehr (bei Kohlenanlieferung/Ascheentsorgung)

kommt den Rauchgasemissionen eine besondere Bedeutung zu. Geräuschemissionen und Körperschallschwingungen werden durch erprobte bauliche Maßnahmen minimiert bzw. aufgefangen, so dass hieraus keine betrieblichen oder genehmigungsrechtlichen Probleme oder überproportionale Kosteneinflüsse zu erwarten sind. Die Beurteilung der Emissionen aus der Fahrzeugfrequenz für Brennstoffanlieferung und Ascheabtransport kann in der allgemeinen Emissionsbewertung erfasst werden, zählt aber zunächst nicht zu den Standortemissionen und ist im Regelfall lediglich bei der Durchführung eines förmlichen Genehmigungsverfahrens im Zusammenhang mit der Standortgenehmigung von besonderer Bedeutung. Die bei der Verbrennung der Brennstoffe in den Kesselanlagen entstehenden Rauchgase enthalten neben unschädlichen Bestandteilen wie z.B. Wasserdampf auch Luftschadstoffe (vor allem Kohlenmonoxid, Stickoxide, Schwefeldioxid) sowie andere luftfremde Stoffe und Russ- und Staubpartikel. Art und Menge dieser Rauchgasbestandteile sind in erster Linie von der Brennstoffzusammensetzung abhängig. Hinzu kommen aber auch Einflüsse aus

- Verbrennungsluftzusammensetzung,
- Verbrennungsverfahren,
- Kesselkonzeption

und anderem mehr.

In der Bundesrepublik wurden für Kesselanlagen bis 50 MW Feuerungswärmeleistung in der Technischen Anleitung zur Reinhaltung der Luft (TA-Luft) die einzuhaltenden Schadstoffgrenzwerte genannt bzw. festgelegt. Für besonders problematische Brennstoffe (z.B. Müll oder Ersatzbrennstoffe) gelten die Vorschriften der 17. BImSchV (17 Bundes-Immissionsschutz-Verordnung).

Die TA-Luft wurde im Jahr 2002 novelliert und in vielen Punkten drastisch verschärft. Generell gilt jedoch trotzdem, dass örtlich auch wesentlich niedrigere Emissionswerte gefordert werden können. In jedem konkreten Einzelfall sollte daher frühzeitig das Gespräch mit der zuständigen Genehmigungsbehörde gesucht werden. Die Abbildungen 5.3-11 und 5.3-12 enthalten für die wichtigsten Komponenten diese konkretisierten Schadstoffgrenzwerte zusammen mit den übrigen TA-Luftwerten für die einzelnen bei Kesselanlagen üblichen Brennstoffe. Die Bezugsgröße für den O_2-Gehalt im Abgas bezogen auf die in der TA-Luft genannten Grenzwerte ist in den Tabellen angegeben. Messergebnisse oder Angaben, die sich auf einen anderen Sauerstoffgehalt beziehen, können mit der in Kapitel 8 genannten Formel umgerechnet werden.

Die Einhaltung der Schadstoffgrenzwerte kann gewährleistet werden durch:
1. Auswahl von hochwertigen Brennstoffen mit entsprechend niedrigem Anteil an den Brennstoffbestandteilen, die beim Verbrennungsvorgang die Basis für die Luftschadstoffe bilden.
2. Feuerungstechnische Maßnahmen wie z.B.
   – Einsatz spezieller NOx-armer Brenner,
   – spezielle Ausbildung des Feuerraumes,
   – Aufteilung der Luftzuführung auf unterschiedliche Zonen,
   – Beeinflussung der Feuerführung,
   – Abgasrückführung,
   – Zugabe von Reaktionsmitteln zum Brennstoff oder in den Feuerraum.
3. Installation von Rauchgasreinigungsanlagen.

Generell ist aus Sicht der Investitionen, der Wartungs- und Betriebskosten, sowie der Verfügbarkeit den brennstoffseitigen (Brennstoffauswahl) und den feuerungstechnischen Maßnahmen der Vorzug zu geben. Abhängig von der Feuerungsart sind folgende technische Lösungen am Markt eingeführt.

Kesselanlagen für die Verfeuerung fester Brennstoffe

Hier unterscheidet man in
– Kesselanlagen mit Rostfeuerung,
– Kesselanlagen mit Staubfeuerung,
– Kesselanlagen mit Wirbelschichtfeuerung.

Kesselanlagen mit Rostfeuerung
Ohne besondere Zusatzmaßnahmen ist die Einhaltung der Grenzwerte der TA-Luft bei Einsatz hochwertiger Brennstoffe (z.B. Deutsche Steinkohle, Rheinische Braunkohle etc.) möglich. Die primäre Schwefeleinbindung bei Rostfeuerungen liegt brennstoffabhängig bei ca. 5-10 %. Um eine Schwefeleinbindung in die Schlacke oder Asche bis zu 60 % zu erreichen, genügt das Einblasen von Kalk in den Feuerraum, verbunden mit einem entsprechend ausgelegten Rauchgasfilter. Durch Rauchgasrezirkulation sind NOx-Werte kleiner 300 mg/m^3 erreichbar. Reichen bei problematischen Brennstoffen die Primärmaßnahmen nicht aus, ist eine Entschwefelung bis zu 80 % durch Sekundärmaßnahmen wie z.B. das Nachrüsten einer Rauchgasreinigung nach dem Sprühabsorptionsverfahren möglich. Sekundärmaßnahmen zur NOx-Reduktion (z.B. Harnstoffeindüsung in den Feuerraum)

sind auch bei Anlagen unter 50 MW Feuerungswärmeleistung heute vielfach erforderlich.

Je nach Brennstoffeinsatz werden zunehmend auch Rauchgasreinigungen auf Basis von Trockensorptionsverfahren mit Bikarbonat anstelle der früher üblichen Nasswäschen oder Quasitrockenverfahren (auf Basis von Kalkmilch) eingesetzt.

Kesselanlagen mit Staubfeuerungen
Bei Kesselanlagen mit Staubfeuerungen ist die Notwendigkeit von Zusatzmaßnahmen zur Einhaltung der Grenzwerte der TA-Luft stark brennstoffabhängig. Bei Einsatz von rheinischer Braunkohle (Braunkohlenstaub) ist zunächst nur ein Gewebefilter erforderlich. Aufgrund der hohen Schwefeleinbindung in der Asche sind zusätzliche Maßnahmen zur Entschwefelung nicht notwendig. Wichtig ist jedoch der Einsatz NOx-armer Brenner und eine optimale Brennstoffdosierung sowie ein entsprechend ausgelegter Feuerraum. Bei Einsatz von Steinkohle sind unter Umständen durch Kalkzugabe ausreichend niedrige Schwefelemissionswerte zu erreichen. Die Nachrüstung von Sekundärmaßnahmen, z.B. das Sprühabsorptionsverfahren, ist bei einer weiteren Verschärfung der Abgasgrenzwerte noch möglich, aber z.Zt. nicht erforderlich. Auch hier sind Sekundärmaßnahmen zur NOx-Minderung im Leistungsbereich unter 50 MW Feuerungswärmeleistung derzeit normalerweise nicht üblich.

Kesselanlagen mit Wirbelschichtfeuerungen
Diese Technik eignet sich hervorragend zur Einbindung von Schadstoffen in der Asche des Wirbelbettes. Dies wurde offensichtlich bei der Festlegung der zulässigen Werte berücksichtigt, die bei dieser Anlagentechnik besonders niedrig liegen. Zur Vermeidung von Korrosionsproblemen an den Tauchheizflächen im Wirbelbett sind bei stationären Wirbelschichtanlagen die NOx-Emissionen nicht so weit zu reduzieren wie bei den hier konstruktiv besser geeigneten zirkulierenden Wirbelschichtanlagen. Hinzu kommt, dass bei der zirkulierenden Wirbelschicht auch der Bedarf an Zuschlagstoffen (z.B. Kalkstein) und damit auch der Reststoffanfall durch die bessere Ausnutzung bis zu 40 % niedriger liegt.

Nachfolgende Abbildung 5.3-16 zeigt die gemäß TA-Luft zulässigen Schadstoffgrenzwerte im Rauchgas für Festbrennstoffkessel.

Eine Sonderstellung bei den festen Brennstoffen nimmt der Brennstoff Holz ein. Holzbrennstoffe werden unterschieden in Altholz und Grünschnitt. Altholz wird gemäß Altholzverordnung in die Kategorien A1 bis A4 eingeteilt. Für die Verbrennung von Holz der Kategorie A1 und A2 sowie bei Grünschnitt sind genehmigungsrechtlich keine besonderen Anforderungen gestellt, im Regelfall genügen Schlauchfilter oder Elektrofilter zur Staubabscheidung.

Emissionsgrenzwert mg/m3	Feuerungswärmeleistung		
	< 2,5 MW	< 5 MW	> 5 bis 50 MW
Staub			
- nur naturbelassenes Holz	100		
- Sonstige u. naturbelassenes Holz		50	20
CO			
- Alle Brennstoffe		150	150
- Nur Nennlast	150		
NOx			
- nur naturbelassenes Holz		250	
- Sonstige			
* bei Wirbelschichtfeuerungen		300	
* bei Leistungen > 10 MW		400	
* bei Leistungen < 10 MW		500	
- Wirbelschichtfeuerungen mit Kohle		150	
SOx			
- bei Wirbelschichfeuerungen	350, oder Schwefelemissionsgrad < 25 %		
- Sonstige Feuerungen mit Steinkohle	1300		
- Sonstige Brennstoffe	1000		
O2-Gehalt im trockenen Abgas 7 % für Kohle, Koks			
O2-Gehalt im trockenen Abgas 11 % für Holz			

Abb. 5.3-16: Emissionsgrenzwerte für Feuerungsanlagen mit festen Brennstoffen

Bei Feuerungsleistungen größer 50 MW und unbelastetem Holz sind die Emissionsgrenzwerte der 13.BImSchV zu berücksichtigen.

Bei belastetem Holz (Altholzkategorie A3 und A4) kommt auf jeden Fall die 17.BImSchV zum tragen. Die hieraus resultierenden Emissionsanforderungen haben aufwändige Rauchgasreinigungsanlagen zur Folge. Bei Einsatz von A3 und A4 Holz (sog. belastetem Holz) sind heute Trockensorptionsverfahren mit Additiven auf Bikarbonatbasis mit Aktivkohleeindüsung oder auf Basis von Kalk-/Aktivkohlegemischen üblich. Es gelten die gleich Anforderungen an die Anlagentechnik die auch bei Müllverbrennungsanlagen gelten.

Im Regelfall werden im Leistungsbereich bis 50 MW Feuerungswärmeleistung für die Holzverbrennung Kesselanlagen mit Rostfeuerungen (z.B. wassergekühlte oder luftgekühlte Vorschubroste), bei Altholz der Kategorie A1 bis A4 oft als 3-Zug-Kessel mit waagerecht angeordneten Nachschaltheizflächen (sog. Dackelkessel), eingesetzt.

Emissionsgrenzwert mg/m3	Feuerungswärmeleistung < 50 MW
Staub	
- Heizöl n. DIN 51603, Teil1,	Russzahl <=1
- Sonstige	<=50
CO	80
NOx	
- Heizöl n. DIN 51603, Teil1,	250
- Sonstige	350
SOx	
- Heizöl EL (HEL)	S-Gehalt im Brennstoff begrenzt gem. 3. BImSchV
- Sonstige (S-Gehalt > HEL)	850
- Sonstige < 5MW	Emissionen wie bei HEL
O2-Gehalt im trockenen Abgas 3 %	

Abb. 5.3-17: Emissionsgrenzwerte für Feuerungsanlagen mit flüssigen Brennstoffen

Kesselanlagen mit Ölfeuerungen
Bei der Verbrennung von Heizöl EL sind in der Regel keine weiteren Maßnahmen zur Einhaltung der Schwefelemissionswerte erforderlich. Zur NOx-Reduzierung steht die Rauchgasrezirkulation zur Verfügung. Bei Schwerölfeuerungen können NOx-Minderungsmaßnahmen im Feuerungsbereich zu einem erhöhten Staubauswurf führen. Zur Reduzierung der Schwefelemission ist eine Rauchgasreinigung erforderlich, wodurch sich gleichzeitig auch Staubemissionen reduzieren lassen.

Bei Schwerölkesseln ist auch durch gleichzeitigen Einsatz eines zweiten Brennstoffes (Reduktionsbrennstoff) wie z.B. Erdgas eine Reduzierung der NOx-Emissionen zu erreichen. In der Regel wird eine ausreichende Stickoxidminderung nur mittels einer NH_3- oder Harnstoffeindüsung in den Feuerraum möglich sein (SNCR-Verfahren). Bei Großwasserraumkesseln (Flammrohr-/Rauchrohrkessel) ist die Stickoxideinbindung ebenfalls durch NH_3-Eindüsung in das Flammrohr (NOx-gesteuerter Lanze) möglich.

Kesselanlagen mit Gasfeuerungen
Sofern hier die üblichen Brennstoffe (z.B. Erdgas, Flüssiggas etc.) eingesetzt werden, bestehen keine Probleme mit der Einhaltung der extrem niedrigen Schadstoffgrenzwerte. Ggf. wird zusätzlich zum Einsatz NOx-armer Brenner noch eine Rauchgasrezirkulation durchgeführt.

Emissionsgrenzwert mg/m3	Feuerungswärmeleistung < 50 MW
Staub	
- Gase d. öffentl. Gasversorgung, Biogas, Raff.-Gas, Klärgas	<=5
- Sonstige	<=10
CO	
- Gase d. öffentl. Gasversorgung	50
- Sonstige	80
NOx	
- Gase d. öffentl. Gasversorgung	150
- Sonstige	200
- Stickstoffhaltige Prozessgase	Begrenzung nach dem Stand der Technik
SOx	
- Gase d. öffentl. Gasversorgung	10
- Biogas, Klärgas	35
- Sonstige	35
O2-Gehalt im trockenen Abgas 3 %	

Abb. 5.3-18: Emissionsgrenzwerte für Feuerungsanlagen mit gasförmigen Brennstoffen

5.3.4.2 Verbrennungsrückstände

Während gasförmige und flüssige Brennstoffe keine nennenswerten Verbrennungsrückstände produzieren, fällt bei der Verbrennung von Festbrennstoffen ein mehr oder weniger großer Anteil an Asche an. Aschen entstehen aus den mineralischen Beimengungen der Brennstoffe (bei Kohle z.B. im Wesentlichen Tonmineralien, Quarze, Karbonate, Schwefelverbindungen usw.). Die bei der Verbrennung von Abfällen entstehende Schlacke besteht im Wesentlichen aus den nichtbrennbaren Bestandteilen des Mülls, wie z.B. Metall, Mineralstoffe usw. Eigenschaften und Inhaltsstoffe der Aschen sind abhängig von der Herkunft des Brennstoffes und der Art der Verbrennung, wobei auch feuerungstechnische Einflüsse Auswirkungen auf die Ascheeigenschaften haben. Aufgrund der mechanischen und physikalischen Eigenschaften sind grundsätzlich zu unterscheiden:

Kesselaschen aus,
– Schmelzkammerfeuerungen,
– Staubfeuerungen bzw. Wirbelschichtfeuerungen,

– Rostfeuerungen,
– Müllverbrennungsanlagen

und

– Flugaschen

Die Art der anfallenden Aschen hängt von den Feuerungssystemen und den Rauchgasbehandlungsverfahren ab. Generell sind Aschen vielseitig einsetzbare Rohstoffe und sollten nur dann, wenn keine geeignete Verwertungsmöglichkeit besteht, deponiert werden. Es ist heute üblich, geprüfte Aschen aus Kohlefeuerungen als Zuschlagstoffe bei der Betonherstellung, bei der Herstellung von Mörtel und Ziegel und im Erd- und Straßenbau einzusetzen. Aschen aus holzbefeuerten Kesselanlagen und Flugaschen werden häufig im Erd- und Landschaftsbau und als Zusatz zur Verbesserung des Kornaufbaus auf landwirtschaftlichen Nutzflächen eingesetzt.

Sofern Rauchgasreinigungsverfahren oder Primärmaßnahmen zur Schadstoffreduzierung ergriffen werden, kann auch die Weiterverwertbarkeit der Aschen beeinträchtigt werden. Oft bietet auch der Brennstofflieferant zusätzlich zur Brennstofflieferung, die Entsorgung der Rückstände an.

5.3.5 Basisdaten der Wirtschaftlichkeitsberechnung

Unter Berücksichtigung der Ausführungen in Kapitel 3,4 sowie 5.3.1 bis 5.3.4 sind
– die Leistungs- und Arbeitswerte,
– der Betriebsmittelverbrauch,
– die Investitionen
als Grundlage für die anschließende Wirtschaftlichkeitsberechnung zu ermitteln.

Die Bilanzgrenze umfasst die gesamte Energieerzeugungsanlage einschließlich aller zugehörigen Hilfs- und Nebenanlagen, so dass der Vergleich mit anderen Systemen immer auf Basis der abgegebenen Nettoleistung, d.h. der tatsächlichen Einspeiseleistung erfolgt.

Der Berechnungsvorgang ist für alle KWK-Systeme nach dem gleichen Schema durchzuführen und wird in Kapitel 7 ausführlich dargestellt. Die nachfolgenden Erläuterungen enthalten die anlagenspezifischen Kenndaten und Besonderheiten, die bei Dampfturbinenaggregaten zu berücksichtigen sind.

5.3.5.1 Leistungswerte

Auch bei Heizkraftwerken auf Dampfturbinenbasis teilt sich die gesamte Grundkonzeption auf die Anlagengruppen

a) KWK-Anlage (hier z.B. Wasserrohrkessel-/Dampfturbinenanlage),
b) Reserve-/Spitzenlastkesselanlage (z.B. Großwasserraumkessel),
c) Stromanschluss an das kommunale/überregionale Versorgungsnetz,
d) Notstromanlage (optional)

auf. Anhand der aus der jeweils speziellen Projektsituation vorgegebenen Randbedingungen und den Leistungskurven der Verbraucher (z.B. Jahresdauerlinie) ist die Gesamtanlage zunächst konzeptionell zu entwerfen und zu dimensionieren.

Hieran schließt sich die Berechnung der Leistungs- und Arbeitswerte für die am Austritt aus der Erzeugungsanlage bereitgestellte Nutzenergie, d.h. für die

– elektrische Leistung,
– thermische Leistung,
– elektrische Jahresarbeit,
– thermische Jahresarbeit

an. Im Anschluss hieran sind die erforderlichen Primärenergiemengen

– Brennstoff-Leistungsbedarf,
– Jahres-Brennstoffbedarf

und die Bezugsmengen an leitungsgebundenen Energien

– max. Leistung des Strombedarfs,
– Jahresstrombezug,
– max. Erdgas-Bezugsleistung,
– Jahreserdgasbezug

sowie

– die Reststoffmengen (je nach Brennstoff)

zu berechnen.

Der gesamte Berechnungsvorgang kann für die im Einzelfall jeweils ausgewählten Varianten tabellarisch entsprechend den Ausführungen in Kapitel 7 durchgeführt werden.

Während bei Motoren- oder Gasturbinenanlagen aggregatebedingt die Leistungsdaten und Bedarfswerte in einen herstellerspezifischen Rahmen liegen (werden vom Hersteller in den technischen Produktunterlagen angegeben) und vom Anwender meist nicht beeinflussbar sind, werden die Dampfturbinenprozesse als Gesamtanlage mit vielfältigen Variationsmöglichkeiten anwenderspezifisch ausgelegt und konzipiert.

Im Gegensatz zu den unter Kapitel 5.1 und 5.2 beschriebenen Anlagen sind die Vergleichs- oder Auslegungsparameter

– elektrische Netzeinspeiseleistung
– thermische Netzeinspeiseleistung
– thermischer und elektrischer Gesamtanlagenwirkungsgrad

daher bei Dampfturbinenanlagen jeweils speziell anhand der thermodynamischen Prozessparameter zu berechnen. Die Berechnung der Leistungsdaten kann zum einen anhand einer Überschlagsformel, zum anderen anhand einer exakten Energiebilanz aller Anlagenteile durchgeführt werden. Die exakte Kreisprozessberechnung ist sehr aufwendig, erfordert im Regelfall diverse Iterationsrechnungen und muss den aggregatespezifischen Besonderheiten unterschiedlicher Hersteller angepasst werden. Die detaillierte Berechnung wird daher sinnvollerweise mit EDV-Hilfsmitteln anhand von Rechenmodulen, aus denen dann die Gesamtrechnung zusammengesetzt wird, durchgeführt. Eine manuelle Berechnung ist mit ausreichender Genauigkeit wie nachfolgend gezeigt, aber ebenfalls möglich.

Anhand des nachfolgenden Beispiels 5.3-I soll die Berechnung der

– thermischen Leistung
– elektrischen Leistung

und des

– Brennstoffleistungsbedarfs

für ein Dampfturbinen-Heizkraftwerk erläutert werden. Die Arbeiten werden üblicherweise in zwei Arbeitsschritten durchgeführt:

1. Auswahl der Prozessparameter und überschlägige Berechnung der Leistungsdaten
2. Detaillierte Dampfturbinen-Prozessberechnung

Beispiel 5.3-I: Heizkraftwerk zur Fernwärme-Erzeugung

1. Auslegungsgrundlagen und Aufgabenstellung
Abbildung 5.3-19 zeigt die Anlagenkonzeption einer KWK-Anlage zur Erzeugung von Fernwärme (FW). Die zugehörige Jahresdauerlinie der Wärmeabgabe ist im Abb. 5.3-20 dargestellt. Die Auslegung erfolgt für

wärmeorientierten Betrieb. Da eine möglichst hohe Wirtschaftlichkeit und damit hohe Ausnutzungsstunden erreicht werden sollen, erfolgt die Auslegung der KWK-Anlage nur für eine Wärmeleistung des Heizkondensators von 30 MW$_{th}$. In diesem Lastbereich liegt die Fernwärme-Vorlauftemperatur bei 70 bis 75 °C (Abb. 5.3-19/-20). Die Rücklauftemperatur liegt ganzjährig bei 50 °C, die Vorlauftemperatur wird gleitend, abhängig von der Außentemperatur zwischen 70 °C und 100 °C. geregelt. Die Spitzenlast- oder Reservebereitstellung erfolgt wärmeseitig durch eine Großwasserraum-Kesselanlage mit einer Vorlauftemperatur von 130 °C und einer zugehörigen Beimischeinrichtung im Fernwärme-Vorlauf (ohne Kraft-Wärme-Kopplung). Auf der elektrischen Seite wird die Reservebereitstellung durch den Anschluss an das überregionale Versorgungsnetz sichergestellt.

2. Auswahl der Prozessparameter und überschlägige Berechnung der Leistungsdaten

Die elektrische Stromausbeute der Dampfturbine wird umso größer, je höher die Frischdampfparameter und je niedriger die Abdampfparameter liegen. Der Wirkungsgrad des Dampf-Kreisprozesses wird besser, wenn eine mehrstufige Speisewasservorwärmung erfolgt. Bei gleitender Fahrweise der FW-Vorlauftemperatur (70 – 110 °C) kann die Stromausbeute im Sommerlastbetrieb durch eine mehrstufige Heizwasseraufwärmung verbessert werden. Der Kostenaufwand für diese Maßnahmen muss aber in einem sinnvollen Verhältnis zur zugehörigen Wirkungsgradverbesserung stehen. Auch die Betriebsdauer der einzelnen Lastpunkte im Jahresdurchschnitt ist hierbei zu berücksichtigen.

Im vorliegendem Beispiel wird eine hohe Prozessgüte angestrebt. Trotzdem ist eine zweistufige Heizwasseraufwärmung nicht wirtschaftlich, da wie in Abb. 5.3-19 dargestellt im Lastbereich der KWK-Anlage (Grundlast) überwiegend nur FW-Vorlauftemperaturen bis ca.75 °C gefahren werden. Um eine möglichst hohe Prozessgüte zu erzielen, wird im hier gewählten Beispiel eine zweistufige Speisewasservorwärmung (HD-Vorwärmer und Entgaser) vorgesehen. Die Frischdampfparameter werden mit 85 bar und 520 °C. festgelegt. Im vorliegenden Leistungsbereich stellt dies im Regelfall die wirtschaftlich gerade noch vertretbare Obergrenze dar. Durch den zu installierenden Notkondensator wird die Stromerzeugung vom Wärmebedarf entkoppelt, so dass ein ganzjähriger Anlagenbetrieb mit hohen Ausnutzungsstunden gewährleistet ist.

Die Frage der Redundanz bei einzelnen Anlagenkomponenten (z.B. Kesselanlagen, Wärmetauscher, Turbinen usw.) ist im Zusammenhang mit der Wirtschaftlichkeitsberechnung (Kapitel 7) zu behandeln.

5.3 KWK-Anlagen mit Dampfturbinen

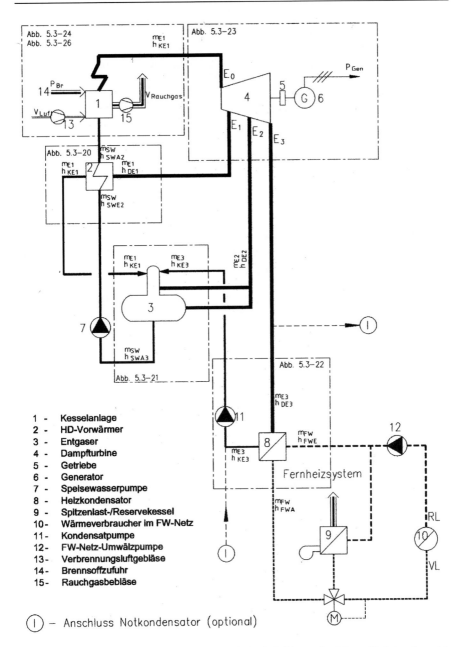

1 - Kesselanlage
2 - HD-Vorwärmer
3 - Entgaser
4 - Dampfturbine
5 - Getriebe
6 - Generator
7 - Speisewasserpumpe
8 - Heizkondensator
9 - Spitzenlast-/Reservekessel
10- Wärmeverbraucher im FW-Netz
11- Kondensatpumpe
12- FW-Netz-Umwälzpumpe
13- Verbrennungsluftgebläse
14- Brennsoffzufuhr
15- Rauchgasbebläse

① — Anschluss Notkondensator (optional)

Abb. 5.3-19: Verfahrensschema zu Beispiel 5.3-I (Dampfturbinen-Heizkraftwerk)

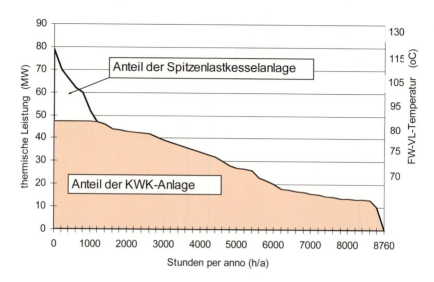

Abb. 5.3-20: Thermische Jahresdauerlinie FW-Energiebedarf zu Beispiel 5.3-I

Grundlage für die Wirtschaftlichkeitsberechnung sind die Prozessdaten anhand der in Abb. 5.3-19 und Abb. 5.3-23 dargestellten Schemata. In Abb. 5.3.-23 sind die Vorgabedaten aus der Aufgabenstellung und die Berechnungsergebnisse dargestellt. Abbildung 5.3-19 enthält die Berechnungsgrundlagen und die Übersicht über die Formelzeichen. Mit Hilfe der thermischen Jahresdauerlinie (Abb. 5.3-20) wird die Nutzwärmeleistung der Heizkondensatoren entsprechend den im Kapitel 4 genannten Kriterien festgelegt (im Beispiel 5.3-I nach ersten überschlägigen Wirtschaftlichkeitsberechnungen mit 30 MW festgelegt, Darstellung in Abb. 5.3-20). Im Beispiel 5.3-1 liegt die benötigte Wärmeleistung bei Vorlauftemperaturen bis 75 °C Vorlauftemperatur unter 30 MW_{th}. Bei der Auslegung und der Ermittlung der Jahresarbeit ist zu beachten, dass in den Sommermonaten mit niedrigen Vorlauftemperaturen die Anlagenrevision erfolgt.

Im vorliegenden Beispiel 5.3-I ist zunächst nur die Heizleistung des Heizkondensators benannt. Die zugehörige Heizdampfmenge (Abdampfmenge an E3 in Abb. 5.3-19, Abb. 5.3-21 und Abb. 5.3-23) kann über die Energiebilanz des Heizkondensators (siehe Abb. 5.3-26) errechnet werden. Vorher sind die Gesamtprozessdaten in ein maßstäbliches h-s-Diagramm (ähnlich Abb. 5.3-21) einzutragen und die zugehörigen Enthalpien zu ermitteln. Die Entnahmemengen der Vorwärmer und des Speisewasserentgasers sind zu diesem Zeitpunkt noch nicht bekannt sind, ein weiterer Rechengang ist später erforderlich.

5.3 KWK-Anlagen mit Dampfturbinen

$$P_{Gen} = m_{FD} * \Delta h_s * \eta_i * \eta_m * \eta_{Getr} * \eta_{Gen}$$

$$P_{Gen} = P_{iGes} * \eta_m * \eta_{Getr} * \eta_{Gen}$$

$$P_{iGes} = m_{FD} * \Delta h_s * \eta_i = m_{FD} * \Delta h_i$$

m_{FD} = Frischdampfmenge (kg/s)
Δh_s = (h1 - h2) kJ/kg
Δh_i = (h1 - h3) kJ/kg
P_{Gen} = elektrische Generatorklemmenleistung (kW)
P_{iGes} = innere Turbinenleistung (kW)
η_i = innerer Turbinenwirkungsgrad
η_m = mechanischer Turbinenwirkungsgrad
η_{Getr} = Getriebewirkungsgrad
η_{Gen} = Generatorwirkungsgrad

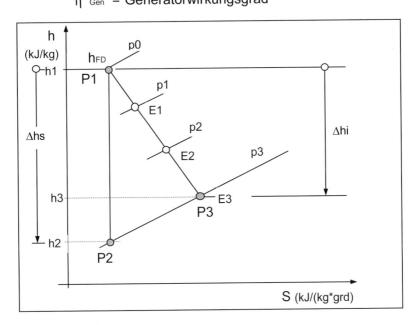

Abb. 5.3-21: Berechnung der Generatorleistung von Dampfkraftwerken

	Generatorklemmenleistung	
	0,1 bis 5 MW	5 bis 50 MW
η_i	0,65 bis 0,82	0,78 bis 0,85
η_m	0,98	0,99
η_{Getr}	0,96 bis 0,97	0,97 bis 0,98
η_{Gen}	0,96 bis 0,97	0,97 bis 0,98

Abb. 5.3-22: Richtwerte für die Wirkungsgradansätze von Dampfturbinen

Mit den in Abb. 5.3-23 eingetragenen Prozessdaten ergibt sich die erforderliche Heizdampfleistung für eine Wärmeleistung von 30 MW$_{th}$ und für eine FW-Vorlauftemperatur von 70 °C bei einer Grädigkeit von 5 K anhand der Energiebilanz des Heizkondensators gemäß Abb. 5.3-24 zu rund 13,7 kg/s. Anhand der Formel in Abb. 5.3-21 errechnet sich die maximale Generatorklemmenleistung zu 11,8 MW$_{el}$.

Rechengang im einzelnen wie folgt:
*P_{Gen} = 13,7 kg/s * 1132 kJ/kg * 0,82*0,98 * 0,965 * 0,965 / 1000 = 11,6 MW$_{el}$*
hierfür:
m_{FD} = 13,7 kg/s (Berechnung gemäß Abb. 5.3-26)
isentrope Enthalpiedifferenz h_s = (3442 – 2310) kJ/kg = 1132 kJ/kg.
(bezogen auf die niedrigste Heizwasser-Vorlauftemperatur)
Abschätzung anhand von Abb. 5.3-22
- *Innerer Turbinenwirkungsgrad = 0,82*
- *Mechanischer Turbinenwirkungsgrad = 0,98*
- *Getriebewirkungsgrad = 0,965*
- *Generatorwirkungsgrad = 0,965*

Die detaillierte Kreisprozessberechnung kann nach folgendem Rechenschema erfolgen:

1. Berechnung des Wärmegefälles der Dampfturbine, hierbei Ermittlung der Expansionslinie und der zugehörigen Ein-/Austrittszustände der Turbine, d.h., Berechnung des tatsächlich zu erwartenden Wärmegefälles der Dampfturbine (gemäss Abb. 5.3-21).

2. Energiebilanzberechnung für alle Einzel-Bauelemente wie Vorwärmer, Entgaser, Heizkondensator usw., einzeln, Rechenweg gegen die Flussrichtung des Speisewasserstromes, von der ersten Entnahmestelle bis zum Heizkondensator (bzw. bis zur letzten Entnahmestelle) auf Basis einer angenommenen spezifischen Frischdampfmenge von z.B. 100 kg/s (gemäss Abb. 5.3-24 bis 5.3-26).

3. Umrechnung der spezifischen Werte (Ergebnisse) auf die tatsächlich benötigten Werte.

4. Berechnung der Turbinenleistung (gemäss Abb. 5.3-27)

5. Berechnung der Leistungsaufnahme der Hilfsantriebe (Abb. 5.3-28 - 30)

6. Zusammenstellung der Leistungswerte und Wirkungsgradberechnung
Der Rechengang ist nachfolgend anhand von Beispiel 5.3-I dargestellt, die Berechnungsergebnisse sind in Abb. 5.3-23 eingetragen.

1. Berechnung des Wärmegefälles der Dampfturbine
Der Expansionsverlauf zwischen Turbineneintritt- und –austritt ist in Abb. 5.3-21 als Ausschnitt aus dem Mollier-h,s-Diagramm dargestellt (unmaßstäblich). Mit den gewählten Auslegungsparametern ist der Dampfzustand am Turbineneintritt (h_{FD}, p_{FD}, t_{FD}) gegeben.

Der Turbinenaustrittsdruck (p3) ergibt sich aus dem Sattdampfdruck im Heizkondensator oder aus dem Druck der Dampfschiene (bei reinen Gegendruckturbinen). Als Wert für die Grädigkeit des Heizkondensators können ca. 5 – 10 K angesetzt werden. Bei direkter Kondensation des Abdampfes in einem Luftkondensator (LuKo) ergibt sich im Regelfall eine Kondensationstemperatur von ca. 55 – 60 °C im Auslegungspunkt (28 °C Lufttemperatur).

Im vorliegenden Beispiel erhält man für eine FW-Vorlauftemperatur (nach Heizkondensator) von 70 °C eine Kondensattemperatur von 75 °C, der zugehörige Dampfdruck beträgt 0,38 bar. Im h-s-Diagramm kann somit der Punkt P2 auf der 0,38 bar-Drucklinie gefunden werden.

Bei isentroper (verlustloser) Expansion ergibt sich das Enthalpiegefälle zwischen Punkt P1 und Punkt P2 (Abb. 5.3-21) wie folgt:

$$\Delta h_s = h_{FD} - h_2 \quad (kJ/kg)$$

Tatsächlich läuft die Expansion (aufgrund von Verlusten) unter Entropiezunahme ab. Das Verhältnis von verlustloser zu verlustbehafteter Expansion wird als innerer Wirkungsgrad der Turbine definiert und nach folgender Formel berechnet.

$$\eta_i = \frac{\Delta h_i}{\Delta h_s}$$

Der innere Wirkungsgrad ist von Stufe zu Stufe unterschiedlich, so dass sich der Expansionsverlauf in der Realität von der Darstellung in Abb. 5.3-17 leicht unterscheidet. Die in Abb. 5.3-21 zwischen Punkt P1 und Punkt P3 gezeichnete Gerade stellt den Mittelwert über das Gesamtaggregat für die hier erforderlichen Berechnungen mit ausreichender Genauigkeit dar. Eine Verbesserung der Genauigkeit ist darüber hinaus leicht möglich, wenn das Gefälle zwischen zwei Entnahmestufen jeweils bis zum vorgesehenen Entnahmedruck nach gleichem Muster berechnet wird.

Wenn keine weiteren Anforderungen an die Anzapfdrücke gestellt werden, können die Entnahmestellen E1 und E2 für eine möglichst gleichmäßige Speisewasseraufwärmung ausgelegt werden. Bei Festlegung von ungeregelten Entnahmestellen ist zu beachten, dass im Teillastbetrieb der Entnahmedruck sinkt. Es muss daher im Auslegungspunkt ein entsprechender Sicherheitsabstand zu den minimal erforderlichen Dampfparametern eingehalten werden.

Die anhand der vorstehenden Ausführungen festgelegten Auslegungsdaten werden in das Prozessfließbild (hier Abb. 5.3-23) eingetragen.

2. Energiebilanzberechnung für die Einzelbauelemente
In diesem Schritt ist die Energiebilanz für die einzelnen Dampfverbraucher aufzustellen, um so die Entnahmemengen zu erhalten. Es empfiehlt sich die thermodynamische Berechnung zunächst für eine spezifische Frischdampfmenge von zum Beispiel 100 kg/s durchzuführen. Man erhält dann die unter Berücksichtigung der Vorwärmerentnahmen am Abdampfstutzen der Dampfturbine (Entnahmestelle E3 Abb. 5.3-19) verbleibende spezifische Dampfmenge. Aus der Differenz zwischen diesem Rechenansatz und der für den Heizkondensator tatsächlich erforderlichen Dampfmenge kann dann ein Rechenfaktor gebildet werden, mit dem dann die spezifischen Mengen auf die tatsächlich erforderlichen Mengen hochgerechnet werden. Die Berechnung der Entnahmemengen erfolgt am besten vom Kessel ausgehend entgegen der Speisewasserflussrichtung. Der Rechenweg für die Energiebilanz des HD-Vorwärmers ist in Abb. 5.3-24 dargestellt.

Im Anschluss hieran kann die Energiebilanz für den Entgaser gemäß Abb. 5.3-25 erstellt werden, wobei man im hier dargestellten Beispiel gleichzeitig auch die spezifische Abdampfmenge (E3) erhält. Die Wärmeleistung des Heizkondensators ist die eigentliche Auslegungsgröße für die Entnahmemenge E3 (entspricht in diesem Beispiel auch der Abdampfmenge). Diese kann anhand der Energiebilanz des Heizkondensators (Abb. 5.3-26) berechnet werden.

3. Umrechnung der spezifischen Werte (Ergebnisse) auf die tatsächlich benötigten Werte
Aus der Gesamt-Heizleistung lässt sich durch Umformen der in Abb. 5.3-26 enthaltenen Gleichung die Wassermenge im Fernheiznetz als Grundlage für die Energiebilanz bestimmen. Aus dem Verhältnis von spezifischer Abnahmemenge E3 (im hier besprochenen Beispiel entspricht dies der Abdampfmenge der Dampfturbine) zu tatsächlich erforderlicher Entnahmemenge E3 (Abdampfmenge) errechnet sich ein Faktor, mit dem alle

spezifischen Mengenansätze auf die tatsächlich erforderlichen Werte hochgerechnete werden.

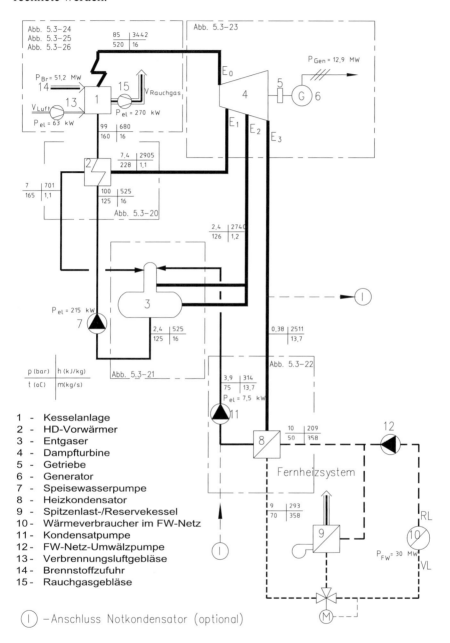

Abb. 5.3-23: Verfahrensschema mit Berechnungsergebnissen zu Beispiel 5.3-I

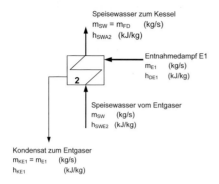

$$m_{SW} * (h_{SWA2} - h_{SWE2}) = m_{E1} * (h_{DE1} - h_{KE1})$$

$$m_{E1} = \frac{m_{SW} * (h_{SWA2} - h_{SWE2})}{(h_{DE1} - h_{KE1})}$$

Abb. 5.3-24: Energiebilanz HD-Vorwärmer

4. Berechnung der Turbinenleistung

Die Dampfturbinenleistung wird für jeden Entnahmeabschnitt separat wie in Abb. 5.3-27 dargestellt ermittelt. Mit dem so erhaltenen Ergebnis kann dann unter Berücksichtigung der Wirkungsgradansätze gemäß Abb. 5.3-22 die elektrische Klemmenleistung errechnet werden.

Bei *stromorientierter Auslegung* wird anhand der spezifischen Dampfmengen mit den Formeln in Abb. 5.3-27 die zugehörige elektrische Generatorleistung errechnet.

Aus dem Verhältnis der so erhaltenen Leistung zu der tatsächlich erforderlichen Leistung lässt sich wiederum ein Faktor errechnen, der in diesem Fall zur Berechnung der tatsächlich erforderlichen Dampfmengen aus den spezifischen Ansätzen verwendet wird.

Nachfolgend ist der Rechenvorgang anhand von Beispiel 5.3-I dargestellt.

5.3 KWK-Anlagen mit Dampfturbinen

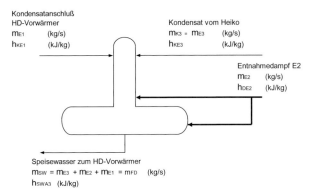

Kondensatanschluß HD-Vorwärmer
m_{E1} (kg/s)
h_{KE1} (kJ/kg)

Kondensat vom Heiko
$m_{K3} = m_{E3}$ (kg/s)
h_{KE3} (kJ/kg)

Entnahmedampf E2
m_{E2} (kg/s)
h_{DE2} (kJ/kg)

Speisewasser zum HD-Vorwärmer
$m_{SW} = m_{E3} + m_{E2} + m_{E1} = m_{FD}$ (kg/s)
h_{SWA3} (kJ/kg)

$$m_{SW} * h_{SWA3} = m_{E1} * h_{KE1} + m_{E2} * h_{DE2} + m_{E3} * h_{KE3}$$
$$m_{E2} * h_{DE2} + m_{E1} * h_{KE1} + m_{SW} * h_{KE3} - m_{E1} * h_{KE3} - m_{E2} * h_{KE3} = m_{SW} * h_{SWA3}$$

$$m_{E2} = \frac{m_{SW} * (h_{SWA3} - h_{KE3}) + m_{E1} * (h_{KE3} - h_{KE1})}{(h_{DE2} - h_{KE3})}$$

Bei Berechnung mit spezifischem Ansatz:

$m_{E3} = m_{SW} - m_{E1} - m_{E2}$
$m_{SW} = 100$ (spezifische Frischdampfmenge)

Abb. 5.3-25: Energiebilanz Speisewasserbehälter/-entgaser

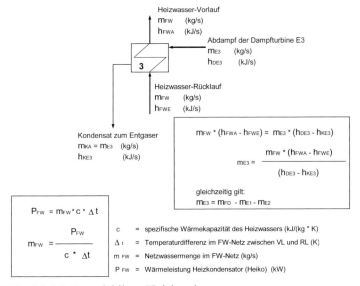

Heizwasser-Vorlauf
m_{FW} (kg/s)
h_{FWA} (kJ/s)

Abdampf der Dampfturbine E3
m_{E3} (kg/s)
h_{DE3} (kJ/s)

Heizwasser-Rücklauf
m_{FW} (kg/s)
h_{FWE} (kJ/s)

Kondensat zum Entgaser
$m_{KA} = m_{E3}$ (kg/s)
h_{KE3} (kJ/s)

$$m_{FW} * (h_{FWA} - h_{FWE}) = m_{E3} * (h_{DE3} - h_{KE3})$$

$$m_{E3} = \frac{m_{FW} * (h_{FWA} - h_{FWE})}{(h_{DE3} - h_{KE3})}$$

gleichzeitig gilt:
$m_{E3} = m_{FD} - m_{E1} - m_{E2}$

$$P_{FW} = m_{FW} * c * \Delta t$$

$$m_{FW} = \frac{P_{FW}}{c * \Delta t}$$

c = spezifische Wärmekapazität des Heizwassers (kJ/(kg * K)
Δt = Temperaturdifferenz im FW-Netz zwischen VL und RL (K)
m_{FW} = Netzwassermenge im FW-Netz (kg/s)
P_{FW} = Wärmeleistung Heizkondensator (Heiko) (kW)

Abb. 5.3-26: Energiebilanz Heizkondensator

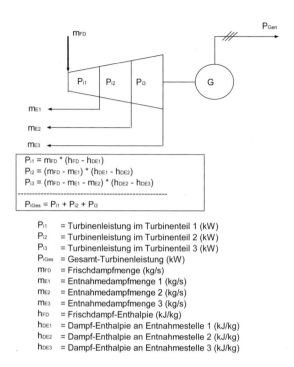

Abb. 5.3-27: Berechnung der Dampfturbinenleistung

5. Leistungsaufnahme der Hilfsantriebe

Im Anschluss an die Ermittlung der Generatorleistung ist der *Eigenbedarf* der Kraftwerksanlage zu bestimmen. Während die Wichtigsten thermischen Verbraucher in der Energiebilanz des Dampfkreislaufs bereits berücksichtigt wurden, müssen die elektrischen Verbraucher noch berechnet
werden. Zur Abschätzung des Eigenbedarfs der elektrischen Verbraucher empfiehlt es sich die Berechnung für die Hauptgruppen wie

- Speisewasserpumpen
- Kondensatpumpen
- Kühlwasserpumpen
- Lüfter-Rückkühlwerk
- Brennstoffversorgung
- Verbrennungsluft-, Rauchgasgebläse

jeweils überschlägig durchzuführen. Für die übrigen elektrischen Verbraucher (Druckluftversorgung Schlauchfilter, Pumpen, Rauchgasreinigung, usw.) genügt ein Zuschlag je nach Anlagengröße und Anlagenumfang von z.B. 0,25 bis 1 % der Generatorleistung.

Als Anhaltswert für die Leistungsaufnahme der Lüfter der Rückkühlwerke kann bei der Abschätzung des Eigenbedarfs vereinfacht ein Erfahrungswert von 0,012 bis 0,03 MW_{el} je MW thermischer Rückkühlleistung bei den hier meist eingesetzten geschlossenen Kühlsystemen angesetzt werden. Es reicht aus, die elektrische Antriebsleistung eventuell erforderlicher Heizölpumpen im Zuschlag für Sonstiges pauschal zu erfassen. Brenngasverdichter sind im Regelfall nicht erforderlich.

Die Leistungsaufnahme der Rauchgas- bzw. Verbrennungsluftgebläse berechnet sich anhand der Formel in Abb. 5.3-27. Anhaltswerte zur Rauchgas- und Verbrennungsluftmenge und zum Heizwert üblicher Brennstoffe sind ebenfalls angegeben.

Der elektrische Leistungsbedarf der Antriebe von Festbrennstoff-Versorgungsanlagen wird in der Hauptsache durch die zu verrichtende Hubarbeit und die Reibungswiderstände in den Fördereinrichtungen bestimmt. In besonderen Fällen kommen hier noch Aufbereitungsanlagen wie z.B. Kohlemühlen hinzu, die gesondert zu betrachten sind. Für die bei Festbrennstoffanlagen meist eingesetzten mechanischen Fördereinrichtungen gelten die Formelzusammenhänge in Abb. 5.3-29.

Die Leistungsaufnahme der Pumpenantriebe errechnet sich anhand Abb. 5.3-30.

Übliche Werte für den Eigenbedarf von Heizkraftwerken liegen (ohne Leistungsbedarf etwaiger Rückkühlwerke) bei 6 bis 14 % der Generatorleistung (abhängig von Kesseldruck, Anlagengröße, Anlagentechnik usw.). Die höheren Werte gelten für Anlagen mit Wirbelschicht, die niedrigen für Anlagen mit Rost- oder Staubfeuerung und ohne aufwendige Rauchgasreinigung.

6. Zusammenstellung der Leistungswerte und Wirkungsgradberechnung
Es empfiehlt sich die Berechnung tabellarisch, beispielsweise analog zu Tabelle 5.3-1 durchzuführen. Aus den so erhaltenen Leistungswerten wird dann anhand der in Kapitel 7.2 genannten Formeln der thermische und der elektrische Netto-Wirkungsgrad (bezogen auf die tatsächliche Einspeiseleistung) aus der thermischen und der elektrischen Einspeiseleistung sowie der zugehörigen Brennstoffleistung (Feuerungswärmeleistung), als Vergleichsgröße zu den übrigen KWK-Varianten, errechnet und z.B. wie in Tabelle 5.3-2 gezeigt festgehalten.

Der elektrische Netto-Wirkungsgrad bezogen auf die tatsächliche Netzeinspeisung der Dampfturbinenanlagen liegt im hier besprochenen Leistungsbereich im Regelfall je nach anlagentechnischem Aufwand zwischen 9 und 27 %.

Der Brennstoffbedarf (Feuerungswärmeleistung) errechnet sich gemäß der Formel in Abb. 5.3-31.

Leistungsaufnahme der Verbrennungsluft-/Rauchgasgebläse

$$P = \frac{V * T_1 * \Delta p}{T_0 * \eta_G * \eta_M * 36}$$

$V = P_{Br} *$ spez. Verbrennungsluftmenge

- P = elektr. Leistungsaufnahme (kW)
- V = Verbrennungsluft-/bzw. Rauchgasmenge im Normzustand (m^3_N/h)
- T_1 = Verbrennungsluft-/bzw. Rauchgastemperatur (K)
- T_0 = Temperatrur im Normzustand (hier 273 K) (K)
- η_G = Gebläsewirkungsgrad (Erfahrungswert: 0,8 - 0,85)
- η_M = Motorwirkungsgrad (Erfahrungswert: 0,92 - 0,94)
- Δp = Druckerhöhung (bar)
  (Erfahrungswert Verbrennungsluftversorgung: 0,02 - 0,06 bar
  Erfahrungswert Rauchgassystem: 0,02 - 0,05 bar)

alle Angaben in m3/kWh (Hu)	Rauchgasmenge von	bis	Verbrennungsluftmenge von	bis
Steinkohle	1,25	1,34	1,21	1,31
Rohbraunkohle	1,88	1,99	1,46	1,57
Braunkohlenbrikett	1,37	1,85	1,26	1,74
Heizöl EL	1,07	1,16	0,99	1,09
Heizöl S	1,05	1,14	0,99	1,08
Erdgas	1,07	1,12	0,97	1,01

	Dim	Heizwert (Hu)
Steinkohle *)	kWh/kg	8,72
Rohbraunkohle *)	kWh/kg	2,26
Braunkohlenbrikett *)	kWh/kg	5,58
Heizöl EL	kWh/kg	11,63
Heizöl S	kWh/kg	11,06
Erdgas	kWh/m3	9,28

*) Mittlere Ansätze

Abb. 5.3-28: Leistungsaufnahme der Verbrennungsluft- und Rauchgasgebläse

Leistungsaufnahme der Fördereinrichtungen

$$P = \frac{m * g * h}{\eta_{mech} * \eta_M * 1000}$$

- P = elektr. Leistungsaufnahme (kW)
- m = Fördermenge (Brennstoffmenge) (kg/s)
- g = 9,81 m/s^2
- η_{mech} = mechanischer Wirkungsgrad (Erfahrungswert: 0,6)
- η_M = Motorwirkungsgrad (Erfahrungswert: 0,94)
- h = Förderhöhe (m)

Abb. 5.3-29: Leistungsaufnahme der Fördereinrichtungen

5.3 KWK-Anlagen mit Dampfturbinen

Leistungsaufnahme der Pumpenantriebe

$$P = \frac{m * \Delta p * v}{36 * \eta_P * \eta_M}$$

P = elektr. Leistungsaufnahme (kW)
m = Fördermenge (kg/h)
Δp = Druckerhöhung (bar)
v = Spez. Volumen (m3/kg)

η_P = Pumpenwirkungsgrad (Erfahrungswert: 0,8)
η_M = Motorwirkungsgrad (Erfahrungswert: 0,94)

Abb. 5.3-30: Leistungsaufnahme der Pumpenantriebe

$$P_{Br} = \frac{m_{FD} * (h_{FD} - h_{SW})}{\eta_K} = \frac{P_K}{\eta_K}$$

P_{Br} = Brennstoffleistung (Feuerungswärmeleistung) (kW)
P_K = thermische Kesselleistung (kW)
h_{FD} = Frischdampf-Enthalpie am Kesselaustritt (kJ/kg)
h_{SW} = Speisewasser-Enthalpie am Kesseleintritt (kJ/kg)
m_{FD} = Frischdampfmenge (entspricht auch Speisewassermenge) (kg/s)
η_K = Kesselwirkungsgrad
　　Erfahrungswerte:
　　- Rostkessel: 0,8 - 0,87
　　- Wirbelschichtkessel: 0,85 - 0,9
　　- Ölkessel: 0,88 - 0,9
　　- Gaskessel: 0,89 - 0,92

Abb. 5.3-31: Berechnung der Feuerungswärmeleistung

Der vorstehend beschriebene Berechnungsvorgang wird anhand der Berechnungen und Ergebnisse zum Beispiel 5.3-I nachfolgend weiter erläutert. Die Zusammenstellung der Leistungswerte und die Ermittlung der Kennwerte erfolgt tabellarisch gemäß den Tabellen 5.3-1 und 5.3-2. Die Rechenergebnisse des Beispiels 5.3-I sind dort eingetragen.

Kreisprozessberechnung zu Beispiel 5.3-I:

Auslegungsdaten:

- *Wärmeleistung Heiko:*　　　　　30　　MW_{th}
　Aufgrund der Unsicherheiten in den Zusammenhängen von Außentemperatur, Netz-Vorlauftemperatur und erforderlicher Heizleistung wird die Anlage so dimensioniert, dass bei kleinster Vorlauftemperatur die volle Leistung des Heizkondensators (Heiko) ins Netz abgegeben werden kann.

- *Fernwärme-Vorlauftemperatur:* 70 °C

1.1 *Ermittlung der Expansionslinie und der zugehörigen Dampfzustände*
   Berechnung entsprechend den Ausführungen zu Ziffer a), „Auswahl der Prozessparameter"
   - *Frischdampfdruck:* 85 bar
   - *Frischdampftemperatur:* 520 °C
   - *Frischdampfenthalpie:* 3442 kJ/kg
   - *Gegendruck an E3:* 0,38 bar (Kondensationstemp. 75 °C)

1.2 *Ermittlung der Expansionslinie und der zugehörigen Ein-/Austrittszustände der Turbine*
   Berechnung gemäß den Darstellungen in Bild 5.3-21 anhand eines maßstäblichen h-s-Diagramms (VDI-Wärmeatlas). Die Berechnung wird zur Erhöhung der Genauigkeit für die einzelnen Turbinenabschnitte getrennt durchgeführt. Alle Druckangaben in der Berechnung in (bar abs). Ergebnisse wie folgt:

   Entnahme E1:
   Dampfdruck p_{E1} gewählt: 7,4 bar
   h_s *für E0 bis E1 = (3442-2770)kJ/kg =* 672 kJ/kg
   innerer Turbinenwirkungsgrad = 0,8
   (Schätzung gemäß Bild 5.3-21)
   h_i *für E0 bis E1 = 672 kJ/kg * 0,8 =* 537 kJ/kg
   Enthalpie an E1 = (3442 – 537)kJ/kg = 2905 kJ/kg *(Eintragung im h-s-Diagramm im Schnittpunkt der h-Linie (waagerecht) mit der p-Linie bei 7,4 bar*

   Entnahme E2:
   Dampfdruck p_{E2} gewählt: 2,4 bar
   h_s *für E1 bis E2 = (2770-2580) kJ/kg=* 190 kJ/kg
   innerer Turbinenwirkungsgrad = 0,87
   (Schätzung gemäß Bild 5.3-22)
   h_i *für E1 bis E2 = 190 kJ/kg * 0,87 =* 165 kJ/kg
   Enthalpie an E2 = (2905 – 165) kJ/kg = 2740 kJ/kg *(Eintragung im h-s-Diagramm im Schnittpunkt der h-Linie (waagerecht) mit der p-Linie bei 2,4 bar*

   Entnahme E3:
   Dampfdruck p_{E3} 0,38 bar
   (entsprechend Kondensationstemperatur):
   h_s *für E2 bis E3 = (2580-2310) kJ/kg =* 270 kJ/kg
   innerer Turbinenwirkungsgrad = 0,85
   (Schätzung gemäß Bild 5.3-21)
   h_i *für E2 bis E3 = 270 kJ/kg * 0,85 =* 229 kJ/kg
   Enthalpie an E3 = (2740 – 229) kJ/kg = 2511 kJ/kg *(Eintragung in h-s-Diagramm im Schnittpunkt der h-Linie (waagerecht) mit der p-Linie bei 0,38 bar*

   Gesamtturbinengefälle (Kontrolle):
   Isentropes Gesamtenthalpiegefälle = (3442 – 2310) kJ/kg = 1132 kJ/kg

   Tatsächliches Gesamtenthalpiegefälle = (3442 – 2511) kJ/kg = 931 kJ/kg

   mittlerer innerer Wirkungsgrad = (931/1132) kJ/kg = 0,82

2. *Energiebilanz für alle Einzel-Bauelemente*
   Die Berechnung erfolgt für eine spezifische Frischdampfmenge von 100 kg/s

2.1 *HD-Vorwärmer*
   Berechnung der Entnahmemenge an E1 gemäß Bild 5.3-24

5.3 KWK-Anlagen mit Dampfturbinen

$M_{E1} = 100 kg/s * (680 - 525) kJ/kg (2905 - 701) kJ/kg = 7,03 kg/s$

Daten, soweit nicht anders angegeben, gemäß VDI-Wasserdampftafeln für den Kondensationsdruck bzw. die gewählte Temperatur.

m_{sw} = 100 kg/s
h_{swa2} = 680 kJ/kg
h_{swe2} = 525 kJ/kg
h_{de1} = 2905 kJ/kg
h_{KE1} = 701 kJ/kg

2.2 Speisewasserbehälter/-entgaser
gemäß Bild 5.3-25,

m_{E2} = $((100 kg/s * (525 - 314) kJ/kg) + (7,03 kg/s * (314 - 701) kJ/kg)) / (2740 - 314)$
kJ/kg = 7,58 kg/s

m_{SW} = 100 kg/s
h_{SWA3} = 525 kJ/kg
h_{KE3} = 314 kJ/kg
m_{E1} = 7,03 kJ/kg (gemäß Ziffer 2.1)
h_{KE1} = 701 kJ/kg
h_{DE2} = 2740 kJ/kg

2.3 Heizkondensator

Die tatsächlich erforderliche Dampfmenge am Turbinenaustritt E3 errechnet sich aus der Energiebilanz des Heizkondensators gemäß Bild 5.3-26.

m_{FW} = 30000 kW / 4,1868 kJ/kgK * (70 - 50)K = 358 kg/s
m_{E3} = 358 kg/s * (293 - 209) kJ/kg / (2511 - 314) kJ/kg = 13,7 kg/s
h_{FWA} = 293 kJ/kg
h_{FWE} = 209 kJ/kg
h_{DE3} = 2511 kJ/kg
h_{KE3} = 314 kJ/kg
c = 4,1868 kJ/kgK

3. Umrechnung der spezifischen Werte auf die tatsächlich benötigten Werte
Als Ergebnis der Berechnungen mit spezifischem Ansatz für die Frischdampfmenge unter Ziffer 2 errechnet sich die spezifische Dampfmenge an E3 zu:
$M_{E3} = m_{SW} - m_{E1} - m_{E2} = (100 - 7,03 - 7,58) kg/s = 85,39 kg/s$
Damit ergibt sich der Umrechnungsfaktor zwischen spezifischen Ansatz und tatsächlich erforderlicher Menge zu:
$f = (13,7 / 85,39) kg/s = 0,16$
Die tatsächlich erforderlichen Dampfmengen ergeben sich zu:
$M_{E1} = 7,03 kg/s * 0,16$ = 1,1 kg/s   = 4,0 t/h
$M_{E2} = 7,58 kg/s * 0,16$ = 1,2 kg/s   = 4,3 t/h
$M_{E3} = 85,39 kg/s * 0,16$ = 13,7 kg/s   = 49,3 t/h

$m_{E0} = m_{SW}$ =   16 kg/s   = 57,6 t/h

4. Berechnung der Turbinenleistung
gemäß Bild 5.3-27,
P_{i1} = 16 kg/s * (3442 - 2905) kJ/kg   = 8592 kW
m_{FD} = 16 kg/s
h_{FD} = 2905 kJ/kg

P_{i2} = (16 - 1,1) kg/s * (2905 - 2740) kJ/kg = 2459 kW
m_{FD} = 16 kg/s

$m_{E1} = 1,1$ kg/s
$h_{DE1} = 2905$ kJ/kg
$h_{DE2} = 2740$ kJ/kg

$P_{i3} = (16 - 1,1 - 1,2)$kg/s * $(2740 - 2511)$ kJ/kg = 3137 kW
$m_{FD} = 16$ kg/s
$m_{E1} = 1,1$ kg/s
$m_{E2} = 1,2$ kg/s
$h_{DE2} = 2740$ kJ/kg
$h_{DE3} = 2511$ kJ/kg

$P_{iGes} = (8592 + 2459 + 3137)$kW = 14188 kW

Gemäß Bild 5.3-25 wird damit die Generator-Klemmenleistung wie folgt berechnet:

$P_{gen} = (14188 * 0,98 * 0,965 * 0,965)$kW $\quad = 12948$ kW
Schätzung der Wirkungsgrade hierfür wie folgt:
Mechanischer Turbinenwirkungsgrad $\quad = 0,98$
Getriebewirkungsgrad $\quad = 0,965$
Generatorwirkungsgrad $\quad = 0,965$

5. Berechnung der Leistungsaufnahme der Hilfsantriebe

5.1 Leistungsaufnahme des Verbrennungsluftgebläses
gemäß Bild 5.3-28
Brennstoffwärmeleistung: gemäß Bild 5.3-31
$P_{Br} = (16$ kg/s * $(3442 - 680)$kJ/kg$) / 0,85 = 51990$ kW
hierfür:
$m_{FD} = 16$ $\quad$ kg/s
$h_{FD} = 3442$ $\quad$ kJ/kg
$h_{SW} = 680$ $\quad$ kJ/kg (entspricht h_{SWA3} in Bild 5.3-23
Kesselwirkungsgrad 0,85 Schätzung gemäß Bild 5.3-31)

Verbrennungsluftmenge
$V = 51990$ kW * 1,5 m^3 / kWh = 77985 m^3/h:

hierfür:
Brennstoff: $\quad\quad\quad\quad\quad\quad$ Rohbraunkohle
Spez. Verbrennungsluftmenge: $\quad\quad$ 1,5 m^3 /kWh (Schätzung gemäß Bild 5.3-28,
elektrische Leistungsaufnahme:
$P_{el} = (77985$ m^3/h * 293 K * 0,02 bar$) / (273$ K * 0,8 * 0,92 * 36$) = 63$ kW

hierfür:
$T_1 = 293$ K (Luftansaugtemperatur = 20 °C)
$\Delta p = 0,02$ bar (Schätzung gemäß Bild 5.3-28)
$\eta_G = 0,8$
$\eta_M = 0,92$

5.2 Leistungsaufnahme des Rauchgasgebläses
gemäß Bild 5.3-28
Brennstoffwärmeleistung: gemäß Bild 5.3-31
$P_{Br} = (16$ kg/s * $(3442 - 680)$kJ/kg$) / 0,85 = 51990$ kW
hier:
$m_{FD} = 16$ $\quad$ kg/s
$h_{FD} = 3442$ $\quad$ kJ/kg

h_{SW} = 680 kJ/kg (entspricht h_{SWA3} in Bild 5.3-23)
Kesselwirkungsgrad = 0,85 (Schätzung gemäß Bild 5.3-31)

Rauchgasmenge:
$V = 51990\ kW * 1,88\ m^3/kWh = 97741\ m^3/h$

hierfür:
Brennstoff: Rohbraunkohle
Spez. Rauchgasmenge: $1,88\ m^3/kWh$ (Schätzung gemäß Bild 5.3-28 elektrische Leistungsaufnahme):

$Pel = (97741\ m^3/h * 500\ K * 0,04\ bar) / (273\ K * 0,8 * 0,92 * 36) = 270\ kW$

hierfür:
T_1 = 500 K (Rauchgastemperatur = 227 °C)
Δp = 0,04 bar (Schätzung gemäß Bild 5.3-28)
η_G = 0,8
η_M = 0,92

5.3 Leistungsaufnahme der Brennstoff-Fördereinrichtungen
$PH = (6,39\ kg/s * 9,81\ m/s^2 * 15\ m) / (0,6 * 0,94 * 1000) = 1,7\ kW$ (der Wert ist bei diesem Beispiel vernachlässigbar und wurde hier nur aus grundsätzlichen Überlegungen erfasst)
$m_{Br} = (P_{Br}/Hu) = 51990\ kW / (2,26\ kWh/kg) = 23004\ kg/h = 6,39\ kg/s$
P_{Br} = 51990 kW (gemäß Berechnung unter Ziffer 5.2)
Hu = 2,26 kWh/kg (unterer Heizwert gemäß Bild 5.3-28,
h = 15 m Förderhöhe (geschätzt anhand der Aufstellungspläne)

5.4 Leistungsaufnahme der Kesselspeisepumpen

Berechnung gemäß Bild 5.3-30

$Pel = (57600\ kg/h * 100\ bar * 0,00100954\ m^3/kg) / (36 * 0,8 * 0,94) = 215\ kW$

m_{sw} = 57600 kg/h (gemäß Berechnung unter Ziffer 3.)
Δp = 100 bar (Frischdampfdruck plus Kessel- und Rohrleitungswiderstand, hier Schätzung)
v = 0,00100954 m^3/kg (Speisewasserdichte gemäß VDI-Wasserdampftafeln)
η_P = 0,8 (Schätzung gemäß Bild 5.3-30)
η_M = 0,94 (Schätzung gemäß Bild 5.3-30)

5.5 Leistungsaufnahme der Kondensatpumpen
Berechnung gemäß Bild 5.3-30

$P_{el} = (57600\ kg/h * 3,5\ bar * 0,001\ m^3/kg) / (36 * 0,8 * 0,94) = 7,5\ kW$

m_{sw} = 57600 kg/h (gemäß Berechnung unter Ziffer 3.)
Δp = 3,5 bar (Entgaserdruck plus Rohrleitungswiderstand, hier Schätzung)
v = 0,001 m^3/kg (Speisewasserdichte gemäß VDI-Wasserdampftafeln)
η_p = 0,8 (Schätzung gemäß Bild 5.3-30)
η_M = 0,94 (Schätzung gemäß Bild 5.3-30)

Tabelle 5.3-1: Zusammenstellung der Leistungswerte (Beispiel 5.3-I)

Angaben unter Variante 1 entsprechend Beispiel 5.3-I	Dim.	Variante 1	Variante ...
therm. Leistung KWK-Anlage			
- Heizkondensator 1	MW th	30	
- Heizkondensator ...	MW th	/	
Summe therm. Leistung	MW th	30	
therm. Eigenbedarf	MW th	*1)	
therm. Netzeinspeiseleistung	MW th	30	
elektr. Leistung KWK-Anlage			
- Dampfturbine 1	MW el	12,95	
-	MW el	/	
Summe elektrische Leistung	MW el	12,95	
elektrischer Eigenbedarf KWK-Anlage			
- Kesselspeisepumpen	MW el	0,215	
- Kondensatpumpen	MW el	0,0075	
- Kühlwasserpumpen	MW el	/	
- Lüfter-Rückkühlwerk	MW el	/	
- Brennstoffversorgung	MW el	0,001	
- Verbrennungsluftgebläse	MW el	0,063	
- Rauchgasgebläse	MW el	0,27	
- Hilfs- u. Nebenanlagen, Sonstiges	MW el	0,1	
- Netzumwälzpumpen, Druckhaltepumpen	MW el	/	
Summe elektrischer Eigenbedarf	MW el	0,6565	
elektr. Netzeinspeiseleistung	MW el	12,29	
Brennstoffbedarf (Leistung)	MW Br	52	

*1) im Regelfall in thermodyn. Berechnung berücksichtigt

Tabelle 5.3-2: Übersicht Wirkungsgradergebnisse (Beispiel 5.3-I)

Angaben unter Variante 1 entsprechend Beispiel 5.3-I	Dim.	Variante 1	Variante ...
Anlagenwirkungsgrade			
- elektrischer Wirkungsgrad	/	0,24	
- thermischer Wirkungsgrad	/	0,58	
- Gesamt-Wirkungsgrad	/	0,82	

Bei sonst gleicher Konzeption sind die Frischdampf- und Abdampfparameter die bestimmenden Größen für den Prozesswirkungsgrad und den Eigenbedarf der Nebenanlagen.

Zur Verdeutlichung der vorstehenden Aussagen enthält Abb. 5.3-32 die elektrischen Klemmenwirkungsgrade für Dampfkraftwerke verschiedener

Frischdampfzustände und Gegendruckstufen (ohne Berücksichtigung des elektrischen Eigenbedarfs), als Anhaltswerte. Die Prozessparameter wurden in Anlehnung an die Angaben in Abb. 5.3-15, gewählt. Der Kesselwirkungsgrad wurde für alle Varianten gleich mit 0,88 berücksichtigt.

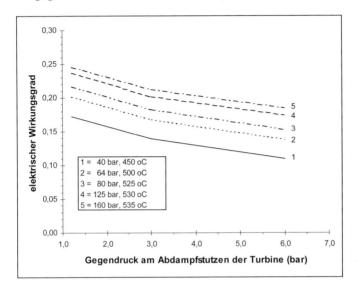

Abb. 5.3-32: Klemmenwirkungsgrad typischer Dampfturbinen-Heizkraftwerke

Der Gesamtwirkungsgrad ist im Wesentlichen von der Energienutzungsmöglichkeit, dem Kesselwirkungsgrad, den Druck- und den Temperaturverlusten der Gesamtanlage abhängig und liegt je nach Anlagenkonzeption und Temperaturniveau der Energienutzung zwischen 0,75 und 0,9.

Der thermische Wirkungsgrad abhängig von Anlagenkonzeption und elektrischem Wirkungsgrad liegt im Regelfall zwischen 0,6 und 0,75.

Wie in Abb. 5.3-32 gezeigt, ist der elektrische Wirkungsgrad der in Kapitel 5.1 und 5.2 beschriebenen Anlagen deutlich besser als der Wirkungsgrad vergleichbarer Dampfkraftwerke. Hauptvorteil der Dampfkraftwerke ist die hohe Flexibilität im Brennstoffeinsatz und die Flexibilität bei der Anpassung an hohe Prozesstemperaturen bei der Nutzung der thermischen Energie. Bei der Kombination von Gas- und Dampfturbinenanlagen zu dem, im Kapitel 5.2 beschriebenen GuD-Prozess addieren sich in erster Näherung die elektrischen Wirkungsgrade beider Prozessvarianten, wodurch ein besonders hoher Gesamt-Prozesswirkungsgrad bis über 40 % möglich wird. Die Berechnungen für diesen Prozess erfolgen entsprechend den Ausführungen in Kapitel 5.2 für den Gasturbinenteil und gemäß Kapitel 5.3 für den Dampfturbinenteil. Zu beachten ist, dass in den in Kapitel 5.2 genannten Ansätzen für den thermischen Wirkungsgrad der Gasturbinen bereits der Kesselwirkungsgrad berücksichtigt wurde. Bildet die Gasturbinenleistung die Führungsgröße für den Dampfturbinenprozess liegt damit dann bereits indirekt die Frischdampfmenge als Grundlage für die Kreisprozessberechnung der Dampfturbinenanlage fest.

5.3.5.2 Jahresarbeit

Die Berechnung der Jahresarbeit erfolgt entsprechend den Ausführungen in Kapitel 7.2. Prinzipiell errechnet sich die Jahresarbeit als Fläche unter der Jahresdauerlinie (Leistungskurve), d.h. Leistung mal Zeitdauer. Es empfiehlt sich, die Berechnungen analog nachfolgender Tabellen 5.3-3 und 5.3-4 (Leistungswerte gemäss Tabelle 5.3-1) durchzuführen. Als Auslegungshilfe für die aggregatespezifische Erfassung des Teillastverhaltens von Dampfturbinenanlagen zeigt Abbildung 5.3-34 am Beispiel der in Abb. 5.3-33 dargestellten Dampfturbinenprozesse (Auslegungsdaten gemäß Beispiel 5.3-I) die lastabhängige Veränderung des elektrischen Wirkungsgrades bei veränderter thermischer Last. Anhand dieses Beispiels und der einzelfallspezifischen Jahresdauerlinie kann die Betriebszeit der jeweiligen Lastpunkte abgeschätzt und so der durchschnittliche Jahresnutzungsgrad ermittelt werden. Bei hohen Genauigkeitsanforderungen an die Ergebnisse in Bezug auf das Teillastverhalten der Anlagen wird man den Kreisprozess für die einzelnen Lastpunkte jeweils neu berechnen.

Für die Berechnung des Jahresbrennstoffbedarfs ist der Jahresnutzungsgrad der Kesselanlage zu berücksichtigen. Angaben zum Teillastverhalten von Kesselanlagen sind in Kapitel 7 bei den Erläuterungen zu den Spitzenlastkesselanlagen enthalten. Der elektrische Strombedarf der Hilfs- und Nebenanlagen ist auch hier separat zu berücksichtigen. Ein Verfahren zur Bestimmung der Eigenbedarfwerte ist in Kapitel 7.2 beschrieben. Hierbei werden ausgehend von der vorstehend berechneten elektrischen Leistungsaufnahme der Hilfsantriebe die Jahresarbeitswerte über die Ausnutzungsstunden ermitteln. Der entsprechend dem Schema in Kapitel 7.2 errechnete Betrag wird von der erzeugten Jahresarbeit in Abzug gebracht.

Zur Bewertung der Auswirkungen unterschiedlicher Anlagenschaltungen wurden für die in Abb. 5.3-19 dargestellte Anlagenkonzeption (Beispiel 5.3-I) die in Abb. 5.3-33 aufgeführten, im hier untersuchten Leistungsbereich durchaus anzutreffenden unterschiedlichen Schaltungsmöglichkeiten gegenübergestellt. Die in Abb. 5.3-25 wiedergegebenen Berechnungsergebnisse zeigen, dass sich aufwendige Vorwärmschaltungen bei den im hier erfassten Leistungsbereich üblichen Prozessparametern nur geringfügig auf den elektrischen Wirkungsgrad auswirken. Wichtig ist die optimale, an die Verbrauchsstruktur angepasste Auslegung des Gesamtprozesses und der Hilfs- und Nebenanlagen. Bei Anlieferung aufbereiteter

5.3 KWK-Anlagen mit Dampfturbinen

Brennstoffe (z.B. Braunkohlestaub anstelle von Rohbraunkohle) lässt sich der Eigenverbrauch oft deutlich reduzieren.

Tabelle 5.3-3: Zusammenstellung der Jahresarbeitsansätze (Beispiel 5.3-I)

	Dim.	Variante 1	Variante ..
therm. Jahresarbeit KWK-Anlage			
- Dampfschiene 1	MWh$_{th}$ /a		
- Dampfschiene ...	MWh$_{th}$ /a		
- Heizkondensator 1	MWh$_{th}$ /a		
- Heizkondensator ...	MWh$_{th}$ /a		
Summe thermische Jahresarbeit	MWh$_{th}$ /a		
thermischer Eigenbedarf	MWh$_{th}$ /a	*1)	*1)
thermische Netzeinspeisung	MWh$_{th}$ /a		
elektr. Jahresarbeit KWK-Anlage			
- Dampfturbine 1	MWh$_{el}$ /a		
- Dampfturbine ...	MWh$_{el}$ /a		
Summe elektrische Jahresarbeit	MWh$_{el}$ /a		
elektrischer Eigenbedarf KWK-Anlage:			
- Kesselspeisepumpen	MWh$_{el}$ /a		
- Kondensatpumpen	MWh$_{el}$ /a		
- Kühlwasserpumpen	MWh$_{el}$ /a		
- Lüfter-Rückkühlwerk	MWh$_{el}$ /a		
- Brennstoffversorgung	MWh$_{el}$ /a		
- Verbrennungsluftgebläse	MWh$_{el}$ /a		
- Rauchgasgebläse	MWh$_{el}$ /a		
- Hilfs- u. Nebenanlagen, Sonstiges	MWh$_{el}$ /a		
- Netzumwälzpumpen, Druckhaltepumpen	MWh$_{el}$ /a		
Summe elektrischer Eigenbedarf	MWh$_{el}$ /a		
elektrische Netzeinspeisung	MWh$_{el}$ /a		

*1) im Regelfall in thermodyn. Berechnung berücksichtigt

Tabelle 5.3-4: Übersicht Jahresnutzungsgradergebnisse (Beispiel 5.3-I)

Jahresnutzungsgrade	Dim.	Variante 1	Variante ...
Dampfturbinenanlage			
- elektrischer Jahresnutzungsgrad	/		
- thermischer Jahresnutzungsgrad	/		
- Gesamt-Jahresnutzungsgrad	/		

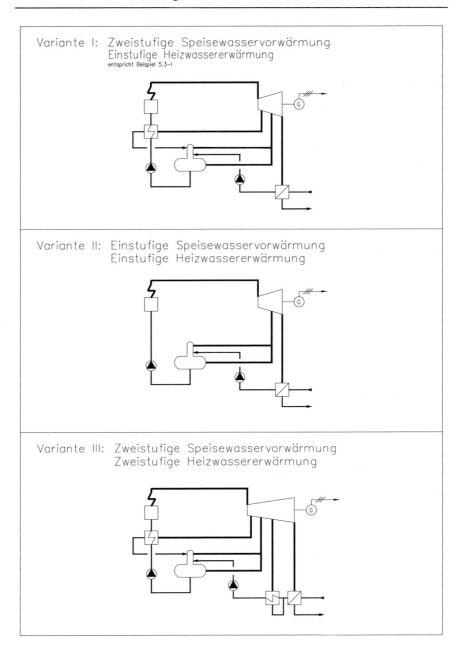

Abb. 5.3-33: Dampfturbinen-Prozessvarianten (zu Abb. 5.3-34 und Beispiel 5.3-I)

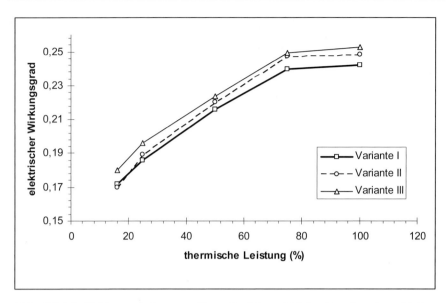

Abb. 5.3-34: Teillastverhalten von Dampfturbinen-Heizkraftwerken (gemäß Darstellung in Abb. 5.3-33)

5.3.5.3 Investitionen

Um eine erste Abschätzung der bei Dampfturbinen-Heizkraftwerken zu erwartenden Investitionen zu ermöglichen, wurden anhand der Erfahrungswerte ausgeführter und kalkulierter Anlagen die spezifischen Investitionen, hochgerechnet auf den aktuellen Preisstand, in Tabelle 5.3-5 für Gesamtanlagen angegeben. Die Ansätze beziehen sich auf die thermische Kesselleistung. Eine Aufgliederung der Gesamtinvestitionen auf die einzelnen Anlagengruppen und die Angabe spezifischer Ansätze ist schwierig und schwankt von Projekt zu Projekt deutlich.

Die nachfolgenden Zusammenstellungen in Tabelle 5.3-5 wie auch in Tabelle 5.3-6 können nur Anhaltswerte für einen ersten Ansatz liefern. Bei neuen KWK-Anlagen ohne Nebenbauwerke (wie z.B. Verwaltungsgebäude, Werkstätten), Wärmetransportanlagen usw. teilen sich die Kosten in etwa wie in Tabelle 5.3-6 angeben auf. Die den Werten zugrundeliegende Anlagentechnik orientiert sich an den zur Erfüllung der derzeitigen Abgasgrenzwerte erforderlichen Maßnahmen sowie am Einsatz hochwertiger Brennstoffe. Die Zusatzaufwendungen für den Einbau von Rauchgasreinigungsanlagen nach dem Trocken-Additiv-Verfahren erhöhen die Ansätze je kW Kesselleistung um ca. 10 bis 40 €/kW$_{th}$, bei Einsatz aufwendigerer Verfahren (z.B. Sprühabsorptionsverfahren) sind ca. 40 bis 60 €/kW$_{th}$ zusätzlich zu veranschlagen.

Tabelle 5.3-5: Spezifische Investitionsansätze für Heizkraftwerke mit Dampfturbinen (Gesamtanlagen)

Gesamtanlage	von €/kW	bis €/kW
Feuerungsart		
- Rostfeuerung	300	530
- Staubfeuerrung	350	570
- WSF	360	600
- Ölfeuerung	220	450
- Erdgasfeuerung	210	430

Werte bezogen auf thermische Kesselleistung
(nur Maschinen- und elektrotechn. Anlagen, ohne Bau, Erschließung usw.)
WSF = Wirbelschichtanlage

Im Regelfall sind die in den Tabellen enthaltenen höheren Ansätze kleineren Anlagen oder besonders aufwendigen Anlagenkonzepten zugeordnet, während die geringeren Ansätzen Anlagen mit großen Leistungen bzw. Anlagen mit geringerem technischen Aufwand repräsentieren. Soweit technisch ähnliche Baugruppen eingesetzt werden, können auch die Investitionsangaben aus Kapitel 5.1 und 5.2 herangezogen werden. Bei GuD-Anlagen kann der Gasturbinenteil und ggf. der Abhitzekessel entsprechend den Ausführungen zu Kapitel 5.2 berücksichtigt werden.

Abb. 5.3-35 zeigt Anhaltswerte für Investitionsansätze von Dampfturbinenanlagen. Die große Streuung der Werte macht deutlich, wie vielfältig die anlagenspezifisch auszuwählenden technischen Möglichkeiten gerade bei Heizkraftwerken auf Dampfturbinenbasis sind.

Zur Vereinfachung der weiteren Rechenschritte empfiehlt sich die Zusammenfassung der Ergebnisse in einer Aufstellung entsprechend der in Kapitel 7 verwendeten Tabelle 7.3-1.

5.3.5.4 Wartungs- und Instandhaltungsaufwand

Heizkraftwerke werden möglichst im Dauerbetrieb vollautomatisch geregelt betrieben. Bei Ausrüstung der Kesselanlagen gemäss TRD 604 können die Anlagen technisch für 72 Stunden Betrieb ohne Beaufsichtigung (BOB-Betrieb) errichtet werden. Trotz aller Automation ist im Regelfall aber eine Überwachung von einem ständig besetzten Leitstand aus erforderlich; bei problematischen Brennstoffen ist in der Regel ein voll besetzter 3-Schichtbetrieb (d.h. unter Berücksichtigung von Arbeitszeit, Krankheit, Urlaub usw. 5 Schichtmannschaften) erforderlich. Durch dieses Personal werden dann auch die notwendigen Sichtkontrollen durchgeführt. Je nach Anlagengröße und Bedeutung sind je Schicht 2 bis 8 Personen vorzusehen. Wartung und Beseitigung kleinerer Mängel erfolgt durch das Betriebspersonal bzw. speziell ausgebildete Schlosser und Elektriker.

Tabelle 5.3-6: Spezifische Investitionsansätze für Heizkraftwerkskomponenten

Lfd. Nr.:	Anlagenkomponente	Dim.	Investitionen von	bis
1.	Baugrundstück		*1)	*1)
2.	Erschließungsmaßnahmen		*1)	*1)
3.	Bautechnik/-Konstruktion	€/m3	150	380
4.	Technische Anlagen			
4.1	Dampfturbinenanlage		siehe Abb. 5.3-31	
4.2	Dampfkesselanlage einschl. Abgasreinigung, Kamin, Entaschungsanlage usw.			
	- Wanderostfeuerung	€/kW th	110	230
	- Staubfeuerung	€/kW th	130	270
	- WSF	€/kW th	160	280
	- Ölfeuerung	€/kW th	60	160
	- Erdgasfeuerung	€/kW th	55	140
4.3	Brennstoffversorgungsanlage			
	- Festbrennstoff (Rostfeuerung)	€/kW Br	30	50
	- Staubfeuerung	€/kW Br	4	7
	- WSF	€/kW Br	30	70
	- Ölfeuerung	€/kW Br	6	12
	- Erdgasfeuerung	€/kW Br	4	9
4.4	Betriebswasserversorgungsanlage	€/kW th	6	14
4.5	E-/MSR-Technik	€/kW th	40	90
4.6	Dampf-/Kondensatkreislaufkomponenten	€/kW th	7	30
4.7	Reserve-/Spitzenlastkesselanlagen	€/kW th	22	70
4.8	Heizwasser-Kreislauf-Komponenten 2)	€/kW th	18	110
5.	Gebäudetechnik	€/kW el	10	30
6.	Stahlbaukonstuktionen		*1)	*1)

*1) Diese Kosten können nur einzelfallspezifisch betrachtet werden
*2) bezogen auf die therm. Anschlußleistung
th = bezogen auf thermische Kesselleistung
Br = bezogen auf Feuerungswärmeleistung
WSF= Wirbelschichtkesselanlage

Da alle Kosten hierfür in die Ansätze für die Personalkosten eingehen, genügt bei den Wartungskosten ein Ansatz für Ersatzteile, Betriebsmittel und

Fremdkräfteeinsatz (z.B. Turbinen- oder Kesselrevision) gemäß den Angaben in Tabelle 5.3-7. Bei GuD-Anlagen können Wartungsaufwendungen für Anlagenteile, die mit den in Kapitel 5.2 beschriebenen Positionen identisch sind, der Tabelle 5.2-8 entnommen werden.

Zur Erfassung des gesamten Instandhaltungsaufwandes empfiehlt sich eine differenzierte Ermittlung für die wesentlichen Anlagenkomponenten entsprechend Tabelle 5.3-7. Die Bandbreiten sind wie folgt zu berücksichtigen:
- kleine Anlagen bzw. aufwendige Anlagenkonzepte: oberer Ansatz
- große Anlage bzw. einfache Anlagenkonzepte: unter Ansatz

Tabelle 5.3-7: Wartungs- und Instandhaltungsansätze für Heizkraftwerke

	Jährliche Wartungs- u. Instandhaltungskosten in % der anteiligen Investitionen (% / a)	
Kesselanlagen, Dampf-/Kondensatkreislauf, Dampfturbinen usw.	1,5	3,5
Heizwasserkreislauf-Komponenten (Wärmezentrale)	1,8	2,2
Schaltanlage, MSR-Technik (einschl. Stromeinspeisung)	1,8	2,2
Gebäudetechnik (Heizung, Lüftung, Sanitär)	1,6	3,5
Bautechnik	1,0	1,5

5.3.5.5 Personalaufwand

Der Personalaufwand ist grundsätzlich abhängig von der technischen Ausrüstung der Gesamtanlage, dem Betriebsführungskonzept, der Bedeutung der Anlage, dem Wartungskonzept usw.. Wird die Gesamtanlage (KWK-Anlagen und Spitzenlastkesselanlagen) für Betrieb ohne ständige Beaufsichtigung (TRD 604) ausgelegt und mit einer vollautomatischen Steuer- und Regelanlage ausgerüstet, so beschränkt sich der personelle Aufwand auf die Überwachung der Anzeigen im Leitstand sowie Kontrollgänge (Sichtkontrolle).

Je nach Wartungskonzept (Fremd- oder Eigenpersonaleinsatz) werden hierbei im Tagschichtbetrieb Elektromonteure, Maschinenschlosser und Rohrschlosser zur Durchführung kleinerer Wartungsarbeiten einzusetzen sein. Hieraus abgeleitet und unter Hinweis auf die Ausführungen in Kapitel 5.3.5.4 ergibt sich je nach dem Gesamtaufgabenkomplex der betroffenen Personen ein Mindest-Personalansatz von 8 bis 20 „Mannjahren" (in Sonderfällen auch mehr) ohne Ansätze für Verwaltung usw..

Energie fehlt – FIMAG hilft

- Blockheizkraftwerke im Erd-, Bio- und Klärgasbetrieb von 33 bis 500 kW elektrischer Leistung
- Netzersatzanlagen und Stromerzeuger bis 2500 kVA
- Schalt- und Steueranlagen
- Verleih von Notstromaggregaten für alle Einsatzfälle
- Wartung und Service

FIMAG Finsterwalder Maschinen- und Anlagenbau GmbH
Grenzstraße 41
D-03238 Finsterwalde
e-Mail: info@fimag-finsterwalde.de
www.fimag-finsterwalde.de
Vertriebsbüro Leipzig
Leipziger Straße 200
D-04178 Leipzig
Tel.: 0341/ 4426-212
Fax: 0341/ 4426-311
E-Mail: vb-leipzig@fimag-finsterwalde.de

5.4 Sonstige KWK-Anlagen

Über die in den Kapiteln 5.1 bis 5.3 ausführlich behandelten KWK-Systeme zur gekoppelten Strom- und Wärmeerzeugung mit Motoren-, Gasturbinen- oder Dampfturbinenanlagen hinaus gibt es eine Reihe weiterer Anlagen, die per Definition den KWK-Anlagen zuzurechnen sind. Hierzu zählen:

- direkt von Verbrennungskraftmaschinen (Motorenanlagen oder Gasturbinen) oder Dampfturbinen angetriebene Arbeitsmaschinen (z.B. Pumpen oder Verdichter), wenn die Abgas-/Abwärmeenergie der Antriebsmaschinen zur Wärmeerzeugung genutzt wird,
- KWK-Anlagen auf Basis von Dampfmotoren ,
- Gasmotorwärmepumpen,
- Absorptionskälteanlagen, wenn zur Wärmeversorgung Abwärme aus z.B. Stromerzeugungsanlagen genutzt wird,
- Brüdenverdichteranlagen
- Geothermie-Anlagen mit ORC- oder Wasserdampfturbinen
- Stirlingmotor-BHKW
- Brennstoffzellen-BHKW

und andere mehr.

Auch wenn der Hauptschwerpunkt der Anwendungen der Kraft-Wärme-Kopplung den unter Kapitel 5.1 bis 5.3 beschriebenen Systemen zuzuordnen ist, soll hier doch kurz auch auf einige der vorgenannten Anlagensysteme eingegangen werden.

Prinzipiell erfolgt die Auslegung und Konzeptionierung dieser Anlagen ebenfalls wie für die in Kapitel 5.1 bis 5.3 beschrieben Systeme sowie gemäß den Ausführungen in Kapitel 5.0, wobei einige systemspezifische Besonderheiten zu berücksichtigen sind.

5.4.1 Direktantrieb von Arbeitsmaschinen durch Verbrennungskraftmaschinen oder Dampfturbinen

Die in Kapitel 5.1 bis 5.3 beschriebenen Systeme können auch direkt mit Verdichtern, Pumpen und anderen Arbeitsmaschinen gekoppelt werden. In diesen Fällen entfallen in der Energiebilanz die Umwandlungs- und Übertragungsverluste für die elektrische Energie. Aus anlagentechnischen

Gründen sind derartige Systeme aber auf Sonderfälle beschränkt. Anlagenumfang, Flexibilität sowie Wartungs-, Instandhaltungs- und Betriebsführungsaufwand sind bei elektrisch angetriebenen Aggregaten im Regelfall wirtschaftlicher, wodurch der Wirkungsgradvorteil der Direktantriebe meist mehr als ausgeglichen wird. Hinzu kommt, dass größere Generatorantriebe bessere Wirkungsgrade erzielen als die oft kleinen Direktantriebe. Sofern diese Systeme einem Wirtschaftlichkeitsvergleich zu unterziehen sind, gelten die Ausführungen in Kapitel 5.1 bis 5.3 hier sinngemäß.

5.4.2 KWK-Anlagen auf Basis von Dampfmotoren

Die unter Kapitel 5.3 beschriebenen technischen und thermodynamischen Grundlagen gelten auch für die Konzeptionierung von Dampfmotoranlagen. Ausführungsbeispiele gibt es für Frischdampfkonditionen bis 500 °C bei Drücken von 6 bis 60 bar. Die Anlagen werden entweder im Gegendruckbetrieb oder bei atmosphärischer Kondensation (Kondensationstemperatur ca. 100 °C) eingesetzt.

Der übliche Leistungsbereich liegt zwischen 40 kW und 2500 kW. Die Anlagen eignen sich sowohl zum Direktantrieb von Arbeitsmaschinen wie auch zur Stromerzeugung. Der Drehzahlbereich liegt zwischen 750 und 1500 U/min, wodurch kleine Baugrößen ermöglicht werden, gleichzeitig aber die direkte Kupplung an Arbeitsmaschinen oder Generatoren ohne Zwischenschaltung von Getrieben möglich bleibt. Der in die thermodynamische Berechnung eingehende „innere Wirkungsgrad" liegt bei ca. 65 bis 85 %, je nach Frischdampfzustand und Leistungsgröße, wobei im hier infragekommenden Leistungsbereich der Teillastwirkungsgrad der Dampfmotoren (Regelbereich 1:4) besser ist, als der von Dampfturbinen gleicher Leistungsgröße. Im Regelfall sind die Investitionen mit denen der Dampfturbinen vergleichbar. Ansätze für Wartungskosten liegen zwischen den Angaben für Verbrennungskraftmaschinen und Dampfturbinen. Aufgrund des modularen Aufbaus ist eine Anpassung der Aggregateleistung an z.B. einen steigenden Bedarf durch Zubau weiterer Module möglich. Eine Berücksichtigung von Dampfmotoren im Rahmen von Wirtschaftlichkeitsuntersuchungen alternativ zu Dampfturbinenanlagen ist aufgrund der unterschiedlichen Jahresnutzungsgrade und der betrieblichen Vorteile im elektrischen Leistungsbereich bis 2,5 MW durchaus interessanter, als oft angenommen. Einsatzbereiche finden sich in fast allen Dampfkesselsystemen wie z.B. bei der Stromerzeugung im Gegendruckbetrieb zwischen zwei Industriedampfschienen (als Ersatz für Reduzierventile), darüber hinaus vor allem dort, wo billige Brennstoffe für die Feuerung von Dampfkesselanlagen vorhanden sind wie z.B. bei

- Reststoffverbrennungsanlagen,
- Torffeuerungen,
- Einsatz minderwertiger Braunkohle,
- Kohlen und Koksgrußfeuerungen usw.

Vor allem in jüngster Zeit sind Einsatzbereiche bei der Deponieentgasung gegeben, wenn aufgrund der Gaszusammensetzung die Deponiegasnutzung in Gasmotoren ohne aufwendige Brennstoffaufbereitung nicht wirtschaftlich möglich ist. In diesen Fällen ist es u.U. sinnvoll, das Deponiegas in einer Muffel bei ca. 1200 °C umweltverträglich zu verbrennen und die heißen Abgase in einen Abhitzekessel zur Dampfproduktion einzuleiten (z.B. 25 bar, 350 °C) und den Dampf dann anschließend in einem Dampfmotor zur Stromproduktion zu nutzen.

Der Betrieb des Dampfmotors erfolgt dabei in Abhängigkeit von der angebotenen Dampfmenge (ohne aufwendige Regelungstechnik), die sich aus Gasangebot und Gasqualität ergibt.

Anlagen dieser Art werden üblicherweise für Kondensationsbetrieb konzipiert, wobei eine Dampfentnahme (3,5 bar) zur Beheizung von Sickerwasserbehandlungsanlagen und ähnlichen, deponiebetriebsbedingten Anlagen ohne weiteres möglich ist.

5.4.3 Verbrennungsmotorwärmepumpen

Zur Erzeugung von Heizenergie werden Wärmepumpen seit langem eingesetzt. Unter den reinen Wärmeerzeugungsanlagen besitzen sie den geringsten Primärenergiebedarf. Grundlage der Anlagentechnik bei Verbrennungsmotorwärmepumpen ist eine konventionelle Kompressions-Wärmepumpenanlage, deren Kompressor von einem Verbrennungsmotor angetrieben wird. Als Antriebsaggregate sind Diesel- und Ottomotore möglich.

Abbildung 5.4-1 zeigt ein typisches Anlagenschema für ein Verbrennungsmotor-Wärmepumpenheizwerk.

Wie bei den in Kapitel 5.1 dargestellten Systemen besteht auch hier die Gesamtanlage aus der KWK-Anlage und der Reserve-/Spitzenlastkesselanlage. Die Wärmepumpenanlage selbst besteht im wesentlichen aus:

- Verbrennungsmotor als Antriebseinheit des Kältemittelverdichters,
- Abgas- und Kühlwasserwärmetauscher des Verbrennungsmotors,
- Kältemittelverdichter,
- Kondensator,

- Drosselorgan,
- Verdampfer

sowie aus einer Wärmequelle (z.B. Regenwasserteich, Fließgewässer, Grundwasser, Erdreich, Abluft usw.).

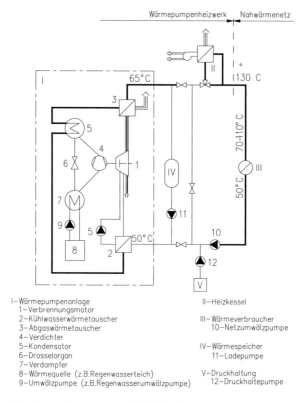

I-Wärmepumpenanlage
 1-Verbrennungsmotor
 2-Kühlwasserwärmetauscher
 3-Abgaswärmetauscher
 4-Verdichter
 5-Kondensator
 6-Drosselorgan
 7-Verdampfer
 8-Wärmequelle (z.B.Regenwasserteich)
 9-Umwälzpumpe (z.B.Regenwasserumwälzpumpe)

II-Heizkessel

III-Wärmeverbraucher
 10-Netzumwälzpumpe

IV-Wärmespeicher
 11-Ladepumpe

V-Druckhaltung
 12-Druckhaltepumpe

Abb. 5.4-1: Prinzipschaltbild Verbrennungsmotor-Wärmepumpenheizwerk

Eine Reihenschaltung mehrerer Wärmepumpenanlagen ist ohne weiteres möglich.

Vorteilhaft gegenüber Elektrowärmepumpen ist bei Verbrennungsmotor-Wärmepumpen, dass sowohl die Abgasenergie des Verbrennungsmotors wie auch die Energie der Wärmequelle zu Heizzwecken nutzbar gemacht werden.

Nachteilig ist die niedrige Vorlauftemperatur der Wärmepumpen von im Regelfall maximal ca. 65 °C, die bei größeren Heiznetzen, die üblicherweise mit Vorlauftemperaturen von 90 °C bis hin zu 130 °C betrieben werden, ganzjährig den Betrieb eines konventionellen Heizkessels zur Temperaturanhebung erfordert.

Nachfolgende Abbildung 5.4-2 zeigt die sich hieraus ergebenden Auswirkungen auf die thermische Jahresarbeit am Beispiel einer Anlage, bei der ein Regenwasserteich als Wärmequelle dient. Im vorliegenden Beispiel wäre es auch möglich, das als Wärmequelle genutzte Regenwasser zur Motor-Kühlwasserkühlung zu nutzen.

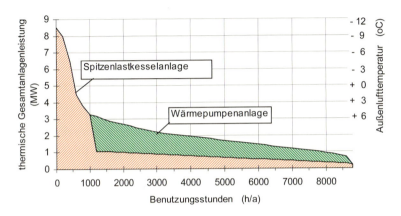

Abb. 5.4-2: Jahresdauerlinie eines Verbrennungsmotor-Wärmepumpenheizwerks

Einsatzgebiete sind vor allem im Bereich der Gebäudeheizung bis hin zur Beheizung von Schwimmbädern und großen Gebäudekomplexen (z.B. Verwaltungsgebäude) zu finden.

Für den Einsatz in kleineren haustechnischen Zentralheizungsanlagen (z.B. bei Ein- oder Mehrfamilienhäusern) stehen standardisierte Einheiten zu Verfügung, die werksseitig komplett verrohrt und mit Schalldämmung versehen in einem kompakten Gehäuse untergebracht sind.

Für Installation, Wartung und Betrieb genügt das im Installationshandwerk vorhandene Fachwissen. Bis zu mechanischen Antriebsleistungen von ca. 50 kW sind die Anlagen noch nicht genehmigungspflichtig.

Hinsichtlich der Aufstellungsvorschriften sind insbesondere die Heizraumrichtlinien, die VDI-Richtlinie 2058 und die VGB 20 zu beachten.

In Abb. 5.4-2 ist für das hier dargestellte Beispiel erkennbar, dass der Spitzenlast-Heizkessel aufgrund der zu niedrigen Vorlauftemperatur der Wärmepumpe ganzjährig betrieben werden muss.

Hinzu kommt, dass die Wärmepumpe im Winter, wenn die Außentemperaturen 4 °C unterschreiten, aufgrund der Vereisungsgefahr abgeschaltet werden muss.

Eine deutliche Verbesserung der Wirtschaftlichkeit ist hier erreichbar, wenn es gelingt, die erforderliche Vorlauftemperatur unter 65 °C abzusenken.

Für die energetische Analyse sind folgende Vergleichsziffern von Bedeutung:
- Heizziffer
  Sie gibt das Verhältnis zwischen der Nutzwärme (der vom Kondensator an das Heizwasser abgegebenen Wärme) und der im Brennstoff zugeführten Wärme wieder, d.h. das Verhältnis von Nutzen zu Aufwand. Die Heizziffer ist vergleichbar mit dem Kesselwirkungsgrad konventioneller Heizkessel. Die Heizziffer liegt über 1 bis ca. 1,8, abhängig von der Temperatur der Wärmequelle.
- Anlagen-Leistungsziffer
  Sie gibt das Verhältnis zwischen der Nutzwärme aus der Anlage einschließlich der Motorabwärme und der mechanischen Antriebsleistung des Kältemittelverdichters wieder. Der Wirkungsgrad des Verbrennungsmotors wird dabei nicht erfasst.
- Kondensations-Leistungsziffer
  Sie gibt das Verhältnis zwischen der Nutzwärme und der Antriebsleistung des Verdichters wieder. Der Kennwert entspricht der bei Kompressionskälteanlagen angegebenen Leistungsziffer.
- Arbeitszahl
  Sie gibt das Verhältnis von Nutzwärmeleistung zu Brennstoffeinsatz im Jahresdurchschnitt an. In dieser Zahl sind die im Jahresverlauf unterschiedlichen Leistungsziffern sowie die Auskühl- und sonstigen Verluste in der Wärmezentrale enthalten. Sie entspricht dem in Kapitel 5.1 bis 5.3 definierten Jahresnutzungsgrad.

In besonderen Fällen werden Verbrennungsmotor, Wärmepumpenverdichter und ein Generator auf einer Welle angeordnet. Diese Anlagenkonzepte bezeichnet man auch als Tandemanlagen. Je nach momentanem Energiebedarf wird eine derartige Anlage dann zur Strom- oder Wärmeproduktion eingesetzt.

Wärmepumpenanlagen können auch im Koppelprozess als Wärme- und Kälteanlage betrieben werden. In diesem Fall wird die Anlage entsprechend dem Kältebedarf ausgelegt, wobei dann die im Heizbetrieb oft nicht ausreichende Wärmeleistung durch eine Kesselanlage ausgeglichen wird.

Die Ausführungen in Kapitel 5.1 gelten für die hier eingesetzte Motorentechnik sinngemäß. Der Wärmepumpenanlagenteil entspricht im Wesentlichen dem der konventionellen Kompressionswärmepumpenanlagen.

5.4.4 Absorptionskälteanlagen

Vor allem in den Sommermonaten sind für die auf KWK-Systemen basierenden Stromerzeugungssysteme oft keine ausreichenden Wärmeabnehmer zu finden, wobei Kälteversorgungsanlagen zur Klimatisierung von Datenverarbeitungsanlagen, Kaufhäusern, Kühlhäusern und anderem mehr einen Maximalbedarf an elektrischer Energie erfordern.

Hier können Absorptions-Kälteanlagen zur Reduzierung des elektrischen Leistungsbedarfs sowie zur Verbesserung der Auslastung der Wärmeversorgungsnetze im Sommerbetrieb zum Teil wirtschaftlich eingesetzt werden. Die Beheizung der Absorptionskälteanlagen erfolgt hier mit der im Sommer nicht für Heizzwecke benötigten Abwärme der KWK-Anlagen oder aus sonstigen Abwärmequellen.

Derzeit sind Absorptionskälteanlagen auf der Basis von Ammoniak und von Lithiumbromid am Markt verfügbar.

Während Ammoniakanlagen (mehrstufig ausführbar, daher sehr tiefe Temperaturen erreichbar) überwiegend im industriellen Sektor eingesetzt werden, finden Lithiumbromidanlagen vor allem in der Klima- und Lüftungstechnik ihre Anwendung.

Das wärme-/kältetechnische Verhalten wird im folgenden am Beispiel der Lithiumbromidanlagen erläutert. Abbildung 5.4-3 zeigt das Prinzipschaltbild einer Lithiumbromid-Absorptions-Kälteanlage. Die Anlage besteht im Wesentlichen aus folgenden Komponenten:

– Austreiber
  Im Austreiber wird durch Zuführung von Heizenergie (z.B. Abwärme aus Motorheizkraftwerken) aus einer schwachen Lithiumbromid-Lösung Wasser ausgekocht. Dadurch wird die Lösung konzentriert. Der erzeugte Dampf strömt in den Verflüssiger.
– Verflüssiger
  Im Verflüssiger wird mittels Kühlwasser dem aus dem Austreiber zuströmenden Dampf Wärme entzogen; er wird verflüssigt.
– Verdampfer
  Im Verdampfer wird bei sehr niedrigem Druck das Kältemittel über die Rohre des eingebauten Wärmetauschers gesprüht. In den Rohren fließt das Wasser des Kaltwassernetzes (Nutzenergie). Durch das Verdampfen des Kältemittels wird dem Kaltwasser Wärme entzogen. Der hier erforderliche niedrige Druck im Verdampfer wird durch das Absorbieren des Kältemittels im Absorber erzeugt.
– Absorber
  Der Kältemitteldampf strömt vom Verdampfer zum Absorber. Im Absorber wird der zuströmende Kältemitteldampf durch die im Absorber versprühte starke Lösung absorbiert. Die entstehende Wärme wird mit-

tels Wärmetauscher über das Kühlmittel abgeführt. Durch Absorbieren von Kältemitteldampf wird die Lösung im Absorber schwächer. Ein Teil der Lösung wird daher ständig zurück zum Austreiber gepumpt, um den Kreislauf aufrecht zu erhalten.
- Wärmetauscher
Der in die Rohrleitung zwischen Absorber und Austreiber eingebundene Wärmetauscher hat die Aufgabe, die Wärmeenergie der heißen, starken Lösung aus dem Austreiber an die kalte, schwache Lösung, die aus dem Absorber zuströmt, abzugeben, um so den Gesamtenergieverbrauch zu verringern.

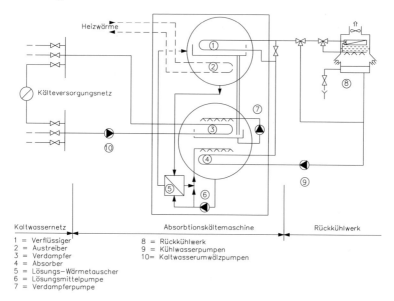

Abb. 5.4-3: Prinzipschema Absorptionskälteanlage

Als Anhaltswerte für die Auslegung und Bewertung dieser Anlagentechnik wurden aus typischen Anlagenkonzepten die nachfolgend angegebenen Leistungswerte abgeleitet. Die Abbildungen 5.4-4 bis 5.4-6 zeigen anhand von Auslegungsbeispielen für Lithiumbromid-Absorptionskälteanlagen die Abhängigkeiten zwischen Kühlwassereintrittstemperatur, Heizwärmebedarf und Kälteleistung.

Besonders wichtig ist es, eine möglichst niedrige Kühlwassereintrittstemperatur zu erreichen. Dies ist wirtschaftlich vertretbar oft nur mit einem Nasskühlturm möglich. In den letzten Jahren wurden auch vermehrt Hybridkühltürme (Kombination von Nass- und Trockenkühler, hierdurch u.a. Reduzierung der Dampfschwaden über dem Kühlturm) wie auch besprühte Trockenkühltürme (Besprühung mit Wasser, nur an Tagen mit hohen Außenlufttemperaturen) eingesetzt. Dem hierbei geringeren Wasser- und Chemikalienverbrauch stehen höhere Stromkosten und höhere Investitionen gegenüber. Im Einzelfall ist hier eine Wirtschaftlichkeitsberechnung (Jahreskostenvergleich) auf Basis konkreter Angebote erforderlich.

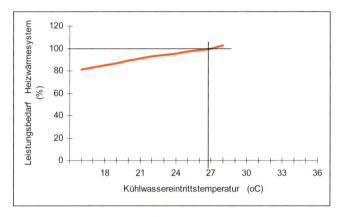

Abb. 5.4-4: Abhängigkeit des Heizwärme-Leistungsbedarfs von der Kühlwassereintrittstemperatur bei Absorptionskälteanlagen

Bei den anzusetzenden Leistungsdaten sind nicht die Auslegungsdaten (im Regelfall der Sommertag mit der höchsten Lufttemperatur) sondern die Jahresdurchschnittswerte in Wirtschaftlichkeitsberechnungen zu berücksichtigen.

Die erforderliche Rückkühlleistung ergibt sich im Wesentlichen aus der Addition der Heizwärmeleistung und der Kälteleistung der Absorptionskälteanlage, denn beide Wärmeströme sind über das Rückkühlwerk abzuführen.

Die Größe der Anlage ist von der erforderlichen Kälteleistung, aber auch von der zur Verfügung stehenden Heizmediumtemperatur abhängig. Bei gleicher Aggregategröße steigt die Kälteleistung mit steigender Heizwärmetemperatur. Dies ist beim Betrieb von Absorptionskälteanlagen mit Fernwärme als Energiequelle besonders zu beachten, wenn die Heiznetztemperaturen gleitend in Abhängigkeit von der Außentemperatur betrieben werden und im Sommer ihr Minimum (z.B. 70 °C) erreichen.

Der optimale Arbeitsbereich der Absorptionskälteanlagen liegt bei Heizwassertemperaturen zwischen 80 und 130 °C. In Sonderfällen sind u.U. auch Anlagen mit 70 °C Heizwassertemperatur denkbar. Abbildung 5.4-7 zeigt den Heizwärmebedarf verschiedener beispielhaft ausgewählter Absorptionskälteanlagen im Auslegungspunkt. Höherer Wärmebedarf bei gleicher Kälteleistung entspricht hierbei einer niedrigeren Heizwassertemperatur.

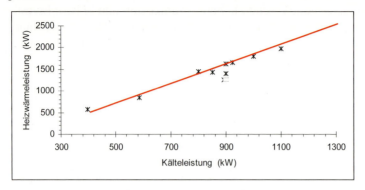

Abb. 5.4-5: Verhältnis zwischen Kälteleistung und Heizwärmebedarf bei Absorptionskälteanlagen

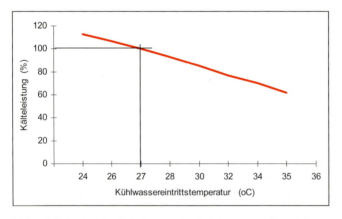

Abb. 5.4-6: Abhängigkeit von Kälteleistung und Kühlwassereintrittstemperatur bei Absorptionskälteanlagen

Bei der Auslegung der kompletten Kälteversorgungsanlage wird man ähnlich wie bei den Stromerzeugungsanlagen (Kapitel 5.1 bis 5.3) die Gesamtanlagenleistung zwischen den teuren Absorptions- und den spezifisch günstigeren Kompressionskälteanlagen aufteilen.

Hierbei übernehmen die Kompressionskälteanlagen die Funktion der Spitzenlast- und Reserveanlage, während der Grundlastbereich durch die Absorptionskälteanlage abgedeckt wird. Das Prinzipschema einer derartigen Anlage ist in Abb. 5.4-8 dargestellt.

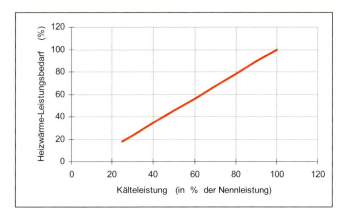

Abb. 5.4-7: Verhältnis von Kälteleistung und Heizwärmebedarf typischer Absorptionskälteanlagen im Auslegungspunkt

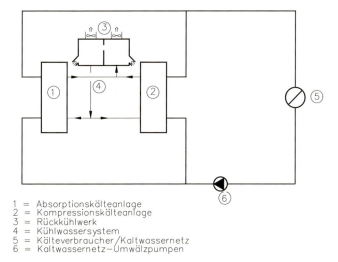

1 = Absorptionskälteanlage
2 = Kompressionskälteanlage
3 = Rückkühlwerk
4 = Kühlwassersystem
5 = Kälteverbraucher/Kaltwassernetz
6 = Kaltwassernetz-Umwälzpumpen

Abb. 5.4-8: Prinzipschema Kälteversorgungsanlage mit Absorptions- und Kompressionskälteanlagen (Kaltwassernetz 6/12 °C)

Die Absorptionskälteanlagen speisen im Regelfall in Kaltwassernetze ein, deren Temperaturspreizung zwischen Kaltwasservorlauf (6 °C) und Kaltwasserrücklauf (12 °C) etwa 6 K beträgt. Werden tiefere Temperaturen benötigt, so kann die Absorptionskälteanlage auch als Kühlwasserversorgungsanlage einer Kompressionskälteanlage eingesetzt werden, die dann das erforderliche niedrige Temperaturniveau (z.B. -12 °C) ermöglicht. Hierbei reduziert sich aufgrund der niedrigeren und vor allem ganzjährig konstanten Kühlwassertemperatur der elektrische Energiebedarf der Kompressionskälteanlage entsprechend.

Die Wirtschaftlichkeit derartiger Systeme hängt im Wesentlichen vom Heizwärmepreis ab. Aufgrund des gegenüber Kompressionskälteanlagen ungünstigeren Wirkungsgrades (Leistungszahl) ist der Einsatz von Absorptionskälteanlagen im Regelfall insbesondere dort wirtschaftlich, wo anderweitig nicht nutzbare Abwärme aus anderen Prozessen verfügbar ist.

Ein Wesentlicher Vorteil der Absorptionskälteanlagen ist der gegenüber Kompressionskälteanlagen deutlich niedrigere elektrische Energieverbrauch (Abb. 5.4-9). Auch der Aufwand für Wartung und Instandhaltung ist bei Absorptionskälteanlagen deutlich niedriger als bei Kompressionskälteanlagen.

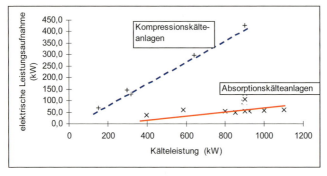

Abb. 5.4-9: Strombedarf von Absorptions- und Kompressionskälteanlagen

Darüber hinaus bieten Absorptionskälteanlagen auch ökologische Vorteile, da hier keine FCKW-haltigen Kältemittel zu Einsatz gelangen und der Schallpegel deutlich geringer ist.

Investiv liegen Absorptionskälteanlagen etwa im Bereich zwischen 250 und 500 €/kW bezogen auf die erzeugte Kälteleistung (Industrieanlagen auf Ammoniakbasis erreichen zum Teil Werte bis zu 1500 €/kW), während für Kompressionskälteanlagen etwa 125 bis 350 €/kW aufzuwenden sind.

5.4.5 Adsorptionskälteanlagen

Adsorptionskälteanlagen sind wie die unter Kapitel 5.4.4 beschriebenen Absorptionskälteanlagen im Zusammenhang mit KWK-Anlagen vor allem zur Verbesserung der Auslastung in den Sommermonaten mit geringem Wärmebedarf interessant. Da der Einsatzbereich mit den in Kapitel 5.4.4 beschriebenen Absorptionskälteanlagen vergleichbar ist, werden hier nur die technischen Unterschiede zu den Ausführungen in Kapitel 5.4.4 erfasst. Das Prinzip der Adsorptionsanlagerung von Wasserdampf in der

Luft an einem hygroskopischen Stoff (z.B. SilicaGel oder Zeolithe) wird häufig für die Luftentfeuchtung (z.B. in Druckluftanlagen) angewandt. Solange der Wasserdampfteildruck an der Oberfläche des hygroskopischen Stoffes (Adsorbens) kleiner ist, als der Wasserdampfteildruck in der Luft, können diese Stoffe der Wasserdampf entziehen und in ihrer Struktur als Wasser binden, ohne dass eine Strukturveränderung oder Volumenveränderung erfolgt. Die hygroskopischen Stoffe lassen sich durch Zufuhr von Wärme wieder regenerieren und so für einen neuen Einsatz vorbereiten.

Adsorptionskältemaschinen bestehen im Wesentlichen aus 4 Kammern, die über Klappen miteinander verbunden sind. In den Kammern sind Wärmetauscherrohre untergebracht. Die beiden mittleren Kammern (Ziff. 2 + 3 in Abb. 5.4-10) wirken wechselweise als Sammler oder Austreiber. Die Wärmetauscherkammer (Ziff. 1, Abb. 5.4-10) wirkt als Kondensator, die untenliegende Kammer (Ziff. 4, Abb. 5.4-10) als Verdampfer. Das Gesamtsystem steht unter Vakuum. Im hier üblichen Kaltwassertemperaturbereich wird ein Vakuum von 8 bis 10 mbar (entsprechend einer Wasserdampftemperatur von 4-7 °C) benötigt.

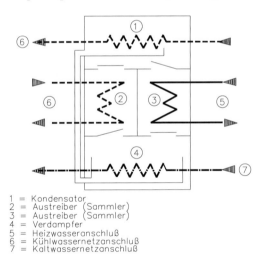

1 = Kondensator
2 = Austreiber (Sammler)
3 = Austreiber (Sammler)
4 = Verdampfer
5 = Heizwasseranschluß
6 = Kühlwassernetzanschluß
7 = Kaltwassernetzanschluß

Abb. 5.4-10: Prinzipschema Adsorptionskälteanlage

Durch die Zufuhr von Wärme wird im Austreiber aus dem Adsorbens das Wasser ausgetrieben (desorbiert). Der dabei entstehende Wasserdampf wird im Kondensator kondensiert und von dort in den Verdampfer geleitet, wo er erneut verdampft (und dem Kaltwasserkreislauf Wärme entzieht). In dem nachgeschalteten gekühlten Sammler mit „trockenem" Adsorbens kondensiert der Wasserdampf wieder und wird adsorbiert. Nach ausreichender Wasseranreicherung wird der Sammler umgeschaltet. In dem nun als Austreiber arbeitenden Aggregateteil wird das Adsorbens durch Wärmezufuhr getrocknet, der Wasserdampf verdampft hierbei und wird in den Kondensator geleitet. Der Kreislauf beginnt erneut.

Mittels außerhalb des eigentlichen Aggregates angeordneter, automatisch arbeitender Ventile erfolgt die Umschaltung von Austreiber und Sammler alle 6 bis 10 min, je nach Typ, Leistung und Temperatur.

Mit Ausnahme der Ventilantriebe (im Regelfall pneumatische Antriebe) und einer kleinen Hilfskondensat- und einer kleinen Vakuumpumpe wird keine elektrische Energie benötigt.

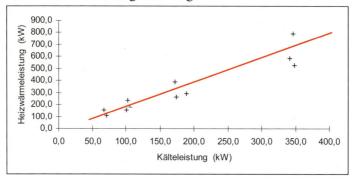

Abb. 5.4-11: Heizleistungsbedarf bei Adsorptionskältemaschinen

Die Aggregate arbeiten (theoretisch) auch noch mit Heizwassertemperaturen von 65 bis 75 °C, einem Bereich für der aus physikalischen Gründen von den Absorptionskälteanlagen nicht mehr abgedeckt wird. Der optimale Heizwassertemperaturbereich liegt zwischen 75 und 90 °C. Die wirtschaftlichste Kühlwassereintrittstemperatur beträgt 28 bis 29 °C.

Die Heizwasserauskühlung in den Geräten beträgt wie bei Absorptionskälteanlagen ca. 5 bis max. 10 K.

Einzelaggregate sind heute mit Nennleistungen bis ca. 350 kW am Markt erhältlich.

Die spezifischen Kosten für Lieferung und Montage der Einzelaggregate liegen bei ca. 750 bis 1800 €/kW Kälteleistung. Hierbei sind die Nebenanlagen (Rohrsysteme, Rückkühlwerk, E-/MSR-Technik usw.) noch separat zu kalkulieren.

5.4.6 ORC-Anlagen und ihre Anwendung in der Geothermie

Die elektrische Energieerzeugung aus Geothermie ist aufgrund der Unabhängigkeit vom Ort der Energienutzung und wegen des EEG wirtschaftlich sicherer zu planen als die geothermische Wärmeerzeugung. Aus ökologischen Gründen wäre allerdings eine Wärmenutzung aus geothermischer Energie ebenso geboten. Bei der Verbrennung von konventionellen Brennstoffen für Nieder-temperaturwärme wird der darin enthaltene wertvolle Energieanteil, die Exergie, unnötig verschwendet, wogegen die Geothermie Wärme auf dem passenden Temperaturniveau liefert. Der Wärmenutzung aus Geothermie steht aber das Transportproblem entgegen. Fernwärmenetze in Reichweite von guten geothermischen Standorten sind gegenwärtig die Ausnahme.

Geothermische Energie kann sowohl Wärme als auch el. Strom liefern. Im Vergleich zu anderen regenerativen Energien, hat die Geothermie ebenso wie die Energie aus Biomasse oder die Energie aus Reststoffen den Vorteil der kontinuierlichen Verfügbarkeit über 8760 Stunden im Jahr. Es muss nicht gleichzeitig eine Leistungsabsicherung durch andere Energieanlagen, die derzeit in ausreichendem Maße nur mit konventionellen Energien möglich ist, erfolgen.

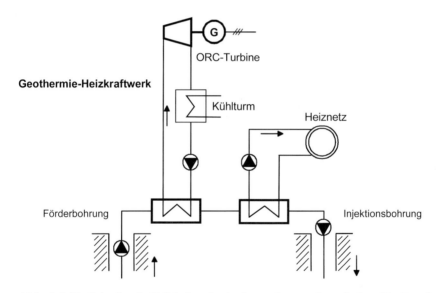

Abb. 5.4-12: Prinzipschaltbild eines hydrothermalen geothermischen Kraftwerkes

Im Rahmen der regenerativen Energiesysteme ist die geothermische Energiegewinnung in einem mittelfristigen Energieszenario für einen Zeitraum von etwa 20 Jahren aufgrund der heute vorliegenden technischen Optionen positiv zu beurteilen. Aus dieser Sicht hat die geothermische Wärme- oder auch Stromgewinnung auf Grund ihrer von der Jahreszeit und dem Klima unabhängigen Verfügbarkeit auch in Deutschland ein sehr großes

Potenzial. Allerdings ist aus energietechnischer Sicht der Exergieinhalt der geothermischen Wärme, deren Temperatur in den meisten in Deutschland errichteten Anlagen unter 100 °C liegt, mit einem Exergiefaktor von < 0,25 gering.

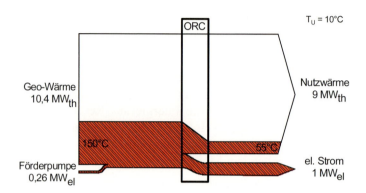

Abb. 5.4-13: Energie-/Exergieflussbild für ein geothermisches Heizkraftwerk

Die beiden für die Stromgewinnung in Deutschland wichtigsten Geothermie-Erschließungsmethoden sind das Hot Dry Rock (HDR) Verfahren und die hydrothermale Geothermie. In Abb. 5.4-12 ist das Prinzipschaltbild dargestellt.

Das Energie-/Exergieflussbild zu dieser Anlage in Abb. 5.4-13 macht deutlich, dass relativ wenig Exergie mit der geothermischen Wärme gefördert wird. In diesem Fall wird von einer Fördertemperatur von 150 °C und einem Volumenstrom von 100 m³/h ausgegangen. Bei dem ORC-Prozess handelt es sich um einen Dampfturbinenprozess, dessen Arbeitsmittel anstelle von Wasserdampf ein organisches Medium ist. Der wesentliche Unterschied liegt in den Prozessparametern Druck und Temperatur. Beide liegen weit unter den Werten, wie sie in Dampfkraftwerken herrschen. Das Arbeitsmittel soll bereits bei niedrigen Temperaturen ab ca. 80 °C verdampfen, soll ungiftig sein und keine klimaschädliche Wirkung haben. Dafür kommen kurzkettige Kohlenwasserstoffe wie Pentan, oder Gemische wie NH3/H2O in Frage.

Korrosions- und Dichtungsprobleme sind aufwändiger als beim Wasserdampfkreislauf zu lösen.

Im November 2003 wurde in Neustadt-Glewe mit der Nutzung der Erdwärme bei gleichzeitiger Strom- und Wärmeerzeugung begonnen. Das Schema ist in Abb. 5.4-14 dargestellt. Die Stromerzeugung geschieht in einem ORC-Prozess.

5.4 Sonstige KWK-Anlagen

Der Tiefenbereich der aktuell in Deutschland erschlossenen hydrothermalen Ressourcen reicht derzeit bis ca. 2.350 m. Deutlich tiefer liegende Gesteinsformationen (> 2.500 / 3.000 m) sind in Deutschland überwiegend durch geringe Porositäten und Permeabilitäten, also geringe Produktivität, gekennzeichnet. Fortgeschrittene Anlagen in Soultz sous Foret (Elsaß) und in Urach schaffen deshalb über das HDR-Verfahren künstliche Klüfte und damit Wärmetauschflächen im tiefen Untergrund. Damit sich die Geothermie zur Stromgewinnung eignet, sind folgende Bedingungen zu erfüllen:

- Tiefe der geothermischen Lagestätte > 3000 m,
- geothermischer Gradient > 3 °C/100m,
 (und damit entsprechende Schichtwassertemperatur >130 °C),
- Volumenstrom hoch (Produktivität der Lagerstätte).

Zum Beispiel ergeben 100 m³/h bei Nutzung einer Temperaturdifferenz von (150 – 50)°C den Carnotfaktor 0,24 und mit dem Umwandlungs-wirkungsgrad von 0,4 einen elektrischen Wirkungsgrad für das Kraftwerk von ca. 0,1 und damit eine el. Leistung von ca. Pel = 1,1 MW_{el}. Diese Beispielrechnung liegt Abb. 5.4 - 13 zu Grunde.

Zur objektiven energiewirtschaftlichen Bewertung der Chancen der Geothermie für die Wärme- und Stromlieferung ist daher die Einbeziehung der geologisch-technischen Risiken zwingend erforderlich. Zur Reduzierung der Risiken sind standort-konkrete Untersuchungen im Zuge der Entwicklung neuer Projekte grundsätzlich unerlässlich.

Einflussgrößen auf die Stromgestehungskosten aus Geothermie sind somit

- Geologie (Temperaturniveau, Volumenstrom, Wasserqualität, Langzeitbeständigkeit),
- Bohrtechnik (Bohrtiefe, Förderpumpen, evt. Stimulation durch das hot dry rock-Verfahren, Bauzeit),
- Anlagenkonfiguration (Wärmetauscher, Wärmekraftanlage, Spitzenlastkessel Wärmebedarfsstruktur - Spitzenleistung, Ganglinien, Jahresdauerlinie und Vollbenutzungsstunden, Temperaturniveaus, Heiznetzrücklauftemperatur),
- Marktbedingungen (Zinssatz, Energiepreise, Steuern/Abgaben, Subventionen)

Aus der Literatur [5.4.6-1]wird deutlich, dass eine Wirtschaftlichkeit nur bei großen Leistungen (> 1 MW_{el}), bei Stromeinspeisung gemäß EEG und bei ausreichend hoher zusätzlicher Wärmevergütung erwartet werden kann. Strom aus Geothermie wird im EEG durch Einspeisevergütungen von 0,15 €/kWh$_{el}$ bei Anlagen bis 5 MW$_{el}$ (Stand 08/2004) gefördert. Im Rahmen der „Förderung erneuerbarer Energien" (Marktanreizprogramm) werden für Tiefengeothermie auch Darlehen gewährt. Die geringen Jahresvollbenutzungsstunden der Heiznetze von < 2000 h/a , die üblicherweise einen außentemperaturbedingten Jahresgang aufweisen, erlauben nur einen Geothermie-Beitrag zur Grundlast des Heizwärmebedarfs. Eine Prozess-Wärmeabnahme wird wegen höherer Jahresvollbenutzungsstundenzahl entsprechend günstiger.

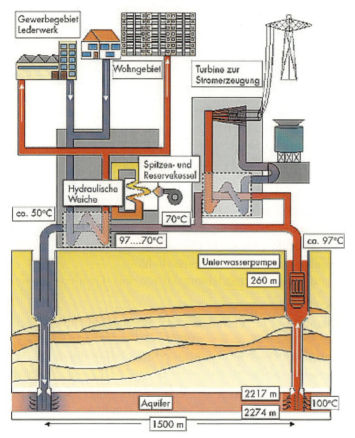

Abb. 5.4-14: Schema des Geothermie-Heizkraftwerkes in Neustadt-Glewe
(BINE projektinfo 09/03)

Geothermie erfordert wegen der hohen Kapitalkosten hohe Jahresvollbenutzungsstunden. Deshalb ist eine Grundlasteinspeisung in elektrische Netze notwendig. Die Energiegestehungskosten aus Geothermie werden wesentlich durch die Kapitalkosten bestimmt. Hierin spielen die Investitionskosten mit ihrem hohen Bohrkostenanteil die Hauptrolle. Die Geothermie in Deutschland liegt im Vergleich mit anderen regenerativen Energiesystemen wirtschaftlich günstig, dagegen im Vergleich mit konventionellen Techniken ungünstig. Geothermische Energie hat den Vorteil der kontinuierlichen Verfügbarkeit und löst damit das sonst vorhandene Speicherproblem. Dieser Vorteil ist allerdings gegenüber fossilen Brennstoffen mittelfristig nicht wirksam. Bei der gleichzeitigen Strom- und Wärmegewinnung aus Geothermie ist eine gemeinsame Optimierung der Strom- und Wärmeerzeugung möglich.

5.4.7 Stirling-Motoren

Während bei Verbrennungsmotoren die Leistung für die Kolbenverdrängung durch die Expansion eines Gases infolge innerer Verbrennung im Zylinderraum aufgebracht wird, stammt die Expansionsenergie eines im Zylinderraum des Stirlingmotors eingeschlossenen Arbeitsgases von einer äußeren Wärmequelle. Im Stirlingmotor gibt es einen heißen Raum und einen kalten Raum, zwischen denen das Arbeitsgas hin- und herbewegt wird. Dem heißen Raum wird laufend Wärme zugeführt und vom kalten Raum wird laufend Wärme abgeführt. Das zwischen den beiden Räumen bewegte Arbeitsgas strömt zur Wärmerückgewinnung durch einen Regenerator, in dem die Wärme aus der Phase der Strömung des heißen Gases in den kalten Zylinderraum zwischengespeichert wird für die Phase der Rückströmung des aufzuheizenden kalten Gases in den heißen Zylinderraum.

Im Grunde kann jede Wärmequelle zur Beheizung des Arbeitsgases im Stirlingmotor verwendet werden. Üblicherweise handelt es sich dabei um Wärme aus der Verbrennung von konventionellen oder regenerativen Brennstoffen. Da eine äußere Verbrennung bezüglich der Emissionen besser optimiert werden kann, als die innere Verbrennung eines Kraftstoffgemisches im Motor, hat der Stirlingmotor niedrigere Emissionen. Nach dem Stirlingmotorprinzip arbeiten eine Vielzahl von unterschiedlichen Bauformen mit einer unterschiedlichen Zahl von Kolben und Zylindern und unterschiedlichen Geometrien. Als Arbeitsgas wird meistens das thermodynamisch günstige und gefahrfreie Helium verwendet. Bei modernen Stirlingmotoren sind die Heliumverluste sehr gering.

Der Stirlingmotor selbst ist zuverlässig und wartungsfreundlich. Es gibt keine Verbrennungsrückstände im eigentlichen Motor und keine Schmierprobleme. Die Wartungsintervalle sind wesentlich länger als bei Verbrennungsmotoren. Die erreichten Wirkungsgrade liegen bei den auf dem Markt befindlichen Anlagen bei 25%. Allerdings sind die Investitionskosten wegen der geringen Stückzahlen noch recht hoch. In Abb. 5.4 - 15 ist ein am Markt verfügbarer Stirlingmotor der Fa. Solo dargestellt. Dieser wird auch in einem Holzhackschnitzel-BHKW an der Transferstelle Bingen eingesetzt.

Abb. 5.4-15: Schemabild für den Stirlingmotor der Firma Solo

Abb. 5.4-16: Kraft-Wärme-Kopplung mit Stirlingmotor und Holzhackschnitzel-Heizkessel

Für die Nutzung des regenerativen Energieträgers Biomasse und dabei insbesondere Restholz bietet sich diese Technik an. So kann zum Beispiel über den Erhitzerwärmetauscher des Stirlingmotors Verbrennungswärme aus dem Rauchgas eines Holzhackschnitzel-Heizkessels zur Auskopplung von „Kraft" genutzt werden. Solche Anlagen stehen im Bereich kleiner elektrischer Leistungen von einigen kW$_{el}$ vor dem Einsatz. Abb. 5.4-16 zeigt das Foto einer solchen Anlage, die an der Transferstelle Bingen gefördert von der Bundesstiftung Umwelt (DBU) erprobt und bezüglich des Erhitzers optimiert wurde. Die Leistungen liegen bei 2–8 kW$_{el}$ und bis 50 kW$_{th}$.

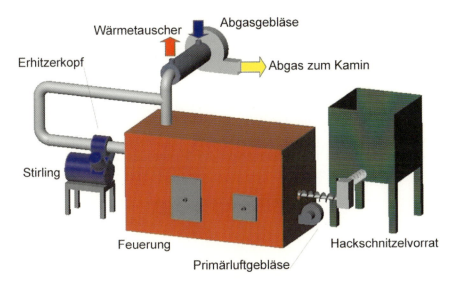

Abb. 5.4-17: Anlagenschema zum Holzhackschnitzel-Stirling-BHKW

In Abb. 5.4 - 17 ist das Anlagenschema des gesamten Holzhack-schnitzel-Heizkraftwerkes dargestellt. Dabei werden mit dem Rauchgas-strom aus der Holzhackschnitzelverbrennung ca. 50 kW Hochtempe-raturwärme dem Wärmetauscher des Stirlingmotors zugeführt. Vom Generator hinter dem Motor werden dann ca. 10 kW$_{el}$ abgegeben. Als Nutzwärme werden ca. 30 kW$_{th}$ abgegeben.

5.4.8 Brennstoffzellen-Heizkraftwerke

Brennstoffzellen sind Energiewandler, in denen die Oxidation des Brennstoffes prinzipiell ohne große Exergieverluste abläuft. Durch die elektrochemische Umwandlung in Brennstoffzellen wird die üblicherweise hohe Entropieerzeugung bei der konventionellen Verbrennung des Brennstoffes vermieden. Die im Brennstoff chemisch gebundene Energie wird direkt in elektrische Energie umgewandelt. Dadurch werden die Wirkungsgrade wesentlich höher, als bei Wärme-Kraft-Prozessen, bei denen der Carnot-Wirkungsgrad die Grenze für den bestmöglichen Wirkungsgrad darstellt.

Im idealen Fall vermeidet die Brennstoffzelle den Umweg über die Wärme und kann als „kalte Verbrennung" bezeichnet werden.

Brennstoffzellen bestehen im Prinzip aus einer Kathode und einer Anode, die voneinander durch einen gasundurchlässigen Elektrolyt getrennt sind. Grundsätzlich werden an der Anode von den Brennstoffmolekülen (üblicherweise Wasserstoff) Elektronen an den Stromkreislauf abgegeben. Auf der Kathodenseite werden an den Verbrennungssauerstoff je 2 Elektronen übertragen, so dass die negativ geladenen Sauerstoffmoleküle und die Wasserstoffionen (Protonen) nach Durchtritt durch den Elektrolyt eine Molekülbindung eingehen. In Abb. 5.4-18 ist das Funktionsprinzip dargestellt.

Die Potenzialdifferenz zwischen den Einzelmolekülen Wasserstoff und Sauerstoff einerseits und dem Wassermolekül andererseits wird dabei als elektrische Energie in den Stromkreislauf eingespeist. Die Stromstärke bzw. die el. Energie ist abhängig von der Menge des an den Elektroden umgesetzten Brennstoffes.

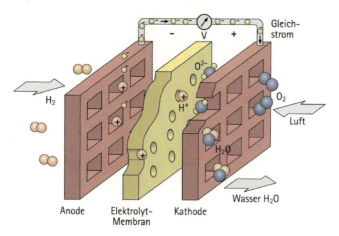

Abb. 5.4-18: Funktionsprinzip einer Brennstoffzelle (Quelle: Vaillant)

Der ideale Brennstoff wäre Wasserstoff H_2. Seine Herstellung geschieht heute noch aus konventionellen Brennstoffen, vornehmlich Erdgas CH_4. Regenerativ erzeugter Wasserstoff ist heute wirtschaftlich noch nicht konkurrenzfähig. Stationäre Brennstoffzellen nutzen deshalb als primären Brennstoff Erdgas. In einem der eigentlichen Brennstoffzelle vorgeschalteten Reformer wird daraus Wasserstoff erzeugt und dem o.g. Prozess zugeführt. Die Reformierung ist wiederum ein Wärme erzeugender Prozess mit den daraus resultierenden Exergieverlusten. Dies führt dazu, dass der eigentlich sehr hohe Wirkungsgrad für die Stromerzeugung wieder deutlich unter 50% liegt. Die verschiedenen BZ-Typen werden nach der Art des verwendeten Elektrolyten und der damit zusammenhängenden Betriebstemperatur unterschieden und wie in Abb. 5.4-19 angegeben bezeichnet. Die Vorteile der BZ sind eine höhere Brennstoffausnutzung, geringere Schadstoffemissionen und ein geräuschfreier bzw. -armer Betrieb.

Aus Abb. 5.4-19 geht hervor, dass Brennstoffzellen-Heizkraftwerke ihre Wärme bei sehr unterschiedlichen Temperaturen auskoppeln, je nach eingesetzte Brennstoffzellentyp. Die Hochtemperatur-BZ sind geeignet für die Erzeugung von Dampf mit hohen Temperaturen, während die PEMFC oder die AFC für niedrige Temperaturen im Bereich der Gebäudeheizung geeignet sind. Neben dem Anwendungsgebiet stationäre KWK-Anlagen, werden Brennstoffzellen in der Raumfahrt, bei Antrieben und für den Batterieersatz eingesetzt. Mit der Brennstoffzellentechnologie zur Hausenergieversorgung befassen sich in Deutschland mittlerweile alle namhaften Heizungshersteller.

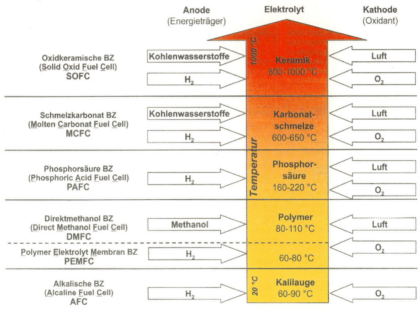

Abb. 5.4-19: Brennstoffzellentypen geordnet nach Betriebstemperaturen

Die Einbindung der Brennstoffzelle in KWK-Anlagen erfolgt genau so wie die eines Motorheizkraftwerkes mit Erdgasbetrieb. In das dezentrale Energiesystem der Transferstelle Bingen (siehe Abb. 5.4-20) ist das Brennstoffzellen-BHKW mit 1 kW_{el} parallel zu zwei anderen Verbrennungsmotor-BHKW mit je ca. 5 kW_{el} hydraulisch und elektrisch geschaltet. Erdgasbetriebene Brennstoffzellen-BHKW werden derzeit mit Vorseriengeräten in der Praxisanwendung getestet. Die Leistungsbereiche liegen von 1 kW$_{el}$ (SOFC-Brennstoffzelle) bis zu ca. 250 kW$_{el}$ (MCFC-Brennstoffzelle). Im Leistungsbereich von ca. 200 kW$_{el}$ /200 kW$_{th}$ gibt es weltweit derzeit etwa 200 PAFC-Brennstoffzellen-Aggregate vornehmlich für die Absicherung der Stromversorgung.

Abb. 5.4-20: Brennstoffzellen-BHKW mit einer SOFC-Brennstoffzelle an der Transferstelle Bingen

6 Investitionsrechnungen – Betriebswirtschaftliche Grundlagen

„Lohnt sich die Investition?" – Eine genauso schwierige wie einfache, aber in jedem Fall wichtige Frage. Investitionsentscheidungen begleiten den Lebenszyklus einer Unternehmung, insbesondere wenn dabei signifikante produktionsorientierte Wertschöpfungsprozesse vorliegen.

Der Einfluss einer getroffenen Investitionsentscheidung auf die wirtschaftliche Entwicklung des Unternehmens ist groß, da zum einen sich die Folgen der Entscheidung über mehrere Perioden erstrecken und Fehlentscheidungen somit nur schwer heilbar und zum anderen die aufzuwendenden Ressourcen (insbesondere Geldmittel) in diesem Zusammenhang meist von beträchtlicher Höhe sind.

Somit stellen Investitionsentscheidungen wichtige unternehmerische Weichenstellungen dar. Im Sinne eines risikoorientierten unternehmerischen Ansatzes bedarf es daher fundierter Beurteilungsmethoden, um Entscheidungen zielorientiert zu unterstützen.

Die große Anzahl von Verfahren zur Bewertung von Investitionsentscheidungen, die sich in der Betriebswirtschaft entwickelt haben, ist u. a. ein Indikator dafür, dass es bei der Beantwortung der Eingangsfrage auf die jeweiligen Rahmenbedingungen und Betrachtungsebenen ankommt.

Im Folgenden werden die wichtigsten Investitionsrechnungsverfahren beschrieben, ihre Unterschiede aufgezeigt und eine grundsätzliche Würdigung vorgenommen. Unter Investitionsrechnung soll dabei der Teilprozess der Investitionsplanung und -entscheidung verstanden werden, der die Beurteilung der Vorteilhaftigkeit eines Investitionsprojektes oder mehrerer Investitionsalternativen ermöglichen soll.

Auf die Darstellung von Verfahren, die sich mit der Beurteilung von Investitionsprogrammen, also der optimalen Kombination von mehreren Einzelprojekten (und bspw. der Finanzierung), beschäftigen, wird aus Gründen der Praktikabilität und des Umfangs verzichtet.

Die Beschreibung und Würdigung der Verfahren zur Investitionsrechnung ist in der betriebswirtschaftlichen Literatur breit eingeführt. Gegenüber diesen, zumeist rein wissenschaftlichen Darstellungen, wird in den weiteren Ausführungen versucht, den Leser grundlagen- und praxisorientiert an die Inhalte heranzuführen. Ein- und weiterführende Literaturangaben finden sich im Literaturverzeichnis.

6.1 Allgemeines

Investitionen binden finanzielle Mittel. Investitionsrechnungen sollen die wirtschaftliche Vorteilhaftigkeit eines Investitionsprojektes aufzeigen. Die Vorteilhaftigkeit kann sich dabei nach unterschiedlichen Kriterien ergeben. So haben bspw. Investitionsrechnungen das Ziel, die Rentabilität einer geplanten Investition zu ermitteln. Bezogen auf die Rentabilität ist eine Investition in der Regel dann vorteilhaft, wenn die Einnahmenüberschüsse aus der Investition die Anschaffungsauszahlungen abdecken und darüber hinaus das in einem Investitionsprojekt gebundene Kapital in „angemessener" Höhe verzinst wird.

Die Angemessenheit ergibt sich aus den Renditeerwartungen des jeweiligen Investors. Im Mindestfall orientieren sich diese Erwartungen an den am Kapitalmarkt erzielbaren Renditen. Auf der Grundlage des wirtschaftlichen Handelns wird der Investor jedoch auch eine zusätzliche Risikoprämie fordern. Im Vergleich zu einer Anlage am Kapitalmarkt (z. B. öffentliche Anleihen) gibt es für Investitionen in Produktionsmittel zahlreiche zusätzliche Risiken und Wagnisse, die in Form von Aufschlägen auf die Renditeerwartung berücksichtigt werden. Folglich ist die exakte, also anreiz- und entscheidungsorientierte, Ermittlung der Projektdaten und -prämissen, insbesondere der Wertezeitreihe, von großer Bedeutung.

Einige Verfahren orientieren sich nicht an den Zahlungsstromgrößen (z. B. Ausgaben/Einnahmen), sondern operieren u. a. mit Begriffen wie bspw. Aufwendungen, Kosten, Erlösen u. s. w. Diese unterschiedlichen Begriffe entstammen den kaufmännischen Abrechnungssystemen, die sich an den Prozessen in den Unternehmen orientieren. Grundsätzlich werden folgende Begriffspaare unterschieden:

Auszahlung	Einzahlung
Ausgaben	Einnahmen
Aufwendungen	Erträge
Kosten	Leistungen/Erlöse

Die Begriffe Auszahlung und Einzahlung repräsentieren die Bewegungen von Bar- und Buchgeldern.

Die Differenz von Einnahmen und Ausgaben wird häufig als Finanzsaldo bezeichnet. Dieser bildet neben den Veränderungen des Bestandes an

Bar- und Buchgeldern auch die Kreditierungsvorgänge, also Veränderungen von Forderungen und Schulden, ab.

Die Differenz von Erträgen und Aufwendungen bildet den Jahresüberschuss (Gewinn) oder Jahresfehlbetrag (Verlust). Dieses Begriffspaar entstammt der externen Erfolgsrechnung (Gewinn- und Verlustrechnung), die dazu dient, die diskontinuierlichen Verläufe der Zahlungsströme in kaufmännische Betrachtungsperioden zu strukturieren.

Einen wesentlichen Unterschied der Erfolgsrechnung zum Finanzsaldo stellt die Abbildung von Investitionen dar. Während in der Ebene der Zahlungsströme die Anschaffungsausgaben für ein Investitionsobjekt in der entsprechenden (i. d. R. ersten) Periode in die Zeitreihe eingehen, werden in der Betrachtungsebene der Gewinn- und Verlustrechnung diese Anschaffungsausgaben als so genannte Abschreibungen auf die Nutzungsdauer periodisch verteilt. Der zu Grunde liegende Gedanke ist dabei, den (wahrscheinlich oder näherungsweise) realistischen Verlauf der Abnutzung (oder Wertminderung) der Anlage, die sich über mehrere Perioden erstreckt, auch entsprechend abzubilden.

Grundsätzlich lassen sich die Ausgaben einer Periode zu den Aufwendungen derselben Periode wie folgt überleiten:

Ausgaben der Periode

-     Ausgaben, die nie Aufwand werden (z. B. Darlehenstilgung)
-     Ausgaben, die später Aufwand werden (z. B. Einkauf von Werkstoffen, die in zukünftigen Perioden verbraucht werden)
-     Ausgaben, die in früheren Perioden Aufwand waren (z. B. Bezahlung von Werkstoffen, die in Vorperioden verbraucht wurden)
+   Ausgaben früherer Perioden, die jetzt Aufwand werden (z. B. Abschreibungen)
+   Ausgaben künftiger Perioden, die jetzt erfolgswirksam werden (z. B. Rückstellungen)
=   **Aufwand der Periode**

Die Differenz von Kosten und Leistungen/Erlösen wird als Betriebsergebnis bezeichnet. Die Betriebsergebnisrechnung ist Bestandteil der internen Erfolgsrechnung, die den so genannten kalkulatorischen Erfolg einer Unternehmung ermitteln soll.

Während sich die Ansätze in der externen Erfolgsrechnung (Gewinn- und Verlustrechnung) an allgemeinen Vorgaben, z. B. aus Handels- und Steuerrecht, orientieren, werden in der internen Erfolgsrechnung abweichende subjektivere oder spezifischere Ansätze in Bezug auf Unternehmung, Bereiche oder Darstellungsform gewählt.

Die Begriffe Kosten und Aufwendungen sowie Erlöse und Erträge werden aus Gründen der Vereinfachung im Folgenden synonym verwendet. Die Unterscheidung von Ausgaben und Aufwendungen/Kosten ist jedoch gerade im Hinblick auf die Investitionsrechnung von großer Bedeutung, so dass diese Differenzierung in den weiteren Ausführungen beibehalten werden muss.

Die Investitionsrechnung ist grundsätzlich ein quantitatives, weitgehend objektiviertes Element des Entscheidungsprozesses, der die optimale Zielerfüllung für den Investor unterstützen soll. Neben den rein quantitativen Entscheidungskriterien müssen jedoch auch qualitative Faktoren Einfluss auf die Entscheidung nehmen, wie z. B. Risikobereitschaft, produktpolitische Zielsetzungen oder gar unternehmenspolitische Strategien.

Die Investitionsrechnungen sind in der Regel nicht in der Lage, die Vielfalt und die Unsicherheit der Einflussgrößen auf die Investitionsplanung und -entscheidung in vollem Umfang abzubilden. Um möglichst qualifizierte Aussagen über die Wirtschaftlichkeit eines Vorhabens treffen zu können, müssen daher für die darzustellenden Verfahren der Investitionsrechnung u. a. folgende Annahmen eingeführt werden:

− die Verläufe der Wertezeitreihen sind der Höhe nach und in ihrem zeitlichen Verlauf über den gesamten Lebenszyklus der Investition bekannt;
− es gibt keine Beschränkung im Absatz der durch die Investition entstehenden oder betroffenen Produkte;
− die zur Realisierung der Investition erforderliche Kapitalaufnahme beeinflusst den Kapitalmarkt nicht; Kapital steht in unbeschränkter Höhe zur Verfügung.

Die Methoden für Investitionsrechnungen werden in statische und dynamische Verfahren unterschieden. Diese Verfahren werden im Folgenden näher beschrieben, die für die Praxis relevanten Formeln genannt, die Prämissen aufgezeigt und diese im Zusammenhang mit der Methode gewürdigt. Die dargestellten Methoden sollen grundsätzlich ermöglichen:

− die Beurteilung einer Einzelinvestition in ihren wirtschaftlichen Auswirkungen;
− die Auswahl einer optimalen Variante aus mehreren alternativen Projekten.

Dies deutet an, dass die dargestellten Verfahren nur eingeschränkt geeignet sind, um komplexe Interdependenzen innerhalb von Investitionsprogrammen oder in Bezug auf andere relevante Bereiche der Unternehmensmodelle (wie z. B. Finanzierungs- und Ressourcenpläne) zu berücksichtigen. Simulationsmodelle, die eine solche Optimierung leisten und die auch die steuerlichen Aspekte qualifiziert berücksichtigen, können im Rahmen dieser Abhandlung nicht dargestellt werden.

6.2 Statische Verfahren

Die so genannten statischen Verfahren sind einfach verständlich und leicht anzuwenden. Dies hängt mit ihrem starken Vereinfachungsgrad zusammen. Er äußert sich insbesondere dadurch, dass die Perioden der Investitionsphase und damit ggf. schwankend verlaufende Wertereihen nicht differenziert betrachtet, sondern dass die Berechnungen mittels einer typischen oder standardisierten Periode für die ganze Laufzeit einer Investition durchgeführt werden. Damit kann je nach Rahmenbedingungen eines Investitionsprojektes die Aussagekraft stark eingeschränkt sein. Die statischen Verfahren erfreuen sich in der Praxis immer noch großer Beliebtheit, obwohl sie auf Grund ihrer Schwäche, der starken Vereinfachung, zunehmend durch die komplexeren dynamischen Verfahren verdrängt werden.

6.2.1 Kostenvergleichsrechnung

Der Name dieser Methode spiegelt ihr Grundprinzip wider, das Kosten von verschiedenen Investitionsalternativen miteinander vergleicht. Es kann sich dabei um einen Vergleich zwischen alter und neuer Anlage (Ersatzinvestition) oder um einen Vergleich von mehreren neuen Anlagen (Erweiterungsinvestition) handeln. Dadurch, dass bei diesem Verfahren nur die Kostenseite der Investitionsprojekte betrachtet wird, muss sichergestellt sein, dass alle Alternativen den (zumindest annähernd) gleichen Erlös bringen, also z. B. die gleiche Qualität und Kapazität.

Grundsätzlich sind pro Periode folgende Kosten für jede Vergleichsvariante zusammenzustellen:

- Löhne und Gehälter (einschl. Sozialleistungen)
- Roh-, Hilfs- und Betriebsstoffe (Materialeinsatz, Schmierstoffe etc.)
- Energiekosten
- Instandhaltungs- und Reparaturkosten
- Versicherungen, Gebühren, Steuern
- Kapitalkosten (aus Zinsen und Abschreibungen)
- Gemeinkosten (z. B. Verwaltungskosten, ggf. anteilige Gebäudekosten).

Die Berücksichtigung von Inhalten und Umfang der Gemeinkosten ist nicht unumstritten. Sie hängt jeweils von den betrieblichen Strukturen und den projektbezogenen Prämissen ab.

Die Abnutzung der Anlage wird in der Regel linear über die Laufzeit der Investition unterstellt, so dass sich die Abschreibung durch die Verteilung der Anschaffungsauszahlung zu gleichen Teilen auf die Anzahl der Perioden der geplanten Nutzungsdauer ergibt.

Analog wird die Tilgung des eingesetzten Kapitals gleichmäßig über die geplante Nutzungsdauer unterstellt, so dass sich die Zinszahlung aus der Hälfte der Anschaffungsauszahlung (= durchschnittlich gebundenes Kapital) ermittelt.

Unter Berücksichtigung eventueller Restwerte (= Liquidationserlös nach Abbaukosten) am Ende der Nutzungsdauer ergibt sich folgende Formel zur Bestimmung der Kosten:

$$K = KD + K_{(var)} + K_{(fix)} = \frac{A-L}{N} + \frac{A+L}{2} *i + K_{(var)} + K_{(fix)}$$

K	=	Durchschnittskosten (€/Periode)
KD	=	Kapitaldienst (€/Periode)
$K_{(var)}$	=	sonstige variable Kosten (€/Periode)
$K_{(fix)}$	=	sonstige fixe Kosten (€/Periode)
A	=	Anschaffungsauszahlung (€)
L	=	Liquidationserlös am Ende der Nutzungsdauer (€)
N	=	Anzahl der Perioden der Nutzungsdauer
i	=	Zinssatz (%)

Vorteilhaft ist grundsätzlich jene Investitionsalternative, deren K geringer ist als das der anderen Alternativen.

Weisen entgegen der Ursprungsannahme die Investitionsalternativen nicht die gleiche Leistung oder Ausbringung auf, so muss auf die Betrachtung von Stückkosten oder von spezifischen Relationen (z. B. Kosten/kWh) übergegangen werden. Vergleicht man die spezifischen Kosten zweier Investitionen, lässt sich durch Gleichsetzen der Kostenfunktionen und Auflösung nach der Menge ermitteln, ab welcher Produktionsmenge welche Variante vorteilhafter wird, sofern nicht beide Kostenfunktionen parallel verlaufen.

Im nachfolgenden vereinfachten, fiktiven Beispiel (ohne reale Kostenverhältnisse) sollen die gemachten Ausführungen veranschaulicht werden. Für eine neu zu errichtende KWK-Anlage sind drei Varianten einer Investition zu vergleichen. Sie unterscheiden sich in der Höhe der Anschaffungskosten, der Nutzungsdauer, den festen und variablen Kosten und dem

Liquidationserlös am Ende der Nutzungsdauer. Die erwarteten Kosten des eingesetzten Kapitals werden mit 10% unterstellt.

Tabelle 6-1: Basisdaten für folgende Beispielrechnungen

	Dimension	Variante A	Variante B	Variante C
Anschaffungskosten	€	200.000	250.000	180.000
Nutzungsdauer	Anzahl	5	5	4
Variable Kosten	€/a	20.000	17.000	18.000
Fixe Kosten	€/a	9.000	7.500	8.000
Liquidationserlös	€/a	10.000	40.000	-
Interner Zinsfuß	%	10	10	10
Abgegebene Energiemenge	MWh/a	500	510	490

Die Kostenvergleichsrechnung führt zu folgendem Ergebnis:

$$K_A = \frac{200.000 - 10.000}{5} + \frac{200.000 + 10.000}{2} * 0,1 + 20.000 + 9.000 = 77.500 \text{ €}$$
$$K_B = 42.000 + 14.500 + 17.000 + 7.500 = 81.000 \text{ €}$$
$$K_C = 45.000 + 9.000 + 18.000 + 8.000 = 80.000 \text{ €}$$

Demnach ist Variante A zu bevorzugen, da sie die niedrigsten Kosten aufweist, gefolgt von C und B.

Da bei den Varianten jedoch jeweils unterschiedliche Energiemengen produziert werden, liefert erst ein spezifischer Vergleich näheren Aufschluss über die relative Wertigkeit der Kosten:

K_A = 77.500 € : 500 MWh = 155,00 €/MWh
K_B = 81.000 € : 510 MWh = 158,82 €/MWh
K_C = 80.000 € : 490 MWh = 163,27 €/MWh

Jetzt ist zu erkennen, dass trotz der höheren Gesamtkosten die spezifischen Kosten der Variante B niedriger sind als die spezifischen Kosten der Variante C. Variante B rückt bei den spezifischen Kosten nahe an das Ergebnis der Variante A heran.

Würdigung der Kostenvergleichsrechnung

Die Kostenvergleichsrechnung ermöglicht die Beurteilung einer Investition in einer Periode, die als repräsentativ für das Ergebnis während der gesamten Lebensdauer der Investition herangezogen wird. Somit lässt sich sagen, dass die Kostenvergleichsrechnung eine kurzfristige Betrachtungsweise anwendet und zukünftige Veränderungen nicht berücksichtigt. Das Prinzip der Gewinnmaximierung wird durch die Vernachlässigung der Erlöse völlig außer Acht gelassen, denn ein im Kostenvergleich qualifiziertes Projekt muss nicht zwangsläufig Gewinn erwirtschaften. Außerdem sagt dieses Verfahren nichts über die Rentabilität, also die Verzinsung des eingesetzten Kapitals, aus.

6.2.2 Gewinnvergleichsrechnung

Bei der Gewinnvergleichsrechnung handelt es sich um eine Erweiterung der Kostenvergleichsrechnung, da die Erlös- und Absatzsituation mit berücksichtigt wird. Dieses Verfahren basiert konsequent auf dem Prinzip der Gewinnmaximierung.

Als Gewinn (G) gilt bei der Gewinnvergleichsrechnung die allgemeine Grundformel:

$$G = \text{Erträge} - \text{Aufwendungen}$$

Die Vorteilhaftigkeit eines einzelnen Investitionsprojektes ergibt sich dann, wenn es einen (positiven) Gewinn erzielt.

Die Vorteilhaftigkeit alternativer Investitionsprojekte ergibt sich durch jenes, das den größeren Gewinn erzielt. Ist die voraussichtliche mengenmäßig genutzte Outputleistung der Investitionsprojekte unterschiedlich hoch, muss ein Gewinnvergleich pro Periode (also nicht pro Leistungseinheit) durchgeführt werden.

In Ergänzung zum vorgenannten Beispiel müssen für die Gewinnvergleichsrechnung die Erlöse mit eingeführt werden:

Tabelle 6-2: Beispiel zu Gewinnvergleichsrechnung

	Dimension	Variante A	Variante B	Variante C
Spezifischer Erlös	€/MWh	175	175	175
Jahresabsatz	MWh/a	500	510	490
Jahreserlös	€/a	87.500	89.250	85.750
Jahreskosten [1]	€/a	77.500	81.000	80.000
Jahresgewinn (G)	€/a	10.000	8.250	5.750

1) gem. Berechnung aus Tabelle 1

Die Variante A ist in diesem Beispiel zu bevorzugen, da sie den höchsten Gewinn abwirft.

Würdigung der Gewinnvergleichsrechnung

Die Gewinnvergleichsrechnung wird in der betrieblichen Praxis weniger eingesetzt als die Kostenvergleichsrechnung, obwohl sie positiver zu beurteilen ist, da sie neben der Kostenseite auch die Erlösseite berücksichtigt. Untersuchungen ergaben, dass rund 14% von befragten Unternehmen diese Methode anwenden.[1]

Ihre Aussagekraft wird durch die unzureichende Berücksichtigung der Entwicklungen im späteren Zeitverlauf der Nutzungsdauer eingeschränkt. Wichtig ist es deshalb, nicht das erste Jahr der Nutzung, sondern eine Durchschnitts- oder Repräsentativperiode bei der Ermittlung der Daten zu unterstellen.

In der Praxis schwierig ist oft die Auflösung der Kosten in ihre fixen und variablen Bestandteile. Während die Qualität der Kostenschätzung im Falle der innerbetrieblichen Kostentransparenz hinreichend erreichbar erscheint, ist die Planung der Erlöse aufgrund ihrer hohen Beeinflussbarkeit durch exogene Faktoren u. U. schwierig. In diesem Zusammenhang gilt anzumerken, dass auch die Zurechenbarkeit der Erlöse auf ein einzelnes Investitionsobjekt problematisch sein kann, insbesondere, wenn das zu erstellende Produkt einen mehrstufigen Fertigungsprozess durchläuft.

Letztlich ist die fehlende Aussage zur Rentabilität ein zu nennender Kritikpunkt: Es wird nur die gewinnmaximale Alternative ermittelt, ohne den Grad der Rentabilität zu betrachten.

6.2.3 Rentabilitätsvergleichsrechnung

Während bei den bisher dargestellten Verfahren nur eine relative Vorteilhaftigkeit, also ohne Berücksichtigung des eingesetzten Kapitals, ermittelt werden konnte, ermöglicht nun die Rentabilitätsvergleichsrechnung eine absolute Vorteilhaftigkeit festzustellen. Sie greift dabei durchaus auf Elemente oder Ergebnisse der Kostenvergleichsrechnung und der Gewinnvergleichsrechnung zurück.

Im Allgemeinen versteht man unter der Rentabilität im Sinne dieses Verfahrens das Verhältnis des Gewinns, der mit dem Investitionsprojekt erwirtschaftet wird, zu dem diesbezüglich eingesetzten Kapital, also:

$$R = \frac{G}{D} * 100 = \frac{E-K}{D} * 100$$

---

[1] Diese und alle weiteren angegebenen Untersuchungsergebnisse vgl. Olfert, Klaus; Investitionen; 9. Auflage, Ludwigshafen 2003, S. 180 ff..

R	=	Rentabilität (in %)
G	=	Gewinn (€/Periode)
D	=	Durchschnittlicher Kapitaleinsatz (€)
E	=	Erlöse (€/Periode)
K	=	Kosten (€/Periode)

Der durchschnittliche Kapitaleinsatz ermittelt sich nach herrschender Meinung wie folgt:

$$D = \frac{A}{2}$$

wobei A = Anschaffungsausgabe (€)

sowie unter Berücksichtigung von möglichen Restwerten (= Liquidationserlöse nach Abbaukosten) am Ende der Nutzungsdauer:

$$D = \frac{A-L}{2} + L = \frac{A+L}{2}$$

wobei L = Liquidationserlös (€)

Der Rentabilitätsvergleich unterliegt zwei Nebenbedingungen:

- die Anschaffungskosten (und damit die Kapitalbindung) der einzelnen Investitionsprojekte müssen gleich oder zumindest ähnlich hoch sein;
- die Nutzungsdauern, also die Laufzeiten, der einzelnen Investitionsprojekte müssen gleich oder zumindest ähnlich sein.

Damit ergeben sich für unser Beispiel folgende Rentabilitäten:

R_A = 10.000 € : 105.000 € * 100 = 9,52 %
R_B = 8.250 € : 145.000 € * 100 = 5,69 %
R_C = 5.750 € : 90.000 € * 100 = 6,39 %

Mit einer Verzinsung von 9,52 % erbringt die Variante A die höchste Rentabilität, d.h. sie verzinst das eingesetzte Kapital am besten. In einer weiteren Stufe der Vorteilhaftigkeitsprüfung kann diese Rentabilität mit subjektiven Vorgaben, z. B. für Eigenkapital- oder Gesamtkapitalrentabilität, oder mit externen Vergleichsgrößen, bspw. Kapitalmarktrenditen, verglichen werden.

Würdigung der Rentabilitätsrechnung

In der betrieblichen Praxis gibt es einige Varianten der Rentabilitätsvergleichsrechnung. Untersuchungen ergaben, dass rund 44% von den befragten Unternehmen diese Methode anwenden.

Mit ihr lassen sich unterschiedliche Projekte als Alternativen vergleichen und bewerten. Durch die Einbeziehung des Kapitaleinsatzes ermöglicht sie die Aussage zu einer absoluten Vorteilhaftigkeit.

Mit den anderen statischen Verfahren verbindet die Rentabilitätsmethode die Schwäche, dass Veränderungen im späteren Zeitverlauf der Nutzungsdauer unzureichend berücksichtigt werden. In der praktischen Anwendung empfiehlt es sich daher, zumindest eine Durchschnittsperiode als Referenz, also nicht die erste Periode, zur Datenermittlung zu unterstellen.

Wie bei der Gewinnvergleichsrechnung kann in der Praxis die Zurechenbarkeit der Erlöse auf ein einzelnes Investitionsobjekt problematisch sein, insbesondere, wenn das zu erstellende Produkt einen mehrstufigen Fertigungsprozess durchläuft.

Wenn sich die zu vergleichenden Investitionsobjekte in ihren Anschaffungskosten und/oder in ihren Nutzungsdauern wesentlich unterscheiden, muss zur Vergleichbarkeit eine fiktive, rein mathematische Differenzinvestition eingeführt werden. Diese entspringt somit nicht den praktischen Gegebenheiten und kann daher das Verfahrensergebnis verfälschen.

6.2.4 Amortisationsrechnung

Die Amortisationsrechnung ermittelt den Zeitraum, in dem das in einem Investitionsobjekt eingesetzte Kapital (i. d. R. die Anschaffungsauszahlung) zurückfließt, d.h. es wird nicht die Frage der Rentabilität von Projekten geprüft, sondern es wird ein Maß für das Risiko eines Kapitalverlustes ermittelt. Dahinter steckt der Gedanke, dass das Risiko eines Projektes tendenziell ansteigt, je größer die Laufzeit ist, da die Unsicherheit ansteigt, je länger Kapital gebunden bleibt und Daten in die Zukunft festgelegt werden müssen.

Die Methode wird auch oft bezeichnet als

– Pay-off-Methode
– Pay-back-Methode
– Kapitalrückfluss-Methode

Bereits über die Begrifflichkeiten wagt sich diese Methode auf „dünnes Eis". Es ist ein deutlich finanzwirtschaftlicher Ansatz, der Rückflüsse über Zahlungsströme definieren muss. Da aber die statische Betrachtungsweise mit Kosten und Erlösen rechnet, müssen die Rückflüsse näherungsweise bestimmt werden. Dies geschieht in der Praxis meist dadurch, dass aus den Kostensummen oder dem Gewinn die nicht-zahlungsrelevanten Positionen herausgerechnet werden.

Somit könnte z. B. gelten:

Rückfluss = Gewinn + Abschreibung

Zunächst zurück zum Ausgangsgedanken der Methode: Die (relative) Vorteilhaftigkeit für ein Investitionsprojekt ergibt sich daraus, dass das eingesetzte Kapital im Vergleich zu anderen Investitionsalternativen schneller zurückfließt. D.h., es muss für jede Alternative der Zeitraum ermittelt werden, innerhalb dessen das für das jeweilige Projekt eingesetzte Kapital genau dem Rückfluss entspricht. Dieser Zeitraum wird Amortisationszeit oder Wiedergewinnungszeit genannt.

Also gilt:

$$A = \sum_{t=1}^{Z} (\text{Gewinn}_t + \text{Abschreibungen}_t)$$

wobei Z = Amortisationszeit (Jahre)
        t = Periode

und somit:

$$Z = \frac{A - L}{F}$$

A = Anschaffungsausgabe (€)
L = Liquidationserlöse (€)
F = Durchschnittlicher jährlicher Rückfluss (€)
t = Periode

Der durchschnittliche jährliche Rückfluss kann näherungsweise bestimmt werden als:

Durchschnittlicher jährlicher Gewinn + jährliche Abschreibungen

oder bei Rationalisierungsinvestitionen:

Durchschnittliche jährliche Kostenersparnis + jährliche Abschreibungen.

In der Unternehmenspraxis findet man häufig auch (z. B. durch die Unternehmensleitung) vorgegebene Höchstwerte für die Amortisationszeit, die grundsätzlich nicht überschritten werden dürfen. Für diese Fälle gilt es, die absolute Vorteilhaftigkeit für ein Investitionsobjekt dadurch zu prüfen, ob die Amortisationszeit gleich oder kleiner dem Höchstwert ist.

Tabelle 6-3: Beispiel für Amortisationsrechnung

	Dimension	Variante A	Variante B	Variante C
Anschaffungskosten	€	200.000	250.000	180.000
Nutzungsdauer	Anzahl	5	5	4
Durchschnittliche Abschreibung[*)]	€/a	40.000	50.000	45.000
Jahresgewinn (G)	€/a	10.000	8.250	5.750
Durchschnittlicher jährlicher Rückfluss	€/a	50.000	58.250	50.750
Amortisationszeit	a	4,00	4,29	3,55

*) Anschaffungskosten/Nutzungsdauer

Variante C ist im Beispiel die vorteilhafte Investitionsalternative. Im Hinblick auf die Schwächen dieser Methode kann schon an dieser Stelle darauf hingewiesen werden, dass sie im Beispiel die Investitionsalternative empfiehlt, die die schlechteste Gewinnaussicht verspricht.

Der Vollständigkeit halber sei hier auf die Nebenbedingung zur entscheidungsrelevanten Anwendung der Methode hingewiesen, nämlich darauf, dass ein rational handelnder Investor nur Amortisationsdauern akzeptieren kann, die kleiner oder höchstens gleich der Nutzungsdauer sind.

Würdigung der Amortisationsrechnung

In der betrieblichen Praxis ist die Amortisationsrechnung das am häufigsten angewandte Verfahren. Etwa 50 % der befragten Unternehmen nutzen dieses Verfahren, um die Vorteilhaftigkeit einer Investition zu bestimmen.

Die Amortisationsrechnung ist ein einfach handhabbares Verfahren, das es ermöglicht, das finanzwirtschaftliche Risiko grob abzuschätzen. Auch wenn die Amortisationsrechnung auf mehrperiodische Ergebnisse abzielt, ist sie jedoch keine dynamische Rechnung, da die Daten auf der Entwicklung der ersten Periode oder einer standardisierten Durchschnittsperiode beruhen und der zeitliche Anfall der Rückflüsse nicht differenziert berücksichtigt wird. In der praktischen Anwendung empfiehlt es sich daher, zumindest eine Durchschnittsperiode als Referenz, also nicht die erste Periode, zur Datenermittlung zu unterstellen.

Wie bei den Verfahren zuvor kann auch bei der Amortisationsrechnung in der Praxis die Zurechenbarkeit der Erlöse auf ein einzelnes Investitionsobjekt problematisch sein, insbesondere, wenn das zu erstellende Produkt auf mehreren Maschinen gefertigt wird.

Ein weiteres Problem besteht darin, dass lediglich eine relativ vorteilhafte Investition ermittelt wird, ohne dass die Rentabilität ein Mindestmaß erfüllen muss. Erst ein weiterer Vergleich mit den Rentabilitätsanforderungen würde den Erfüllungsgrad zeigen.

Rückflüsse, die sich nach der Amortisationszeit ergeben, gehen nicht in die Betrachtung ein, was bei der Datenerhebung eine besondere Sorgfalt erfordert, um die Gefahr von Fehlentscheidungen zu reduzieren.

Weisen die Investitionsalternativen unterschiedliche Nutzungsdauern auf, sind sie mittels dieses Verfahrens nur schwer vergleichbar.

Die Amortisationsrechnung leidet darüber hinaus unter dem Systembruch, dass sie einerseits auf einem finanzwirtschaftlichen Ansatz beruht, der Rückflüsse über Zahlungsreihen definiert, andererseits aber auf Daten der Erfolgsrechnung aufbauen muss. Als einziges Verfahren der statischen Methoden berücksichtigt sie allerdings die Unsicherheit, die bei Entscheidungen im praktischen Ansatz i. d. R. stets vorhanden ist, und bietet sich daher als Ergänzung zu anderen Verfahren im Entscheidungsprozess an.

6.2.5 MAPI-Methode

Diese Methode verdankt den Namen dem Machinery-and-Allied-Products-Institute (MAPI), dessen Forschungsdirektor 1962 ein Verfahren entwickelte, das speziell den praktischen Anforderungen bei der Beurteilung von Ersatz- oder Rationalisierungsinvestitionen Rechnung tragen sollte. Die Methode geht davon aus, dass es eine relative und eine absolute Rentabilität gibt.

Die belastbare Ermittlung der absoluten Rentabilität wird als nicht leistbar angesehen. Dies wird insbesondere mit der problematischen Leistungszurechnung begründet.

Geprüft wird vielmehr die relative Rentabilität dahingehend, ob ein Investitionsprojekt zum gegenwärtigen Zeitpunkt durchgeführt werden soll oder erst ein Jahr später bei fristenkongruenter Kapitalanlage (oder bis dahin gesparter Darlehensaufnahme) des Betrages der Anschaffungsauszahlung.

Damit ist diese Kennzahl ein Maßstab für die Dringlichkeit einer Investition und ermittelt sich wie folgt:

$$R = \frac{(2)+(3)-(4)-(5)}{(1)}$$

wobei:

- (R) = Rentabilität (%);
- (1) = während Vergleichsperiode gebundenes Kapital, ermittelt als Mittel aus Anschaffungsausgaben für die Neuanlage (abzüglich Liquidationserlös Altanlage) und Restwert der Neuanlage am Ende der Vergleichsperiode;
- (2) = zusätzlicher Gewinn (vor Ertragssteuern) aus dem Projekt je Jahr aus Mehrumsatz und/oder Kosteneinsparungen;
- (3) = vermiedener Kapitalverzehr je Jahr, der sich z. B. ergibt aus dem Weiterbetrieb der Altanlage im nächsten Jahr plus den eventuell anfallenden Reparatur- oder Instandhaltungsausgaben im nächsten Jahr;
- (4) = zusätzlicher Kapitalverzehr je Jahr, also den Investitionsausgaben für die Neuanlage abzgl. des Restwerts der Neuanlage am Ende der Referenzperiode;
- (5) = zusätzliche Ertragssteuern je Jahr auf den zusätzlich anfallenden Gewinn.

Die Durchführung in diesem Verfahren läuft über die zugehörigen MAPI-Formulare. Die Ermittlung des Kapitalverzehrs geschieht vereinfacht über normierte Diagramme, denen Annahmen über Verschuldungsgrad, Eigen- und Fremdkapitalzinsen sowie Ertragssteuern zu Grunde liegen. Vor Anwendung der Diagramme sind u. a. die folgenden Prämissen festzulegen:

- Normverlauf der Rückflüsse;
- Abschreibungsmethode;
- Liquidationserlös der neuen Anlage in % der Anschaffungsauszahlung;
- Wahrscheinliche Nutzungsdauer.

Es stehen für unterschiedliche Normverläufe der Rückflüsse mehrere Diagramme zur Verfügung. Die Projektdaten und die aus den Diagrammen abgelesenen Zahlen werden in die MAPI-Formulare eingetragen, aus denen am Ende die Rentabilitätskennzahl ermittelt wird.

Würdigung der MAPI-Methode

Die Praktikabilität der Methode ist, u. a. durch das Standardisierungsinstrument der Formulare, besonders hoch. Theoretisches Grundlagenwissen ist bei der praktischen Durchführung nur bedingt notwendig, da nach Eintragen der Projektdaten in die Formulare der konsequente Algorithmus die Rentabilitätszahl ermittelt.

Die Methode ist u. a. unter der Zielsetzung entstanden, die Nachteile der statischen Verfahren auszumerzen. Dies gelingt jedoch nur an einer Stelle, indem der Kapitalverzehr nach „dynamischen Überlegungen" ermittelt wird; für zahlreiche andere Verfahrenseckpunkte gelten weiterhin die grundsätzlichen Schwächen der statischen Methoden.

Durch die vorgegebenen Normierungen, die deutlich auf die amerikanischen Verhältnisse bezogen sind, ist der Anwendungsbereich auf diejenigen Projekte beschränkt, die höchstens geringfügig von diesen Normierungen abweichen.

Finanzierungseinflüsse (z. B. begrenzte Kapitalbeschaffungspotenziale) und Interdependenzbeziehungen zu anderen Entscheidungs- und Zielbereichen werden nicht einbezogen. Die ermittelte relative Kennzahl kann eine Entscheidung anzeigen, die eventuell mit dem Ziel der Maximierung des Gewinns kollidieren kann.

Diese Rahmenbedingungen sind wahrscheinlich ursächlich dafür, dass weniger als 1% von den befragten Unternehmen die Methode anwenden. Angesichts der fehlenden Bedeutsamkeit und der eingeschränkten Nutzbarkeit wird sie in dieser Abhandlung nicht intensiver betrachtet werden.

6.2.6 Anmerkungen zu den statischen Verfahren der Investitionsrechnung

Im Mittelpunkt einer kritischen Betrachtung der statischen Verfahren steht deren gemeinsames Merkmal, dass die Methoden die Prüfung der Vorteilhaftigkeit einer Investition auf Basis einer einperiodischen Betrachtung vornehmen. Damit werden implizit für die gesamte Lebensdauer von Investitionsvorhaben konstante Verhältnisse unterstellt. Die Ableitung der „fiktiven" Periode aus den volatilen Entwicklungen in den Projekteinzelzeiträumen zu einer repräsentativen oder durchschnittlichen Periode führt i. d. R. zu Unschärfen und Verfälschungen. Je nach Komplexitäten, Veränderungselastizitäten, Unsicherheitsgraden etc. der zu beurteilenden Investitionsprojekte kann damit die Aussage zur Vorteilhaftigkeit zu Fehlentscheidungen führen.

Der methodische Ansatz der bisher betrachteten Verfahren geht von Ermittlungsgrößen aus, die sich grundsätzlich auf die Ebene „Aufwendungen/Erträge" beziehen, also nicht auf die Ebene „Einnahmen/Ausgaben". Wie im Kapitel 1 „Allgemeines" erläutert, können die einzelnen Ebenen der Betrachtung inhaltlich zwar übergeleitet werden, jedoch müssen hierfür häufig Prämissen oder Einschätzungen vorgenommen werden, die der Unsicherheit unterliegen. Je nach Projektstruktur kann es hier zu deutlichen Unschärfen kommen. Die praktische Entwicklung in der Betriebswirtschaft hat daher auch gezeigt, dass derartige Entscheidungen i. d. R. auf Basis der Kapitalströme gefällt werden müssen, um ein Höchstmaß an Zielorientierung zu erreichen.

Es muss auch, wie bereits erwähnt, davon ausgegangen werden, dass sich ein potentieller Investor risikoorientiert verhält. Das Risiko eines Projektes steigt tendenziell an, je größer die Laufzeit ist, da die Unsicherheit ansteigt, je länger Kapital gebunden bleibt, und Daten in die Zukunft geplant werden müssen. Ein rational handelnder Investor wird also höhere Rückflüsse aus einer Investition bevorzugen, je näher diese am Entscheidungszeitpunkt liegen. Unter sonst gleichen Umständen bei zwei Projekten (die sich also nur im zeitlichen Anfall ihrer Erträge oder Rückflüsse innerhalb einer Verfahrensart unterscheiden) wird aus den bisher betrachteten Verfahren lediglich eine Indifferenz ermittelt und dieser fundamentale unternehmerische Ansatz vernachlässigt.

6.3 Dynamische Verfahren

Die so genannten dynamischen Verfahren werden in der betrieblichen Praxis häufiger eingesetzt als die statischen Verfahren. Sie versuchen mit Hilfe von finanzmathematischen Methoden die finanziellen Auswirkungen einer Investitionsentscheidung in den einzelnen Perioden des Investitionszeitraumes zu bewerten. Das Prinzip, durchschnittliche oder repräsentative Werte für eine Periode zu ermitteln und diese der Berechnung der Vorteilhaftigkeit zu unterstellen, wird ersetzt durch die explizite Erfassung der Zahlungsströme in den einzelnen Perioden.

Dies erfordert tiefer gehende Auseinandersetzungen mit finanzmathematischen Überlegungen. Nicht zuletzt durch die Tatsache, dass Geldmittel verzinslich am Kapitalmarkt angelegt werden können, sind zwei absolute Geldbeträge nicht vergleichbar, wenn sie zu zwei verschiedenen Zeitpunkten anfallen. Für einen rational handelnden Investor ist bspw. ein Rückfluss in zehn Jahren weniger wert als der absolut gleiche Auszahlungsbetrag zum heutigen Betrachtungszeitpunkt. Um eine Vergleichbarkeit herzustellen, bedient man sich der Auf- oder Abzinsung auf einen definierten Betrachtungszeitpunkt. Nur wenn diese finanzmathematische Vergleichbarkeit hergestellt ist, sind die Daten qualifiziert zu verarbeiten und zu verrechnen.

Im Falle unseres Investors bestehen zunächst zwei Möglichkeiten, die Vergleichbarkeit herzustellen: entweder man zinst jeweils den einen Betrag auf den heutigen Betrachtungszeitpunkt ab oder den anderen Betrag auf den Zielzeitpunkt in zehn Jahren auf.

Der Aufzinsungsfaktor q^n ermittelt sich wie folgt:

$$q^n = (1+i)^n = (1 + \frac{p}{100})^n$$

i = Zinsfuß
p = Zinssatz (%)
n = Anzahl der Perioden

Somit ergeben sich für verschiedene Zinssätze und Laufzeiten u. a. folgende ausgewählte Aufzinsungsfaktoren:

Tabelle 6-4: Ausgewählte Aufzinsungsfaktoren

Nutzungszeit n	Zinssatz in %		
	6	8	10
5	1,3382	1,4693	1,6105
10	1,7908	2,1589	2,5937
15	2,3966	3,1722	4,1772

Würde ein Investor vereinfacht heute einen Betrag B_0 mit dem Umstand einer jährlichen Verzinsung von i für eine Anzahl von n Perioden am Kapitalmarkt anlegen, so ergäbe sich der Endwert B_n wie folgt:

$$B_n = B_0 * q^n = B_0 * (1+i)^n$$

Ein mit dem Aufzinsungsfaktor auf einen definierten Zeitpunkt in der Zukunft gewichteter Wert eines Betrages wird grundsätzlich Endwert genannt.

Für die Praxis von Investitionsrechenverfahren viel bedeutender ist der Algorithmus der Abzinsung. Dies liegt daran, dass Investitionsrechnungen meist Entscheidungen betreffen, die in die Zukunft gerichtet sind. Es ist daher sinnvoll, die zukünftigen Auswirkungen aus verschiedenen Perioden eines Investitionsvorhabens auf den Entscheidungszeitpunkt jeweils „zurück zu bewerten", um eine finanzmathematische Vergleichbarkeit herzustellen.

In Umkehr zur Aufzinsungsformel errechnet sich der Abzinsungsfaktor (q^{-n}) anhand der nachfolgenden Formel.

$$q^{-n} = (1+i)^{-n} = \frac{1}{(1+i)^n}$$

Somit ergeben sich für verschiedene Zinssätze und Laufzeiten u. a. folgende ausgewählte Abzinsungsfaktoren:

Tabelle 6-5: Ausgewählte Abzinsungsfaktoren

Nutzungszeit n	Zinssatz in %		
	6	8	10
5	0,7473	0,6806	0,6209
10	0,5584	0,4632	0,3855
15	0,4173	0,3152	0,2394

Für ein Wirtschaftssubjekt hätte eine Zahlung B_n, die nach Ablauf von n Perioden geleistet wird, am Beginn der ersten Periode der Laufzeit den Barwert B_0 wie folgt:

$$B_0 = B_n * q^{-n} = B_0 * (1 + i)^{-n}$$

Ein mit dem Abzinsungsfaktor auf den Zeitpunkt der Entscheidung gewichteter Wert eines Betrages wird grundsätzlich Barwert genannt.

Wie bereits an anderer Stelle erwähnt, kommt dem Zinsfuß bzw. dem Zinssatz - neben der mathematischen - eine hohe qualitative Bedeutung zu.

Die Definition des Zinssatzes unterliegt vielfältigen Überlegungen und Einflüssen und stellt eine wichtige Eingangsentscheidung im Rahmen der Anwendung von Investitionsrechenverfahren dar.

Im unternehmerischen Bereich beinhaltet der Zinssatz neben einer Verzinsung, die sich an den Zinssätzen für reine Kapitalanlagen („risikolose Anleihe") orientiert, u. a. einen Aufschlag für die mit den unternehmerischen Wagnissen verbundenen Risiken. Gäbe es diese „Mehrverzinsung" nicht, würde ein rational handelnder Investor bei gleichen Konditionen eine risikoärmere Anlage, bspw. am Kapitalmarkt, präferieren. Der Zinssatz bestimmt sich demnach aus der Risikosituation - oder vielmehr der Risikoeinschätzung - des Investors.

Eine andere Ermittlung des Zinssatzes ergibt sich in der betrieblichen Praxis auch oft in Form einer Ableitung aus einer Unternehmenszielrendite. Eigentümer oder geschäftsleitende Organe eines Unternehmens definieren dabei eine Renditeerwartung an das Gesamtunternehmen oder die Unternehmensbereiche, bspw. bezogen auf das darin gebundene Vermögen. An dieser Renditevorgabe haben sich dann die unternehmerischen Entscheidungen, also auch die Investitionsentscheidungen, grundsätzlich zu orientieren.

Eine weitere praktische Möglichkeit der Bestimmung des Zinssatzes stellt die Abbildung der Finanzierungsstruktur dar. Wird bspw. ein Investitionsprojekt vollständig fremdfinanziert, dann sind als Mindestverzinsung die Kosten der Kreditierung anzusetzen zuzüglich eines Aufschlages für Risiken der Investition, z. B. für technische Ausfälle. Die genaue Bemessung des Risikoaufschlages ist sehr projekt- und unternehmensindividuell und richtet sich i. d. R. nach den so genannten Nettoschadenserwartungswerten, also nach Berücksichtigung von Sicherungsmaßnahmen, die sich aus dem Risikomanagementsystem des jeweiligen Unternehmens ergeben.

Projektfinanzierungen setzen sich in der Praxis meist gemischt aus Eigen- und Fremdfinanzierung zusammen. Dem wird oft durch einen gewichteten Kapitalkostensatz, den so genannten WACC (für Weighted Average Cost of Capital), Rechnung getragen. Hierzu bspw. folgende Struktur einer Finanzierung:

	Anteil am Gesamtkapital	Zinssatz (i)
Eigenkapital (EK)	30%	15%
Fremdkapital (FK)	70%	5%

Der gewichtete Kapitalkostensatz berechnet sich dann wie folgt:

$$WACC = 30 * 0{,}15 + 70 * 0{,}05 = 8\,\%$$

In der Anwendung der Investitionsentscheidungen werden oft die steuerlichen Einflüsse vernachlässigt. Die Beantwortung der Frage nach der Notwendigkeit der Einbeziehung der steuerlichen Auswirkungen in die Beurteilung eines Investitionsprojektes hängt von den Rahmenbedingungen des Projektes und des Unternehmens ab. Die Berücksichtigung kann in der Weise geschehen, dass einerseits die Einzahlungsüberschüsse um die Steuerlast gemindert werden und andererseits der Zinssatz entsprechend gesenkt wird.

Für die Berechnung eines Barwertes sind dies zwei Veränderungen, die gegenläufig wirken. Auf der einen Seite sind die zu diskontierenden Größen geringer, so dass auch der Barwert tendenziell geringer ausfällt, auf der anderen Seite werden diese Größen durch den niedrigeren Nachsteuersatz weniger stark abgezinst, so dass der Barwert tendenziell steigt. Je nach Struktur können sich diese Effekte entweder ausgleichen oder im Vergleich zu einer „Vor-Steuer-Betrachtung" evtl. zu anderen Vorteilhaftigkeitsaussagen kommen.

Bezogen auf Sachanlageinvestitionen sind die steuerlichen Einflüsse bei den unterschiedlichen Investitionsalternativen i. d. R. (abgesehen von Sonderfaktoren, wie z. B. Subventionen) vergleichbar, so dass die Vorteilhaftigkeitsaussage tendenziell gleich bleibt. Im Folgenden wird daher nur am Rande auf diese Einflüsse eingegangen.

6.3.1 Kapitalwertmethode

Die Kapitalwertmethode unterstellt eine Vorteilhaftigkeit, wenn die Summe der diskontierten Einnahmenüberschüsse aus den Perioden der Laufzeit des Investitionsprojektes mindestens den Anschaffungsausgaben entspricht. Ein möglicher Liquidationserlös wird in Form einer Einnahme in der letzten Periode dargestellt und somit ebenfalls berücksichtigt. Der Kapitalwert ist also ein Saldo der Barwerte aller Zahlungen aus dem Investitionsprojekt und gibt damit den Betrag wieder, der über die Amortisation, also die Rückgewinnung des eingesetzten Kapitals und dessen Verzinsung innerhalb der Projektdauer, hinausgeht.

Die Formel zur Berechnung des Kapitalwertes lautet somit:

$$C_0 = -A + \sum_{t=1}^{n} (e_t - a_t) * (1 + i)^{-t}$$

A	=	Anschaffungsausgabe (€)
t	=	Periode
n	=	Anzahl der Perioden (Jahre)
e	=	Einnahmen (€)
a	=	Ausgaben (€)
i	=	Zinsfuß

Für $C_0 > 0$ gilt, dass eine höhere Verzinsung des eingesetzten Kapitals (neben dessen Rückgewinnung) erreicht wird, als durch den unterstellten Zinsfuß i. Werden mehrere Projekte verglichen, so ist dasjenige vorteilhaft, das den größten (positiven) Kapitalwert aufweist.

Die so genannte dynamische Struktur des Verfahrens impliziert die periodenscharfe Erfassung der mit der Investition verbundenen Einnahmen und Ausgaben. Somit lassen sich für einzelne Positionen u. a. unterschiedliche Steigerungsraten, z. B. bei Ausgaben für Personal und Energie oder bei Einnahmen aus Verkaufserlösen, in den jeweiligen Perioden berücksichtigen.

Das Beispiel erweitert sich wie folgt:

Tabelle 6-6: Beispiel für Kapitalwertberechnung

	Dimension	Variante A	Variante B	Variante C
Anschaffungsausgabe	€	200.000	250.000	180.000
Liquidationserlös	€	10.000	40.000	-
Kalkulationszinsfuß	%	10	10	10
Ausgaben Periode 1	€	26.000	22.000	24.000
Ausgaben Periode 2	€	27.000	23.000	24.000
Ausgaben Periode 3	€	29.000	24.500	24.000
Ausgaben Periode 4	€	31.500	25.500	24.400
Ausgaben Periode 5	€	31.500	27.500	-
Einnahmen je Periode	€	87.500	89.250	85.750
Kapitalwert	€	29.044	21.208	15.686

Die Kapitalwerte errechnen sich dabei wie folgt:

C_{0A} = (87.500 – 26.000) * 0,909
 + (87.500 – 27.000) * 0,826
 + (87.500 – 29.000) * 0,751
 + (87.500 – 31.500) * 0,683
 + (87.500 – 31.500) * 0,621
 + 10.000 * 0,621
 – 200.000

C_{0A} = 29.044 €
C_{0B} = 21.208 €
C_{0C} = 15.686 €

Alle Alternativen erwirtschaften einen positiven Kapitalwert. Variante A ist aufgrund des höchsten Betrages die zu wählende Alternative.

Der Einnahmenüberschuss wird oft auch Cash Flow genannt. Diese Methode wird daher auch unter dem Begriff Discounted-Cash-Flow-Methode angewendet und hat sich in den letzten Jahren sehr stark verbreitet und weiterentwickelt. Durch ihre Grundgedanken unterstützt sie das Prinzip der „wertorientierten Unternehmensführung" und ist daher auch zu einem Instrument für die Bewertung von Unternehmen oder Unternehmensteilen geworden, das den Wert für einen potentiellen Investor aus dem Barwert der betrieblichen Cash Flows der zukünftigen Perioden ermittelt.

Würdigung der Kapitalwertmethode

Im Gegensatz zu ihrem vergleichbaren statischen Verfahren, der Gewinnvergleichsrechnung, hat die Kapitalwertmethode einen wesentlich höheren Genauigkeitsgrad, da die Kapitalbindung über die zeitlich differenzierte Betrachtung nicht in einem Durchschnittswert in die Bewertung eingeht.

Die Kapitalwertmethode ist mit ca. 73% die am häufigsten angewendete Methode. Dies hängt damit zusammen, dass die Orientierung am Kapitalwert einer Investition die Prinzipien der Gewinnmaximierung und der wertorientierten Unternehmensführung unterstützt.

Die Methode erlaubt für den Fall, dass die Zinsentwicklung in den einzelnen Perioden der Laufzeit des Investitionsprojektes veränderlich verläuft, eine entsprechende Berücksichtigung.

Dem grundsätzlichen Risiko der Unsicherheit in der Einschätzung und der Zuordnung zu einzelnen Investitionsobjekten von zukünftig eintretenden Effekten und Zahlungsreihen unterliegt auch diese Methode. Im Übrigen weist das Kapitalwertverfahren keine direkte Rentabilität der betrachteten Alternativen aus; es gibt lediglich Auskunft darüber, ob ein unterstellter Zinssatz erwirtschaftet oder welcher absolute Betrag über die Amortisation (inkl. Verzinsung) hinaus zusätzlich erreicht wird.

6.3.2 Interne Zinsfuß-Methode

Der Name weist bereits darauf hin, dass hierbei der interne Zinsfuß als Maßstab für die Beurteilung der Vorteilhaftigkeit von Investitionen dient. Der interne Zinsfuß ist der Zinssatz, der im Zusammenhang mit dem Diskontieren der Zahlungsreihen zu einem Kapitalwert von Null führt. Streng betrachtet ist diese Methode daher eine Ableitung aus der Kapitalwertmethode, indem sie die tatsächliche Verzinsung des eingesetzten Kapitals ermittelt.

Diese interne Verzinsung r lässt sich ermitteln, indem man in der Formel der Kapitalwertmethode den Kapitalwert C_0 auf = 0 setzt und die Gleichung nach dem Zinssatz i auflöst.

Die Vorteilhaftigkeit ergibt sich aus dem Vergleich der internen Verzinsung r mit dem unterstellten oder erwarteten Zinssatz i. Bei r > i ist die einzelne Investitionsalternative vorteilhaft, mit r = i wird bestätigt, dass nur die unterstellte Verzinsung erreicht wird. Falls r < i, ist die Investition abschlägig zu bescheiden, da die Verzinsungsanforderung nicht erreicht wird. Bei mehreren sich gegenseitig ausschließenden Investitionsalternativen ist jene mit der höchsten internen Verzinsung zu wählen.

Die exakte Lösung der Gleichung ist i. d. R. nicht oder nur aufwändig möglich. Daher muss ggf. eine Näherungslösung gesucht werden. Unterstellt man vereinfachend, dass die Kapitalwertfunktionen linear verlaufen, dann lässt sich durch eine grafische Interpolation eine Lösung suchen. Dabei werden für die zu vergleichenden Investitionsprojekte jeweils zwei Kapitalwerte für verschiedene Zinssätze ermittelt und grafisch abgebildet.

Für die folgenden Zinssätze i ergeben sich in unserem Beispiel folgende Kapitalwerte C_0:

i = 10 %: C_{0A} = 29.044 €; C_{0B} = 21.208 €
i = 20 %: C_{0A} = -19.388 €, C_{0B} = -38.882 €

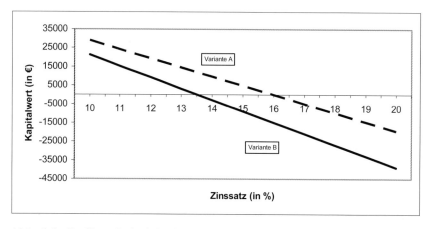

Abb. 6-1: Grafik zu Beispiel 1 für interne Verzinsung

Zunächst lässt sich festhalten, dass die interne Verzinsung von Variante A höher ist als die von Variante B. Bis zu einem erwarteten Zinssatz von 16% erbringt die Variante A einen positiven Kapitalwert; bei Variante B ist diese Grenze bei einem Zinssatz von 13,5%. Damit können diese Werte als die interne Verzinsung der jeweiligen Investitionsalternativen festgestellt werden.

Eine Möglichkeit zur rechnerischen Ermittlung des internen Zinsfußes bietet eine Formel („Regula falsi"[2]), bei der über die beiden Hilfszinssätze die interne Verzinsung wie folgt rechnerisch bestimmt wird:

$$r = i_1 - C_{01} * \frac{i_2 - i_1}{C_{02} - C_{01}}$$

r = Interner Zinsfuß (%)
i = Hilfszinssatz 1 oder 2 (%)
C_0 = Kapitalwert für i_1 oder i_2 (€)

---

[2] Vgl. Olfert, a.a.O., S. 221 f.

Für die Variante A wird die grafisch bestimmte interne Verzinsung von 16% mittels dieser Formel bestätigt.

Würdigung der Internen Zinsfuß-Methode

Ebenso wie die Kapitalwertmethode ist die Interne Zinsfuß-Methode ein sehr verbreitetes Verfahren, das z. B. auch vom ZVEI – Zentralverband der Elektrotechnischen Industrie empfohlen wird. So nutzen rund 68% der befragten Unternehmen diese Methode im Rahmen ihrer Investitionsplanung.

Wie die Kapitalwertmethode hat die Interne Zinsfuß-Methode gegenüber den statischen Verfahren den Vorteil, die Entwicklung der Zeitreihen differenziert in die Betrachtung einzubeziehen. Im Gegensatz zur Kapitalwertmethode macht sie eine klare Rentabilitätsaussage hinsichtlich der einzelnen Investitionsalternativen.

Für die Modell-Investition, die dadurch charakterisiert ist, dass es nach der Anschaffungsauszahlung nur zu einem einzigen Vorzeichenwechsel, also nur noch zu Einnahmenüberschüssen in den Folgeperioden, kommt, lässt sich i. d. R. ein definierter interner Zinsfuß ermitteln. Kommt es hingegen in einigen Perioden zu Ausgabenüberschüssen, so lässt sich oft kein oder kein eindeutiger interner Zinsfuß ermitteln. In der betrieblichen Praxis hat man jedoch oft gerade diese Gegebenheit, dass Investitionsprojekte, z. B. in der Anlaufphase, nach der Anschaffungsausgabe nicht nur noch Einnahmenüberschüsse erwirtschaften. Somit lässt sich das Spektrum der Anwendbarkeit begrenzt halten.

Zudem bietet auch dieses Verfahren keine Entscheidungsunterstützung zu dem grundsätzlichen Risiko der Unsicherheit in der Einschätzung von zukünftig eintretenden Effekten und Zahlungsreihen und der Zuordnung der Erlöse zu einzelnen Investitionsobjekten.

6.3.3 Annuitätenmethode

Die Annuitätenmethode basiert auf der Kapitalwertmethode. Während der Kapitalwert den über die Rückgewinnung der Anschaffungsausgabe und der Verzinsung des gebundenen Kapitals hinausgehenden wirtschaftlichen Erfolg der Gesamtlaufzeit eines Investitionsprojektes repräsentiert, soll die Annuität einer Investition zeigen, welchen über die Rückgewinnung und Verzinsung des gebundenen Kapitals hinausgehenden konstanten Überschussbetrag pro Periode das Projekt erwirtschaftet. Anders ausgedrückt soll der auf den Zeitpunkt t_0 bezogene Kapitalwert in gleich bleibende jährliche Überschüsse der Projektlaufzeit umgerechnet werden. Diese jedes

Jahr gleichen Beträge bezeichnet man als Annuität (oder Rente), worauf die Methode ihren Namen begründet.

Während die Kapitalwertmethode der Anlageprämisse, die voraussetzt, dass alle Rückflüsse zum Kalkulationszins angelegt werden, unterliegt und die Interne Zinsfuß-Methode von der Wiederanlageprämisse ausgeht, also dass alle Rückflüsse mit dem internen Zinsfuß verzinst werden, unterstellt die Annuitätenmethode die (theoretisch mögliche) periodische Entnahme der Überschussbeträge (nach Verzinsung und Wiedergewinnung des gebundenen Kapitals).

Ein Investitionsprojekt ist vorteilhaft, wenn die ermittelte Annuität nicht negativ ist, also gilt A ≥ 0. Beim Vergleich von mehreren Alternativprojekten ist jenes Projekt vorteilhaft, das die größte Annuität aufweist. Die Annuitäten der Investitionsalternativen sind nur vergleichbar, wenn die Nutzungsdauern der Projekte gleich sind.

Um die Annuität A zu ermitteln, muss der Kapitalwert mit dem finanzwirtschaftlichen Wiedergewinnungsfaktor (auch Annuitätenfaktor genannt) a multipliziert werden, also:

$$A = C_0 * a = C_0 * \frac{(1+i)^n * i}{(1+i)^n - 1}$$

A = Annuität (€)
C_0 = Kapitalwert (€)
a = Wiedergewinnungsfaktor
i = Zinsfuß (%)
n = Anzahl der Perioden

Würdigung der Annuitätenmethode

Dadurch, dass diese Methode den Gesamterfolg eines Projektes auf die Einzelperioden „verteilt", kann der Entscheidungsträger subjektiv möglicherweise eine geringere Abstraktion empfinden, als dies bei einer Gesamterfolgsaussage, z. B. bei der Kapitalwertmethode, der Fall ist. Die Anwendung in der Praxis ist im vergangenen Zeitablauf tendenziell rückläufig gewesen. Aus den Befragungen geht hervor, dass nur noch rund 5% der Unternehmen diese Methode einsetzen. Im Zusammenhang mit der zunehmenden Bedeutung der wertorientierten Unternehmensführung haben sich in den letzten Jahren zahlreiche Kapitalrenditekonzepte formiert, die ihre Ziele und Auswirkungen auf den Entscheidungszeitpunkt beziehen. Das Prinzip der Annuitätenmethode widerspricht dem teilweise, indem es seine Kriterien – wenn auch in dynamischem Ansatz – an der Verteilung auf die Nutzungsdauer des Investitionsobjektes orientiert.

Wie die anderen dynamischen Verfahren ermöglicht die Annuitätenmethode, die Entwicklung der Zeitreihen differenziert in die Betrachtung einzubeziehen. Sie bietet jedoch, wie die Verfahren zuvor, keine weitere Entscheidungsunterstützung hinsichtlich des grundsätzlichen Risikos der Unsicherheit in der Einschätzung und der Zuordnung zu einzelnen Investitionsobjekten von zukünftig eintretenden Effekten und Zahlungsreihen.

6.3.4 Anmerkungen zu den dynamischen Verfahren der Investitionsrechnung

Es muss zum einen festgehalten werden, dass die dynamischen Verfahren bestimmte Risikokategorien implizit, z. B. im Zusammenhang mit der Bestimmung des Kalkulationszinssatzes, berücksichtigen, einige sogar aus dem Risikoansatz heraus entwickelt wurden. Zum anderen ist zu konstatieren, dass die dynamischen Verfahren ganz wesentliche Erfordernisse der betriebswirtschaftlichen Entscheidungssituation abbilden und dennoch die Praktikabilität der Verfahren in der Praxis gewahrt bleibt. Das ist ein wichtiges Gleichgewicht, da mit der Komplexität der Anforderungen an eine Investitionsentscheidung der Schwierigkeitsgrad für die praktische Umsetzung und die Standardisierung in den unternehmerischen Organisationssphären steigt.

Die dynamischen Verfahren weisen eine ganze Reihe von Vorteilen bzw. Weiterentwicklungen gegenüber den statischen Verfahren auf. Im Hinblick auf die Problematik des Risikos der Unsicherheit, dem die zukünftigen Entwicklungen und die unterstellten Prämissen unterliegen, bieten jedoch auch diese Verfahren keine Entscheidungsunterstützung. Insbesondere für die folgenden Erfordernisse geben die dargestellten Verfahren noch keine vollumfängliche Lösung:

1. Investitionsvorhaben können selten isoliert betrachtet werden, denn meist sind verschiedene Elemente eines Investitionsprogramms simultan zu beurteilen. Darüber hinaus ist diese Beurteilung im Zusammenhang mit der Finanzplanung und anderen betrieblichen Teilplänen (z. B. Kapazitäten) zu verknüpfen. Die Berücksichtigung solcher Interdependenzen, sei es innerhalb eines Investitionsprogramms oder zu anderen Bereichen des Unternehmens, würde komplexe mathematische Modelle erfordern. Derartige Modelle haben sich in der Betriebswirtschaftslehre, am Markt und in Unternehmen vielfältig entwickelt. In der Praxis sind mit solchen Modellen meist die Probleme verbunden, dass

(1) die Voraussetzungen für den Einsatz des jeweiligen Modells nicht auf die entsprechende Auslegung abgestimmt sind,
(2) für Einführung, Pflege und Weiterentwicklung ein eigenes Kompetenzcenter erforderlich ist und
(3) die Systeme für den Anwender / Entscheidungsträger nicht transparent sind.

2. Ausgaben- und Kostenbestandteile lassen sich zwar meist direkt einem Investitionsobjekt zurechnen (zumindest mit Hilfe von Kostenrechnungsinstrumenten), beinhalten aber für die Zukunft das Risiko der Unsicherheit hinsichtlich der Einschätzung von Höhe, Entwicklung (z. B. Tariferhöhungen und Inflationsraten) und mittelbaren Effekten (z. B. gesetzliche Auflagen oder notwendige betriebliche Anpassungsmaßnahmen). Einnahmen und Erlöse lassen sich dagegen häufig nicht einzelnen Investitionsobjekten zurechnen. Diese Problematik steigt tendenziell mit der Anzahl der Stufen des hinter dem Investitionszielbereich liegenden Wertschöpfungsprozesses. Für viele Energieerzeugungsanlagen ist eine einfache Zuordnung der Einnahmen zum Investitionsobjekt somit nur schwer möglich. Im Bedarfsfall bietet es sich an, Zuordnungshilfen, wie z. B. Verteilungsschlüssel, zu entwickeln.

Zum Risiko der Unsicherheit im Hinblick auf die Einschätzung der zukünftigen Höhe und Entwicklung kommt bei der Planung der Einnahmen und Erlöse noch das Risiko (oder die Chance) von nicht beeinflussbaren und u. U. nicht vorhersehbaren Marktentwicklungen (z. B. Konjunktur oder Wettbewerb).

Da Investitionsentscheidungen i. d. R. Entscheidungen unter Unsicherheit sind, stellt sich für die Praxis die Frage, wie und in welchem Umfang die Unsicherheit berücksichtigt werden soll und kann.

Vorsichtsabschläge oder -zuschläge stellen hierzu eine für den Praktiker einfache Möglichkeit dar. Die im Zusammenhang mit der Investitionsrechnung erhobenen Daten werden dabei in die Richtung korrigiert, die sich ungünstig auf die Investition auswirken würde. Damit kann bei konsequenter Anwendung ein so genanntes Worst-case-Szenario erstellt werden, das von der Prämisse ausgeht, dass alle unterstellten Risiken der wirtschaftlichen Verschlechterung eintreten. Beachtet werden muss dabei, dass Risiken, die bereits als Risikomarge im Kalkulationszins einbezogen wurden, nicht nochmals durch Abschläge berücksichtigt werden und dass durch die Kumulation der Zu- oder Abschläge überproportionale Belastungen der Projektbetrachtung entstehen können. Insofern ist es bei dieser Vorgehensweise wichtig, sich auf „signifikante" Risiken zu beschränken und diese hinreichend genau zu quantifizieren.

Eine vertiefte Form der Einführung von Ab- oder Zuschlägen ist die, für jeden in die Rechnung eingehenden Wert einen „wahrscheinlichen" Wert zu bestimmen.

Eine Sensitivitätsanalyse hat das Ziel, die Auswirkungen einzelner Fehlentwicklungen bewusst zu machen, also zu simulieren, wie z. B. die Outputgrößen (Kapitalwert u. s. w.) reagieren, wenn sich Inputgrößen (Kostenentwicklungen, Nutzungsdauer etc.) um bestimmte Prozentsätze verändern. In der Umsetzung bedeutet dies, dass nach jeder Veränderung die Zielgröße ermittelt und vom Entscheidungsträger wahrgenommen (und dokumentiert) wird. Damit erhält er ein Maß für den Risikokorridor, in dem er sich mit seiner Entscheidung bewegen würde.

Beide aufgezeigten Grundarbeitswege, also Zu- oder Abschläge und Sensitivitätsanalyse führen bei tieferer Bearbeitung in den Bereich der Schätzungen und Wahrscheinlichkeitsverläufe. Verfahren, die das berücksichtigen, werden als stochastische Investitionsrechnungen, -verfahren oder -modelle bezeichnet. Auf weitergehende wahrscheinlichkeitstheoretische Betrachtungen und Anwendungen muss hier jedoch verzichtet werden.

Darüber hinaus sind „Nebenwirkungen" von Investitionsentscheidungen in die Überlegungen einzubeziehen. Im positiven Falle entsteht ein so genannter Zusatznutzen, also eine Nutzenstiftung durch das Investitionsvorhaben, die über den eigentlichen Betrachtungs- und/oder Entscheidungsbereich hinausgeht, z. B. geringere Schadstoffemissionen durch die neue Anlage oder organisatorische Vereinfachungauswirkungen auf nachgelagerte Prozesse.

Nicht vergessen werden darf, dass die dargestellten Verfahren nur teilweise oder mittelbare Erkenntnisse über die wirtschaftlichen Auswirkungen auf den tatsächlichen Gesamterfolg des Unternehmens liefern.

Ein wesentliches verbindendes Merkmal aller dynamischen Verfahren ist die „Verzinsung". Der zugrunde zu legende Zinsfuß bildet somit eine wichtige Entscheidung, die sich auf die Qualität des Gesamtergebnisses der Investitionsentscheidung erheblich auswirkt. Die Definition dieses Zinsfußes unterliegt implizit grundlegenden Annahmen, wie z. B.:

– Soll- und Habenzinsen sind gleich hoch;
– Fremdkapital hat die gleiche „Qualität" wie Eigenkapital;
– Fremdkapital ist unbeschränkt verfügbar;
– Finanzierungskosten sind unabhängig vom Verschuldungsgrad.

Diese vereinfachenden Prämissen ermöglichen die breite und einfache Anwendbarkeit.

Wie bereits eingangs festgestellt, hat sich die zu wählende Methode für eine Investitionsrechnung an den jeweiligen Rahmenbedingungen und Betrachtungsebenen von Entscheidungsobjekt und Entscheidungsträger zu orientieren. In diesem Sinne ist gerade die Kombination von verschiedenen Verfahren oder einzelnen Elementen aus den in Frage kommenden Verfahren der Investitionsrechnung zur Unterstützung des Entscheidungsprozesses anzuraten.

6.4 Anwendung der Investitionsrechnung in der Praxis

In Anlehnung an den Entscheidungsprozess im Unternehmen und zu dessen Unterstützung kann bspw. die im Folgenden beschriebene Vorgehensweise bei der Beurteilung einer Investition vorgeschlagen werden.

Je nach Stand des Verfahrens bei der Beurteilung einer Investition (Vorplanung, Detailplanung oder Anlageneinsatzoptimierung) werden einzelne Verfahren kombiniert und mit unterschiedlichem Detaillierungsgrad durchgeführt. Vereinfachungen und überschlägige Betrachtungen sind bei einer Grobauswahl akzeptabel und detaillierte Untersuchungen sind zum Zwecke der Feinoptimierung heranzuziehen.

Im Rahmen einer Vorplanung werden für die zu untersuchenden alternativen Investitionsvarianten die Werte ermittelt, die dann z. B. als annuitätische Jahreskosten mit der jeweiligen Nutzungsdauer der Anlagenkomponenten nach VDI-Richtlinie 2067 eingebracht werden. Die sonstigen Kosten werden als Jahreskosten in verbrauchsgebundene und betriebsgebundene Kosten aufgeteilt. Aus der Summe von Kapitalkosten, verbrauchsgebundenen Kosten und betriebsgebundenen Kosten ermitteln sich die Gesamtjahreskosten für die jeweilige Variante.

Bezogen auf die Jahresproduktion ergeben sich hieraus die spezifischen Gestehungskosten.

Mit einer Variation der wesentlichen kostenbeeinflussenden Parameter, z. B. Preise für Grundstoffe und Energie, Kapitalkosten oder Produktionsmengen, lässt sich ermitteln, in welcher Schwankungsbreite die gefundene Rangfolge der Varianten als stabil angesehen werden kann.

Für die beiden besten Varianten, die im Rahmen der v.g. Voruntersuchung ermittelt wurden, wird schließlich der Kapitalwert ermittelt und die Variante mit dem höchsten Kapitalwert ausgewählt. Für diese Variante wird dann eine Ergebnisvorschaurechnung durchgeführt, bei der man die Investitionen mit allen Zahlungsströmen in eine Betriebsabrechnung des Unternehmens oder des Betriebszweiges überführt und die Auswirkungen auf das Betriebsergebnis beurteilt.

7 Wirtschaftlichkeitsberechnung

Um den wirtschaftlichen Erfolg einer KWK-Anlage sicherstellen zu können, sind Wirtschaftlichkeitsberechnungen nicht nur im Vorplanungs-, Entwurfs- oder Ausführungsstadium, sondern über die gesamte Errichtungs- und Nutzungsdauer der Anlage, begleitend bei allen anstehenden Investitionen durchzuführen.

Bei konsequenter Anwendung über Jahre hinweg, wird feststellbar sein, dass nicht das Ersparen von Kosten sondern der auf Grund einer richtig interpretierten Kosten-Nutzen-Analyse optimale Einsatz der finanziellen Mittel ausschlaggebend für die Wirtschaftlichkeit der Energiebereitstellung ist.

Wirtschaftlichkeitsberechnungen im Sinne dieser Ausarbeitung dienen der Bewertung und Ermittlung der wirtschaftlichen Auswirkungen einer vorgesehenen Investitionsentscheidung wie z.B.

a) bei Umbau, Leistungsanpassung oder Neubau von Energieerzeugungsanlagen

– als Grundlage für die Dimensionierung der Gesamtanlage oder der Einzelkomponenten bzw.,
– zur Feinoptimierung von Anlagenkomponenten und Konzeptionen,
– als Vergleichsgrundlage zur Auswahl/Gegenüberstellung von Angeboten oder unterschiedlichen Verfahren,

b) bei vorhandenen oder in Planung befindlichen Anlagen

– zur Ermittlung der Energiegestehungskosten (z.B. als Kalkulationsgrundlage zur Preisgestaltung).

Wirtschaftlichkeitsberechnungen werden

– zum Vergleich
– zur Kontrolle
– zur Optimierung

der Energieerzeugungsanlagen eingesetzt.

7 Wirtschaftlichkeitsberechnung

Die von der betriebswirtschaftlichen Theorie zur Verfügung gestellten Verfahren

- statische Wirtschaftlichkeitsberechnung und
- dynamische Wirtschaftlichkeitsberechnung

wurden in Kapitel 6 ausführlich erläutert. Jedes der Rechnungsverfahren hat seine Vor- und Nachteile. Ein wichtiges Unterscheidungsmerkmal ist der Berechnungsaufwand, mit dem jeweils das Ergebnis erzielt wird. Detaillierte Verfahren zur Ermittlung der Wirtschaftlichkeit einer Investition unter Berücksichtigung aller denkbaren Einflussparameter über die gesamte Lebensdauer der Investition sind verfügbar und geben einen sehr genauen Einblick über die zu erwartenden wirtschaftlichen Ergebnisse.

Doch müssen auch für diese Detailrechnungen viele Parameter und deren Entwicklung im Zeitablauf festgelegt werden, über die zum Zeitpunkt der Berechnung nur Annahmen getroffen werden können. Das Risiko der Fehleinschätzung der künftigen Entwicklung verlagert sich somit auf die Parameterauswahl, was dazu führt, dass man durch die Variation der Parameter mit jeweils neuer Modellrechnung versucht, einen Überblick über die möglichen Entwicklungen zu erhalten. Der Aufwand für diese Berechnungen ist vergleichsweise hoch. Relativ sichere Aussagen über die Wirtschaftlichkeit einer Investition lassen sich jedoch auch mit einfacheren Verfahren gewinnen.

Dem Ansatz dieses Buches entsprechend wird im folgenden ein Verfahren gezeigt, das bei vergleichsweise geringem Aufwand belastbare Ergebnisse insbesondere im Vergleich verschiedener Alternativinvestitionen bringt und gerade bei Voruntersuchungen erfolgreich eingesetzt wird. Das Verfahren lehnt sich an die, in der VDI-Richtlinie 2067 dargestellten Rechenwege an.

Entsprechend dem in Kapitel 3 und 5 beschriebenen Vorgehen werden im Rahmen der vorbereitenden Arbeiten die Kostengrundlagen und die technische Konzeption der Varianten festgelegt. Der Wirtschaftlichkeitsvergleich erfolgt auf Basis der Jahreskosten, die sich auf kapital-, betriebs- und verbrauchsgebundene Kosten aufteilen.

Die Durchführung der eigentlichen Wirtschaftlichkeitsberechnung entsprechend Kapitel 3, Ziffer 3.6 erfolgt in folgenden Einzelschritten:

1. Zusammenstellung der Kostenansätze
2. Berechnung der Leistungs- und Arbeitswerte
3. Zusammenstellung der Investitionen und der Kapitalkosten
4. Zusammenstellung der betriebsgebundenen Kosten
5. Jahreskostenberechnung einschließlich Gegenüberstellung der Varianten
6. Sensitivitätsanalyse

7.1 Zusammenstellung der Kostenansätze

Im Regelfall wird im Zusammenhang mit den in Kapitel 3 unter Ziffer 3.1 beschriebenen Arbeiten auch die Ermittlung der Kostenansätze in einem Grundlagenkapitel erfolgen. Nachfolgende Tabelle 7-1 kann hierfür zur Zusammenstellung der Ergebnisse genutzt werden.

Die Jahreskosten ergeben sich aus der Multiplikation der Leistungs- und Arbeitswerte (Kap. 7.2) mit den spezifischen Ansätzen aus der Tabelle 7-1.

Tabelle 7-1: Beispieltabelle zur Zusammenstellung der Kostenansätze

Benennung	Betrag	Dim.
Personalkosten		T€/a
Energieerlöse		
- Strom		
* Leistungspreis		€/(kW*a)
* Arbeitspreis (Mischpreis HT/NT)		€/kWh
- Wärme		
* Grundpreis		€/(MW*a)
* Arbeitspreis		€/MWh
* Zählermiete (je Anschluß)		€/a
Energiekosten (erzeugerseits)		
- Strom		
* Leistungspreis		€/(kW*a)
* Arbeitspreis (Mischpreis HT/NT)		€/kWh
- Wärme		
* Grundpreis		€/(MW*a)
* Arbeitspreis		€/MWh
Brennstoffkosten		
- Erdgas		
* Leistungspreis		€/(MW*a)
* Arbeitspreis		€/MWh
* Zählermiete		€/a
* Baukostenzuschuß (Investition)		€
- Heizöl		
* Bezugskosten		€/MWh
- Festbrennstoffe		
* Kohlebezugskosten		€/MWh
Entsorgungskosten		
- Brennstoffasche und Filterrückstände		€/t
Zusatzwasserkosten		€/m3

Bezüglich der Ansätze für Stromeinspeisevergütungen, Brennstoffkosten usw. hier an dieser Stelle noch ein Hinweis auf die aktuellen energiepolitischen Rahmenbedingungen (EEG, KWK-Gesetz, Mineralölsteuergesetz usw.).

Eine Aktualisierung dieser wichtigen Grundlagen für die Bewertung der Kosten- und Erlösansätze ist auch unter www.kwk-buch.de zu finden.

Bei den Brennstoffkosten für flüssige und gasförmige Brennstoffe gilt es das „Öko-Steuer-Gesetz" zu berücksichtigen. Danach ist der Brennstoffverbrauch von KWK-Anlagen von der Mineralölsteuer befreit bzw. zur Zahlung eines verminderten Satzes verpflichtet, wenn der Gesamtnutzungsgrad >= 70% bzw. von < 70% - 60% beträgt.

Allgemein gilt für die Mineralölsteuer:
    Mineralölsteuersatz:
    Erdgas: 0,184 Ct/kWhHo,   Heizöl: 4,09 Ct/l
    + Mineralölsteuer aus Ökosteuergesetz:
    Erdgas: 0,366 Ct/kWhHo,   Heizöl: 2,045 Ct/l

Für Betriebe des produzierenden Gewerbes gilt ein verminderter Satz von 60%.
    Mineralölsteuersatz:
    Erdgas: 0,184 Ct/kWhHo,   Heizöl: 4,09 Ct/l
    + Mineralölsteuer aus Ökosteuergesetz:
    Erdgas: 0,2193 Ct/kWhHo,   Heizöl: 1,23 Ct/l

- KWK mit Gesamtnutzungsgrad >= 70% ->   befreit
- KWK mit Gesamtnutzungsgrad < 70% - 60% ->   Zuschlag aus Ökosteuergesetz entfällt.
- Strom aus KWK-Anlagen < 2 MW_{el} ist von der Stromsteuer (Öko-Steuer) befreit.

Anhand des KWK-Gesetzes gilt:
Die Stromeinspeisevergütung setzt sich bei Einspeisung ins Netz der öffentlichen Versorgung aus folgenden Komponenten zusammen:

- Vergütung des üblichen Preises für den Strom (siehe 1)
- Vergütung der vermiedenen Netznutzungskosten (siehe 2)
- KWK-Bonus gemäß KWK-Gesetz (siehe 3)

(1) Vergütung für den Strom
Zitat (Stand August 2004):
Artikel 3; Änderung des Kraft-Wärme-Kopplungsgesetzes
„....als üblicher Preis gilt der durchschnittliche Preis für Baseload-Strom an der Strombörse EEX in Leipzig im jeweils vorangegangenen Quartal."

(2) Vermiedene Netznutzung gemäß Verbändevereinbarung VV2 plus
Entsprechend der Verbändevereinbarung II plus erhalten dezentrale Erzeugungsanlagen vom Netzbetreiber in dessen Netz eingespeist wird ein Entgelt. Dieses Entgelt entspricht den durch die Einspeisung eingesparten Netznutzungsentgelten der vorgelagerten Spannungsebenen (ohne Netz-

nutzungspreis für Umspannung). Es wird zwischen einem Leistungs- und einem Arbeitspreis unterschieden, wobei zur Ermittlung des Leistungspreises die Laufzeit der Anlage berücksichtigt wird. Der Leistungspreis wird zudem erst ab einer gewissen Mindesteinspeisedauer erstattet. Für kleine Anlagen in der Größenordnung von 100 kW_{el} erhält man etwa 0,5 ct/kWh_{el} (Einspeisung ins Niederspannungsnetz).

(3) KWK-Bonus

Tabelle 7-2: Übersicht KWK-Einspeisevergütung (KWK-Bonus)

	2002	2003	2004	2005	2006	2007	2008	2009	2010
alte Bestandsanlagen	1,53	1,53	1,38	1,38	0,97				
neue Bestandsanlagen	1,53	1,53	1,38	1,38	1,23	1,23	0,82	0,56	
modernisierte Anlagen	1,74	1,74	1,74	1,69	1,69	1,64	1,64	1,59	1,59
neue kleine KWK-Anlagen (< 2 MW_{el}) (Inbetriebnahme nach 01.04.2002)	2,56	2,56	2,40	2,40	2,25	2,25	2,10	2,10	1,94
neue kleine KWK-Anlagen bis 50 kW_{el} (Inbetriebnahme zwischen 01.04.02 und 31.12.05)	5,11 Ct/kWh_{el} für einen Zeitraum von 10 Jahren ab Aufnahme des Dauerbetriebes der Anlage								
neue Brennstoffzellen (Inbetriebnahme nach 01.04.2002)	5,11 Ct/kWh_{el} für einen Zeitraum von 10 Jahren ab Aufnahme des Dauerbetriebes der Anlage								

alte Bestandsanlagen:
KWK-Anlagen, die bis zum 31.12.1989 in Dauerbetrieb genommen wurden

neue Bestandsanlagen:
KWK-Anlagen, die ab dem 01. Januar 1990 in Dauerbetrieb genommen wurden, sowie alte Bestandsanlagen, die im Zeitraum vom 01.01.1990 bis 31.03.2002 modernisiert und wieder in Dauerbetrieb genommen wurden.

modernisierte Anlagen:
Alte Bestandsanlagen, die modernisiert oder durch eine neue Anlage ersetzt und zwischen dem 01.04.2002 und dem 31.12.2005 wieder in Dauerbetrieb genommen worden sind.

Die Stromeinspeisevergütung für Holzhackschnitzel-Heizkraftwerke, Biogasanlagen oder Holzvergasungsanlagen (mit BHKW-Anlagen) usw. berechnet sich nach der Novelle des EEG vom 2.4.04.

Im Einzelüberblick gilt für:

Strom aus regenerativen Energien gemäß EEG-Novelle:
§ 7 Vergütung für Strom aus Deponiegas, Klärgas und Grubengas:

Tabelle 7-3: Vergütung für Strom aus Deponie-, Klär- und Grubengas

	Mindestvergütung	Bonus Innovation
Leistung bis 500 kWel	7,67 ct/kWhe	+2 ct/kWhel
Leistung bis 5000 kWel	6,65 ct/kWhe	+2 ct/kWhel
Grubengas ab 5000 kWel	6,65 ct/kWhe	+2 ct/kWhel

Bonus Innovation:
Die Mindestvergütungssätze erhöhen sich um jeweils 2,0 Cent pro Kilowattstunde, wenn das eingespeiste Gas auf Erdgasqualität aufbereitet worden ist oder der Strom mittels Brennstoffzellen, Gasturbinen, Dampfmotoren, Organic-Rankine-Anlagen, Mehrstoffgemisch-Anlagen, insbesondere Kalina-Cycle-Anlagen, oder Stirling-Motoren gewonnen wird.

Vergütung fest für 20 Jahre:
Die Mindestvergütungen werden beginnend mit dem 1. Januar 2005 jährlich jeweils für nach diesem Zeitpunkt neu in Betrieb genommene Anlagen um jeweils 1,5 Prozent des für die im Vorjahr neu in Betrieb genommenen Anlagen maßgeblichen Wertes gesenkt und auf zwei Stellen hinter dem Komma gerundet.

§ 8 Vergütung für Strom aus Biomasse

Tabelle 7-4: Vergütung für Strom aus Biomasse

Leistung	Mindest-Vergütung	Bonus NaWaRo	Bonus KWKBonus	Bonus Innovation
bis 150 kWel	11,5 ct/kWhel	+ 6,0 ct/kWhel	+ 2,0 ct/kWhel	+ 2,0 ct/kWhel
bis 500 kWel	9,9 ct/kWhel	+ 6,0 ct/kWhel	+ 2,0 ct/kWhel	+ 2,0 ct/kWhel
bis 5000 kWel	8,9 ct/kWhel	+ 4,0 ct/kWhel	+ 2,0 ct/kWhel	+ 2,0 ct/kWhel
ab 5000 kWel	8,4 ct/kWhel	-	+ 2,0 ct/kWhel	-

Bonus Innovation:
Die Mindestvergütungssätze erhöhen sich um jeweils 2,0 Cent pro Kilowattstunde, wenn das eingespeiste Gas auf Erdgasqualität aufbereitet worden ist oder der Strom mittels Brennstoffzellen, Gasturbinen, Dampfmoto-

ren, Organic-Rankine-Anlagen, Mehrstoffgemisch-Anlagen, insbesondere Kalina-Cycle-Anlagen, oder Stirling-Motoren gewonnen wird.

Bonus NaWaRo wird gezahlt für Strom der gewonnen wird aus:

a) Pflanzen oder Pflanzenbestandteilen, die in landwirtschaftlichen, forstwirtschaftlichen oder gartenbaulichen Betrieben oder im Rahmen der Landschaftspflege anfallen und die keiner weiteren als der zur Ernte, Konservierung oder Nutzung in der Biomasseanlage erfolgten Aufbereitung oder Veränderung unterzogen wurden,

b) Gülle im Sinne der Verordnung (EG) Nr. 1774/2002 des Europäischen Parlaments und des Rates vom 3. Oktober 2002 mit Hygienevorschriften für nicht für den menschlichen Verzehr bestimmte Nebenprodukte (ABl. EG Nr. L 273 S. 1), geändert durch die Verordnung (EG) Nr. 808/2003 der Kommission vom 12. Mai 2003 (ABl. EU Nr. L 117 S. 1), oder aus in einer landwirtschaftlichen Brennerei im Sinne des § 25 des Gesetzes über das Branntweinmonopol in der im Bundesgesetzblatt Teil III, Gliederungsnummer 612-7, veröffentlichten bereinigten Fassung, das zuletzt durch Artikel 2 des Gesetzes vom 23. Dezember 2003 (BGBl. I S. 2924) geändert worden ist, angefallener Schlempe, für die keine anderweitige Verwertungspflicht nach § 25 Abs. 2 Nr. 3 oder Abs. 3 Nr. 3 des Gesetzes über das Branntweinmonopol besteht, oder

c) beiden Stoffgruppen,

Bonus KWK für regenerativen KWK-Strom (Wärmenutzung):
Wenn es sich um Strom im Sinne im Sinne von § 3 Abs. 4 des Kraft-Wärme-Kopplungsgesetzes handelt und dem Netzbetreiber ein entsprechender Nachweis vorgelegt wird. Nachweis mittels von AGFW - e.V. herausgegebenen Arbeitsblatt FW 308 oder bei Leistungen bis zu 2 Megawatt durch geeignete Unterlagen des Herstellers.

Vergütung fest für 20 Jahre:
Die Mindestvergütungen werden beginnend mit dem 1. Januar 2005 jährlich jeweils für ab diesem Zeitpunkt neu in Betrieb genommene Anlagen um jeweils 1,5 Prozent des für die im Vorjahr neu in Betrieb genommenen Anlagen maßgeblichen Wertes gesenkt und auf zwei Stellen hinter dem Komma gerundet.

7.2 Berechnung der Leistungs- und Arbeitswerte

Die gesamte Erzeugerleistung (thermisch und elektrisch) teilt sich bei KWK-Anlagen im Regelfall auf die Anlagengruppen

a) KWK-Anlage
b) Reserve-/Spitzenlast-Kesselanlage
c) Stromanschluss an das kommunale/überregionale Versorgungsnetz
d) Notstromanlage (optional)

auf. Anhand der aus der jeweils speziellen Projektsituation vorgegebenen Randbedingungen und den Leistungskurven der Verbraucher (z.B. Jahresdauerlinie) ist die Gesamtanlage zunächst entsprechend den Ausführungen in Kapitel 3, 4 und 5 konzeptionell zu entwerfen und zu dimensionieren. Anschließend erfolgt die Berechnung der Leistungs- und Arbeitswerte für die, am Austritt aus der Erzeugungsanlage bereitgestellte Nutzenergie, d.h. für die

- elektrische Leistung
- thermische Leistung
- elektrische Jahresarbeit
- thermische Jahresarbeit

Aufgeteilt auf die einzelnen Brennstoffarten sind jetzt der

- Brennstoff-Leistungsbedarf und der
- Jahres-Brennstoffbedarf

zu berechnen. Im Anschluss daran erfolgt die Ermittlung des Stombezugs mit
- maximalem Leistungsbezug und
- Jahresstombezug.

Der gesamte Berechnungsvorgang kann für die jeweils ausgewählten Varianten tabellarisch entsprechend der Beispiel-Tabelle 7-5 durchgeführt werden. Das prinzipielle Rechenverfahren ist hierbei für alle KWK-Varianten gleich.

In Einzelfällen (z.B. Dampfkraftwerke) müssen die Auslegungsergebnisse gemäß den Ausführungen in Kapitel 5 auf die hier erforderlichen Kennwerte umgerechnet werden. Es empfiehlt sich, zur Verdeutlichung der systemspezifischen Unterschiede alle zu untersuchenden Varianten in einer gemeinsamen Tabelle zusammenzufassen.

Die nachfolgenden Erläuterungen zur Vorgehensweise beziehen sich auf die in Tabelle 7-5 enthaltene Nummerierung.

Tabelle 7-5: Zusammenstellung der Leistungs- und Arbeitswerte (Beispieltabelle)

	DIM	Variante....
thermische Energie		
- Netzhöchstlast	MW	[1]
- gesamte inst. Wärmeleistung	MW	[2]
* inst. Wärmeleistung KWK-Anlage	MW	[3]
* inst. Wärmeleistung Spitzenkesselanlage	MW	[4]
- Jahreswärmebedarf	MWh/a	[5]
* Anteil KWK-Anlage	MWh/a	[6]
* Anteil Spitzenkesselanlage	MWh/a	[7]
elektrische Energie		
- Netzhöchstlast	MW	[8]
- Notstrombedarf	MW	[9]
- inst. KWK-Leistung	MW	[10]
- inst. Notstromleistung	MW	[11]
- Leistung EVU-Anschluß (Übergabestation)	MW	[12]
- Jahresstrombedarf	MWh/a	[13]
* Anteil KWK-Anlage	MWh/a	[14]
* Anteil Notstromanlage	MWh/a	[15]
* Anteil Strombezug	MWh/a	[16]
Brennstoffbedarf		
- Leistung		[17]
* Erdgasanschluß		
Anteil KWK-Anlage	MW	
Anteil Spitzenkesselanlage	MW	
Anteil Notstromanlage	MW	
* Heizölbedarf		
Anteil KWK-Anlage	MW	
Anteil Spitzenkesselanlage	MW	
Anteil Notstromanlage	MW	
* Festbrennstoffbedarf		
Anteil KWK-Anlage	MW	
Anteil Spitzenkesselanlage	MW	
- Jahresarbeit		[18]
* Erdgasbedarf		
Anteil KWK-Anlage	MWh/a	
Anteil Spitzenkesselanlage	MWh/a	
Anteil Notstromanlage	MWh/a	
* Heizölbedarf		
Anteil KWK-Anlage	MWh/a	
Anteil Spitzenkesselanlage	MWh/a	
Anteil Notstromanlage	MWh/a	
* Festbrennstoffbedarf		
Anteil KWK-Anlage	MWh/a	
Anteil Spitzenkesselanlage	MWh/a	
- Reststoffmengen (nur bei Festbrennstoffeuerungen)		[19]
Asche, Flugstaub	t/a	

[1][8] Netzhöchstlast

Die Netzhöchstlast wird bei der Berechnung der Gesamt-Leistungspreisgutschrift (sofern Leistungspreise erhoben werden) benötigt. Darüber hinaus dient sie als Beurteilungs- und Auslegungsgrundlage für die Gesamtanlage. Die Netzhöchstlast ist die höchste, im Referenzjahr von der Energieerzeugungsanlage abgegebene Wärme- oder Strommenge je Zeiteinheit. Im Normalfall wird dieser Wert der Jahresdauerlinie entnommen (Spitzenwert der Jahresdauerlinie).

Sind die tatsächlichen Bedarfswerte nicht bekannt, kann die thermische Netzhöchstlast aus der Summe der Wärmebedarfswerte der thermischen Energieverbraucher unter Berücksichtigung der Netzgleichzeitigkeitsfaktoren und der Netzverluste gemäß der nachfolgenden Formel errechnet werden.

$$P_{max} = (\text{Summe } P_N) * f_G * f_V$$

P_{max} = Netzhöchstlast des gesamten Wärmeverteilnetzes, gemessen am Austritt aus der Wärmeerzeugungsanlage

P_N = Norm-Wärmeleistungsbedarf der Energieverbraucher

f_G = Netzgleichzeitigkeitsfaktor
Erfahrungswert in Abhängigkeit der Netzgröße:
f_G = 0,7 bis 0,95

f_V = Netzverlustfaktor
f_V berücksichtigt die Wärmeverluste im Wärmetransport- u. Verteilnetz
Erfahrungswert in Abhängigkeit der Netzgröße:
f_V = 1,01 bis 1,08

Die Berechnung der elektrischen Netzhöchstlast anhand von einzelnen Verbraucherdaten ist selten erforderlich, da die erforderlichen Eckdaten, wenn keine anderen Angaben vorliegen, aus den Abrechnungsunterlagen des EVU entnommen werden können.

[2] Gesamte installierte Wärmeleistung

Die gesamte installierte Wärmeleistung entspricht der Summe der Nennwärmeleistungen aller Energieerzeugungseinheiten. Der Wert muss den Wärmebedarf um die erforderliche Reserveleistung überschreiten.

[3] Installierte Wärmeleistung der KWK-Anlage
[10] Installierte elektrische Leistung der KWK-Anlage

Zwischen installierter Wärmeleistung und installierter elektrischer Leistung besteht ein eindeutiger mathematischer Zusammenhang. Bei wärmeorientiertem Betrieb wird auf Basis der thermischen Jahresdauerlinie der Leistungsbereichsanteil der KWK-Anlage unter Berücksichtigung der in Kapitel 3, 4 und 5 enthaltenen Anregungen mit dem Ziel festgelegt, hohe Benutzungsstunden für die KWK-Anlage zu erreichen, wobei die Netzleistung im zu versorgenden Stromnetz zu beachten ist.

Die mit den in Kapitel 5 angegebenen Wirkungsgradansätzen durchgeführten Berechnungen führen zunächst zu den aggregatespezifischen Leistungs- und Verbrauchsdaten. Nicht enthalten in den Werten sind die Leistungen der elektrisch angetriebenen Hilfsaggregate und der thermische Eigenbedarf der gesamten Erzeugungsanlage.

7.2 Berechnung der Leistungs- und Arbeitswerte

Während der thermische Eigenbedarf bei den meisten Anlagenkonzepten vernachlässigbar ist, muss der elektrische Eigenbedarf im Regelfall separat erfasst werden. Die Hauptverbraucher sind für die einzelnen Varianten unterschiedlich zu bewerten. Die Kapitel 5.1 bis 5.4 enthalten hierfür die erforderlichen Hinweise. Es empfiehlt sich, die Rechenergebnisse der Leistungswerte entsprechend den dort angegebenen Tabellen festzuhalten.

Die Leistungswerte der bei allen Energieerzeugungsvarianten gleichermaßen vorhandenen Einrichtungen, wie z.B. Netzumwälzpumpen, Druckhaltepumpen u. s. w., können unberücksichtigt bleiben, wenn nur ein Systemvergleich durchzuführen ist.

Die Abhängigkeiten zwischen thermischer und elektrischer Leistung der KWK-Aggregate ergeben sich anhand folgender mathematischer Zusammenhänge. Mit Rücksicht auf eine eindeutige Darstellung wurden in Abkehr von der sonst z. T. üblichen Schreibweise alle Leistungswerte mit dem Buchstaben P gekennzeichnet und alle Arbeitswerte mit dem Buchstaben Q.

$$\eta_{th} = \frac{P_{th}}{P_{Br}} \qquad \eta_{el} = \frac{P_{el}}{P_{Br}} \qquad \eta_{ges} = \eta_{el} + \eta_{th}$$

durch Gleichsetzen von Q_{Br} erhält man:

$$P_{el} = \frac{P_{th} * \eta_{el}}{\eta_{th}} \qquad P_{th} = \frac{P_{el} * \eta_{th}}{\eta_{el}}$$

P_{th} = thermische Leistung eines KWK-Aggregates (MW th)
P_{el} = elektrische Leistung eines KWK-Aggregates (MW el)
P_{Br} = Brennstoffleistungsbedarf eines KWK-Aggregate (MW Br)
η_{th} = thermischer Wirkungsgrad eines KWK-Aggregates
η_{el} = elektrischer Wirkungsgrad eines KWK-Aggregates
η_{ges} = Gesamt-Wirkungsgrad eines KWK-Aggregates

[4] installierte Wärmeleistung der Spitzenkesselanlage

Die Leistung der Spitzenkesselanlage errechnet sich aus der Differenz zwischen Netzhöchstlast [1] und der unter [3] ermittelten installierten Wärmeleistung der KWK-Anlage. Zusätzlich ist im Regelfall der Ausfall des größten installierten Wärmeerzeugers zu berücksichtigen und über Reserveanlagen, Fremdeinspeisungen oder abschaltbare Lieferverträge abzusichern.

[5] Jahreswärmebedarf

Der Jahreswärmebedarf entspricht der am Übergabepunkt zum Wärmeversorgungsnetz anfallenden thermischen Jahresarbeit. Der Wert errechnet sich aus der thermischen Jahresdauerlinie. Hier entspricht er der Fläche unterhalb der Jahresdauerlinienkurve. Sind keine Referenzdaten verfügbar, kann er auch aus der Summe der Jahres-Nutzwärmearbeit der Einzelverbraucher plus Zuschlag für Netzverluste errechnet werden.

[6] Anteil der KWK-Anlage an der Deckung des Jahreswärmebedarfs
[14] Anteil der KWK-Anlage an der Deckung des Jahresstrombedarfs

a) Wärmeorientierter Betrieb:
Unter [3] wurde die Wärmeleistung der KWK-Anlage festgelegt und in die Jahresdauerlinie eingetragen. Die Fläche unter dieser Kurve entspricht dem Anteil der KWK-Anlage an der Gesamt-Jahresarbeit. Bei der Berechnung der Jahresarbeit bzw. bei der Festlegung der zugehörigen Fläche in der Jahresdauerlinie sind Stillstandszeiten für Wartungs- und Instandsetzungsarbeiten zu berücksichtigen. Für die planbaren Maßnahmen wird man Schwachlastzeiten an Wochenenden bzw. in den Sommermonaten auswählen, in denen nicht die gesamte KWK-Anlagenleistung benötigt wird und somit Reserveleistung verfügbar ist. In diesem Fall wirkt sich die Verringerung der verfügbaren Aggregateleistung nicht aus. Ist dies nicht möglich, wird der ausfallende thermische KWK-Anteil durch die Spitzenkesselanlage gedeckt, wodurch sich der zugehörige Anteil in der Jahresdauerlinie entsprechend verändert.

Zu berücksichtigen ist auch inwieweit ganzjährig die thermische und die elektrische KWK-Leistung gleichzeitig in beiden Versorgungsnetzen absetzbar sind. Hieraus können sich auch Stillstandszeiten für die KWK-Anlage ergeben. Hinzu kommen noch aggregatespezifische Stillstandszeiten, bei denen eine Verschiebung auf Schwachlastzeiten nicht möglich ist (siehe z.B. Kapitel 5.1).

Haupteinflussgröße für den Brennstoffbedarf ist in diesem Zusammenhang das Teillastverhalten der Gesamtanlage. Wärmeverluste, Verschmutzungsgrad der Wärmetauscher und Teillastbetrieb der Aggregate wirken sich zwar nicht immer auf die abgegebene Leistung im Volllastfall, wohl aber auf die nutzbare Jahresarbeit und den zugehörigen Brennstoffbedarf aus. Diese Einflüsse werden durch Abschläge auf die Wirkungsgrade beim thermischen oder elektrischen Jahresnutzungsgrad berücksichtigt.

Anhand der thermischen Jahresdauerlinie und unter Berücksichtigung der Ausführungen in den Kapiteln 5.1 bis 5.4 kann für die einzelnen Systeme die Betriebszeit der einzelnen Lastpunkte abgeschätzt und der durchschnittliche thermische und elektrische Jahresnutzungsgrad bestimmt werden. Im Regelfall liegen die Werte ein bis zwei Punkte unter den entsprechenden Wirkungsgradansätzen. Mit Hilfe der Nutzungsgrade können dann anhand der nachfolgend dargestellten mathematischen Zusammenhänge aus der thermischen Jahresarbeit die zugehörige elektrische Jahresarbeit (oder umgekehrt) und der Jahresbrennstoffbedarf errechnet werden.

Für die Berechnung der elektrischen und thermischen Jahresarbeit sowie für die Berechnung des Jahresbrennstoffbedarfs sind die Jahresnutzungsgrade und nicht die Wirkungsgradansätze zu berücksichtigen.

$$\overline{\eta}_{th} = \frac{Q_{th}}{Q_{Br}} \qquad \overline{\eta}_{el} = \frac{Q_{el}}{Q_{Br}} \qquad \overline{\eta}_{ges} = \overline{\eta}_{el} + \overline{\eta}_{th}$$

durch Gleichsetzen von Q_{Br} erhält man:

$$Q_{el} = \frac{Q_{th} * \overline{\eta}_{el}}{\overline{\eta}_{th}} \qquad Q_{th} = \frac{Q_{el} * \overline{\eta}_{th}}{\overline{\eta}_{el}}$$

Q_{th} = thermische Jahresarbeit der KWK-Anlage (MWh$_{th}$/a)
Q_{el} = elektrische Jahresarbeit der KWK-Anlage (MWh$_{el}$/a)
Q_{Br} = Jahresbrennstoff-Energiebedarf der KWK-Anlage (MWh$_{Br}$/a)
$\overline{\eta}_{th}$ = thermischer Jahresnutzungsgrad eines KWK-Aggregates
$\overline{\eta}_{el}$ = elektrischer Jahresnutzungsgrad eines KWK-Aggregates
$\overline{\eta}_{ges}$ = Gesamt-Nutzungsgrad eines KWK-Aggregates

Zu beachten ist, dass in den vor genannten Nutzungsgradansätzen noch nicht der Strombedarf der separat zu erfassenden elektrischen Hilfs- und Nebenanlagen (z.B. Lüftungsanlagen) enthalten ist. Der elektr. Jahresenergiebedarf der Hilfs- und Nebenantriebe kann über die Ausnutzungsstunden der KWK-Anlage berechnet werden.

Die Ausnutzungsstunden sind als Verhältnis von Jahresarbeit zu installierter elektrischer oder thermischer Leistung definiert. Multipliziert man die unter [3] und [10] ermittelten Eigenbedarfsleistungen mit dem Wert der Ausnutzungsstunden, so erhält man den elektrischen Jahresenergiebedarf der Hilfsantriebe mit ausreichender Genauigkeit. Dieser Betrag wird von der erzeugten Jahresarbeit in Abzug gebracht. Die einzelnen Ansätze sind systemspezifisch zu bewerten. Daher wurden entsprechende Berechnungstabellen und Berechnungshinweise zu den Systemvarianten in den Kapiteln 5.1 bis 5.4 erfasst.

$$a = \frac{Q_{th} \text{ (MWh/a)}}{P_{th} \text{ (MW)}}$$

Q_{th} = thermische Jahresarbeit der KWK-Anlage (MWh th / a)
P_{th} = thermische Leistung der KWK-Anlage (MW th)
a = Ausnutzungsstunden (Ausnutzungsdauer) (h / a)

b) Stromorientierter Betrieb:
Die Auslegung erfolgt analog zur vor unter Ziff. a) beschriebenen Vorgehensweise, jedoch anhand der elektr. Jahresdauerlinie.

[7] Anteil der Spitzenkesselanlage an der Deckung des Jahreswärmebedarfs

Die Differenz aus dem Gesamt-Jahresbedarf [5] und dem Anteil der KWK-Anlage [6] ist durch eine Spitzenlastkesselanlage zu decken. Mit Hilfe des Jahresnutzungsgrades der Kesselanlagen wird aus der thermischen Jahresarbeit der Spitzenlastkesselanlage der zugehörige Jahresbrennstoffbedarf [17] [18] anhand der nachfolgend dargestellten mathematischen Zusammenhänge errechnet.

Der Jahresnutzungsgrad entspricht dem mittleren Betriebswirkungsgrad der Kesselanlage im Jahresverlauf.

Hierin enthalten sind die Teillast-, die Betriebsbereitschafts- und die An- und Abfahrverluste, sowie Verluste aufgrund von Kesselverschmutzung.

Abbildung 7-1 zeigt zur Erleichterung der Auswahl realistischer Ansätze eine typische Wirkungsgradkennlinie der im infrage kommenden Leistungsbereich üblicherweise eingesetzten Heißwasserkessel (für andere Kesselanlagentypen gilt die Aussage sinngemäß). Die Abschätzung des mittleren Betriebswirkungsgrades unter Berücksichtigung der Teillastbetriebspunkte kann anhand dieser Kurve und den im Einzelfall zu erwartenden Einsatzzeiten und Lastfällen erfolgen.

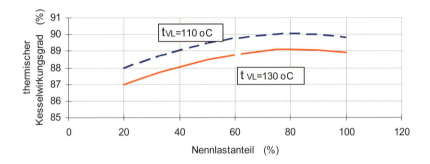

Abb. 7-1: Typische Wirkungsgradkennlinien für Großwasserraumkessel und Formeln zur Berechnung des Brennstoffbedarfs

Die *Betriebsbereitschaftsverluste* hängen in erster Linie von der Anlagenkonzeption und dem Verhältnis von Einsatzzeiten zu Stillstandszeiten ab. Während der Stillstandszeiten kühlt das Heizwasser in der Kesselanlage ab. Aus Korrosionsschutzgründen und zur Verringerung der Wärmespannungen werden die Kessel während des "Stand By"- Betriebes im Regelfall von Heizwasser (Vorlaufanschluss) leicht durchströmt (warmgehalten) und wirken in diesem Betriebsfall wie ein Wärmeverbraucher. Je nach Isolierzustand und Kesseltyp kann der Wärmebedarf hierfür zwischen 1 und 3 % der Kessel-Nennleistung (bewertet mit den Ausnutzungsstunden) betragen.

Die An- und Abfahrverluste hängen in erster Linie von der Einschalthäufigkeit ab. Zu beachten ist, dass nicht alle Kesselverluste durch Brennstoff im Kessel selbst abgedeckt werden. Die Wärmeverluste für das "Warmhalten" der Kesselanlagen während des "Stand-By-Betriebs" werden bei der vorstehend erwähnten Anlagenkonzeption der thermischen Nutzenergie der KWK-Anlage entzogen.

Es empfiehlt sich daher, für konkrete Berechnungen die Jahresarbeit zur Deckung der thermischen Verluste in der Anlage anhand der genannten oder vom Lieferanten angegebenen Ansätze bei der Berechnung des thermischen Eigenbedarfs zu berücksichtigen und nur die übrigen Verluste im Kesselnutzungsgrad zusammenzufassen.

Zur Erleichterung der Abschätzung realistischer Ansätze für den Betriebswirkungsgrad enthält Tabelle 7-6 Erfahrungswerte anhand typischer Anlagenkonzepte. Detailliertere Angaben hierzu finden sich auch in der VDI Richtlinie 2067, Blatt 1.

Tabelle 7-6: Übersicht über typische Kesselwirkungsgrade bei Heißwasserkesseln

		Ölbetrieb		Gasbetrieb	
		von	bis	von	bis
mittlerer Kesselwirkungsgrad	η_K	0,86	0,87	0,87	0,88
Minderungsfaktor für - Verschmutzung - An- /Abfahrverluste	f_v	0,96		0,98	
mittlerer Jahresnutzungsgrad $\overline{\eta}_K = \eta_K * f_v$	$\overline{\eta}_K$	0,83	0,84	0,85	0,86

[8] Netzhöchstlast der elektrischen Energieversorgung

Berechnung und Erläuterung analog zu [1]

[9] Notstrombedarf

Der Notstrombedarf entspricht der Summe der elekt-rischen Leistungen der notstromberechtigten Verbraucher. Vor allem zu berücksichtigen sind hier die Einschaltströme, die bis zum Vierfachen der Motor-Nennleistung betragen können.

[10] installierte KWK-Leistung

Dieser Wert wird im Zusammenhang mit [3] ermittelt.

[11] installierte Notstromleistung.

Die installierte Notstromleistung berücksichtigt den Sonderfall, dass zusätzlich zu den KWK-Anlagen noch andere, kostengünstigere Notstromaggregate installiert werden. Dies kann z.B. erforderlich werden, wenn der thermische Leistungsbedarf nicht ausreichend hoch ist, um einen wirtschaftlichen KWK-Betrieb für die gesamte erforderliche Notstromleistung zu gewährleisten.

[12] Versorgungsleistung des EVU-Anschlusses

Die Versorgungsleistung des EVU-Anschlusses ergibt sich aus der Differenz zwischen Netzhöchstlast und der gesicherten elektrischen KWK-Anlagenleistung. Im Regelfall wird man hierbei von dem unter [10] ermittelten Betrag die Leistung der größten KWK-Einheit in Abzug bringen.

[13] Jahresstrombedarf

Wird analog zu [5] anhand der Jahresdauerlinie berechnet.

[14] Anteil der KWK-Anlage an der Deckung des Jahresstrombedarfs

Berechnung wie unter [6] beschrieben.

[15] Anteil der Notstromanlage an der Deckung des Jahresstrombedarfs

Nur bei Sonderfällen wird die Notstromversorgungsanlage einen Beitrag zur Deckung des Jahresstrombedarfs leisten.

[16] Anteil des Strombezuges an der Deckung des Jahresstrombedarfs

Der Wert entspricht der Differenz zwischen Eigenerzeugung in der KWK-Anlage und dem Gesamtbedarf.

[17] Brennstoffbedarf (Leistungswerte)

Die Berechnung des Brennstoffbedarfes erfolgt gemäß den unter [3] und [4] angegebenen Formeln. Die Daten werden für die Auslegung der Versorgungsanlagen, der Lieferfrequenzen und zur Errechnung evtl. anfallender Leistungspreise (z.B. bei Erdgasversorgung) benötigt.

[18] Brennstoffbedarf Jahresarbeitswerte

Die Berechnung der Jahresarbeitswerte für den Brennstoff erfolgt gemäß den unter [6] und [7] angegebenen Formeln. Die Daten werden für die Berechnung der Brennstoffkosten benötigt.

[19] Reststoffmengen

Die Reststoffmengen werden gemäß den Angaben in Kapitel 5.3 ermittelt, die vom Grundsatz her sowohl für Dampfkessel als auch für Heißwasserkessel Gültigkeit besitzen. Die Daten werden zur Berechnung der Entsorgungskosten benötigt.

7.3 Zusammenstellung der Investitionen und der Kapitalkosten

Die Kenntnis der erforderlichen Investitionen ist für den Wirtschaftlichkeitsvergleich unterschiedlicher Anlagenvarianten unabdingbar.

Zur schnellen und einfachen Feststellung der Investitionen ist es möglich, die Kosten vergleichbarer, ausgeführter Anlagen auf die installierte Leistung zu beziehen (spezifische Kosten), um auf dieser Basis erste Abschätzungen durchzuführen. Vergleiche von spezifischen Investitionsansätzen sind jedoch nur dann sinnvoll, wenn Leistungsbedingungen, Lieferumfang usw. gleich sind. Dies ist eigentlich nur im Rahmen eines speziellen Projektes bei der Angebotsauswertung der Fall.

Im Regelfall wird man Wirtschaftlichkeitsuntersuchungen, die einem gewissen Genauigkeitsgrad genügen sollen, auf Basis einer Vorprojektierung, zu der auch Preisanfragen erfolgen, durchführen. Um im Vorfeld derartiger Arbeiten eine erste Abschätzung zu ermöglichen, wurden anhand der Erfahrungswerte ausgeführter und kalkulierter Anlagen die spezifischen Investitionen der Hauptanlagenkomponenten, hochgerechnet auf den aktuellen Preisstand, in Kapitel 5 für die einzelnen Systemvarianten angegeben. Die Aufstellungen in Kapitel 5 können aufgrund der vorstehend genannten Problematik jedoch nur Anhaltswerte für einen ersten Ansatz liefern.

Zur Vereinfachung der weiteren Rechenschritte empfiehlt sich die Zusammenfassung der Ergebnisse in einer Aufstellung gemäß Beispiel-Tabelle 7-7. Die Tabelle 7-7 wird gleichzeitig als Basis für die Berechnung der Kapitalkosten benutzt und lehnt sich an die Übersicht in Kapitel 5.0 (Abb. 5.0-1) an.

Da die betriebswirtschaftliche Beurteilung (Kapitel 7.5) auf Basis der Jahreskosten durchgeführt wird, sind nachfolgend die Kapitalkosten für jede zu untersuchende Variante zu bestimmen. Die Berechnung erfolgt nach der Annuitätenmethode (siehe Kapitel 6) wobei eine lineare Abschreibung über den rechnerischen Nutzungszeitraum zugrunde gelegt wird.

Eventuelle Bezuschussungen können an dieser Stelle durch eine entsprechende Reduzierung der Investitionen berücksichtigt werden.

7.3 Zusammenstellung der Investitionen und der Kapitalkosten

Tabelle 7-7: Zusammenstellung der Investitionen und der Kapitalkosten (Beispieltabelle)

		Investitionen T€	Nutzung a	Annuität %/a	Kapitalkosten T€/a
1.	Baugrundstück				
2.	Erschließungsmaßnahmen				
3.	Bautechnik/-Konstruktion				
3.1	KWK-Gebäude				
3.2	Außenanlagen/Nebengebäude				
3.3	Abbruch-/Demontagearbeiten				
4.	Energietechnische Anlagen				
4.1	Maschinentechnik				
4.1.1	Motoraggregate				
4.1.2	Gasturbinenaggregate				
4.1.3	Dampfturbinenanlage				
4.2	Wärmeerzeuger				
4.2.1	Abgaswärmetauscher				
4.2.2	Abhitzekesselanlage				
4.2.3	Dampfkesselanlage				
4.2.4	Heizkondensatoranlage				
4.3	Abgasreinigungsanlage				
4.4	Kaminanlage				
4.5	Brennstoffversorgungsanlage				
4.6	Entaschungsanlage				
4.7	Betriebswasserversorgungsanlage				
4.8	Druckluftversorgungsanlage				
4.9	Schmierölversorgungsanlage				
4.10	E-/MSR-Technik, Leittechnik				
4.11	Reserve-/Spitzenlastkesselanlagen				
4.12	Heizwasser-Kreislauf-Komponenten				
4.13	Dampf- /Kondensat - Kreislaufkomponenten				
4.14	Notkühleinrichtung				
4.14.1	Kondensationsanlage, einschl. Rückkühlwerk				
4.14.2	Notkühler einschl. Kreislaufkomponenten				
5.	Gebäudetechnik				
5.1	RLT-Anlagen				
5.2	Trinkwasserversorgung				
5.3	Abwasser-/Sanitäranlagen				
6.	Stahlbaukonstuktionen				
6.1	Stahltreppen				
6.2	Bühnen				
Summe					

Nebenkosten wie zum Beispiel Planungshonorare, Prüfgebühren, Genehmigungskosten usw. fallen ursächlich im Zusammenhang mit den Investitionen an und sind im Regelfall an dieser Stelle entsprechend einzurechnen. Übliche Ansätze hierfür liegen für die Gesamtmaßnahmen bei ca. 5 bis 12 % der Anschaffungskosten. Eine genaue Ermittlung über Honorartafeln (z.B. HOAI) ist zwar prinzipiell möglich, lohnt sich aber vom Aufwand her nicht, da viele im Vorplanungsstadium unvorhersehbare Nebenkosten ohnehin nur durch einen Pauschalzuschlag erfasst werden können.

Tabelle 7-8: Nutzungsdauer und Annuität von KWK-Anlagenkomponenten

		Rechn. Nutzungsdauer a	Annuität in %/a bei 6% Zinssatz	Annuität in %/a bei 8% Zinssatz	Annuität in %/a bei 10% Zinssatz
1.	Baugrundstück				
2.	Erschließungsmaßnahmen	50	0,0634	0,0817	0,1009
3.	Bautechnik/-Konstruktion	50	0,0634	0,0817	0,1009
4.	Energietechnische Anlagen				
4.1	Maschinentechnik				
4.1.1	Motoraggregate	15	0,103	0,1168	0,1315
4.1.2	Gasturbinenaggregate	15	0,103	0,1168	0,1315
4.1.3	Dampfturbinenanlage	20	0,0872	0,1019	0,1175
4.2	Wärmeerzeuger				
4.2.1	Abgaswärmetauscher	15	0,103	0,1168	0,1315
4.2.2	Abhitzekesselanlage	20	0,0872	0,1019	0,1175
4.2.3	Dampfkesselanlage	20	0,0872	0,1019	0,1175
4.2.4	Heizkondensatoranlage	20	0,0872	0,1019	0,1175
4.3	Abgasreinigungsanlage	15	0,103	0,1168	0,1315
4.4	Kaminanlage	20	0,0872	0,1019	0,1175
4.5	Brennstoffversorgungsanlage	20	0,0872	0,1019	0,1175
4.6	Entaschungsanlage	20	0,0872	0,1019	0,1175
4.7	Betriebswasserversorgungsanlage	20	0,0872	0,1019	0,1175
4.8	Druckluftversorgungsanlage	15	0,103	0,1168	0,1315
4.9	Schmierölversorgungsanlage	20	0,0872	0,1019	0,1175
4.10	E-/MSR-Technik, Leittechnik	20	0,0872	0,1019	0,1175
4.11	Reserve-/Spitzenlastkesselanlagen	15	0,103	0,1168	0,1315
4.12	Heizwasser-Kreislauf-Komponenten	20	0,0872	0,1019	0,1175
4.13	Dampf- /Kond. - Kreislaufkomponenten	20	0,0872	0,1019	0,1175
4.14	Notkühleinrichtung	15	0,103	0,1168	0,1315
5.	Gebäudetechnik	15	0,103	0,1168	0,1315
6.	Stahlbaukonstuktionen	40	0,0665	0,0839	0,1023

Der jährliche Kapitaldienst ergibt sich aus den Kosten für Abschreibung und Verzinsung. Bei Erreichen des Endes des Abschreibungszeitraumes (rechnerische Nutzungsdauer) sind das investierte Kapital getilgt bzw. bei Eigenfinanzierung zurückgeflossen und die Verzinsung durchgeführt. Für die Berechnung wird die über den gesamten Abschreibungszeitraum konstante Annuität mit dem Annuitätsfaktor errechnet, der sich aus dem Kalkulationszinssatz gemäß den Formelzusammenhängen in Kapitel 6 ergibt.

Der Jahreskostenanteil errechnet sich aus den Investitionen, multipliziert mit dem Annuitätsfaktor.

Üblicherweise besteht die jeweils zu untersuchende Gesamtanlage aus Anlagenkomponenten mit unterschiedlicher rechnerischer Nutzungsdauer. Für jede dieser Anlagenkomponenten ist der Annuitätsfaktor auf Basis des für alle Berechnungen gleichen Kalkulationszinssatzes zu wählen. Die Gesamt-Kapitalkosten ergeben sich aus der Summe der den einzelnen Anlagenkomponenten zuzuordnenden Jahreskostenanteile. Der Berechnungsvorgang wird für jede Variante getrennt durchgeführt.

Die rechnerische Nutzungsdauer ist nicht mit der tatsächlichen Lebenserwartung der Bauteile gleichzusetzen. Sie berücksichtigt den Zeitraum zwischen Inbetriebnahme und dem Zeitpunkt, an dem aufgrund der steigenden Wartungs- und Instandhaltungskosten bzw. dem anerkannten Stand der Technik, den geltenden Vorschriften usw. eine Neuanschaffung sinnvoll werden kann. Die Ansätze für die rechnerische Nutzungsdauer können unternehmens-, bauteil- und branchenspezifisch unterschiedlich gewählt werden. Anhaltswerte liefert die VDI-Richtlinie 2067 sowie die AFA-Tabellen. Tabelle 7-8 enthält übliche Ansätze für die wesentlichen Komponenten von KWK-Anlagen.

Der für die Ermittlung der jährlichen Abschreibungen anzusetzende kalkulatorische Zins ist von den speziellen Projektgegebenheiten, von der Kapitalmarktentwicklung, von der Gesellschaftsform des Unternehmens, vom Anteil Fremd- zu Eigenkapital, von steuerlichen Betrachtungen und anderem abhängig. In Anlehnung an die Ausführungen und Berechnungsformeln in Kapitel 6 ergeben sich die in Abb. 7-8 ergänzend zu den Abschreibungszeiträumen angegebenen Annuitäten, wobei eine Auswahl allgemein üblicher Zinssätze berücksichtigt wurde.

7.4 Zusammenstellung der betriebsgebundenen Kosten

Mit den betriebsgebundenen Kosten sind alle nach der Errichtung der Anlage unabhängig von den erzeugten Energiemengen anfallenden Kosten zu erfassen, wie z.B.:

− Wartungs- und Instandhaltungskosten
− Personalkosten
− Versicherungskosten
− Verwaltungskosten
− Steuern

Der Aufwand für Wartung und Instandhaltung ist bei den einzelnen Varianten ebenso unterschiedlich wie der Personalaufwand. Anhaltswerte sind daher in den relevanten Fachkapiteln (Kapitel 5.1 bis 5.4) erfasst. Es empfiehlt sich, die gewählten Ansätze entsprechend den dort enthaltenen Tabellen als Grundlage für die weiteren Berechnungen anzuwenden.

Der gemäß Kapitel 5 ermittelte Personalaufwand (in Mannjahren) wird für die Jahreskostenberechnung mit dem durchschnittlichen Kostenansatz für Personal (Kapitel 7.1) multipliziert. Übliche Durchschnittswerte über alle Qualifikationsebenen innerhalb der zu berücksichtigenden Personalstruktur liegen derzeit einschließlich der zuzuordnenden Nebenkosten je Person und Jahr zwischen 35.000 €/a bis 50 000 €/a.

In den Ansätzen sollte zum Ausdruck kommen, dass eine große oder teuere, mit einem hohen technischen Aufwand errichtete Anlage spezifisch geringere Wartungs- und Instandhaltungsaufwendungen erfordert, als eine leistungsschwächere oder einfache, aber dafür kostengünstige Anlage.

Ebenso sollte bei den Personalkosten erkennbar sein, dass große oder komplizierte Anlagensysteme einen tendenziell höheren Personaleinsatz rechtfertigen, als kleinere Anlagen.

Darüber hinaus ist der Automatisierungsgrad, der direkt mit der Investitionshöhe gekoppelt ist, ein Maßstab für den Personalkostenansatz. Aufwendige, sehr teure Technik hat in der Regel einen hohen Automatisierungsgrad, was geringere Personalkosten nach sich zieht.

Vor allem bei den Dampfkesselanlagen sind aber die Genehmigungsrichtlinien zu beachten, die unter Umständen eine ständige Beaufsichtigung dieser Anlagen unabhängig vom Automatisierungsgrad verlangen können. Darüber hinaus ist beim Ansatz der Personalkosten zu prüfen, ob das für die sporadische Beaufsichtigung hochautomatisierter Anlagen eingesetzte Personal ausschließlich für diese Aufgaben abzustellen ist, oder noch anderweitig im Unternehmen eingesetzt werden kann.

Tabelle 7-9: Versicherungs- und Verwaltungskostenansätze

	Dim. *1)	Anlagen unter 2 MW th		Anlagen über 2 MW th	
		von	bis	von	bis
jährliche Verwaltungskosten					
- Motorenanlagen	%/a	1	2	0,8	1,2
- Gasturbinenanlagen	%/a	1	2	0,8	1,2
- Dampfturbinenanlagen	%/a			1,2	1,5
- Sonstige KWK-Anlagen	%/a	1	2,2	0,8	1,8
jährliche Versicherungskosten					
- Motorenanlagen	%/a	0,25	0,8	0,15	0,6
- Gasturbinenanlagen	%/a	0,25	0,8	0,15	0,6
- Dampfturbinenanlagen	%/a			0,2	0,8
- Sonstige KWK-Anlagen	%/a	0,25	0,8	0,15	0,6

*1) in % der Investitionen

Für Versicherungen, Gebühren, Verwaltung usw. können für alle Varianten investitionshöhenabhängig prozentuale Faktoren in Anlehnung an Tabelle 7-9 gewählt werden. Die Tabelle kann nur grobe Richtwerte anhand ausgeführter bzw. kalkulierter Anlagen enthalten, da die große Bandbreite in den örtlichen Gegebenheiten und Versicherungskonzepten die Angabe allgemeingültiger Ansätze erschwert. Im Zweifelsfall empfiehlt sich die Berücksichtigung eines vorsichtigen Ansatzes, der dann bei der Realisierung der Maßnahme nur günstiger ausfallen kann.

Tabelle 7-9 enthält nur Ansätze für die üblichen Haftpflicht-, Brand-, Maschinenbruchversicherungen. Besondere Versicherungskonzepte wie z.B.

- Leistungsausfallversicherung zur Absicherung des Ausfalls einer KWK Einheit (im Zusammenhang mit der Bestellung einer Kurzzeit-Reserve beim EVU) anstelle der Installation von Reserveaggregaten. (Grundgedanke hierbei ist, dass im Regelfall die unplanmäßigen Stillstände nicht durch schwere Maschinenschäden, sondern durch Ausfall meist kleinerer peripherer Anlagenteile ausgelöst werden, wobei die Störungen im Regelfall innerhalb von 15 bis 30 Minuten wieder behoben sind. Außerhalb der Lastspitzen ist damit bei den meisten Anlagenkonzepten dann ohnehin kein großes finanzielles Risiko verbunden),
- Spezielle Montageversicherungen zur Absicherung von Terminverzögerungen bei Lieferung, Montage und Inbetriebnahme sind hier nicht berücksichtigt und müssen im jeweiligen Einzelfall separat kalkuliert werden.

Die Berücksichtigung der Steuern wird hier der Vollständigkeit halber genannt und ist in dieser Art von Wirtschaftlichkeitsberechnungen kaum zu leisten, da hierbei die gesamte Unternehmensstruktur einbezogen werden muss und der Aufwand in keinem sinnvollen Verhältnis zum möglichen Nutzen steht. Im Regelfall wird man daher die Beurteilung der steuerlichen Einflüsse in einer abschließenden betriebswirtschaftlichen Wertung erfassen (siehe hierzu auch Kapitel 6).

7.5 Jahreskostenberechnung und Variantengegenüberstellung

Auf Basis der Jahreskosten werden die unterschiedlichen Systeme einem statischen Vergleich unterzogen. Ist die Realisierung einer Maßnahme in einzelnen Baustufen vorgesehen, wird jede Baustufe separat erfasst. Berechnungsbasis bilden die heutigen "aktuellen" Kosten- und Erlösverhältnisse auf Nettopreisbasis (d.h. ohne Mehrwertsteuer), wobei als Vergleichsbasis die Nutzwärmegestehungskosten oder die Deckungsbeiträge herangezogen werden können.

Tabelle 7-10: Jahreskosten-/Wärmegestehungskostengegenüberstellung (Beispieltabelle)

		Variante I	Variante ...	Variante ...
1. Kapitalkosten	€/a			
2. Verbrauchsgebundene Kosten				
- Strom-Leistungspreis	€/a			
- Strom-Arbeitspreis	€/a			
- Brennstoffkosten				
a) KWK-Anlage				
o Erdgas -Leistungspreis	€/a			
o Erdgas-Arbeitspreis	€/a			
o Heizöl	€/a			
o Festbrennstoff	€/a			
b) Spitzenlast-Kesselanlage				
o Erdgas -Leistungspreis	€/a			
o Erdagas-Arbeitspreis	€/a			
o Heizöl	€/a			
o Festbrennstoff	€/a			
- Entsorgungskosten	€/a			
a) KWK-Anlage	€/a			
b) Spitzenlastkesselanlage	€/a			
- Zusatzwasser	€/a			
- Sonstiges	€/a			
Zwischensumme Verbrauchsgeb. Kosten	€/a			
3. Betriebsgebundene Kosten				
- Wartung/Instandhaltung				
o KWK-Anlage	€/a			
o Kesselanlagen	€/a			
o Heizwasserkreislauf	€/a			
o Schaltanlagen	€/a			
o Betriebsmittelversorgungsanlagen	€/a			
o Dampf-/Kondensatkreislauf	€/a			
o Gebäudetechnik	€/a			
o Bautechnik	€/a			
- Personalkosten	€/a			
- Versicherung/Verwaltung	€/a			
- Sonstiges	€/a			
Zwischensumme Betriebsgebundene Kosten	€/a			
Gesamt-Jahreskosten	€/a			
Stromgutschrift				
- Leistungspreis (-)	€/a			
- Arbeitspreis (-)	€/a			
Wärmegestehungskosten	€/a			

Vergleiche zwischen neu zu errichtenden Anlagen (z.B. KWK-Varianten) und bestehenden Anlagen (z.B. vorhandene konventionelle Kesselanlagen) sollten immer auf gleicher Basis, das heißt dem Neuwert mit aktuellen Preisen erfolgen, um so die Aussage über die prinzipielle Wirtschaftlichkeit nicht zu verfälschen. Die Berücksichtigung vorhandener z.T. abgeschriebener Einrichtungen kann dann in einer anschließenden kaufmännischen Wertung erfolgen.

Die Jahreskosten, im Regelfall bezogen auf die abgegebene Nutzwärme, setzen sich zusammen aus:

- kapitalgebundene Kosten,
- verbrauchsgebundene Kosten,
- betriebsgebundene Kosten,
- sonstige Kosten.

Die Berechnung erfolgt tabellarisch in Anlehnung an Tabelle 7-10.

Die jährlichen Wärmegestehungskosten bei den KWK-Varianten ergeben sich aus den Jahreskosten der Anlagen unter Abzug des Wertes des eigenerzeugten Stromes (Stromgutschrift). Die Stomgutschrift berechnet sich aus dem

- Stromerlös aus der erzeugten elektrischen Arbeit und der
- Strom-Leistungspreisgutschrift (nicht benötigte Bezugsleistung).

Im Regelfall werden die Stromerlöse aus dem Produkt der erzeugten jährlichen elektrischen Arbeit mit dem Mischarbeitspreis ermittelt. Der Mischarbeitspreis ergibt sich aus dem Verhältnis von Hochtarif (HT)- zu Niedertarif (NT)-Strombezug, jeweils unter Berücksichtigung der Sommer- oder Wintertarifzeit nach Abzug aller Rabatte. Im Regelfall werden die Ansätze der Jahresabrechnung entnommen, wobei die Einflüsse, die sich aus der veränderten Bezugsstruktur bei Realisierung der KWK-Anlagen ergeben, anhand des Liefervertrages detailliert abzuschätzen sind.

Zur Berechnung der Strom-Leistungspreisgutschrift wird üblicherweise der Ausfall einer Erzeugereinheit (n-1) zur Spitzenstromzeit angesetzt. Hier sind aber Betriebsphilosophie und Reservestrombestellung sowie das Versicherungskonzept auf jeden Fall zusätzlich zu berücksichtigen, um keine doppelten Sicherheiten unbeabsichtigt einzurechnen.

Wichtig ist auch, dass für alle Varianten die gleiche Betrachtungsgrenze gewählt wird (z.B. Übergabestelle am VL-/RL-Verteiler, Gebäudeaußenkante, Übergabestation oder ähnlich).

Bei Energieversorgungsunternehmen, bei denen eine exakte Erfassung und Zuordnung der gesamten Betriebs- und Verwaltungskosten auf die einzelnen Anlagenteile nur mit aufwendigen Berechnungen möglich ist,

276   7 Wirtschaftlichkeitsberechnung

wird zum Vergleich unterschiedlicher Versorgungsanlagenvarianten häufig die Deckungsbeitragsberechnung herangezogen. Man ermittelt hierbei auf Jahreskostenbasis alle direkt der Anlage zuzuordnenden Kostenansätze, errechnet dann die aus den Nutzenergiemengen und der Tarifstruktur resultierenden potentiellen Einnahmen und erhält aus der Differenz der Werte den Deckungsbeitrag, mit dem dann alle sonstigen Kosten des Unternehmens (z.B. Verwaltung, Kundenabrechnung, Einkauf, Lagerwirtschaft usw.) abzudecken sind. Günstigste Varianten ist die Anlage mit dem höchsten Deckungsbeitrag. Besonders zu beachten ist bei der Berechnung, dass sich alle in den Jahreskosten bisher enthalten Werte auf die Übergabestelle an der Erzeugungsanlage beziehen. Für die Deckungsbeitragsberechnung ist die Übergabestelle bei den Übergabepunkten der Kundenanlagen: die Netzverluste und die Netzbetriebskosten sind folglich ebenso mit zu erfassen. Tabelle 7-12 zeigt ein Beispiel für den Aufbau der zugehörigen Berechnungstabelle. Die Jahreskosten werden hierbei der Berechnung gemäß Tabelle 7-10 entnommen.

Bezieht man die Wärmegestehungskosten bzw. die Deckungsbeiträge auf die Nutzenergie bzw. die abgegebene Energiemenge, so erhält man die spezifischen Jahreskosten bzw. die spezifischen Deckungsbeiträge wie in Tabelle 7-11 und Tabelle 7-13 als Beispiel gezeigt.

Tabelle 7-11: Spezifische Wärmegestehungskosten (Beispieltabelle)

		Variante I	Variante ...	Variante ...
Wärmegestehungskosten	T€/a			
Jahresnutzwämemenge	MWh/a			
Spezifische Wärmegestehungskosten	€/MWh			

Tabelle 7-12: Deckungsbeitrag (Beispieltabelle)

		Variante I	Variante ...	Variante ...
Wärmeerlöse				
- Zählermiete	T€/a			
- Leistung	T€/a			
- Arbeit	T€/a			
Stromerlöse				
- Zählermiete	T€/a			
- Leistung	T€/a			
- Arbeit	T€/a			
Summe Erlöse	T€/a			
Summe Jahreskosten	T€/a			
Deckungsbeitrag	T€/a			

Tabelle 7-13: Spezifischer Deckungsbeitrag (Beispieltabelle)

		Variante I	Variante ...	Variante ...
Deckungsbeitrag	T€/a			
Jahresnutzwämeenergie (frei Verbraucher)	MWh/a			
Spezifischer Deckungsbeitrag	€/MWh			

7.6 Sensitivitätsanalyse

Sinn einer Sensitivitätsanalyse ist die Risikoabschätzung bei unvorhersehbaren Veränderungen in der Kostenstruktur. Hierzu werden die einzelnen Kostenblöcke (z.B. Kapitalkosten, Stomerlöse usw.) in der Tabelle gemäß Tabelle 7-10 nach oben und unten mittels Faktoren so verändert, dass der Einfluss auf das Jahreskostenergebnis bzw. die Wärmegestehungskosten oder auf den Deckungsbeitrag deutlich wird. Am schnellsten werden die Einflüsse der unterschiedlichen Kostenblöcke deutlich, wenn man wie in den Beispielen im Kapitel 9 die Ergebnisse graphisch darstellt.

Werden zur Durchführung der Berechnungen DV-gestützte Tabellenkalkulationen eingesetzt, ist auch eine graphische Verlaufsanalyse der Wärmegestehungskosten oder der Deckungsbeiträge sehr anschaulich. Hierzu werden dann, ausgehend von den Ergebnissen der Tabelle 7-10 (erstes Jahr nach Inbetriebnahme) bis zum Erreichen der rechnerischen Nutzungszeit für jedes Jahr die Jahreskosten neu berechnet, wobei jährliche Änderungen in der Tarif-/Preisstruktur entsprechend einem auszuwählenden Szenarium angesetzt werden können.

8 Ökologische Systemanalyse

8.1 Schadstoffbilanz

Bei Betrieb, Umbau oder Neuerrichtung von Energieerzeugungsanlagen sind die von den Anlagen ausgehenden Umwelteinflüsse zu beachten. Unter allen von Energieversorgungsanlagen ausgehenden Emissionen ist den Luftschadstoffen eine besondere Bedeutung beizumessen.

Um vermeidbare Umweltschäden zu verhindern, wurden auf der Grundlage des Bundesimmissionsschutzgesetzes (BImSchG) durch Rechtsverordnungen und Verwaltungsvorschriften eine Reihe von Anforderungen an technische Anlagen festgelegt. Für den Bereich der Energieerzeugung sind dies vor allem:

- 1. Verordnung zur Durchführung des Bundesimmissionsschutzgesetzes (1.BImSchV). Mit ihr werden Grenzwerte für Feuerungsanlagen ab 4 kW bis 1 MW (Erdgas bis 10 MW) Feuerungswärmeleistung festgelegt.
- "Erste Allgemeine Verwaltungsvorschrift zum BImSchG", allgemein als "Technische Anleitung zur Reinhaltung der Luft" (TA Luft) bekannt. Sie legt Grenzwerte für Schadstoffe aus Feuerungsanlagen mit einer Feuerungswärmeleistung zwischen 1 und 50 MW fest.
- "3. Verordnung zur Durchführung des Bundesimmissionsschutzgesetzes" (3. BImSchV). Im wesentlichen ist hier die Grenzwertfestlegung für Schwefel in Heizöl EL (0,3 %) zu erwähnen.
- "13. Verordnung zur Durchführung des Bundesimmissionsschutzgesetzes" (13. BImSchV) auch Großfeuerungsanlagenverordung genannt. Sie legt Grenzwerte für Feuerungsanlagen mit einer Feuerungswärmeleistung über 50 MW (Erdgas 100 MW) fest.

Für Stickoxidemissionen wurde die sog. "Dynamisierungs-Klausel" eingeführt, die vorschreibt, dass beim Bau von neuen Anlagen oder bei der Nachrüstung bestehender Anlagen die dem "Stand der Technik" entsprechenden Möglichkeiten auszuschöpfen sind. Diese allgemein gehaltene

Formulierung wurde in der Umweltministerkonferenz am 5.04.1984 durch Zielvorgaben für die Vollzugspraxis der Behörden ergänzt. Die hier genannten Grenzwerte sind zum Teil deutlich niedriger, als in der Großfeuerungsanlagenverordnung festgelegt, haben aber zunächst nur empfehlenden Charakter. Einige Bundesländer (z.B. NRW) haben diese Werte allerdings in die Genehmigungspraxis übernommen.

Aufgrund der Verknüpfung zwischen Grenzwerten und Anlagentechnik wurden die in den Verordnungen enthaltenen Grenzwertangaben bereits in Kapitel 5 (Technische Grundlagen) bei den einzelnen Varianten aufgeführt. Bei der Ermittlung der von den Anlagen ausgehenden zulässigen Emissionen ist die Verordnungspraxis zu berücksichtigen, die die Anforderungen entsprechend dem technischen Fortschritt schrittweise verschärfte. Für Altanlagen gelten Übergangsfristen, die bei der Bewertung von Emissionen aus vorhandenen Anlagen entsprechend berücksichtigt werden können.

Prinzipiell können für Neuanlagen die Emissionen anhand der aus den Verbrennungsrechnungen ermittelten Rauchgasmengen unter Berücksichtigung der brennstoff- und prozessbedingten Schadstoffmengen berechnet werden, wobei auch Versuchsergebnisse und Erfahrungen mit ausgeführten Anlagen einfließen müssen.

Die maximal zulässigen Emissionen können anhand der Verbrennungsrechnung und den in Kapitel 5 angegebenen Grenzwerten ermittelt werden.

Die genehmigungsrechtlichen Grenzwerte beziehen sich auf "trockenes Abgas" im Normzustand (0 °C, 1013 mbar) sowie einen anlagen- bzw. brennstoffabhängigen, in den Vorschriften/Verordnungen genannten, Sauerstoffgehalt.

In den Tabellen in Kapitel 5, in denen die Grenzwerte auszugsweise angegeben sind, ist auch der Bezugssauerstoffgehalt genannt. Messergebnisse (z.B. bei Vergleichsmessungen), die sich auf einen höheren Sauerstoffgehalt beziehen, können anhand nachfolgender Formel umgerechnet werden.

$$E_B = \frac{21 - O_B}{21 - O_M} * E_M$$

E_B = Emission auf Bezugssauerstoffgehalt bezogen in Vol-ppm
E_M = gemessene Emission in Vol-ppm
O_B = Bezugssauerstoffgehalt
O_M = gemessener Sauerstoffgehalt in Vol-%

Ein Vergleich der von den einzelnen Energieerzeugungssystemen ausgehenden Schadstoffe kann auf der Grundlage der jährlich zu erwartenden

8.1 Schadstoffbilanz

Emissionsmengen erfolgen. Als Basis hierfür dient die von den Systemen erzeugte Nutzwärmearbeit oder bei stromorientiertem Betrieb die Jahresstromeinspeisung. Je nach Systemwirkungsgrad werden der erforderliche Jahresbrennstoffbedarf und damit die Schadstoffemission sowie die gleichzeitig mit der Wärmeenergie erzeugte Strommenge unterschiedlich sein.

Eine Vorausberechnung der Schadstoffmengen anhand der genehmigungsrechtlichen Grenzwerte führt aber zwangsläufig zu überhöhten Ergebnissen, da es im Interesse jeden Betreibers liegt, die Garantiewerte der Hersteller unter die genehmigungsrechtlichen Grenzwerte zu drücken. Die tatsächlich im Betrieb zu erwartenden Emissionen sollten aber im Regelfall noch unter den Garantiewerten der Hersteller liegen.

Für eine generelle ökologische Bewertung der einzelnen Systeme sind daher nur diese letztgenannten Erwartungswerte heranzuziehen. Hierfür aber eine verlässliche Kalkulationsbasis zu finden ist schwierig, da auf die von Betreibern und Herstellern der Anlagen veröffentlichten Messergebnisse zurückgegriffen werden muss, die oft unter unterschiedlichen Mess-, Betriebs- und Auswertungsbedingungen (z.B. unterschiedliche O_2-Bezugspunkte) entstanden sind.

Um eine verwertbare Datenbasis zu schaffen, ließen in der Vergangenheit verschiedene Behörden und Verbände Grundsatzstudien erarbeiten. Zum einen wurde hierbei eine qualifizierte Wertung der veröffentlichten Messwerte unter Berücksichtigung der zugehörigen Anlagentechnik vorgenommen, zum anderen wurden die Erwartungswerte anhand konkreter Betriebsfälle und unterschiedlicher Anlagentechnik aus den Verbrennungsgleichungen und den in den Rauchgasreinigungsanlagen ablaufenden Reaktionen errechnet.

Keines der Verfahren führt zu einem für die einzelnen Systemvarianten eindeutigen Ergebnis. Daher kann nur eine Bandbreite angegeben werden, innerhalb der dann später das tatsächliche Betriebsergebnis liegen wird.

Um im Vorfeld konkreter Angebotsangaben einen Emissionsvergleich der einzelnen KWK-Varianten zu ermöglichen, wurden in den Tabellen 8.1-1 bis 8.1-3 anhand der vorgenannten Studien für die wesentlichen genehmigungsrelevanten Schadstoffe Erwartungswerte angegeben. Die Werte wurden auf die einzusetzende Brennstoffenergie (MWh) bezogen und sind weitgehend von veröffentlichten Mess- und Erwartungswerten abgeleitet. Die Berechnung und Zusammenstellung der Werte erfolgte in Anlehnung an die im Literaturverzeichnis angegebenen Quellen.

Bei einem Systemvergleich kann die Jahresschadstoffbilanz durch Ausmultiplizieren der nach Kapitel 5 und 7 errechneten Brennstoffmengen mit den in Tabelle 8.1-1 bis 8.1-3 enthaltenen brennstoffbezogenen Schadstoffmengen (Emissionsfaktoren) aufgestellt werden.

Die angegebenen Emissionsfaktoren sind abhängig

- von den Bedingungen des Energieumwandlungsprozesses,
- von der Feuerungstechnik,
- vom Umwandlungssystem (Kessel, Motor, Gasturbine etc.)
- von der chemischen bzw. physikalischen Brennstoffzusammensetzung.

Die brennstoffabhängigen Emissionen entstehen durch die chemische Umsetzung der in den Brennstoffen enthaltenen schadstoffbildenden Moleküle (z.B. Schwefel, Stickstoff usw.) während des Verbrennungsvorganges. Eine Reduzierung der so entstehenden Rauchgasanteile ist nur durch Filter bzw. sonstige Reinigungsmaßnahmen möglich. Die prozessabhängigen Emissionen (NOx-Bildung aus der Verbrennungsluft, CO usw.) sind durch die jeweilige Feuerungstechnik und Betriebsführung beeinflussbar.

Die Tabellen 8.1-1 bis 8.1-3 enthalten jeweils zwei Angaben je Schadstoffkomponente. Der "Max-Wert" enthält die Emissionsangaben, die einer Anlagenkonfiguration entsprechen, die gezielt auf die Einhaltung der genehmigungsrechtlichen Grenzwerte hin ausgelegt ist. Der "Min-Wert" enthält die Emissionsangaben, die einer Anlagenausrüstung entsprechen, die auf dem "Stand der Technik" derzeit die maximal mögliche Schadstoffreduzierung erlaubt.

Tabelle 8.1-1: Emissionsfaktoren für Gebäudeheizungen und Heizwerke

	Feuerungswärmeleistung kW	Emissionsfaktoren (g/MWh) (bezogen auf Brennstoffeinsatz)							
		SO2		NOx		Staub		CO	
		max	min	max	min	max	min	max	min
Heizöl (HEL)	> 10	270	270	144	72	3,6	1,8	216	36
Erdgas									
- Kleinfeuerungen	> 10	1,08	1,08	144	72	0,36	0,36	101	36
- Heizwerke	> 10	1,08	1,08	101	50,4	0,36	0,36	101	36
Steinkohle									
- Kleinfeuerungen	5 - 1000	1800	1800	180	180	198	198	>>>	144
- Heizwerke	> 1000	1800	252	540	540	72	36	720	36
Braunkohle									
- Kleinfeuerungen	10 - 1000	396	396	270	270	198	198	>>>	144
- Heizwerke	> 1000	396	230	540	360	72	36	684	36

8.1 Schadstoffbilanz

Tabelle 8.1-2: Emissionsfaktoren für Motoren- und Gasturbinenanlagen

	Feuerungs-Wärme-leistung	Emissionsfaktoren (g/MWh) (bezogen auf Brennstoffeinsatz)					
		SO2 max	SO2 min	NOx max	NOx min	Staub max	Staub min
Ölbefeuerte Motorenanlagen (HEL)	> 1 < 5 MW	270	270	4320	1159	151	29
Erdgasbefeuerte Motorenanlagen	> 1< 5 MW	1	1	450	58	7	7
Ölbefeuerte Motorenanlagen (HEL)	> 5 MW	270	270	929	522	76	29
Erdgasbefeuerte Motorenanlagen	> 5 MW	1	1	450	227	7	7
Ölbefeuerte Gasturbinenanlagen (HEL)	< 16 MW	270	270	976	540	140	32
Erdgasbefeuerte Gasturbinenanlagen	< 16 MW	1	1	598	180	14	7
Ölbefeuerte Gasturbinenanlagen (HEL)	> 16 MW	270	270	835	216	140	32
Erdgasbefeuerte Gasturbinenanlagen	> 16 MW	1	1	299	72	14	7

Emissionsfaktoren für CO liegen in etwa
- für ölbefeuerte Anlagen zwischen 40 und 250 g/MWh
- für gasbefeuerte Anlagen zwischen 4 und 150 g/MWh

Tabelle 8.1-3: Emissionsfaktoren für Kesselanlagen

	Feuerungs-Wärme-leistung	Emissionsfaktoren (g/MWh) (bezogen auf Brennstoffeinsatz)					
		SO2 max	SO2 min	NOx max	NOx min	Staub max	Staub min
Steinkohlebefeuerte Kesselanlagen							
- Rostfeuerungen	5 bis 50 MW	1094		547	410	54	29
- Wirbelschichtfeuerungen	5 bis 50 MW	547	486	547	410	54	29
- Rostfeuerungen	50 bis 300 MW	382	256	511	256	32	13
- Wirbelschichtfeuerungen	50 bis 300 MW	274	274	274	274	34	14
- Wirbelschichtfeuerungen	über 300 MW	274	137	245	137	34	14
- Staubfeuerungen	über 300 MW	256	119	230	216	32	7
Braunkohlebefeuerte Kesselanlagen							
- Rostfeuerungen	5 bis 50 MW	576	205	410	274	54	14
- Wirbelschichtfeuerungen	5 bis 50 MW	479	205	410	274	54	14
- Rostfeuerungen	50 bis 300 MW	288	205	511	274	50	14
- Wirbelschichtfeuerungen	50 bis 300 MW	288	137	274	137	54	7
- Wirbelschichtfeuerungen	über 300 MW	158	79	313	148	40	7
- Staubfeuerungen	über 300 MW	148	72	292	148	36	7
Ölbefeuerte Kesselanlagen							
- HEL-Feuerung	< 5 MW	270	270	209	104	4	0,4
- HEL-Feuerung	> 5 < 300 MW	270	270	209	104	2	0,4
Erdgasbefeuerte Kesselanlagen							
- Erdgasfeuerung	>1 < 100 MW	1	1	101	50	0,4	0,4
- Erdgasfeuerung	> 100 MW	1	1	101	50	0,4	0,4

Emissionsfaktoren für CO betragen in etwa:
- Kohlefeuerungen 36 bis 360 g/MWh
- Ölfeuerungen 36 bis 70 g/MWh
- Erdgasfeuerungen 4 bis 130 g/MWh

Diese praxisorientierte Unterlage dient dem Ziel, dem Betreiber oder Planer ohne großen Rechenaufwand als Grundlage für Investitionsentscheidungen einen Überblick über die zu erwartenden Emissionen der von ihm untersuchten KWK-Varianten gegenüber konventionellen Systemen zu geben. Eine regionalisierte Emissionsbetrachtung unter Umständen noch unter Berücksichtigung vorgelagerter Prozessketten (z.B. Brennstoffförderung, -aufbereitung, -transport usw.) wie auch die Erarbeitung von Grundlagen für umweltrechtliche Entscheidungen ist mit den genannten Richtwerten nicht ohne weiteres möglich.

Ebenso sind die Tabellen 8.1-1 bis 8.1-3 nicht für den Vergleich konkreter Angebote geeignet. Im Angebotsstadium wird man sich im Regelfall für alle genehmigungsrelevanten Schadstoffe Garantiewerte der Hersteller nennen lassen, wobei die Überprüfung der Plausibilität und der Vergleich mit Alternativangeboten vom planenden Ingenieur durchzuführen sind. Aufgrund der Abhängigkeiten zwischen niedrigen Schadstoffgrenzwerten und erforderlicher Anlagentechnik (und damit Kosten) ist ein Angebotsvergleich auf Jahreskostenbasis ohne Wertung der Schadstoffwerte unvollständig (niedrige Schadstoffwerte bedeuten oft höhere Jahreskosten). Ergänzend zur Jahreskostenbetrachtung kann eine emissionsbezogene Wichtung der Angebote über ein garantiewertabhängiges Punktesystem (Wertanalyse) eine neutrale Entscheidungshilfe bieten.

8.2 Ökologische Bewertung der Systeme

Die Ermittlung der von den verschiedenen Energieerzeugungssystemen im speziellen Einzelfall abgegebenen Jahresschadstoffmengen sagt alleine noch wenig über die Umweltqualität der Systeme aus, da die von den Schadstoffen ausgehende Schadenswirkung hierbei unberücksichtigt bleibt.

Eine Ermittlung des von den einzelnen Schadstoffen ausgehenden Gefährdungspotentials ist mit vertretbarem Aufwand derzeit nicht möglich. Eine Wertung der Systeme kann daher nur über

a) Vergleich der zu erwartenden Emissionswerte

oder

b) Vergleich der zu erwartenden Immissionswerte erfolgen.

8.2.1 Emissionsbewertung

Beim Vergleich der zu erwartenden Emissionen werden zunächst die Jahresemissionen der einzelnen Schadstoffe wie unter Kapitel 8.1 beschrieben errechnet. Da bei KWK-Systemen mit der gleichen Brennstoffmenge Strom und Wärme produziert wird, muss bei wärmeorientierter Betrachtung von den Gesamtemissionen eine Gutschrift in Abzug gebracht werden, die den Emissionen einer gleichhohen konventionellen Stromerzeugung (Stromgutschrift) entspricht. Bei stromorientierter Betrachtung ist umgekehrt eine Wärmegutschrift anzusetzen.

Im Sonderfall der Elektrowärmepumpen, Elektrospeicherheizungen oder sonstiger vergleichbarer Systeme muss eine Strombelastung zugeordnet werden, die die bei der Heizstromerzeugung entstehenden Emissionen berücksichtigt. Bei der Bemessung der Stromgutschrift geht man von dem Modell aus, dass der durch die KWK-Anlage erzeugte Strom die entsprechende Stommenge aus Mittellastkraftwerken substituiert. Entsprechend der Charakteristik der öffentlichen Stromversorgung werden hierfür die Emissionen von steinkohlebefeuerten Kondensationskraftwerken mit REA- und DENOX-Anlagen berücksichtigt. Die Abzugsbeträge ergeben sich dann aus der Multiplikation der Emissionsfaktoren mit der Jahresstromarbeit.

Tabelle 8.2-1: Emissionsfaktoren für die Berechnung der Emissionsgutschrift bei KWK-Stromerzeugung (bezogen auf die elektrische Energieeinspeisung)

	Emissionsfaktor (g/MWh) (bezogen auf die Jahresstromarbeit)			
	SO_2	NO_x	Staub	CO_2
Strombezug (Standardbedarf)	477	509	56	619200
Stromsubstitution bei KWK-Anlagen einschl. Heizstrombezug (Nachtspeicherheizung)	768	574	75	780120

Bei schadstoffarmen KWK-Anlagen können sich durch diese "Stromgutschrift" auch "negative" Bewertungszahlen ergeben, wodurch die Umweltfreundlichkeit dieser Systeme unterstrichen wird.

Die Tabelle 8.2-1 gibt Anhaltswerte für die Kenndaten der Prozesskette "Stromlieferung frei Haus", wobei zwischen Stromlieferung und Heizstromlieferung unterschieden wird:

a) Stromlieferung "frei Haus"
Unter Berücksichtigung des Gesamtkraftwerksparks beziehen sich die ermittelten Werte auf den Durchschnittswert der gesamten Stromerzeu-

gung, wobei folgende Anteile der Kraftwerksarten zugrunde gelegt wurden:

Braunkohle-Kraftwerke	20 %
Vollwertkohle-Kraftwerke	20 %
Ballastkohle-Kraftwerke	10 %
Kern-Kraftwerke	35 %
Wasser-Kraftwerke	5 %
Gas-Kraftwerke	5 %
Öl-Kraftwerke	5 %

Die vorgenannten Anteile repräsentieren die Gesamtstromerzeugung und sind hier zu Vergleichszwecken aufgeführt.

b) Heizstromlieferung "frei Haus".

Hierbei wird berücksichtigt, dass Heizstrom (z.B. Nachtspeicheranlagen) überwiegend aus steinkohlebefeuerten Mittellastkraftwerken zur Verfügung gestellt wird. Aufgrund der Nutzungsstruktur der KWK-Anlagen kann angenommen werden, dass die Substitution des Strombezuges durch diese Systeme überwiegend den Mittellast-Kraftwerken zuzuordnen ist. Bei der Emissionsbewertung sind folglich nur diese Werte zu berücksichtigen und nicht der Durchschnitt des Gesamtkraftwerksparks.

Eine vergleichende summarische Betrachtung über alle Luftschadstoffe kann durch Multiplikation der Jahresschadstoffmengen mit Wichtungsfaktoren erreicht werden. Durch die Wichtungsfaktoren soll das unterschiedliche Gefährdungspotential der verschiedenen Schadstoffkomponenten berücksichtigt werden. Als Grundlage für die Bildung der Wichtungsfaktoren können

a) die in den VDI-Richtlinien angegebenen MI- und MIK-Werte

oder

b) die allgemeinen Immissionswerte IW/1 bzw. IW/2 der TA Luft herangezogen werden.

Da nur die Relationen der Schadstoffbilanzen untereinander, nicht aber die absoluten Werte von Bedeutung sind, ergeben sich bei den Berechnungen keine wesentlichen Unterschiede zwischen beiden Ansätzen. Eine allgemein anerkannte Bewertungsregelung ist derzeit nicht bekannt. Die Erfahrung zeigt jedoch, dass die Verwendung der IW/1-Werte der TA-Luft auf breite Akzeptanz trifft. Durch Verwendung der IW/1-Werte erfolgt die Beurteilung der Umweltqualität auf Basis einer mittleren zulässigen Jahresbelastung. Als Wichtungsfaktor wird der Kehrwert des Immissionsgrenzwertes gewählt, so dass ein niedriger Grenzwert die zugehörige Emission hoch bewertet (siehe Tabelle 8.2-2). Der Vergleich wird nach folgendem Rechengang durchgeführt:

1. Multiplikation der Jahresbrennstoffmenge mit den spezifischen Emissionsfaktoren. Ergebnis: Jahresemission bezogen auf die jeweilige Schadstoffkomponente.
2. Subtraktion einer Stromgutschrift (bzw. bei elektrischen Heiz- bzw. Antriebssystemen Addition einer Strombelastung).
3. Wichtung der Jahresemissionen durch Multiplikation mit dem Kehrwert des IW/1-Wertes. Ergebnis: gewichtete Einzelemission.

Zur vereinfachten Gesamtdarstellung wird häufig noch eine Emissionsbewertungszahl durch Aufsummieren der Einzelwerte im Rahmen eines Systemvergleiches gebildet. Das so ermittelte Ergebnis zeigt die Gesamtsystembilanz.

Tabelle 8.2-2: Emissionsbewertungsfaktoren gemäß den IW/1-Werten der TA-Luft

	IW/1-Wert TA - Luft		Emission-Bewertungs-Faktor
SO2	140	µg/m³	0,0071
NOx	80	µg/m³	0,0125
Staub	150	µg/m³	0,0067
CO	10000	µg/m³	0,0001

Bei der Bewertung der Emissionen von KWK-Anlagen gemäß der vorgenannten Methodik wurden nur die Schadstoffe berücksichtigt, für die im Rahmen der Umweltschutzgesetze Grenzwerte festgelegt wurden. Zusätzlich entsteht bei der Verbrennung fossiler Brennstoffe noch Kohlendioxid als Reaktionsprodukt aus der Oxidation der Kohlenstoffanteile. Die Einstufung dieses Gases als global wirkender Schadstoff (Ozonschichtschädigung, Treibhauseffekt) ist wissenschaftlich noch nicht abschließend bewertet bzw. abgesichert, trotzdem sollte der aktuellen Umweltdiskussion Rechnung getragen und der CO2-Ausstoß der Anlagen in die Bewertung einbezogen werden.

Die CO2-Emissionen der Energieerzeugungssysteme sind in erster Linie von den eingesetzten Brennstoffen und nicht vom Anlagensystem abhängig. Beim Vergleich der KWK-Varianten wird sich daher zunächst der unterschiedliche Brennstoffbedarf sowie die Brennstoffart auf die Ergebnisse der Bewertung auswirken. Als Grundlage für die Berechnungen enthält Tabelle 8.2-3 für die bei KWK-Anlagen eingesetzten Brennstoffe eine Übersicht über den zugehörigen CO2-Ausstoß beim Verbrennungsvorgang bezogen auf den Brennstoffeinsatz.

Nach Abschluss der Berechnungen wird man z.T. feststellen, dass real am jeweiligen Anlagenstandort gegenüber einer reinen Wärmeversorgung und Strombezug aus dem öffentlichen Versorgungsnetz durchaus höhere Emissionen auftreten. Ursache hierfür ist der Umstand, dass die über die KWK-Anlage eingesparten Emissionen aus konventionellen Kondensationskraftwerken im Regelfall außerhalb des Gebietes eingespart werden, in dem die KWK-Anlage errichtet wird/werden soll. Immissionsseitig wirken sich KWK-Anlagen oft aber entlastend aus, da vor allem durch die gegenüber konventionellen Heizungsanlagen höheren Schornsteine die Immissionen im Versorgungsbereich der Anlagen sinken. Um dies zu bewerten, ist eine Immissionsberechnung erforderlich.

Tabelle 8.2-3: CO_2-Emissionsfaktoren

	Emissionsfaktor (kg/MWh) (bezogen auf den Brennstoffeinsatz) CO2
Steinkohle	335
Braunkohle	349 bis 396
Erdgas	198
Heizöl EL	263

8.2.2 Immissionsbewertung

Zur Ermittlung der Immissionen wird eine Bewertung der von der KWK-Anlage ausgehenden Umwelteinflüsse anhand einer Schadstoffausbreitungsrechnung vorgenommen. Das quantitative Ergebnis eines solchen Modells wird im Regelfall zeigen, dass aufgrund der höheren Kaminanlagen die großräumigere Verteilung der Emissionen aus großen Kraftwerks-/Heizwerksanlagen im infrage kommenden Einwirkungsbereich (z.B. Siedlungsgebiet) zu günstigeren Werten führt, als der Einsatz kleiner Anlagen oder gar Gebäudeheizungen. Bei dieser Art der Bewertung werden allerdings modellbedingt die überregionalen Auswirkungen der von den Anlagen ausgehenden Emissionen nicht berücksichtigt.

Immissionsbewertungen sind insbesondere dort von Bedeutung, wo die Einflüsse auf ein vielleicht aufgrund anderer Emissionsquellen bereits vorbelastetes Wohngebiet zu bewerten und unter Umständen zu verringern sind. Eine wesentlich Kenngröße bei der Immissionsbewertung ist der von Kaminhöhe, Windgeschwindigkeit, Windrichtung, Wetterklasse usw. abhängige Umsetzungsfaktor von Emission zu Immission. Sofern aufgrund der Genehmigungsanforderungen notwendig, wird man im infrage kommenden Gebiet die vorhandene Immissionsbelastung durch Messungen feststellen und hierauf aufbauend die Veränderungen vorausberechnen, die sich bei Realisierung der jeweiligen KWK-Anlage ergeben. Diese Einzeluntersuchungen erfordern einen hohen Aufwand und einen entsprechend langen Bearbeitungszeitraum (vor allem zur Durchführung der erforderlichen Messungen). Anhaltswerte kann man unter Verwendung von Literaturwerten gewinnen. Beispielsweise enthält Band 10 der Studie „Örtliche und regionale Energieversorgungskonzepte" (Bundesminister für Forschung und Technologie) Berechnungsbeispiele für Emission/Immission-Umsetzungsfaktoren am Beispiel der meteorologischen Daten für Hannover und Stuttgart, die hier auszugsweise angegeben werden (Tabelle 8.2-4).

Tabelle 8.2-4: Emission-/Immission-Umsetzungsfaktoren

Emission/Immission-Umsetzungsfaktoren	
Kleinfeuerungsanlagen < 50 kW (Vergleichssystem):	1
Mittelfeuerungsanlagen (Kaminhöhe < 40 m):	0,50 - 0,75
Großfeuerungsanlagen:	0,06 - 0,20

Eine überschlägige Immissionsbewertung kann für die jeweiligen KWK-Varianten wie folgt durchgeführt werden:

1) Berechnung der Emissionen der einzelnen Schadstoffkomponenten gemäß Kapitel 8.2.1 ggf. unter Berücksichtigung einer Stromgutschrift oder Strombelastung.
2) Berechnung der Emissionsbewertungszahl durch Aufsummieren der unter Ziff. 1 erhaltenen Werte.
3) Multiplikation der Emissionsbewertungszahl mit den Emission-/Immission-Umsetzungsfaktoren.

Als Ergebnis erhält man eine Immissionsbewertungszahl als Vergleichsmaßstab für die vom jeweiligen System verursachte Immissionsbelastung.

8.3 Die Kraft-Wärme-Kopplung im Emissionshandel

Ab 1.1.2005 benötigen Betreiber von Verbrennungsanlagen in allen Industriesektoren mit einer thermischen Eingangsleistung von mehr als 20 MW, sowie Betreiber von Produktionsanlagen einiger energieintensiver Industriebranchen eine Genehmigung zur Emission von Treibhausgasen und müssen Emissionsberechtigungen für Kioto-Gase (im ersten Schritt nur CO2) besitzen. Es handelt sich um Anlagen, die Energiedienstleistungen (Kraft, Wärme, Dampf, Kälte usw.) bereit stellen, das sind Kraftwerke, Heizwerke, Heizkraftwerke und sonstige Feuerungsanlagen mit einer Feuerungswärmeleistung von >20 MW. Bei den energieintensiven Industriebranchen handelt es sich um die Stahl-, Papier- und Pappe, Steine- und Erden-, Glas, Zement- und Kalkindustrie. In Deutschland werden mit diesen Festlegungen mehr als 60% der gesamten CO_2-Emissionen erfasst.

8.3.1 Das Prinzip des Emissionshandels

Durch den Emissionshandel findet Klimaschutz im Ergebnis dort statt, wo er zu den geringsten Kosten verwirklicht werden kann. Jeder betroffenen Anlage werden konkrete Minderungsziele zugeordnet, und in diesem Umfang Emissionsberechtigungen zur Verfügung gestellt. Diese Berechtigungen sind handelbar und dienen so als eine Art Gutschrift. Erreicht das Unternehmen die Ziele durch eigene kostengünstige CO_2-Minderungsmaßnahmen, kann es nicht benötigte Berechtigungen am Markt verkaufen. Alternativ kann es Berechtigungen am Markt zukaufen, wenn eigene Minderungsmaßnahmen teurer ausfallen würden. Erfüllt das Unternehmen seine Minderungsverpflichtung nicht, werden empfindliche Sanktionen fällig, die in der ersten Handelsperiode 40 € pro Tonne Kohlendioxid betragen. Die nicht erreichte Minderungsverpflichtung muss im Folgejahr zusätzlich erbracht werden.

8.3.2 Beispiel für den Emissionshandel (Abb. 8.3-1):

Die Unternehmen A und B sollen zusammen 10% ihrer Emissionen abbauen. Während für das Unternehmen B die notwendigen Investitionen zum Emissionsabbau relativ hoch sind, sind die Investitionen im Unternehmen A niedriger.

Durch den Emissionshandel ist es für das Unternehmen A wirtschaftlich attraktiv, 20% seiner Emissionen abzubauen und die dann nicht genutzten Emissionsrechte an das Unternehmen B, das selbst keine Emissionsminderung umgesetzt hat, zu verkaufen.

Das Klimaschutz-Ziel ist in jedem Fall erreicht: 10% der Emissionen der Unternehmen A und B wurden abgebaut.

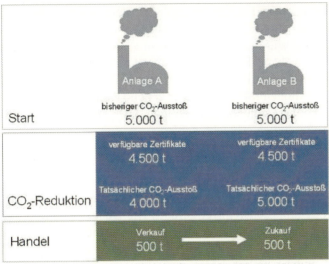

Abb. 8.3-1: Beispiel für den Handel mit Emissionsberechtigungen (Quelle: BMU)

8.3.3 Gesetzliche Rahmenbedingungen des Emissionshandels

Die für den Emissionshandel zur Zeit geltenden Gesetze

- Gesetz über den Handel mit Berechtigungen zur Emission von Treibhausgasen, das sog. Treibhausgasemissionshandelsgesetz (TEHG) (wurde am 28. Mai 2004 vom Bundestag verabschiedet). Das TEHG verweist auf das Nationale Allokationsplan-Gesetz.
- Gesetz über den Nationalen Allokationsplan NAP-Gesetz. Dabei geht es um die Zuteilung von Emissionsrechten. Der NAP ist mittlerweile verabschiedet. Danach werden für die Energiewirtschaft und die Industrie 503 Mio t CO_2/Jahr (in der 1. Periode von 2005 – 2007) zugeteilt. Für die 2. Periode von 2008 – 2012 beträgt die Zuteilung 495 Mio t CO_2.
- Verordnung über die Emission von Treibhausgasen (34. BImSchV)

Für KWK-Anlagen gilt bei der Allokation eine besondere Regel. Danach erhalten KWK-Bestandsanlagen einen Bonus von 27 t CO_2/GWh_{el}. KWK-Neuanlagen können doppelte benchmarks beanspruchen (Strom 750 g CO_2/kWh und Wärme 200 g CO2/kWh)

Die Anlagenbetreiber erhalten die Emissionsberechtigungen nach den Regeln des Zuteilungsgesetzes 2007 kostenlos. Diese Berechtigungen können ab dem 01.01.2005 in der gesamten EU frei gehandelt werden. Unternehmen, die mehr Treibhausgase ausstoßen, als ihnen durch die Berechtigungen zugebilligt werden, können bei anderen Unternehmen, die ihre Emissionsmengen unterschreiten - oder möglicherweise bei Händlern - Berechtigungen erwerben. Wer weniger Emissionen ausstößt, also über freie Berechtigungen verfügt, kann Berechtigungen verkaufen. Erfüllt das Unternehmen allerdings seine Emissionsminderungsverpflichtung nicht, werden empfindliche Sanktionen fällig, die in der ersten Handelsperiode (2005 bis 2007) 40 € pro Tonne Kohlendioxid betragen. Die „verpasste" Emissionsminderung muss zusätzlich erbracht werden.

In Deutschland werden alle Übertragungen von Emissionsberechtigungen durch das deutsche Register durchgeführt. Die Registerverordnung wird voraussichtlich im Herbst 2004 in Kraft treten. Beim Umweltbundesamt in Berlin wurde die Deutsche Emissionshandelsstelle DEHSt eingerichtet. Dort wird das Emissionsregister geführt. Die Deutsche Emissionshandelsstelle ist die zuständige Behörde im Sinne des Treibhausgas-Emissionshandelsgesetzes (§20 Abs. 1, Satz 2 TEHG). Sie arbeitet nicht nur mit den am Emissionshandel beteiligten Unternehmen, Sachverständigen und Händlern von Emissionsberechtigungen zusammen, sondern versteht sich auch als Kontaktstelle für das Bundesumweltministerium sowie für die Bundesländer (insbesondere die zuständigen Landes-Immissionsschutzbehörden).

Neben den Anlagenbetreibern kann laut § 14 Absatz 2, TEHG jede natürliche und juristische Person Emissionsberechtigungen kaufen, besitzen, verkaufen oder löschen. Bedingung hierfür ist die Eröffnung eines Kontos im deutschen Register. Es wird zwei Arten von Konten geben: zum einen Anlagenkonten für die emissionshandelspflichtigen Anlagen und zum anderen sog. Personenkonten. Diese können auf Antrag für Privatpersonen, professionelle Händler, NGOs u. a. eingerichtet werden. Der Kontoinhaber kann Berechtigungen erwerben, halten oder übertragen. Damit kann sich jeder Inhaber eines Kontos im Register der DEHSt als Zwischenhändler betätigen. Anträge zur Einrichtung eines Personenkontos können bei der Deutschen Emissionshandelsstelle (DEHSt) im Umweltbundesamt voraussichtlich ab Herbst 2004 gestellt werden.

8.3.4 Die Bedeutung der KWK für die CO_2–Emissionen des deutschen Kraftwerksparks

Die Kraftwerks-Statistik für 2000 in Tab. 8.3-1 zeigt, dass mit der KWK-Technik die CO_2 –Emissionen beachtlich reduziert werden.

8.3 Die Kraft-Wärme-Kopplung im Emissionshandel

Tabelle 8.3-1: CO_2–Emissionen des deutschen Kraftwerksparks und der Anteil der KWK [nach Schrader, Knut; Tagung Energieeffizienz und Emissionshandel, 20./21.04.2004 Düsseldorf, VDI-GET, Tagungsleitung Prof. Dr. Gunter Schaumann]

	Brennstoff TWh	Strom TWh	Wärme TWh	CO2-Emissionen Mio t
– Kraftwerkspark	1.435	543	126	337
– fossil bef. Kraftw.	674	280	0	265
– KWK-Anlagen	247	61	126	72
– KWK-Anl. > 20 MW	246	54	115	67

Im Vergleich dazu werden bei reiner Wärmeerzeugung in Heizwerken pro TWh Brennstoff bei der Verbrennung von Erdgas 0,2; Mineralöl 0,27; Steinkohle 0,33 Mio t CO_2 emittiert. D. h. bei getrennter Erzeugung anstelle in KWK-Anlagen >20 MW würden ca. (50 + 36) Mio t CO_2 gegenüber 67 Mio t CO_2 frei. Das ist für diesen Teil eine Einsparung von ca. 20 Mio t CO_2

8.3.5 Klimaschutz als übergeordnetes Ziel; gesetzliche Festlegungen

Im Sinne des Klimaschutzes wurden folgende Festlegungen getroffen:

- Die Klimagasemissionen vom Gebiet der europäischen Gemeinschaft werden ab 2008 in ihrem absoluten Betrag begrenzt.
- Die Europäische Union hat sich im Kioto-Protokoll (1997) verpflichtet, die „Kiotogase" in dem Zeitraum 2008 – 2012 gegenüber 1990 um 8 Prozent zu reduzieren.
- Deutschland hat sich verpflichtet seine „Kiotogas-Emissionen" um 21 % zu reduzieren.

Zur Zielerreichung sind verschiedene Mechanismen definiert worden. Darunter ist der Emissionshandel ein Mechanismus, der ab 2008 nutzbar und zwischen Industrieländern möglich ist. Er wird als ein kosteneffektives Instrument angesehen, um die Kiotoverpflichtung/die Burdensharingverpflichtung umzusetzen.

Die EU-Emissionshandelsrichtlinie berücksichtigt für die erste Handelsperiode (2005 – 2007) nur CO_2 als einzig berichtspflichtiges Treibhausgas. Das Emissionshandels-System bietet eine wirtschaftliche Basis, um den Ausstoß des klimaschädlichen Gases CO_2 zu reduzieren. Dazu erhält die Tonne CO_2 einen Wert, den der Handels-Markt bestimmt. In der Folge werden Reduktionsmaßnahmen dort durchgeführt, wo sie am kostengünstigsten sind.

In der ab Januar 2005 beginnenden 1. Periode des Emissionshandels sind bei Überschreiten der durch Zertifikate erlaubten Emissionen 40 €/t CO_2 zu bezahlen. In der danach folgenden 2. Periode wird die Strafe auf 100 €/t erhöht. Dadurch werden die Kosten der Nichteinhaltung der Vorschrift höher als die Kosten der Einhaltung.

Neben dem Handel von Emissionsberechtigungen für CO_2 untereinander bieten sich den Unternehmen voraussichtlich zusätzliche Märkte. Am 20.04.2004 haben sich EU-Kommission und EU-Parlament auf die so genannte Ergänzungsrichtlinie für den Emissionshandel geeinigt. Hiernach könnten EU-Unternehmen umweltschonende, weil CO_2-mindernde, projektbezogene Aktivitäten außerhalb des eigenen Landes in den obligatorischen Handel mit CO_2-Emissionen einbeziehen. Bilaterale Projekte im Rahmen von „Joint Implementation" (JI) in Industrieländern und von „Clean Development Mechanism" (CDM) in Entwicklungsländern würden es ermöglichen, sich CO_2-mindernde Aktivitäten als Berechtigungen anerkennen zu lassen und mit diesen zu handeln. Energieerzeuger und andere Unternehmen, die am Emissionshandel teilnehmen, erhalten so zusätzliche Berechtigungen und Flexibilität, wenn sie in Energieeffizienz oder in Erneuerbare Energien wie Solaranlagen im Ausland investieren.

Es wird erwartet, dass der genannte Kompromiss Mitte 2004 durch den EU-Umweltministerrat bestätigt wird. Danach erlaubt die entsprechende Regelung – niedergelegt in einer die Emissionshandelsrichtlinie ergänzenden Richtlinie – den Anlagenbetreibern, die am EU-Emissionshandel teilnehmen, einen Teil ihrer Klimaschutzverpflichtungen in der ersten Handelsperiode (2005 bis 2007) durch CDM-Projekte und ab der zweiten Handelsperiode durch CDM- und JI-Projekte zu erfüllen. Ausgenommen von dieser Regelung sind Atomkraftwerke sowie so genannte Senken-Projekte. Besondere Regeln gelten auch für große Staudammprojekte.

9 Beispiele ausgeführter KWK-Anlagen

Ergänzend zu den vorstehenden Ausführungen folgen hier einige Beispiele ausgeführter KWK-Anlagen. Die Konzeption und die Anwendung der Berechnungsgrundlagen werden anhand dieser Beispiele erläutert. Weitere Beispiele sind unter www.kwk-buch.de zu finden.

Nachfolgend enthalten:

9.1 Kraft-Wärme-Kälte-Druckluft-Kopplungsanlage
Beispiel einer industriellen Energiebereitstellung mit einer Kraft-Wärme-Kälte-Druckluft-Kopplungsanlage

9.2 Standardisierte Wirtschaftlichkeitsberechnung für BHKW-Anlagen bis 50 kW_{el}

9.3 Biomasse-Heizkraftwerk, Realisierungsergebnisse

9.4 Gasturbinenanlage als Nachrüstung eines bestehenden Heizkraftwerkes (mit Dampfturbine) zur GuD-Anlage

9.5 Wärmeauskopplung aus großen GuD-Anlagen

9.1 Kraft-Wärme-Kälte-Druckluft-Kopplung

Nachfolgendes Beispiel zeigt eine industrielle Energiebereitstellung mit einer Kraft-Wärme-Kälte-Druckluft-Kopplungsanlage. Die dargestellte Anlage ist an einem größeren Standort eines weltweit tätigen Unternehmens der kunststoffverarbeitenden Industrie installiert. Am Standort sind auf einem Gelände mehrere Geschäftsbereiche des Konzerns untergebracht, die eigenverantwortlich wirtschaften. Der Industriestandort verfügt über eine wärmegeführte zentrale Energiebereitstellung und -verteilung. Die Anlage bietet die interessante Konstellation einer Kraft-Wärme-Kälte-Druckluft-Kopplung.

Durch die im folgenden beschriebene Betrachtung der Anlage wird aufgezeigt, wie einzelne Betriebspunkte einer Kraft-Wärme-Kälte-Druckluft-Kopplung optimal auf die unterschiedlichen Lastverhältnissen der industriellen Produktion reagieren bzw. in welchen Situationen eine Entkopplung der Energieversorgung aus wirtschaftlichen Gründen von Vorteil ist.

9.1.1 Anlagenbeschreibung Kraft-Wärme-Kälte-Druckluft-Kopplung

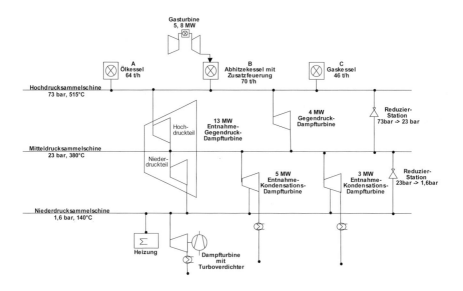

Abb. 9.1-1: Struktur Kraft-Wärme-Kälte-Druckluft-Kopplung

9.1.1.1 Energiebereitstellung

Die Energiebereitstellung ist auf ein Hauptwerk und ein Zweigwerk aufgeteilt. In dem Hauptwerk sind die Warten für die Dampferzeuger, die Gasturbine, die Gegendruckturbinen und einige Kältemaschinen untergebracht. Die Kondensationsturbine ist in dem Zweigwerk untergebracht. Einige Kälte- und Druckluftmaschinen sind nahe an der Produktion installiert.

Stromversorgung: Strombereitstellung über Generatorturbosätze mit den antreibenden Aggregaten Gasturbine, Gegendruckdampfturbine, Entnahme-Gegendruck-Dampfturbine und Entnahme-Kondensations-Dampfturbine. Die Generatorturbosätze werden an dem internen Mittelspannungsnetz betrieben, welches im Parallelbetrieb zum öffentlichen Netz geschaltet ist. Üblicherweise ist kein Inselbetrieb gegeben. Ein Strombezug von einem öffentlichen Stromversorger ist möglich.

Dampfversorgung: Zur Dampfbereitstellung stehen drei unterschiedliche Kessel zur Verfügung:

- Kessel A: Ölkessel Frischdampfleistung 28 t/h bis 64 t/h. In dem Dampferzeuger kann Heizöl EL verbrannt werden. Der Betrieb ist auf maximal 500 Volllaststunden pro Jahr begrenzt.
- Kessel B: Abhitzekessel Frischdampfleistung 23 t/h bis 70 t/h. Abgasbetrieb der Gasturbine und mit Zusatzfeuerung auf Basis Gas, so dass der Kessel ohne die Gasturbine als eigenständiger Dampferzeuger betrieben werden kann.
- Kessel C: Gaskessel Frischdampfleistung 10 t/h bis 46 t/h.

Druckluftversorgung: Die Bereitstellung von Druckluft 6 bar erfolgt durch

- einen Schraubenverdichter, der von einer mit Niederdruckdampf gespeisten Turbine betrieben wird

oder

- mit elektromotorisch angetriebenen Kompressoren.

Kälteversorgung: Kälte wird von der zentralen Energieversorgung in Form von Kaltwasser 8°C zur Verfügung gestellt. Es stehen Absorptionskältemaschinen und elektromotorisch angetriebene Kältekompressoren zur Verfügung.

9.1.1.2 Energieverteilung

Die Energieverteilung erfolgt über einzelne Stationen, die direkt von den beiden Kraftwerken gespeist werden. Eine Hintereinanderschaltung von Verbrauchern liegt nicht vor. Es werden jedoch teilweise mehrere Verbraucher von einer Station versorgt, die unterschiedlichen Produktionsstätten zuzuordnen sind.

Dampfverteilung: Die Volumenströme der einzelnen Dampfturbinen werden jeweils auf Dampfsammelschienen zusammengeführt:

- Hochdruckdampf: 73 bar, 515°C
- Mitteldruckdampf: 23 bar, 380°C
- Niederdruckdampf: 1,6 bar, 140°C

Zur Raumheizung und als Prozessdampfversorgung werden zwei Dampfverteilsysteme mit folgenden Niveaus betrieben:
- 23 bar, 270°C

und
- 1,6 bar, 140°C.

Die Rücklaufrate des Kondensats liegt bei 85% bis 90 %.

9.1.1.3 Struktur Energieverwendung

Die Energieverwendung in der Produktion folgt den Fertigungsprozessen, die unterschiedliche Strukturen und zeitliches Verhalten aufweisen. Die Energieversorgung der Fertigungsprozesse ist gemäß der örtlichen Lage der Fertigung zusammengefasst und über Laststationen an das Energieverteilnetz angeschlossen.

9.1.2 Betriebspunkte der Anlage

Zur Betrachtung der Kraft-Wärme-Kälte-Druckluft-Kopplung bedarf es der Kenntnisse über Regelverhalten, Leistungsvermögen und Wirkungsgrade der einzelnen Komponenten der Anlage.

9.1.2.1 Betriebspunktbestimmung Dampferzeuger

Nutzung von Kennlinien der Dampferzeuger:
Aus den Herstellerunterlagen der Dampferzeuger stehen die Wirkungsgrade als Kennlinien zur Verfügung. Der Wirkungsgrad wird z.B. als Funktion der Frischdampfmenge dargestellt.

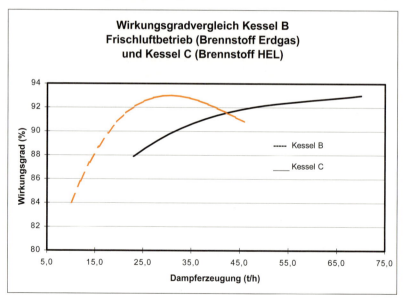

Abb. 9.1-2: Beispiel Wirkungsgrade der Kessel B und C

Nutzung der Rauchgastemperaturen zur Bestimmung der Kessel:
Stehen die Wirkungsgrades eines Kessels nicht in Form von Kennlinien zu Verfügung, so kann folgender funktionaler Zusammenhang zu den Rauchgastemperaturen genutzt werden.

Wirkungsgrad $\eta = f(\dot{m}_D)$ umgesetzt auf Rauchgastemperaturen

$$\vartheta_{RG} = f(\dot{m}_D),$$

hieraus folgt mit :

        Index D: Dampf
        Index RG: Rauchgas
        Index Verl: Verlust
        Index Br: Brennstoff
        Index L: Luft
        Index SpW: Speisewasser

Gesamtbilanz der Energieströme über den Dampferzeuger:

$$\frac{Q_D + Q_{RG} + Q_{Verl}}{Q_{Br} + Q_L + Q_{SpW}} \stackrel{!}{=} 1$$

(Gl.: 0.1)

Der Wirkungsgrad η ist durch das Verhältnis „Nutzen" zu „Aufwand" definiert:

$$\eta = \frac{Q_D}{Q_{Zu}} = \frac{Q_D}{Q_{Br} + Q_L + Q_{SpW}}$$

(Gl.: 0.2)

mit: $Q_D = h_D \cdot (p,T) \cdot m_D$

         $Q_{SpW} = h_{SpW} \cdot (p,T) \cdot m_{SpW}$

Aus (Gl.: 0.1) folgt:

$$H_U + m_L \cdot c_L \cdot \Delta\vartheta + (m_{Br} \cdot c_{Br} \cdot \Delta\vartheta) = \frac{Q_D}{\eta} - Q_{SpW}$$

(Gl.: 0.3)

Der in Klammern gesetzte Summand, welcher aus dem Temperaturniveau des zufließenden Brennstoffstromes hervorgeht, wird im folgenden, da als

300   9 Beispiele ausgeführter KWK-Anlagen

Hauptbrennstoff Erdgas verwendet wird, für diese Abschätzung des Temperaturverlaufes über der Last nicht weiter berücksichtigt. Brennstoff- und Luftmenge stehen auf Grund der Brennstoffzusammensetzung und einem bekannten Luftverhältnis λ bei der Feuerung in einer bestimmten festen Relation zueinander.
Aus einer Betrachtung der Verbrennung folgt:

$$m_L = l_{min,tr} \cdot \lambda \cdot m_{Br}$$

(Gl.: 0.4)

Bei definiertem Brennstoff lassen sich aus Gl. 2.3 und Gl. 2.4 mit Hilfe der Temperaturdifferenz der Luftvorwärmung die Massen Brennstoff und Luft ermitteln. Es sind somit die Energieinhalte des Luft- und des Brennstoffstromes über die Bilanzraumgrenzen berechenbar, und man kann die Rauchgasmasse aus einer Massenbilanz ermitteln:

$$m_{RG} = m_L + m_{Br}$$

Unter der Annahme, dass die Verluste 3% der zugeführten Energie betragen, werden die Rauchgasenergie aus obiger Gesamtbilanz 2.1 ermittelt. Der Verlustwert wird auf Basis üblicher Werte für Dampferzeuger geschätzt.

Als spezifische Rauchgasenthalpie folgt:

$$h_{RG} = \frac{Q_{RG}}{m_{RG}}$$

Stehen Auslegungsdiagramme (z.B. „hn-Diagramme") für Kessel zur Verfügung so kann in Abhängigkeit vom Luftverhältnis der Verbrennung, aus dem Heizwert des Brennstoffes und der spezifischen Rauchgasenthalpie die Abgastemperatur ausgelesen werden.

Alternativ besteht die Möglichkeit die Rauchgastemperatur unter der Voraussetzung eines perfekten Verhaltens aus der kalorischen Beziehung $h = c_p \cdot \Delta T$ zu errechnen:

Die spezifische Wärmekapazität des Rauchgases bei konstantem Druck c_{RG} erhält man aus einer massengewichteten Mittelung der Rauchgaskomponenten, die sich mit Hilfe der Analyse des Brennstoffes bei Annahme einer vollständigen Verbrennung ermitteln lassen. Zu Beachten ist, dass die Wärmekapazität c_{RG} eine Funktion der Temperatur ist:

$$c_{RG} = f(T, p).$$

Es ist somit eine iterative Rechenfolge nötig.
Die beschriebene Rechnung führt zu Stützwerten, aus denen die ursprünglichen Kennlinien

$\eta = f(\dot{m}_D)$ hervorgingen.

Es entsteht ein Zusammenhang: $T_{RG} = f(\dot{m}_D)$.

9.1.2.2 Betriebspunktbestimmung der Turbinen

Das Verhalten der Turbinen wird entsprechend den vorhandenen Turbinendaten bzw. der vom Hersteller zur Verfügung stehenden Wirkungsgradkennfelder bestimmt. Stehen diese Angaben nicht zur Verfügung, so können entsprechend dem nachfolgenden Verfahren die Betriebspunkte der Dampfturbinen bestimmt werden. In der betrachteten Energiebereitstellungsanlage sind sowohl Gegendruck- wie auch Entnahme-Kondensationsturbinen im Einsatz.

Gegendruck-Dampfturbine
Die Gegendruckdampfturbine wird außer bei An- und Abfahrvorgängen mit einer Gegendruckregelung betrieben. Die Gegendruckregelung stellt sicher, dass bei variierendem Dampfmengenbedarf auf der Gegendruckseite der Dampfturbine der Druck-Istwert dem Druck-Sollwert entspricht. Die Regelung bewirkt dies durch entsprechendes Öffnen des Dampfregelventils am Turbineneingang bei zu geringem Druck-Istwert bzw. durch Schließen des Regelventils bei zu hohem Druck-Istwert. Die Dampfturbine wird somit in Abhängigkeit von dem der Dampfturbine nachfolgenden Prozessdampfbedarf betrieben.

Die sich hierbei an dem Generator einstellende elektrische Wirkleistung folgt damit der Dampfmenge, welche die Gegendruckturbine prozessbedingt durchströmt. Gültig für die definierten Dampfzustände (Druck und Temperatur) am Turbineneingang wie auch Ausgang stehen entsprechende Diagramme der Hersteller zu Verfügung. Hieraus lassen sich aus den unterschiedlichen Betriebspunkten der Dampfturbine die sich daraus ergebende Wirkleistung ableiten.

Liegen keine Herstellerangaben vor, gelten vereinfacht für Dampfturbinen mit überhitztem Dampf (und dies ist bei Gegendruckturbinen i.a. gegeben) folgende Gleichungen:

$$\dot{m} = \frac{-P_{12}}{-\eta_{sT} \cdot (h_1 - h_2)}$$

(Gl.:0.5)

mit

$\dot{m}$ Dampfmenge welche die Turbine durchfliest

P_{12} Wirkleistung, welche die Turbine bereitstellt

η_{sT} Isentroper Wirkungsgrad

h_1 Dampfzustand Enthalpie am Turbineneinlass

h_2 Dampfzustand Enthalpie am Turbinenaustritt

Um die elektrische Leistung des Gegendruckdampfturbosatzes zu erhalten sind noch die Lagerverluste an Turbine, Generator und ggf. Getriebe sowie die elektrische Verluste des Generators zu berücksichtigen.

$$P_{EWirk} = \eta_{mech} \cdot \eta_{elektr} \cdot \eta_{ST} \cdot \dot{m} \cdot (h_1 - h_2)$$

mit

P_{EWirk} Wirkleistung des Generators

η_{mech} Wirkungsgrad mechanisch (berücksichtigt z.B. Lagerreibung)

η_{elektr} Wirkungsgrad elektrisch (Generatorverlust z.B. Kühlung)

h_1 Enthalpie am Turbineneingang

h_2 Enthalpie am Turbineausgang

Entnahme-Gegendruck Dampfturbine
Eine Entnahme-Gegendruck-Dampfturbine entspricht letztlich einer Hintereinanderschaltung zweier Gegendruck-Dampfturbinen, wobei zwischen den beiden Dampfturbinen prozessbezogen Dampf entnommen wird. Es werden die beide Turbinenteile als Hochdruckteil und Niederdruckteil der Dampfturbine bezeichnet. Bezüglich der Wirkleistungsabgabe an den Generator beteiligen sich beiden Turbinenteile in der Summe.

Die Entnahme-Gegendruckregelung erfüllt die Aufgabe, dass bei variierendem Dampfmengenbedarf an der Entnahmestelle wie auch auf der Gegendruckseite der Dampfturbine die Entnahme-Gegendruckregelung den eingestellten Druck-Sollwerten entspricht. Dies bewirkt die Entnahme-Gegendruckregelung dadurch, dass ein unter den Drucksollwert fallender Dampfdruck an der Entnahmestelle zu einem alleinigen Öffnen des Turbi-

9.1 Kraft-Wärme-Kälte-Druckluft-Kopplung

neregelventils an der Eingangsseite der Dampfturbine führt. Ein unter den Drucksollwert fallender Dampfdruck an der Gegendruckseite der Dampfturbine führt in der Regelung zu einem gleichsinnigen Öffnen der Turbinenregelventile an der Eingangsseite und dem Regelventil zwischen dem Turbinenhochdruckteil und dem Turbinenniederdruckteil. Hierdurch wird erreicht, dass die Entnahmedruckregelung und die Gegendruckregelung unabhängig wirken. Die Dampfturbine wird letztlich in Abhängigkeit von dem der Dampfturbine nachfolgenden Prozessdampfbedarf betrieben. Die an dem Generator hierbei bereitgestellte elektrische Wirkleistung folgt damit der Dampfmenge, welche die Entnahme-Gegendruckturbine prozessbedingt durchströmt.

Die Gleichungen entsprechen der im vorangegangen Abschnitt dargestellten Vorgehensweise. Es sind in diesem Fall jedoch zwei Dampfturbinen hinter einander geschaltet. Die Gegendruckdampfturbine und die an der Entnahmestelle entnommene Dampfmenge sind zu berücksichtigen.

$$\dot{m}_{in} = \dot{m}_{Ent} + \dot{m}_{geg}$$

mit

$\dot{m}_{in}$ Dampfmenge welche in die Turbine einströmt

$\dot{m}_{Ent}$ Dampfmenge welche zwischen Hochdruckteil und Niederdruckteil der Turbine entnommen wird

$\dot{m}_{geg}$ Dampfmenge, welche am Gegendruckende die Turbine verlässt.

Zur Leistungsbestimmung gilt

$$P_{gesamt} = P_{HD} + P_{ND}$$

mit

P_{gesamt} Gesamtwirkleistung der Entnahme-Gegendruckdampfturbine

P_{HD} Leistung des Hochdruckteils der Entnahme-Gegendruckdampfturbine

P_{ND} Leistung des Niederdruckteils der Entnahme-Gegendruckdampfturbine

h_e Enthalpie zwischen Hochdruckteil und Niederdruckteil, bzw. des Dampfes an der Entnahme der Turbine; wobei gilt:

$$P_{HD} = \dot{m}_{in} \cdot (h_1 - h_e)$$

$$P_{ND} = \dot{m}_{geg} \cdot (h_e - h_2)$$

$$P_{EWirk} = \eta_{mech} \cdot \eta_{elektr} \cdot \eta_{ST} \cdot (P_{HD} + P_{ND})$$

Entnahme-Kondensations-Dampfturbine
Eine Entnahme-Kondensations-Dampfturbine entsprich einer Hintereinanderschaltung einer Gegendruck-Dampfturbine und einer Kondensations-Dampfturbine, wobei zwischen den beiden Dampfturbinen prozessbezogen Dampf entnommen wird. Es werden die beiden Turbinenteile ebenfalls als Hochdruckteil und Niederdruckteil der Dampfturbine bezeichnet. Bezüglich der Wirkleistungsabgabe an den Generator beteiligen sich beide Turbinenteile in der Summe, wie im vorangegangenen Abschnitt beschrieben.

Die Regelung der Entnahme-Kondensationsturbine erfüllt folgende Aufgaben. Sicherstellung, dass der bei variierendem Dampfmengenbedarf an der Entnahmestelle der Dampfturbine eingestellte Druck-Istwert dem Sollwert an der Entnahmestelle entspricht. Weiterhin erfüllt die Regelung der Entnahme-Kondensationsturbine die Aufgabe eine vorgegebene Wirkleistung bereitzustellen. Diese bedeutet dass der Istwert für die Gesamtleistung der Entnahme-Kondensations-Dampfturbine trotz variierendem Dampfmengenbedarf an der Entnahmestelle dem Leistungssollwert entspricht. Dies geschieht dadurch, dass bei sich bei ansteigendem Entnahmedampfmengenbedarf durch ein Öffnen des Dampfregelventils am Turbineneingang und gleichzeitiges Schließen des Dampfregelventils zwischen dem Hochdruck und dem Niederdruckteil der Dampfturbine die Entnahmedampfmenge steigert und damit der Druck an der Entnahmestelle sowie die Gesamtleistung der Turbine konstant gehalten wird. Sinkt der Entnahmedampfbedarf schließt des Dampfregelventil am Turbineneingang und gleichzeitig öffnet das Dampfregelventils zwischen dem Hochdruck und dem Niederdruckteil der Dampfturbine. Steigt der Leistungssollwert der Entnahme-Kondensationsturbine werden von der Leistungsregelung sowohl das Turbineneinlass als auch das Regelventil zwischen Hochdruck- und Niederdruckteil der Turbine geöffnet. Sinkt der Leistungssollwert, schließt die Regelung beide Regelventile gleichsinnig.

Diese Form der Regelung stellt sicher, dass sich in einem definierten Leistungsbereich der Entnahmekondensationsturbine, die Summe der von dem Hochdruck- und Niederdruckturbinenteil bereitgestellte Leistung bei Regeleingriff der Entnahmedruckregelung konstant bleibt. Hier spricht man von einer Kombination von Entnahmedruck- und Leistungsregelung. Die Leistungsregelung regelt meist die von der Turbine abgegebene Turbinenwirkleistung an den Generator. Dies ist dann von Vorteil, wenn z.B. zusätzlicher elektrischer Leistungsbedarf ansteht, um nicht die maximalen

Leistungsbezugsgrenzen des öffentlichen Versorgers zu überschreiten. Die Gleichungen entsprechen der im vorangegangen Abschnitt dargestellten Vorgehensweise. Für diese Betrachtung ist es ausreichend, die beiden Turbinenteile derart zu betrachten, als ob es sich um zwei strömungstechnisch hinter einander geschaltete Turbinen handelt. Die am Generator bereitgestellte Wirkleistung ergibt sich aus der Summe der beiden Turbinenleistungen abzüglich der mechanischen und elektrischen Verluste.

Gasturbine
Eine einfache Gasturbine kann in drei wesentliche Komponenten unterteilt werden:

- Verdichter
- Brennkammer
- Arbeitsturbine

Die in der Brennkammer durch die Verbrennung entstehende Gasenergie wird in der Arbeitsturbine in Drehleistung umgesetzt. Die Arbeitsturbine treibt sowohl den Verdichter der Gasturbine wie auch den an der Gasturbine angekoppelten Generator an. Für die an den Generator abgegebene Nutzleistung gelten folgenden Gleichungen:

$$P_{Nutz} = \eta_m \cdot (P_{Turb}) - P_{Verd}$$

(Gl.: 0.6)

mit

P_{Nutz} Nutzleistung, welche die Gasturbine an den Generator abgibt

P_{Turb} Wirkleistung, welche die Arbeitsturbine an die Turbinenwelle abgibt

P_{Verd} Wirkleistung, welche der Verdichter der Gasturbine von der Turbinenwelle abnimmt.

η_m mechanischer Wirkungsgrad der Gasturbine

Ersetzt man mit einem einfachen Modell die Verbrennung einer äußeren Wärmezufuhr $\dot{Q}_{12}$ gleich, dann gilt für die sog. Brennstoffleistung:

$$\dot{Q}_{12} = \dot{m}_{Brenn} * H_u$$

(Gl.: 0.7)

mit

$\dot{m}_{Brenn}$ Brennstoffmenge

H_u spezifischer Heizwerte des Brennstoffs

Und die aus der Brennstoffmenge sich einstellende Leistung ergibt sich mit

$$P_{Turb} = \eta_{sT} * \dot{m}_{Brenn} * H_u$$

(Gl.: 0.8)

mit

η_{sT} Isentroper Wirkungsgrad

Für die Generatorleistung gilt somit

$$P_{EWirk} = \eta_{mech} \cdot \eta_{elektr} \cdot P_{Nutz}$$

(Gl.: 0.9)

9.1.2.3 Schichtenmodell zur Anlagenbetrachtung

Um eine Transparenz in der Anlagenbetrachtung zu erreichen, wird der gesamte Prozess der verkoppelten Anlage in vier Schichten zerlegt.

Die vier Schichten für die zu betrachtende Kraft-Wärme-Kälte-Druckluft-Kopplung beginnend mit der Energieanwendung sind:

Schicht I: Druckluft- und die Kältebereitstellung mit den unterschiedlichen Aggregaten, Betrachtung der Wirtschaftlichkeit unterschiedlicher Betriebsarten und -punkte.

Schicht II: Finanzielle Bewertung der Entspannung des Dampfes von Mitteldruck- auf Niederdruckniveau.

Schicht III: Finanzielle Bewertung der Energieinhalte und der Veränderung der Enthalpie bei Druckreduktion von 73 bar auf 23 bar.

Schicht IV: Finanzielle Bewertung der Dampfbereitstellung mit zugehörigen Anlagen.

Durch diese Aufteilung entstehen gezwungenermaßen Schnittstellen in der Betrachtung, die wiederum eine Transparenz in den Energieströmen und damit verbundenen Kostenströmen herstellen. Es werden im folgenden ausgewählte Lastfälle ausgesucht, um das Verhalten der Bereitstellungsanlage zu interpretieren und um aus ökonomischer Sicht die „Umschlagpunkte" abzuschätzen. Im folgenden wird die Betrachtung der vier Schichten beschrieben:

Schicht I: Kälte- und Druckluftbereitstellung
In dieser Untersuchung werden die Energiegestehungskosten der einzelnen Maschinen gegenüber gestellt. Zur vergleichenden Bewertung werden für jede Bereitstellung Kostenströme ermittelt. Das Verhalten der Maschinen wird hier vereinfacht und in erster Näherung linear angesetzt.

Durch Multiplikation der Last Li mit einem linearen Maschinenkoeffizient Mi und einem spezifischen Kostenfaktor Ki der eingesetzten Energie ergibt sich für jede Bereitstellungsalternative ein Kostenstrom

$$\dot{K}_i$$

je Maschine i:

$$\dot{K}_i = L_i \cdot M_i \cdot K_i$$

(Gl.: 0.10)

Es wird ein linearer Maschinenfaktor verwendet, welcher die Relation zwischen Dampf bzw. Strom pro bereitgestellter Mengeneinheit Kälte oder Druckluft repräsentiert. Der Faktor ist eine maschinenspezifische Leistungsziffer. Durch die konsequente Betrachtung von Kostenströmen wird es möglich abzuwägen, welche Aggregate mit den höchsten Gewinnströmen betrieben werden sollten. Fragestellungen wie:

− Welches Verfahren ist zur Bereitstellung von Kälte/Druckluft zu wählen – Dampfantrieb oder Stromantrieb?
− Ist bei Lastabwurf in Engpasssituationen das Abkoppeln eines bestimmten industriellen Verbrauchers ökonomischer als die Einstellung der Kältelastdeckung?
− Ist es günstiger höhere Strombezugskosten auf Grund Überschreitung eines zulässigen Spitzenleistungswertes zu akzeptieren statt die Druckluft- oder Kälteproduktion von elektrischem auf dampfbetriebenen Betrieb umzustellen?

können nun beantwortet werden.

Schicht II: Dampfmitteldrucknetz 23 bar
Im folgenden werden bezüglich der Bewertung von bereitgestellter Energie typische Kostengrößen aus der Industrie (Jahr 2000) herangezogen. In diesem Abschnitt wird die Wirtschaftlichkeit der unterschiedlichen Verfahrung in der Nutzung der thermischen Energie bzw. dem Übergang zum

Niederdruck ausgehend vom Mitteldruckniveau 23 bar untersucht. Für die Untersuchung wird als Preis pro Tonne Niederdruckdampf angesetzt:

20 €/t Dampf.

Es ergibt sich aus den ermittelten Geldströmen für Niederdruckdampf und dem von der Entnahmedampfturbine erzeugtem Strom ein Finanzstrom für den Frischdampf. Man erhält für jede Turbine Grenzkosten, die bei den zugrunde gelegten Preisen für abgesetzten Dampf und Strom nicht überschritten werden dürfen.

Für die finanzielle Bewertung des Stroms wird nicht der aus der Energiebereitstellung ermittelte Berechnungspreis von 0,06 €/kWh (Jahr 2000) angesetzt, sondern der Preis, den der öffentliche Stromversorger für Stromzukauf verlangt, da sich letztlich die Bereitstellung von Strom im Wettbewerb dem Stromzukauf messen muss. Für die betrachtete Anlage lag zum Zeitpunkt der Datenaufnahme (Jahr 2000) der Preis bei 0,02 €/kWh. Darin sind die Kosten für den Betrieb der Verteilungsnetze auf dem Betriebsgelände jedoch nicht enthalten.

Weiterhin ist der finanzielle Wert des Abdampfes zu bewerten, da dieser in der Produktion oder für nachfolgenden Maschinen/Anlagen als Energie zur Verfügung steht.

Es ergibt sich folgende Bilanz:

$$m_{ZD} \cdot k_{ZD} = k_{St} \cdot P_{el} + m_{AD} \cdot k_{AD}$$

(Gl.: 0.11)

mit: m: Massenstrom
      k: spezifische Kosten
      P_{el}: elektrische Leistung

Indizes: ZD: Zudampf
          AD: Abdampf
          St: Strom

Dampfhochdrucknetz 73 bar
Analog zum Dampfmitteldrucknetz wird die Enthalpiedifferenz von der 73 bar-Schiene zur 23 bar-Schiene untersucht. Kraftwerksintern wird kein Mitteldruckdampf genutzt, d.h. es werden die Verrechnungskostensätze analog dem Mitteldruckdampfnetz bzw. der gleiche Kostensatz wie für Niederdruck angesetzt: 20 €/t Dampf. Die Mitteldruckdampflast ist im Wesentlichen Prozessdampf für unterschiedliche Produktionsschritte. Sie ist an Werktagen Schwankungen unterworfen im Bereich: 12 t/h bis 20 t/h.

In der folgenden Betrachtung wird von einer durchschnittlichen Last von 15 t/h ausgegangen.

Dies liegt deutlich unterhalb der Schwachlastgrenze der installierten 4,2 MW–Gegendruckdampfturbine. Das bedeutet, dass bei Betrieb dieser Turbine der auf Mitteldruckniveau von Prozessen nicht verbrauchte Dampfmassenstrom über Reduzierstationen oder über die Turbinen im Zweigwerk auf die 1.6 bar-Sammelschiene weiter entspannt werden muss. Die Nutzung der 13 MW-Entnahme-Gegendruckturbine steht dafür nicht zur Verfügung, da diese Turbine nicht von der Mitteldruckschiene aus eingespeist werden kann.

Dampfkessel
Als Kostenparameter waren hier die aktuellen Brennstoffkosten gegeben. Als wirtschaftlichsten Betrieb gilt der Betrieb mit den geringsten Frischdampfkosten am Dampferzeugeraustritt. Zu berücksichtigen ist, dass „Kessel A" nur 500 Vollaststunden pro Jahr betrieben werden darf. Er steht für den Regelbetrieb nicht zur Verfügung, dient folglich nur zur Kaltreserve. Er erfüllt aber eine wesentliche Rolle in der Risikobetrachtung, wenn Anlagenstillstände bei gleichzeitigem Dampfbedarf vorliegen.

Untersuchung der Verbrauchslasten
Der für die Kraft-Wärme-Kälte-Druckluft-Versorgung verantwortliche Bereich Energiebereitstellung hat auf die einzelnen Verbraucher keinen direkten Zugriff. Um eine Abschätzung bei veränderten Lastgängen zu ermöglichen, bedarf es der Setzung von Freiräumen. Dies bedeutet, dass z.B. Lastkurven unterschiedlicher Verbraucher bzw. Produktionsabläufe zueinander nicht nur in Größe sondern auch zeitlich zueinander verschoben werden.

Ob ein geändertes Verbraucherverhalten in den Produktionsstätten tolerierbar ist, ist im Einzelfall mit der betroffenen Produktion zu klären.

Die Umsetzung der Maßnahmen führt nicht unmittelbar zu einer Effizienzsteigerung einer einzelnen Produktionsstätte, wohl aber zu einem positiven Einfluss auch die Energieversorgung des gesamten Industriestandortes und damit auf die Energieversorgungspreise der zentralen Energieversorgung.

9.1.2.4 Bewertung der Kraft-Wärme-Kälte-Druckluft-Kopplung

Kälte- und Druckluftbereitstellung
Aus einer Betrachtung von Kosten- und Ertragsströmen pro Zeiteinheit wurden direkt Deckungsbeiträge für die einzelnen Maschinen ermittelt. Damit lässt sich eine Rangfolge für die zugrunde gelegten Preise von Strom, Niederdruckdampf, Kälte und Druckluft aufstellen.

Tabelle 9.1-1: Tabelle Rangfolge nach Deckungsbeiträge der Aggregate

	Bezeichnung	Deckungsbeitrag [€/h]
Kältemaschine, elektrisch	KE 1	68,61
Kältemaschine, elektrisch	KE 2r	56,61
Kältemaschine, dampfgetrieben	KD	40,61
Druckluftmaschine, elektrisch	DE 1	34,78
Druckluftmaschine, elektrisch	DE 2	32,38
Druckluftmaschine, elektrisch	DE 3	31,48
Druckluftmaschine, dampfgetrieben	DD	12,00

Unter Umständen kann eine parallele Betrachtung sinnvoll sein, welcher Gewinn mit Strom oder Dampf erzielt würde. Dafür sind jedoch Informationen bezüglich der externen Verkaufspreise an die einzelnen Gesellschaften notwendig.

Mitteldruckentspannung

Um die Wirtschaftlichkeiten tendenziell darzustellen, werden auf Basis der maschinenspezifischen Grenzen einige Lastfälle zur Untersuchung ausgewählt:

Niederdruckdampfmenge 3 kg/s: Oberer Lastbereich der 3 MW-Turbine; unterer Bereich der 5,2 MW Entnahme-Kondensationsturbine.

Niederdruckdampfmenge 7 kg/s: Mittlere Last der 5,2 MW Entnahme-Kondensationsturbine.; Schwachlast bei der 13 MW-Entnahme-Gegendruckturbine.

Niederdruckdampfmenge 10,8 kg/s: maximale Niederdruckentnahme, minimale Kondensationsdampfmenge der 5,2 MW Entnahme-Kondensations-Turbine.

Niederdruckdampfmenge 14 kg/s: Volllast der 5,2 MW Entnahme-Kondensations-Turbine bei minimaler Niederdruckentnahme und Betrieb eines weiteren Aggregates; oberer Bereich der 13 MW-Entnahme-Gegendruckturbine.

ANMERKUNG: Dampfmengen, die das Schluckvermögen einer untersuchten Turbine im Zweigwerk übersteigen, werden über eine andere Turbine gefahren oder über eine Druckreduzierstation an der Turbine vorbeigeleitet.

Untersuchungsergebnis:

Die 13 MW Entnahme-Gegendruckturbine weißt mit 21,96 €/ton zulässigen Gestehungskosten für Mitteldruckdampf die höchste Wirtschaftlichkeit auf. Danach kommen mit 17,90 €/ton die 5,2 MW 5,2 MW Entnahme Kondensationsturbine und mit 17,41 €/ton die 3 MW Kondensationsdampfturbine.

Die zulässigen Mitteldruckkosten liegen bei den Kondensationsturbinen auf Grund der Kosten für die Aufheizung des Dampfes, welcher in den Kondensationsstufen abgebaut wird, unter denen des Niederdrucks nach der Entspannung. Davon ausgehend, dass das Einspritzwasser, welches in der Reduzierstation verwendet wird, auf Grund der geforderten Dampfreinheit annähernd soviel bzw. eher weniger kostet als der bereitgestellte Niederdruckdampf, liegt die Wirtschaftlichkeit der Reduzierung ohne Strombereitstellung über der mit Kondensationsturbinen.

Der Einsatz der Dampfturbinen infolge höherer Auslastung zeigt erstmals Vorteile. Die Rangfolge der BETRIEBSPUNKT 1-Betrachtung bleibt jedoch bestehen.

Jetzt erweist sich mit errechneten zulässigen Frischdampfkosten auf Mitteldruckniveau von 20,50 €/ton die 5,2 MW Entnahme-Kondensationsturbine kostengünstiger, als der Betrieb von Dampfreduzierstation und gleichzeitigem Bezug von Strom. Dieser Kostenrechnung liegt die Annahme zugrunde, dass das in der Reduzierstation eingespritzte Speisewasser maximal den Preis von 19,- €/ton kostet.

Es ergibt sich im Vergleich zur Betrachtung des BETRIEBSPUNKTES 3 ein unverändertes Bild im Hinblick auf die ökonomische Rangfolge der Anlagen.

ZUSAMMENFASSUNG:

Eine Nutzung der Enthalpiedifferenz mit dem Niederdruckteil der 13 MW-Entnahme-Gegendruckturbine ist in jedem Fall die wirtschaftlichste Alternative.

Wegen der geringen Strombezugspreise von 0,02 €/kWh (Jahr 2000) schneiden die Entnahme-Kondensationsturbinen im wirtschaftlichen Vergleich schlecht ab. Sie bieten jedoch das Potenzial, sich an einer Leistungsgrenzwertregelung der Bezugsleistung vom öffentlichen Versorger zu beteiligen.

Dies kann in Verhandlungen mit dem öffentlichen Versorger bei der Festlegung der Bereitstellungskosten relevant werden.

Wird die 5,2 MW-Entnahme-Kondensationsturbine in Volllast betrieben, liegen die Kosten unter denen eines reinen Entspannungsbetriebs mit Druckreduzierstationen.

Hochdruckentspannung

Analog zur Untersuchung der Mitteldruckentspannung wurden zwei Betriebspunkte zur Betrachtung definiert.

Übergebene Dampfmenge an Niederdruckentspannung 7 kg/s: Das liegt im unteren Lastbereich der 4,2 MW-Turbine.

Übergebene Dampfmenge an Niederdruckentspannung 11,5 kg/s: Optimale Ausnutzung der 5,2 MW-Entnahme-Kondensationsturbine (siehe „Mitteldruckentspannung").

Ergebnisse:

Betrachtung BETRIEBSPUNKT 1:
Die 4,2 MW-Gegendruckturbine ist im unteren Lastbereich aufgrund des besseren inneren Wirkungsgrades und folglich eines etwas besseren Gesamtwirkungsgrades geringfügig wirtschaftlicher als der Hochdruckabschnitt der 13 MW-Entnahme-Gegendruckturbine. Diese wird durch eine erzwungene anschließende Nutzung der Entnahme-Kondensationsturbinen oder Reduzierungen jedoch wieder kompensiert. Bei größeren Durchsätzen wird infolge der Wirkungsgradverläufe über der Last die Entnahme-Kondensationsturbine eindeutig günstiger.

Betrachtung BETRIEBSPUNKT 2:
Es erweisen sich die 13 MW-Entnahme-Gegendruckturbine und die 4,2 MW-Gegendruckturbine als wirtschaftlich nahezu gleichwertig.

Dampfbereitstellung

Werktagsbetrieb:
Die Stromlast erreicht im Stundenmittel Werte bis um 20 MW. Die Dampflast liegt im Mitteldruckbereich bei 15 t/h, beim 1,6 bar-Niveau um 35 t/h.

Wochenendbetrieb:
Am Wochenende sinkt die Stromlast auf ca. ein Viertel der Werktagslast, teilweise bis auf unter 5 MW ab. Die gesamte Dampflast reduziert sich lediglich auf etwas mehr als ein Drittel. Das liegt im Bereich der Schwachlastgrenze des Kessel B.

Aus der Betrachtung der Betriebspunkte ging hervor,

- dass „Kessel A" mit spezifischen Frischdampfgrenzkosten von über 30,60 €/t zu aktuellen Bezugspreisen des Öls mit Abstand die teuerste Alternative ist,

– dass „Kessel B" werktags die preisgünstigste Dampfbereitstellung bietet. Die Kombination Gasturbine/Kessel B hat in jedem zulässigen Lastpunkt Vorteile gegenüber einem Betrieb in Frischluftbetrieb. Bei Strombezugspreisen von unter 0,02 € /kWh ist bei ca. 50% Last der zusätzliche Energieeinsatz für die Gasturbine im Vergleich zu einer Abschaltung der Gasturbine nicht mehr rentabel. Zu beachten ist jedoch auch die Grenze, ab der die Wirtschaftlichkeit von „Kessel C" jene von „Kessel B" übersteigt. Bei Volllast darf der Strompreis auf unter 0,01€/kWh fallen, ehe der Frischluftbetrieb an Kessel B günstiger wird als der Abgasbetrieb mit Gasturbine.

Zu den aktuellen Konditionen für Gas- bzw. Ölkauf ist Öl wesentlich unrentabler. Die spezifischen Kosten pro Frischdampfmenge liegen bei dem Hauptdampferzeuger (Kessel B) bei Ölbetrieb etwa um Faktor 1,86 höher als bei Gasfeuerung. Der Wert wurde ermittelt unter der Voraussetzung, dass sowohl Gasturbine, als auch Abhitzekessel entsprechend dem „Gasabschaltvertrag" mit Öl beheizt werden. Der Kostenfaktor kann näherungsweise konstant angenommen werden, auch wenn er lastabhängig ist.

Die spezifische Frischdampfkosten sinken bei Abhitzebetrieb mit Gasturbine je nach Betriebspunkt um 3 % bis 8 % gegenüber einem konventionellen Dampferzeugerbetrieb.

Bei Ausfall der Gasturbine ist im Volllastbereich des „Kessel C" der spezifische Frischdampfpreis von „Kessel B" im Frischluftbetrieb geringfügig günstiger als jener von „Kessel C". Bei sinkender Last wird bis zur Schwachlastgrenze des größeren Dampferzeugers Kessel C deutlich wirtschaftlicher. Dies ist eine Folge vorhandener Wirkungsgradverläufe. Zu beachten sind bei der Darstellung die unterschiedlichen Brennstoffe, die den einzelnen Werten zugrunde liegen.

Am Wochenende wird zeitweise durch das Kraftwerk mehr Strom erzeugt als die Verbraucher abnehmen. Die Übermenge wird mit deutlich geringerer Vergütung (unter 0,01€/kWh) in das Netz des öffentlichen Stromversorgers eingespeist. Ein Betrieb der Gasturbine bei Volllast ist nun nicht mehr sinnvoll, da die zusätzlichen Brennstoffkosten durch die geringe Einspeisevergütung nicht gedeckt werden.

Es empfiehlt sich die Gasturbinenleistung so weit abzusenken, dass kein Überhang erzeugten Stromes entsteht. Dies erhöht den Brennstoffbedarf des Abhitzekessels für die Zufeuerung. Ab einer Klemmleistung der Gasturbine von kleiner 3,1 MW wird der „Kessel C" rentabler.

Energieverwendung
Um eine fundierte Betrachtung des Zusammenspiels zwischen Energiebereitstellung und -verwendung zu erreichen, müssen umfassende Prozessabläufe der Produktion in Sommer, Winter und Übergangszeiten an Werk-

tagen und Wochenenden sowie über mehrere Wochen oder Monate bekannt sein. Einige Möglichkeiten, die sich bieten, sind im folgenden exemplarisch dargestellt. Folgende Abb. 9.1-3 zeigt die Verbrauchsprofile von drei Kälteverbrauchern:

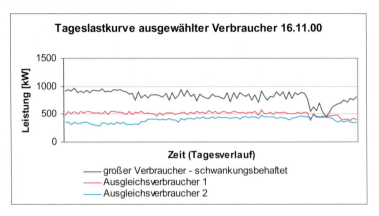

Abb. 9.1-3: Verbrauchsprofile von Kälteverbrauchsstationen mit ähnlicher Frequenz

Der Verbraucher ist charakterisiert durch Schwankungen mit einer Periode von ca. 35 Min. bis 40 Min. Die Schwankungsbreite beträgt im Mittel 100 kW bis 150 kW. Diese zyklischen Schwankungen verursachen im Kältenetz mitunter Probleme. Weitere, detailliertere Betrachtungen zeigen, dass es zwei kleinere Verbraucher mit ähnlicher Periodendauer und deutlich geringeren Amplituden gibt. Eine günstig gewählte Phasenverschiebung der Lasten zueinander kann die Netzschwankungen teilweise kompensieren.

Eine Verschiebung des gesamten Lastspektrums des großen Verbrauchers um eine Viertelstunde verringert leicht die lokalen Gradienten der Netzlast, und verringert vor allem das absolute Tagesmaximum dieser Verbrauchergruppe um ca. 3,5 % bis 4 %. Dies ist von Bedeutung, wenn man beachtet, dass das Verbrauchsmaximum nahe an einer Grenze liegt, an der ein weiteres weniger wirtschaftliches Bereitstellungsaggregat zugeschaltet werden muss.

Das Beispiel zeigt, dass ohne Lastcharakteristika zu ändern mit marginalen Verschiebungen entlang der Zeitachse produktionsseitig Einsparpotentiale in der Energiebereitstellung frei werden. Die betrachtete Kraft-Wärme-Kälte-Kopplung bietet in den Kosten eine Vielzahl von Vorteilen. Dies setzt jedoch voraus, dass die Anlagendimensionierung dem Energiebedarf entspricht. An produktionsfreien Tagen ist eine Entkopplung der einzelnen Prozesse vorzunehmen, um die Kosten wettbewerbsfähig gestalten zu können.

9.2 Standardisierte BHKW-Wirtschaftlichkeitsberechnung

Die Betrachtungen in Kapitel 5.1 behandeln BHKW-Anlagen über den gesamten verfügbaren Leistungsbereich hinweg. Da es bei großen BHKW-Anlagen wesentlich mehr zu berücksichtigende Sachverhalte gibt, als bei kleinen Anlagen, soll im Folgenden speziell auf die Belange von Klein-BHKW-Anlagen eingegangen werden.

Die nachfolgende Standardisierung führt zu einer vereinfachten Betrachtung der technischen und wirtschaftlichen Rahmenbedingungen, da der für große Anlagen erforderliche Aufwand bei kleinen BHKW-Anlagen weder notwendig noch vertretbar ist.

Dieser Abschnitt soll den Leser in die Lage versetzen die Wirtschaftlichkeit einer BHKW-Anlage möglichst schnell zu ermitteln. Das erzielte Ergebnis ermöglicht eine erste Einschätzung, ob es unter den Rahmenbedingungen des gewählten Einsatzfalles wirtschaftlich sinnvoll ist, die Wärmeversorgung mittels BHKW detaillierter zu betrachten.

Ausgangspunkt der Betrachtung ist der Wärmebedarf eines Objektes, das es erlaubt ein Erdgas-BHKW mit 100 kW_{th} thermischer Leistung über 7.000 h/a mit maximaler Leistung zu betreiben.

BHKW-Anlage mit einem Aggregat:

– thermische Leistung:	100	kW_{th}
– elektrische Leistung:	50	kW_{el}
– Brennstoffleistung	165	kW_{BS}

Kennzahlen:

– Thermischer Wirkungsgrad	60	%
– Elektrischer Wirkungsgrad	30	%
– Gesamteffizienz	90	%

Energiebilanz für 6000 h/a (Volllastbenutzungsstunden)

– Wärmeerzeugung	700.000	kWh_{th}/a
– Stromerzeugung	350.000	kWh_{el}/a
– Brennstoffverbrauch (H_u)	1.155.000	kWh_{BS}/a
– Brennstoffverbrauch (H_o)	1.270.500	kWh_{BS}/a

Der ermittelte Brennstoffverbrauch bezieht sich auf den Heizwert von Erdgas. Um die Brennstoffkosten zu ermitteln wird der Verbrauch bezogen auf den Brennwert benötigt. Die Umrechnung erfolgt durch $H_o/H_u = 1{,}1$.

Wirtschaftlichkeit

Investition
- BHKW-Modul, 50 kWel * 1.250 €/kWel =   62.500 €
- Bauliche Maßnahmen (20 %) =   12.500 €
- Planung, sonstiges (20 %) =   15.000 €

Summe   90.000 €

Kapitalgebundene Kosten
Bei 5 % Zins und 10 Jahren Abschreibungszeit
ergibt sich ein Annuitätsfaktor von 0,1295   11.655 €/a

Betriebsgebundene Kosten
(Wartung, Instandhaltung)
- BHKW (20 €/MWhel) =   7.000 €/a
- Bauliche Maßnahmen (2 %/a) =   250 €/a

Summe   7.250 €/a

Verbrauchsgebundene Kosten
- Erdgas für BHKW
  (Ansatz: 27 €/MWh$_{BS\ Hu}$, ohne Steuern)   31.185 €/a
- Hilfsenergie (1,5 %)   468 €/a

Summe   31.653 €/a

Wärmeerlöse
Vermiedene Brennstoffkosten in der
Kesselanlage
(Ansatz: 31,4 €/MWh$_{BS\ Hu}$ einschl. Steuern,
$\eta_K = 0,85$) =   25.859 €/a

Stromerlöse (siehe auch Kap. 7)
- Einspeisevergütung 15 €/MWh$_{el}$ 5.250 €/a
- Vermiedene Netznutzung 5 €/MWh$_{el}$ 1.750 €/a
- KWK-Bonus 51,1 €/MWh$_{el}$ 17.885 €/a

Summe   24.885 €/a

Ergebnisse der Wirtschaftlichkeitsbetrachtung

Tabelle 9.2-1: Übersichtstabelle Jahreskosten und Amortisationszeit für BHKW-Beispiel 9.2

	BHKW-Anlage 50 kWel, 7.000 h/a
Investitionsvolumen	**90.000 €**
kapitalgebundene Kosten	11.655 €/a
betriebsgebundene Kosten	7.250 €/a
verbrauchsgebundene Kosten	31.653 €/a
Jahreskosten	**50.558 €/a**
Wärmeerlöse	25.859 €/a
Stromerlöse	24.885 €/a
Jahreserlöse	**50.744 €/a**
Jahresüberschuss	**186 €/a**
Statische Amortisationsdauer	**8 Jahre**

Abbildung 9.2-1 zeigt den Einfluss abweichender Parameter bei Investitionen, Brennstoffkosten, Stromerlösen, Benutzungsstunden auf die Amortisationsdauer

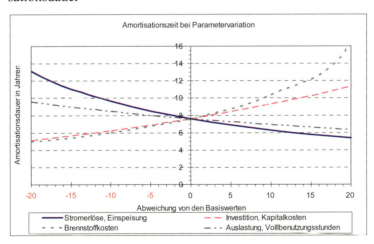

Abb. 9.2-1: Parametervariation zu Beispiel 9.2

Die Darstellungen zeigen, dass die Wirtschaftlichkeit dieser kleinen Anlagen sehr stark von der Einhaltung der vorkalkulierten Eckdaten und einer optimalen Systemeinbindung bei möglichst geringen Umbaukosten abhängt.

9.3 Biomasse-Heizkraftwerk, Realisierungsergebnisse

Anlagen mit Brennstoffen aus nachwachsenden Rohstoffen werden derzeit von der Energiepolitik besonders gefördert. Das nachfolgende Beispiel soll auf Basis einer ausgeführten Anlage einen Überblick über die wirtschaftlichen Gegebenheiten beim Einsatz von Holzhackschnitzeln zur Energiegewinnung geben. Darüber hinaus werden die Leistungsdaten der Anlage angegeben, so dass mit den Ausführungen in Kapitel 5.3 eine Wirtschaftlichkeitsberechnung – auch für Anlagen mit abweichenden Betriebsbedingungen – durchgeführt werden kann.

Ausgangssituation:
Die Energieversorgung eines Industriebetriebes soll modernisiert werden. Es wird Dampf zu Produktionszwecken und zu Heizzwecken benötigt. Die Dampfproduktion erfolgt in einem erdgasbefeuerten Wasserrohrkessel. Stromseitig ist das Werk über eine gesicherte Einspeisung an das 20 kV-Netz des örtlichen Energieversorgungsunternehmens angeschlossen.

Anlagenbeschreibung Biomasse-HKW:
Im Rahmen einer Wirtschaftlichkeitsuntersuchung fiel die Entscheidung zur Errichtung einer Biomasse-Heizkraftwerksanlage. Die Auslegung erfolgte anhand der Wärme-/Dampfbedarfswerte, so dass im Jahresverlauf überwiegend KWK-Betrieb möglich ist.

Die Biomasse-HKW-Anlage besteht im Wesentlichen aus einem Vorratsbunker für die Holzhackschnitzel einschl. der zugehörigen Fördereinrichtungen, einem Dampfkessel (Wasserrohrkessel mit Vorschubrost) mit Rauchgasreinigung und Kamin, einer Dampfturbinenanlage, einem Rückkühlwerk und den Nebenanlagen wie Wasseraufbereitung, Pumpen, Rohrleitungen, E-/MSR-Technik. Da holzbefeuerte Kesselanlagen konstruktionsbedingt nur über eine geringe Anpassungsfähigkeit an Teillastbedingungen verfügen, wird eine Kondensationsanlage mit Rückkühlwerk vorgesehen. Der Dampfkessel wird ganzjährig mit Nennleistung betrieben. Der produzierte Dampf wird in das Dampfnetz des Werksgeländes eingespeist. Der dort nicht benötigte Dampf wird in einer Dampfturbinenanlage verstromt. Da die Analyse der Verbrauchswerte zeigt, dass HD- und der ND-Dampfspitzen im Regelfall nicht zusammen anfallen, wurde der neue Dampfkessel auf 14 t/h ausgelegt. Für darüber hinausgehende Lastspitzen im Dampfnetz steht der vorhandene erdgasbefeuerte Dampfkessel weiterhin zur Verfügung. Die Dampfturbine erhält eine geregelte Entnahme zur Auskopplung der ND-Dampfmengen. Der Eigenbedarf für den Betrieb des Entgasers wird ebenfalls an der ND-Entnahme ausgekoppelt. Die Turbine muss konstruktionsbedingt mit mindestens 2 t/h Dampfdurchsatz im ND-

Turbinenteil (Kühldampf) betrieben werden. Aus wirtschaftlichen Gründen wird bei der hier gewählten Anlagengröße ein wassergekühlter Kondensator anstelle des sonst meist eingesetzten Luftkondensators gewählt. Hierzu ist ein entsprechender Kühlkreislauf mit Umwälzpumpen und Druckhaltung installiert. Die Turbinen- und Generatorkühlung erfolgt ebenfalls in einem eigenen geschlossenen Wasserkreislauf mit Rückkühlwerk. Die Rückkühlwerke werden auf einer Stahlkonstruktion über dem Maschinenhausdach aufgestellt.

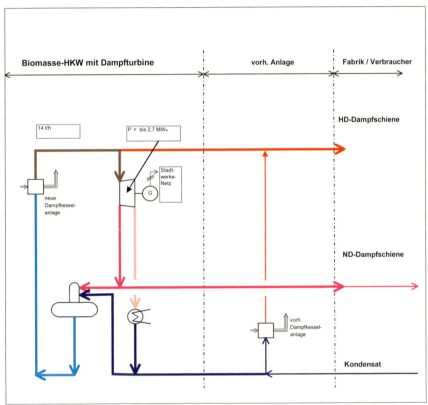

Abb. 9.3-1: Übersichtsschema Biomasse-HKW

Zum Einsatz für die Kesselanlage kommen in erster Linie Holzmengen gemäß der Altholz-Verordnung der Klassen A I bis A IV sowie Grünschnitt.

In den Klassen AI und AII sind im wesentlichen naturbelassene Hölzer erfasst. Darüber hinaus werden Gebrauchthölzer zur Energieerzeugung eingesetzt. Sie sind häufig erheblich mit Stör- und Schadstoffen befrachtet, wodurch eine Aufbereitung ausscheidet oder unzweckmäßig ist. Hier eignen sich vor allem größere Anlagen für die energetische Verwertung, die mit einem Mix verschiedener Holzbrennstoffe Prozesswärme und Strom erzeugen. Diese belasteten Hölzer sind den Klassen A III und A IV zugeordnet. Um eine ausreichende Sicherheit gegen Unzulänglichkeiten in der Brennstoffaufbereitung zu erhalten und um bei künftigen Schwankungen am Holzmarkt problemlos reagieren zu können ist die Genehmigung und Installation der Kesselanlage mit einer Rauchgasreinigung gemäß den Anforderungen der 17. Bundes-Immissionsschutzverordnung (BImSchV) erfolgt. Bei den Feuerungsanlagen die nach den Bestimmungen der 17. BImSchV genehmigt werden, sind besondere Anforderungen bei Ausbrandgüte, Feuerraumtemperaturen/Feuerführung und Rauchgasreinigung zu erfüllen.

Bei den Rauchgasreinigungsanlagen sind im hier benötigten Leistungsbereich heute Trockensorptionsverfahren auf Basis von Additivmischungen (z.B. Bicarbonat/Aktivkohle) üblich. Die Technik ist ausgereift verfügbar, jedoch aufwendig bei Investitionen und Betriebskosten. Holzfeuerungen mit Anforderungen nach der 17. BImSchV rechnen sich daher erst bei größeren Leistungen und insbesondere dann, wenn die Anlagen in ein Betriebskonzept eingebunden werden können, welches die dauerhafte Nutzung der Heiz- und Prozesswärme parallel zur Stromerzeugung (KWK-Betrieb) gewährleistet.

Die anfallenden Reststoffe (Holzasche, Flugstaub und Filterrückstände) werden im Inneren des Kesselhauses in geschlossenen Behältern/Silos zwischengelagert und fachgerecht entsorgt.

Leistungsdaten:
- Frischdampfparameter: 42 bar, 420 °C, 14 t/h
- HD-Prozessdampfschiene: 42 bar, 420 °C, 10 t/h
- ND-Prozessdampfschiene: 2,8 bar, >130 °C, 8 t/h
- Dampfturbinenleistung (siehe auch Abb. 9.3-2)
  - Kondensationsbetrieb: 2,5 MW_{el}
    (nur Eigenbedarfsauskopplung)
  - Kühldampfbetrieb: 1,5 MW_{el}
    (volle ND-Dampfauskopplung)
- Kesselleistung: 11 MW_{th}
- Feuerungswärmeleistung: 13,7 MW_{BS}
- Brennstoffbedarf (Holzhackschnitzel): 3,8 t/h
- Elektr. Eigenbedarf (je nach Lastzustand): 320 bis 470 kW_{el}
- Elektr. Wirkungsgrad: 18,5 %
  (im Kond.-Betrieb, ohne elektr. Eigenbedarf)

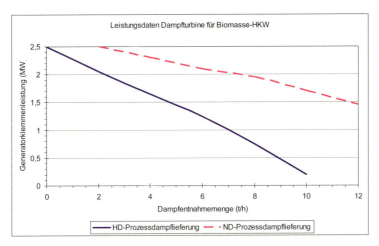

Abb. 9.3-2: Dampfturbinen-Generatorleistung in Abhängigkeit von der Prozessdampflieferung

9.4 Nachrüstung einer Gasturbinenanlage

Das folgende Beispiel ist typisch für einen in der Praxis oft anzutreffenden Einsatzfall von KWK-Anlagen. Rein technisch betrachtet konkurrieren in einem Heizwerk oder Heizkraftwerk bei jeder Ersatz-, Erneuerungs-, oder Erweiterungsinvestition herkömmliche Dampf- oder Heißwasserkessel mit KWK-Anlagen. Da zwischen konventionellem System und KWK-Anlage ein erheblicher investiver und technischer Unterschied besteht, zeigt nur ein Vergleich der Nutzwärmekosten, ob ein KWK-System vorteilhaft eingesetzt werden kann.

9.4.1 Aufgabenstellung

Das in Abb. 9.4-1 schematisch dargestellte Heizkraftwerk (HKW) bezieht Frischdampf (42 bar, 420°C) aus einer Müllverbrennungsanlage. Der Dampf wird in Dampfturbinen verstromt, der Abdampf der Dampfturbinen zur Fernwärme-Erzeugung eingesetzt. Zur Absicherung der Wärmeleistung stehen im HKW mehrere öl-/gasbefeuerte Dampfkessel zur Verfügung. Zur Erhöhung der Versorgungssicherheit und zum Ausgleich der seit Errichtung der Anlage gestiegenen Fernwärme-Last ist die Kapazität der thermischen Erzeugerleistung um ca. 20 MW Fernwärme-Einspeiseleistung zu erhöhen.

9.4.2 Ergebnis der Bestandsaufnahme

Die Bestandsaufnahme zeigt neben den technischen Auslegungsdaten, dass unter Berücksichtigung kleinerer baulicher Änderungen eine freie Aufstellfläche für einen neuen Heißwassererzeuger mit einer thermischen Leistung von ca. 20 MW in der Anlage vorhanden ist. Somit kann die ermittelte Kapazitätslücke mit einer vergleichsweise einfachen Anlage gedeckt werden. Andere Konzepte z.B. unter Einschluss der KWK erfordern die Demontage einer vorhandenen Kesselanlage, um Platz für die Neuinstallation zu schaffen. Die Kapazität des neuen Kessels muss dann eine entsprechend höhere Leistung umfassen (ausfallende Leistung des vorhandenen Kessels plus Mehrbedarf).

9.4.3 Auswahl und Dimensionierung technisch sinnvoller Varianten

Abbildung 9.4-1 enthält neben einer schematischen Anlagenübersicht auch die Darstellung der beiden Varianten, die in einer Vorauswahl als technisch sinnvoll und realisierbar herausgearbeitet wurden.

9.4.3.1 Variante 9.4-I: Nachrüstung einer Gasturbinenanlage

Die technisch aufwendigste Lösung stellt die Installation einer Gasturbinenanlage mit nachgeschaltetem Abhitzekessel dar, wobei eine deutliche Steigerung der Wirkungsgrade und der elektrischen Netzeinspeisung erreicht wird. Zur Realisierung ist ein vorhandener Dampfkessel zu demontieren und durch einen neuen Abhitzekessel zu ersetzen. Zusätzlich wird in einem vorhandenen Anbau neben dem Kesselhaus eine Gasturbine installiert. Im Rahmen eines Vorprojektes wurden auf Basis von Anordnungsskizzen und anhand der technischen Daten Richtpreisangebote mit Grobabmessungen der Bauteile eingeholt, die die Grundlage der weiteren Wirtschaftlichkeitsberechnung bilden.

Anhand der im Kapitel 5.2 enthaltenen Diagramme und unter Berücksichtigung der in Abb. 9.4-2 dargestellten thermischen Jahresdauerlinie wird für diese Variante eine Gasturbine mit einer elektrischen Leistung von 4 MW bei ca. 10 bis 12 t/h Frischdampf im Abhitzebetrieb und bei maximaler Zusatzfeuerung (bei Ausnutzung des Restsauerstoffgehaltes) mit ca. 50 t/h Frischdampf gewählt. Unter Berücksichtigung des elektrischen Wirkungsgrades der vorhandenen Dampfturbinenanlage von ca. 16 % ergibt sich hieraus nach Verstromung in den Dampfturbinen eine thermische Nutzleistung im Heizkondensator von 5 MW bei Betrieb ohne

Zusatzfeuerung und 25 MW bei Betrieb mit maximaler Zusatzfeuerung. Die erforderliche Reserveleistungs- sowie die Spitzenlastbereitstellung erfolgen über die übrigen vorhandenen Dampfkesselanlagen.

9.4.3.2 Variante 9.4-II: Nachrüstung eines Heißwasserkessels

Die Nachrüstung eines Heißwasserkessels mit einer thermischen Leistung von 20 MW liefert die investiv günstigste Lösung. Die Aufstellung erfolgt in einem vorhandenen Anbau neben dem Kesselhaus. Eine eigene neue Kaminanlage ist zu errichten, die Anlage ist in das Brennstoff- und Wärmeversorgungssystem einzubinden.

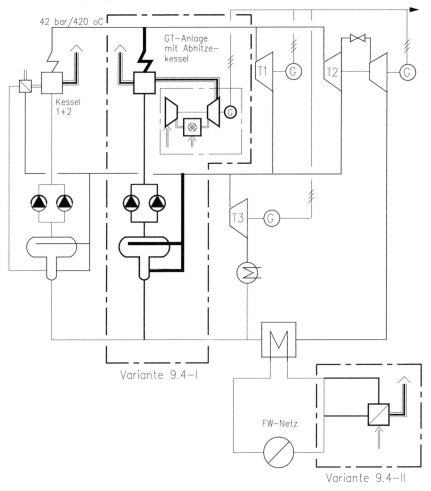

Abb. 9.4-1: Schematische Anlagenübersicht - Beispiel 9.4

9.4.4 Ökonomische und ökologische Gegenüberstellung der ausgewählten Varianten

Beide Varianten sind technisch derart unterschiedlich, dass nur auf Basis der Nutzwärmegestehungskosten ein Vergleich möglich ist. Der für diesen Vergleich bei beiden Varianten gleiche Ansatz bezüglich der festen Jahreskosten der vorhandenen Dampfturbinenanlage wird aus der Betriebsabrechnung des Referenzjahres übernommen (da hier nur die Relationen der Varianten untereinander zu bewerten sind, könnte dieser Ansatz auch entfallen). Der Brennstoffeinsatz sowohl für die Grund- als auch für die Spitzenlastkessel wird für beide Varianten auf Basis einer Erdgasversorgung berücksichtigt.

Der Vergleich der Jahresdauerlinie (Abb. 9.4-2 und 9.4-3) zeigt, dass bei Variante 9.4-I der Anteil der vorhandenen alten Dampfkesselanlagen an der Gesamtjahresarbeit bedingt durch den GuD-Anteil kleiner ist als bei Variante 9.4-II. Aufgrund der Auslegung des Abhitzekessels für 50 t/h ist im Gegendruckbetrieb der vorhandenen Dampfturbinen eine thermische Leistung von 25 MW verfügbar. Bei dampfseitiger Umgehung der Dampfturbinen steht darüber hinaus noch eine erhebliche zusätzliche Reserve zur Verfügung. Variante 9.4-II wurde zur Abdeckung der Lastspitzen und zur Bereitstellung einer Reserve von 50 % der vorhandenen Kapazität ausgelegt (Abb. 9.4-3), was den Mindestanforderungen entspricht. Die Tabelle 9.4-1 enthält die in der Wirtschaftlichkeitsberechnung verwendeten Kostenansätze.

Aufgrund der unterschiedlichen technischen Konzeption wurden für die Darstellung der Leistungs- und Arbeitswerte die in Kapitel 5.2 enthaltenen Tabellen zugrunde gelegt und entsprechend dem Bedarfsfall an jede Variante angepasst.

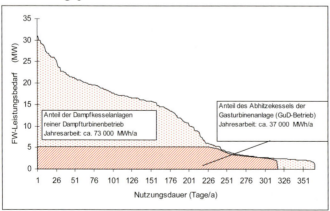

Abb. 9.4-2: Geordnete Jahresdauerlinie Beispiel 9.4 - Variante 9.4-I

9.4 Nachrüstung einer Gasturbinenanlage

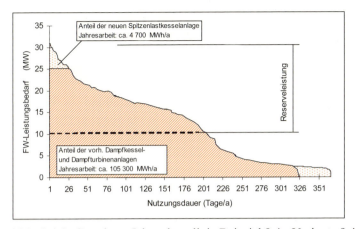

Abb. 9.4-3: Geordnete Jahresdauerlinie Beispiel 9.4 - Variante 9.4-II

Tabelle 9.4-1: Kostenansätze Beispiel 9.4

Benennung	Betrag	Dim.
Personalkosten	47	T€/a
Kalkulatorischer Zinssatz	10	%
Energieerlöse		
- Strom		
* Leistungspreis	2)	€/(kW*a)
* Arbeitspreis (Mischpreis HT/NT)	2)	€/kWh
- Wärme		
* Grundpreis	2)	€/(MW*a)
* Arbeitspreis	2)	€/MWh
* Zählermiete (je Anschluß)	2)	€/a
Energiekosten (erzeugerseits)		
- Strom		
* Leistungspreis	135	€/(kW*a)
* Arbeitspreis (Mischpreis HT/NT)	0,08	€/kWh
* Reservestrombereitstellungskosten	45	€/(kW*a)
- Wärme		
* Grundpreis	2)	€/(MW*a)
* Arbeitspreis	2)	€/MWh
Brennstoffkosten	3)	3)
- Erdgas		
* Leistungspreis	1)	€/(MW*a)
* Arbeitspreis	13	€/MWh
* Zählermiete	-	€/a
* Baukostenzuschuß (Investition)	-	€
- Heizöl		
* Bezugskosten	13	€/MWh
- Festbrennstoffe		
* Kohlebezugskosten	-	€/MWh
* Additivkosten	-	€/MWh
Entsorgungskosten		3)
- Brennstoffasche und Filterrückstände	-	€/MWh
Zusatzwasser - Kosten	2)	€/m3
1) kein Ansatz, da abschaltbarer Gasbezug		
2) kann hier ohne Ansatz bleiben		
3) Brennstoffkosten und Entsorgungskosten bezogen auf MWh Brennstoffenergie		

Tabelle 9.4-2 enthält die Leistungsdatenzusammenstellung für Variante 9.4-I bei Abhitzebetrieb (BF1) und bei Spitzenlastbetrieb mit Zusatzfeuerung (BF2). Die zugrunde liegenden Wirkungsgradansätze sind in Tabelle 9.4-3 dargestellt. Grundlage für die Berechnung der Daten sind die Ausführungen in Kapitel 5.2 und Kapitel 7.

Tabelle 9.4-5 enthält die Leistungsdatenzusammenstellung für Variante 9.4-II bei Mindestlastbetrieb (BF1) und bei Spitzenlastbetrieb (BF2). Die zugrunde liegenden Wirkungsgradansätze zeigt Tabelle 9.4-4. Grundlage für die angegebenen Daten bilden die Ausführungen in Kapitel 5.0 und Kapitel 7 unter dem Stichwort Spitzenlastkessel.

Tabelle 9.4-6 zeigt die, sich aus den Leistungsdaten (Tabelle 9.4-2) und der Jahresdauerlinie (Abb. 9.4-2) anhand der Berechnungsformeln in Kapitel 7 ergebenden, Jahresarbeitswerte. Die Nutzungsgradansätze (Tabelle 9.4-7) wurden anhand der Ausführungen in Kapitel 5.2 gewählt.

Tabelle 9.4-8 enthält die sich aus den Leistungswerten (Tabelle 9.4-4) und der Jahresdauerlinie (Abb. 9.4-3) für Variante 9.4-II ergebenden Jahresarbeitsansätze. Die anhand Kapitel 5.0 und Kapitel 7 ausgewählten Nutzungsgradansätze sind in Tabelle 9.4-9 wiedergegeben.

Die entsprechend den Auslegungsdaten und dem zugehörigen Aufstellungskonzept ermittelten Investitionen sind für Variante 9.4-I in Tabelle 9.4-10 und für Variante 9.4-II in Tabelle 9.4-11 angegeben.

Unter Berücksichtigung der Kostenansätze (Tabelle 9.4-1) und der Leistungs- und Arbeitsdaten (Tabelle 9.4-2/4/6/8) errechnen sich die in Tabelle 9.4-12 ermittelten Jahreskosten. Bei einer jährlichen Gesamt-FW-Einspeisung von 110 000 MWh ergeben sich dann die ebenfalls in Tabelle 9.4-12 genannten spezifischen FW-Gestehungskosten als Vergleichsmaßstab für die Variantenauswahl.

Das Ergebnis zeigt, dass trotz der erheblich höheren Investition Variante 9.4-I deutlich niedrigerere Wärmegestehungskosten erwirtschaftet als Variante 9.4-II

Die nachfolgenden Tabellen entstanden auf Basis der in den bisherigen Ausführungen enthaltenen Muster, wobei diese an die Erfordernisse des Beispiels angepasst wurden. Als Ergänzung zu den vorstehenden Ausführungen werden die Eintragungen in den Tabellen jeweils noch speziell erläutert. Tabelle 9.4-2 gibt eine Übersicht über die Leistungsdaten der Variante 9.4-I. Ausgangsgröße der Berechnungen ist die elektrische Leistung der Gasturbine.

9.4 Nachrüstung einer Gasturbinenanlage

Tabelle 9.4-2: Leistungsdatenzusammenstellung - Variante 9.4-I

	Dim.	BF 1	BF 2
thermische Leistung Dampfkessel			
- Abhitzekessel - Abhitzebetrieb (KWK-Anteil)	MW_{th}	7,85	7,85
- Abhitzekessel - Zusatzfeuerung	MW_{th}	0,00	29,83
Summe thermische Leistung Abhitzekessel	MW_{th}	7,85	37,68
thermischer Eigenbedarf Dampf-/Kond.-System	MW_{th}	*1)	*1)
thermische Einspeiseleistung Dampfkessel	MW_{th}	**7,85**	**37,68**
FW-Netzeinspeisung	MW_{th}	**5,23**	**25,12**
elektrische Leistung KWK-Anlage			
- Gasturbine	MW_{el}	4,00	4,00
- vorh. Dampfturbinenanlage *2)	MW_{el}	1,48	7,11
Summe elektrische Leistung	MW_{el}	5,48	11,11
elektrischer Eigenbedarf neue GT-Anlage			
- Kesselspeisepumpen	MW_{el}	0,02	0,10
- Kondensatpumpen	MW_{el}	0,002	0,012
- Kühlwasserpumpen	MW_{el}	0,00	0,00
- Lüfter-Rückkühlwerk	MW_{el}	0,00	0,00
- Brennstoffversorgung	MW_{el}	0,12	0,12
- Verbrennungsluftgebläse	MW_{el}	0,00	0,00
- Rauchgasgebläse	MW_{el}	0,00	0,00
- Hilfs- u. Nebenanlagen, Sonstiges	MW_{el}	0,01	0,02
- Netzumwälzpumpen, Druckhaltepumpen	MW_{el}	-	-
elektr. Eigenbedarf vorh. Dampfturbinenanlage	MW_{el}	*2)	*2)
Summe elektrischer Eigenbedarf	MW_{el}	0,15	0,25
elektrische Netzeinspeiseleistung	MW_{el}	**5,33**	**10,86**
Brennstoffbedarf (Leistung)	MW_{Br}	**14,81**	**47,96**

*1) in thermodynamischer Berechnung enthalten
*2) elektr. Eigenbedarf in der Angabe der elektrischen Einspeiseleistung berücksichtigt
BF 1 = Abhitzebetrieb
BF 2 = Spitzenlastbetrieb mit Zusatzfeuerung

Erläuterungen zu den Eintragungen in Tabelle 9.4-2:

thermische Leistung Dampfkessel:
- Abhitzekessel-Abhitzebetrieb: thermische Leistung des Abhitzekessels im Abhitzebetrieb anhand der elektr. Leistung und den Wirkungsgradangaben in Tabelle 9.4-3 errechnet (4 MW_{el} * 0,53/0,27 = 7,85 MW_{th}).
- Abhitzekessel-Zusatzfeuerung: Differenz zwischen der für den jeweiligen Betriebsfall erforderlichen Kesselleistung und der aus der Abwärme gewonnenen Energie (37,68 MWth - 7,85 MWth = 29,83 MWth). Um bei Ausfall der Gasturbinenanlage aber über die Zusatzfeuerung die erforderliche Dampfleistung bereitstellen zu können, muss die Zusatzfeuerung trotzdem für 37,68 MW_{th} ausgelegt werden.
- Summe thermische Leistung Abhitzekessel: im Abhitzebetrieb gleich der thermischen Nutzleistung der Gasturbinenabgase. Im max. Betrieb mit Zusatzfeuerung (BF2) muss der Kessel 50 t/h bereitstellen. Anhand der Energiebilanz aus zugeführtem Speisewasser und abgeführtem Dampf ergibt sich für den Kessel (50.000 kg/h * (3259 - 546)kJ/kg)/(3.600 s/h) = 37.680 kW.

FW-Netzeinspeisung: ergibt sich aus den Leistungsdaten der vorhandenen Dampfturbinenanlage. Hier berechnet mit der spezifischen Kesselleistung je Nutzwärmeleistung von 1,5 MWth Kesselleistung/MWth Nutzwärmeleistung.
(37,68 MWth/(1,5 MWth/ MWth) = 25,12 MWth)

elektrische Leistung KWK-Anlage:
- Gasturbine: Vorgabewert, Festlegung anhand Kap. 5.2.
- vorh. Dampfturbinenanlage: Hier separat berechnet auf Basis des spezifischen Wärmeverbrauchs bezogen auf die thermische Kesselleistung und elektrische Dampfturbinenleistung von
5,3 MWth/MWel (37,68 MWth/(5,3 MWth/MWel) = 7,1 MWel).

elektrischer Eigenbedarf neue GT-Anlage:
- Kesselspeisepumpen: gemäß Kapitel 5.3
  $P = (m * \Delta p * v)/(36 * \eta_P * m) = 99$ kW$_{el}$,
  $m = P_K/(h_{FD} - h_{SW}) = 37.680$ kW$_{th}$/(3259-546)kJ/kg = 13,9 kg/s
  P_K = thermische Kesselleistung
  h_{FD} = Frischdampfenthalpie gemäß VDI-Wasserdampftafeln für 42 bar, 420 °C
  h_{SW} = Speisewasserenthalpie gemäß VDI-Wasserdampftafeln für 130 °C
  v = spez. Volumen Speisewasser, gemäß VDI-Wasserdampftafeln
  = 0,0010712 m3/kg
  Δp = Druckerhöhung in der Speisepumpe, Schätzung: 50 bar
  η_P = Pumpenwirkungsgrad, Schätzung: 0,8
  η_m = Motorwirkungsgrad, Schätzung: 0,94
- Kondensatpumpen: wie vor, jedoch:
  m = überschlägig wie vor
  v = 0,0010455 m3/kg
  Δp = 6 bar
- Brennstoffversorgung: gemäß Kap. 5.2 für Δp = 16 bar
- Hilfs- u. Nebenanlagen, Sonstiges: Schätzung

Brennstoffbedarf (Leistung): (elektr. Gasturbinenleistung/elektr. Wirkungsgrad plus Leistung-Zusatzfeuerung/Kesselwirkungsgrad), Wirkungsgradansätze: Tabelle 9.4-3

Tabelle 9.4-3: Wirkungsgradansätze Beispiel 9.4, Variante 9.4-I

Aggregatewirkungsgrade	Dim.	
Gasturbinenanlage		
- elektr. Wirkungsgrad	/	0,27
- therm. Wirkungsgrad	/	0,53
- Gesamt-Wirkungsgrad	/	0,80
Kesselanlage (Zusatzfeuerung)		
- therm. Wirkungsgrad	/	0,90

Erläuterungen zu den Eintragungen in Tabelle 9.4-3:
Gasturbinenanlage gemäß Kapitel 5; Kesselanlage gemäß Kapitel 5.3.

9.4 Nachrüstung einer Gasturbinenanlage

Tabelle 9.4-4: Wirkungsgradansätze Beispiel 9.4, Variante 9.4-II

Aggregatewirkungsgrade	Dim.	BF1	BF2
Kesselanlage			
- therm. Wirkungsgrad Heißwasserkessel	/	0,89	0,89
- therm. Wirkungsgrad vorh. Dampfkessel	/	0,88	0,88

Tabelle 9.4-5: Leistungsdatenzusammenstellung – Variante 9.4-II

	Dim.	BF 1	BF 2
thermische Leistung Dampfkessel	MW th	37,50	18,75
thermischer Eigenbedarf Dampf-/Kond.-System	MW th	*1)	*1)
therm. Einspeiseleistung Dampfkessel	MW th	37,50	18,75
thermische FW-Netzeinspeiseleistung			
- Heißwasserkessel	MW th	6,00	18,50
- Heizkondensator	MW th	25,00	12,50
Gesamte therm. FW-Netzeinspeiseleistung	MW th	31,00	31,00
Elektr. Leistung KWK-Anlage			
- Gasturbine	MW el	0,00	0,00
- vorh. Dampfturbinenanlage *2)	MW el	7,08	3,54
Summe elektrische Leistung	MW el	7,08	3,54
Elektrischer Eigenbedarf			
- Kesselspeisepumpen	MW el	0,10	0,05
- Kondensatpumpen	MW el	0,012	0,006
- Kühlwasserpumpen	MW el	0,00	0,00
- Lüfter-Rückkühlwerk	MW el	0,00	0,00
- Brennstoffversorgung	MW el	0,00	0,00
- Verbrennungsluftgebläse	MW el	0,04	0,03
- Rauchgasgebläse	MW el	0,10	0,05
- Hilfs- u. Nebenanlagen, Sonstiges	MW el	0,01	0,01
- Netzumwälzpumpen, Druckhaltepumpen	MW el	-	-
elektr. Eigenbedarf vorh. Dampfturbinenanlage	MW el	*2)	*2)
Summe elektrischer Eigenbedarf	MW el	0,26	0,15
Elektrische Netzeinspeiseleistung	MW el	6,82	3,39
Brennstoffleistung	MW Br	49,36	42,09

*1) entfällt
*2) in elektr. Einspeiseleistung berücksichtigt
BF 1 = Nennlastbetrieb
BF 2 = Spitzenlastbetrieb (Notbetrieb bei Ausfall eines Dampfkessels)

Die Tabelle gibt einen Überblick über die Leistungsdaten der Variante 9.4-II. Die hier eingetragenen Betriebsfälle zeigen zum einen die Leistungsdaten im Normalbetrieb (BF1) bei Volllast und zum andern im Reservebetriebsfall der Heißwasserkesselanlage (BF2) bei Ausfall eines Dampfkessels.

Erläuterungen zu den Eintragungen in Tabelle 9.4-5 wie folgt:

thermische Leistung Dampfkessel: Leistungswerte der vorh., aus zwei Einheiten bestehenden Dampfkesselanlage (BF1 = Gesamtleistung, BF2 = halbe Gesamtleistung)

thermische FW-Netzeinspeisung:
- Heißwasserkessel: Differenz aus der erforderlichen Gesamt-FW-Netzeinspeisung (max. Wert in Jahresdauerlinie) und der im KWK-Betrieb durch die vorh. Dampfturbinenanlage über den Heiko möglichen FW-Einspeisung, d.h. die erforderliche Einspeisung der neu zu installierenden Heißwasserkessel.
- Heizkondensator: Der Wert ergibt sich aus den Leistungsdaten der vorh. Dampfturbinenanlagen. Er wurde hier separat berechnet anhand der im Rahmen der Bestandsaufnahme ermittelten spezifischen Kesselleistung je Nutzwärmeleitung von 1,5 $MW_{th\ Kesselleistung}/MW_{th\ Nutzwärmeleistung}$.
(37,5 MW_{th}/(1,5 MW_{th}/MW_{th}) = 25 MW_{th})

Elektrische Leistung KWK-Anlage:
- Gasturbine: nicht installiert
- vorh. Dampfturbinenanlage: Der Wert ergibt sich aus den Leistungsdaten der vorh. Dampfturbinenanlage. Hier separat berechnet anhand der im Rahmen der Bestandsaufnahme ermittelten spezifischen Kesselleistung je MW elektr. Netzeinspeisung von 5,3 MW_{th}/MW_{el}. Der Wert wird in erster Näherung in den betrachteten Betriebsfällen gleich angesetzt.

elektrischer Eigenbedarf:
- Kesselspeisepumpen: wie unter Tabelle 9.4-2 beschrieben
- Kondensatpumpen: wie unter Tabelle 9.4-2 beschrieben
- Verbrennungsluftgebläse: Abschätzung wie vor gemäß Formel in Kap. 5.3, für:
V = 1,01 * 49,36/3,6 = 13,8 m³/s
Δp = 0,02 bar
T_1 = 293 K
T_0 = 273 K
η_G = 0,8
η_m = 0,94
P = 13,8 * 293 * 0,02 * 100/(273 * 0,8 * 0,94) = 39,5 kW
- Rauchgasgebläse: Abschätzung wie vor gemäß Formel in Kap. 5.3 (nur die Dampfkessel werden mit Rauchgasventilatoren ausgerüstet) für:
V = 1,12 * 42/3,6 = 13,1 m³/s
Δp = 0,03 bar
T_1 = 523 K
T_0 = 273 K
η_G = 0,8
η_m = 0,94
P = 13,1 * 523 * 0,03 * 100/(273 * 0,8 * 0,94) = 100,1 kW
- Hilfs- u. Nebenanlagen, Sonstiges: Schätzung
- Brennstoffleistung: thermische Kesselleistung/Kesselwirkungsgrad

9.4 Nachrüstung einer Gasturbinenanlage

Tabelle 9.4-6: Zusammenstellung der Jahresarbeitsansätze Beispiel 9.4, Variante 9.4-I

	Dim.	Variante 9.4-I
therm. Jahresarbeit Dampfkessel		
- Abhitzekessel - Abhitzebetrieb	MWh th /a	55.500
- Abhitzekessel - Zusatzfeuerung	MWh th /a	109.500
Summe thermische Jahresarbeit	MWh th /a	165.000
therm. Eigenbedarf Dampf-/Kond.-System	MWh th /a	*1)
Dampfkesseleinspeisung	MWh th /a	**165.000**
FW-Netzeinspeisung	MWh th /a	**110.000**
elektr. Jahresarbeit KWK-Anlage		
- Gasturbine	MWh el /a	27.206
- vorh. Dampfturbinenanlage *2)	MWh el /a	31.132
Summe elektrische Jahresarbeit	MWh el /a	58.338
Elektrischer Eigenbedarf GT-Anlage		
- Kesselspeisepumpen	MWh el /a	351
- Kondensatpumpen	MWh el /a	42
- Kühlwasserpumpen	MWh el /a	0
- Lüfter-Rückkühlwerk	MWh el /a	0
- Brennstoffversorgung	MWh el /a	960
- Verbrennungsluftgebläse	MWh el /a	0
- Rauchgasgebläse	MWh el /a	0
- Hilfs- u. Nebenanlagen, Sonstiges	MWh el /a	53
- Netzumwälzpumpen, Druckhaltepumpen	MWh el /a	-
elektr. Eigenbedarf vorh. DT- Anlage	MWh el /a	*2)
Summe elektrischer Eigenbedarf	MWh el /a	1.406
Elektrische Netzeinspeisung	MWh el /a	**56.932**
Jahresbrennstoffbedarf	MWh Br /a	**233.255**

*1) in thermodyn. Berechnung berücksichtigt
*2) elektr. Eigenbedarf in der Angabe der elektrischen Jahresarbeit berücksichtigt

Die Tabelle 9.4-6 gibt einen Überblick über die Jahresarbeitswerte der Variante 9.4-I. Das im Kapitel 5.2 dargestellte Muster wurde an die Erfordernisse des vorliegenden Beispiels angepasst. Erläuterungen zu den Eintragungen:

thermische Jahresarbeit Dampfkessel:
- Abhitzekessel-Abhitzebetrieb: anhand der in der Jahresdauerlinie (Abb. 9.4-2) angegebenen thermischen Jahresarbeit und dem in der Bestandsaufnahme ermittelten spezifischen Wert von 1,5 MWh$_{th}$ Kesselenergie je MWh$_{th}$ Nutzenergie errechnet. (37000 MWh/a * 1,5 MWh$_{th}$/MWh$_{th}$ = 55.500 MWh$_{th}$)
- Abhitzekessel-Zusatzfeuerung: wie vor, jedoch für 73.000 MWh$_{th}$
- FW-Netzeinspeisung: der Wert ergibt sich aus der Jahresdauerlinie (Abb. 9.4-2), hier: (73000 + 37000 = 110000)

elektrische Jahresarbeit KWK-Anlage:
- Gasturbine: anhand der Formeln in Kap. 7 aus der thermischen Jahresarbeit des Abhitzekessels (Abhitzebetrieb) und den Nutzungsgradansätzen wie in Tabelle 9.4-7 angegeben errechnet (55.500 MWh$_{th}$ * 0,25/0,51 = 27.206 MWh$_{el}$).

- vorh. Dampfturbinenanlage: Hier separat berechnet auf Basis des spezifischen Wärmeverbrauchs bezogen auf die thermische Dampfkesseleinspeisung und die elektrische Jahresarbeit der Dampfturbinenanlage von 5,3 MWh_{th}/MWh_{el} (165.000/5,3 = 31.132).
- elektrischer Eigenbedarf: anhand der in Kap. 7 und Kap. 5.2 und 5.3 angegebenen Formeln errechnen sich
  hier: a=110.000/31 = 3.550 Ausnutzungsstunden. Durch Multiplikation mit den Leistungswerten (BF2) in Tabelle 9.4-2 ergeben sich hieraus die einzelnen Jahresarbeitswerte. Ausnahme bildet die Brennstoffversorgung der Gasturbine, die ca. 8.000 h/a betrieben wird.
- Brennstoffbedarf: (thermische Jahresarbeit Abhitzekessel/thermischer Nutzungsgrad der Gasturbine) plus (Jahresarbeit der Zusatzfeuerung/Kesselnutzungsgrad), Nutzungsgradansätze gemäß Tabelle 9.4-7.

Tabelle 9.4-7: Nutzungsgradansätze Beispiel 9.4, Variante 9.4-I

Jahresnutzungsgrade	Dim.	Gasturb.	Kessel
Gasturbinenanlage			
- elektr. Jahresnutzungsgrad	/	0,25	-
- therm. Jahresnutzungsgrad	/	0,51	0,88
- Gesamt-Jahresnutzungsgrad	/	0,76	0,88

Erläuterungen zu den Eintragungen in Tabelle 9.4-7:

Gasturbinenanlage:
- elektrischer Jahresnutzungsgrad: gemäß Kap. 5.2, mittlerer Ansatz
- thermischer Jahresnutzungsgrad: gemäß Kap. 5.2, mittlerer Ansatz

Kesselanlage:
- thermischer Jahresnutzungsgrad: abgeschätzt gemäß Kap. 7

Die Tabelle 9.4-8 gibt einen Überblick über die Jahresarbeitswerte der Variante 9.4-II. Aus Gründen der Vergleichbarkeit wird Tabelle 9.4-6 als Muster für die Tabellendarstellung verwendet, obwohl hier eine reine Dampfturbinenanlage mit Heißwasserspitzenkessel gemäß den Ausführungen in Kapitel 5.3 zu betrachten ist. Als Datenbasis für die Jahresarbeitswerte dient die thermische Jahresdauerlinie (Abb. 9.4-3). Ausgangspunkt ist die thermische Jahresarbeit für Heizkondensator und Spitzenlastkessel. Erläuterungen zu den Tabelleneintragungen:

thermische Jahresarbeit Dampfkessel: anhand der thermischen Jahresarbeit (Jahresdauerlinie Abb. 9.4-3) und dem in der Bestandsaufnahme ermittelten spezifischen Wert von 1,5 MWh_{th} Kesselenergie/MWh_{th} thermischer Nutzenergie. Q_K = (105.300 MWh_{th}/a * 1,5 MWh_{th}/MWh_{th} = 157.950 MWh_{th}).

thermische Jahresarbeit FW-Einspeisung:
- Heißwasserkessel: aus Jahresdauerlinie Abb. 9.4-3 (Flächenberechnung)
- Heizkondensator: aus Jahresdauerlinie Abb. 9.4-3 (Flächenberechnung)

9.4 Nachrüstung einer Gasturbinenanlage   333

elektrische Jahresarbeit KWK-Anlage:
- Vorh. Dampfturbinenanlage: anhand dem in der Bestandsaufnahme ermittelten spezifischen Wert von 5,3 MWh$_{th}$ Kesselenergie je MWh$_{el}$ elektrischer Nutzenergie. Q_{el} = (157.950 MWh$_{th}$ / (5,3 MWh$_{th}$/MWh$_{el}$) = 29.802 MWh$_{el}$).
- elektrischer Eigenbedarf: anhand der in Kap. 7 angegebenen Formel errechnen sich hier: a = 110.000/31=3.550 Ausnutzungsstunden. Durch Multiplikation mit den Leistungswerten im Normalbetrieb (BF1) in Tabelle 9.4-5 ergeben sich hieraus die einzelnen Jahresarbeitswerte.
- Jahresbrennstoffbedarf: thermische Jahresarbeit Dampfkessel/Kesselnutzungsgrad (Tabelle 9.4-9: 0,86) plus thermische FW-Netzeinspeisung - Heißwasserkessel/Kesselnutzungsgrad (Tabelle 9.4-9: 0,87)

Tabelle 9.4-8: Zusammenstellung der Jahresarbeitsansätze für Beispiel 9.4, Variante 9.4-II

	Dim.	Variante 9.4-II
therm. Jahresarbeit Dampfkessel	MWh $_{th}$ /a	**157950**
thermischer Eigenbedarf Dampf-/Kond.-System	MWh $_{th}$ /a	*1)
Dampfkesseleinspeisung	MWh $_{th}$ /a	**157950**
thermische Jahresarbeit FW-Einspeisung		
- Heißwasserkessel	MWh $_{th}$ /a	4700
- Heizkondensator	MWh $_{th}$ /a	105300
Summe thermische FW-Netzeinspeisung	MWh $_{th}$ /a	**110000**
elektrische Jahresarbeit KWK-Anlage		
- Gasturbine 1	MWh $_{el}$ /a	0
- vorhandene Dampfturbinenanlage	MWh $_{el}$ /a	29802
Summe elektrische Jahresarbeit	MWh $_{el}$ /a	**29802**
elektrischer Eigenbedarf		
- Kesselspeisepumpen	MWh $_{el}$ /a	349,3
- Kondensatpumpen	MWh $_{el}$ /a	41,9
- Kühlwasserpumpen	MWh $_{el}$ /a	0,0
- Lüfter-Rückkühlwerk	MWh $_{el}$ /a	0,0
- Brennstoffversorgung	MWh $_{el}$ /a	0,0
- Verbrennungsluftgebläse	MWh $_{el}$ /a	130,7
- Rauchgasgebläse	MWh $_{el}$ /a	365,7
- Hilfs- u. Nebenanlagen, Sonstiges	MWh $_{el}$ /a	35,5
- Netzumwälzpumpen, Druckhaltepumpen	MWh $_{el}$ /a	
elektrischer Eigenbedarf der vorh. DT-Anlage	MWh $_{el}$ /a	*2)
Summe elektrischer Eigenbedarf	MWh $_{el}$ /a	**923,1**
elektrische Netzeinspeisung	MWh $_{el}$ /a	**28879**
Jahresbrennstoffbedarf	MWh $_{Br}$ /a	**189065**

*1) entfällt
*2) in Berechnung der elektrischen Netzeinspeisung enthalten

Erläuterung zu den Eintragungen in Tabelle 9.4-9:
- thermischer Jahresnutzungsgrad Heißwasserkessel: gemäß Kap. 7
- thermischer Jahresnutzungsgrad Dampfkessel: gemäß Kap. 7. Die in den Tab. 9.4-10/9.4-11 für die Varianten genannten Investitionen entsprechen den für das konkrete Beispiel erforderlichen Aufwendungen. Da es sich hier um den Umbau vorhandener Anlagen und Gebäude handelt, sind die allgemeingültigen

9 Beispiele ausgeführter KWK-Anlagen

Ansätze in Kap. 5.2 und in Kap. 5.3 nicht uneingeschränkt anwendbar. Nutzungsdaueransätze und Annuität gemäß den Angaben in Kap. 7 und Kapitel 6.

Tabelle 9.4-9: Nutzungsgradansätze Variante 9.4-II

Jahresnutzungsgrad	Dim	Variante 9.4-II
Kesselanlagen		
- therm. Jahresnutzungsgrad Heißwasserkessel	/	0,87
- therm. Jahresnutzungsgrad vorh. Dampfkessel	/	0,86

Tabelle 9.4-10: Investitionen und Kapitalkosten Beispiel 9.4, Variante 9.4-I

		Investitionen T€	Nutzung a	Annuität %/a	Kapitalkosten T€/a
1.	Baugrundstück	/			
2.	Erschließungsmaßnahmen	/			
3.	*Bautechnik/-Konstruktion*				
3.1	KWK-Gebäude 1)	425	50	0,1009	42,9
3.2	Außenanlagen/Nebengebäude	/			
3.3	Abbruch-/Demontagearbeiten	225	50	0,1009	22,7
4.	*Energietechnische Anlagen*				
4.1	*Maschinentechnik*				
4.1.1	Motoraggregate				
4.1.2	Gasturbinenaggregate	2750	15	0,1315	361,6
4.1.3	Dampfturbinenanlage	/			
4.2	*Wärmeerzeuger*				
4.2.1	Abgaswärmetauscher	/			
4.2.2	Abhitzekesselanlage	2900	20	0,1175	340,8
4.2.3	Dampfkesselanlage	/			
4.2.4	Heizkondensatoranlage	/			
4.3	Abgasreinigungsanlage	/			
4.4	Kaminanlage 1)	337,5	15	0,1315	44,4
4.5	Brennstoffversorgungsanlage	650	20	0,1175	76,4
4.6	Entaschungsanlage	/			
4.7	Betriebswasserversorgungsanlage	115	20	0,1175	13,5
4.8	Druckluftversorgungsanlage	17,5	15	0,1315	2,3
4.9	Schmierölversorgungsanlage	15	20	0,1175	1,8
4.10	E-/MSR-Technik, Leittechnik	375	20	0,1175	44,1
4.11	Reserve-/Spitzenlastkesselanlagen	/			
4.12	Heizwasser-Kreislauf-Komponenten	/			
4.13	Dampf- /Kondensat - Kreislaufkomponenten	650	20	0,1175	76,4
4.14	*Notkühleinrichtung*				
4.14.1	Kondensationsanlage, einschl. Rückkühlwerk	/			
4.14.2	Notkühler einschl. Kreislaufkomponenten	/			
5.	*Gebäudetechnik*				
5.1	RLT-Anlagen	77,5	15	0,1315	10,2
5.2	Trinkwasserversorgung	/			
5.3	Abwasser-/Sanitäranlagen	40	15	0,1315	5,3
6.	*Stahlbaustuktionen*				
6.1	Stahltreppen	77,5	40	0,1023	7,9
6.2	Bühnen	97,5	40	0,1023	10,0
	Summe	**8752,5**			**1060,1**

1) nur Anpassung vorh. Einrichtungen

9.4 Nachrüstung einer Gasturbinenanlage

Tabelle 9.4-11: Investitionen und Kapitalkosten Beispiel 9.4, Variante 9.4-II

		Investitionen T€	Nutzung a	Annuität %/a	Kapitalkosten T€/a
1.	Baugrundstück	/			
2.	Erschließungsmaßnahmen	/			
3.	*Bautechnik/-Konstruktion*				
3.1	KWK-Gebäude	/			
3.2	Außenanlagen/Nebengebäude 1)	425	50	0,1009	42,9
3.3	Abbruch-/Demontagearbeiten	125	50	0,1009	12,6
4.	*Energietechnische Anlagen*				
4.1	*Maschinentechnik*				
4.1.1	Motoraggregate	/			
4.1.2	Gasturbinenaggregate	/			
4.1.3	Dampfturbinenanlage	/			
4.2	*Wärmeerzeuger*				
4.2.1	Abgaswärmetauscher	/			
4.2.2	Abhitzekesselanlage	/			
4.2.3	Dampfkesselanlage	/			
4.2.4	Heizkondensatoranlage	/			
4.3	Abgasreinigungsanlage	/			
4.4	Kaminanlage 1)	175	15	0,1315	23,0
4.5	Brennstoffversorgungsanlage	25	20	0,1175	2,9
4.6	Entaschungsanlage	/			
4.7	Betriebswasserversorgungsanlage	5	20	0,1175	0,6
4.8	Druckluftversorgungsanlage	/			
4.9	Schmierölversorgungsanlage	/			
4.10	E-/MSR-Technik, Leittechnik	75	20	0,1175	8,8
4.11	Reserve-/Spitzenlastkesselanlagen	437,5	15	0,1315	57,5
4.12	Heizwasser-Kreislauf-Komponenten	125	20	0,1175	14,7
4.13	Dampf- /Kondensat - Kreislaufkomponenten	/			
4.14	*Notkühleinrichtung*				
4.14.1	Kondensationsanlage, einschl. Rückkühlwerk	/			
4.14.2	Notkühler einschl. Kreislaufkomponenten	/			
5.	*Gebäudetechnik*				
5.1	RLT-Anlagen	22,5	15	0,1315	3,0
5.2	Trinkwasserversorgung	/			
5.3	Abwasser-/Sanitäranlagen	32,5	15	0,1315	4,3
6.	*Stahlbaukonstuktionen*				
6.1	Stahltreppen	12,5	40	0,1023	1,3
6.2	Bühnen	32,5	40	0,1023	3,3
	Summe	**1492,5**			**174,9**

1) nur Umbau vorh. Einrichtungen

Erläuterungen zu den Ansätzen in Tabelle 9.4-12:

Kapitalkosten: gemäß Tabelle 9.4-10/11
Brennstoffkosten:
– KWK-Anlage: Erdgas-Arbeitspreis: Jahresbrennstoffbedarf (Tabelle 9.4-6/8) multipliziert mit Arbeitspreis (Tabelle 9.4-1)
– Sonstiges: Schätzung
– Wartung/Instandhaltung: KWK-Anlage: anhand elektr. Jahresarbeit Gasturbine und spezifischem Ansatz gemäß Kapitel 5.2, hier gewählt: 0,005 €/kWhel (im Gasbetrieb sind eher geringere Wartungs-/Instandhaltungsaufwendungen zu erwarten als z.B. bei Ölbetrieb). Bei allen übrigen Komponenten werden die Ansätze gemäß Kapitel 5.3 auf die anteiligen Investitionen bezogen.

Tabelle 9.4-12: Jahreskostenberechnung Beispiel 9.4, Variante 9.4-I und 9.4-II

		Variante 9.4-I	Variante 9.4-II
1. Kapitalkosten	T€/a	1060,1	174,9
2. Verbrauchsgebundene Kosten			
- Strom-Leistungspreis	T€/a	/	/
- Strom-Arbeitspreis	T€/a	/	/
- Brennstoffkosten			
a) KWK-Anlage			
o Erdgas -Leistungspreis	T€/a	/	/
o Erdgas-Arbeitspreis	T€/a	3032,3	2457,8
o Heizöl	T€/a	/	/
o Festbrennstoff	T€/a	/	/
b) Spitzenlast-Kesselanlage			
o Erdgas -Leistungspreis	T€/a	/	/
o Erdgas-Arbeitspreis	T€/a	in a) enth.	in a) enth.
o Heizöl	T€/a	/	/
o Festbrennstoff	T€/a	/	/
- Entsorgungskosten			
a) KWK-Anlage	T€/a	/	/
b) Spitzenlastkesselanlage	T€/a	/	/
- Zusatzwasser	T€/a	/	/
- Sonstiges	T€/a	15,0	15,0
Zwischensumme Verbrauchsgeb. Kosten	T€/a	3047,3	2472,8
3. Betriebsgebundene Kosten			
- Wartung/Instandhaltung			
o KWK-Anlage	T€/a	136,0	-
o Kesselanlagen	T€/a	48,6	12,3
o Heizwasserkreislauf	T€/a	11,7	2,5
o Schaltanlagen	T€/a	6,8	1,5
o Betriebsmittelversorgungsanlagen	T€/a	3,0	0,6
o Dampf-/Kondensatkreislauf	T€/a	11,7	/
o Gebäudetechnik	T€/a	1,9	1,2
o Bautechnik	T€/a	6,0	7,1
- Personalkosten	T€/a	94,0	47,0
- Versicherung/Verwaltung	T€/a	87,5	14,9
- Sonstiges	T€/a	75,0	45,0
Zwischensumme Betriebsgebundene Kosten	T€/a	482,1	132,0
fixe Jahreskosten vorh. Dampfturbinenanlage	T€/a	2000,0	2000,0
Gesamt Jahreskosten	T€/a	6589,5	4779,8
Stromgutschrift			
- Leistungspreis	T€/a	1466,6	920,1
- Arbeitspreis	T€/a	4554,5	2310,3
Wärmegestehungskosten	T€/a	568,4	1549,4
Jahres- FW-Einspeisung	MWh/a	110000	110000,0
spez. FW-Gestehungskosten	€/MWh	5,2	14,1

Personalkosten: Bezogen auf die Ergänzung der vorhandenen Anlagen kann der zusätzlich erforderliche Personalaufwand nur theoretisch bewertet werden. Für Variante 9.4-I wird der Mehraufwand auf 2 Mannjahre, bei Variante 9.4-II auf ein Mannjahr geschätzt.

Versicherung/Verwaltung: Ansatz hier 1 %/a (Kapitel 7)

Sonstiges: Schätzung

fixe Jahreskosten vorh. Dampfturbinenanlage: aus vorh. Betriebsabrechnung des Referenzjahres übernommen

Stromgutschrift: Bei beiden Varianten wurde die volle elektrische Netzeinspeisung angesetzt, obwohl für die einzelnen Stromerzeuger keine Reserveeinheiten verfügbar sind. Aufgrund der hohen Verfügbarkeit bei Dampf- und Gasturbinen ist dies zulässig.

Wartung und Instandhaltung:	Variante 9.4-I %/a	Variante 9.4-II %/a
– Kesselanlagen	1,5	2,0
– Heißwasserkreislaufkomponenten	1,8	2,0
– Schaltanlagen	1,8	2,0
– Betriebsmittelversorgungsanlagen	2,0	2,0
– Dampf-/Kondensatkreislauf	1,8	/
– Gebäudetechnik	1,6	2,2
– Bautechnik	1,0	1,5

Die Abbildungen 9.4-4 bis 9.4-7 zeigen die Ergebnisse der Parametervariation (Sensitivitätsanalyse).

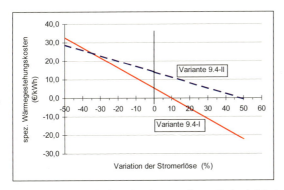

Abb. 9.4-4: Variation der Stromerlöse, Beispiel 9.4

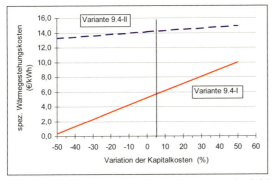

Abb. 9.4-5: Variation der Kapitalkosten, Beispiel 9.4

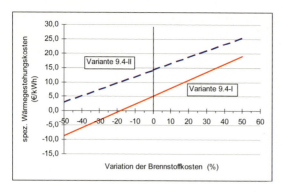

Abb. 9.4-6: Variation der Brennstoffkosten, Beispiel 9.4

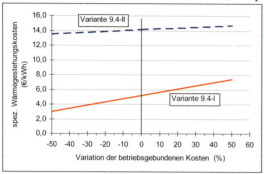

Abb. 9.4-7: Variation der betriebsgebundenen Kosten, Beispiel 9.4

Anhand Abb. 9.4-4 wird die starke Abhängigkeit der Variante 9.4-I von den Stromerlösen deutlich. Eine Verringerung der Stromerlöse um ca. 35 % (oder eine Erhöhung der übrigen Kosten bei konstanten Stromerlösen um den gleichen Betrag) führen zum Gleichstand der spezifischen Wärmegestehungskosten beider Varianten. Steigende Stromerlöse verbessern das Ergebnis der Variante 9.4-I deutlich gegenüber Variante 9.4-II. Gegen oder unter 0 gehende Wärmegestehungskosten errechnen sich unter der Annahme steigender Stromerlöse bei sonst konstanter Kostenstruktur.

Abbildung 9.4-5 zeigt den Einfluss von Kapitalmarktveränderungen auf das Ergebnis der Wirtschaftlichkeitsberechnung. Der Einfluss von Kapitalmarktveränderungen (oder Investitionsänderungen) wirkt sich auf Variante 9.4-I aufgrund der gegenüber Variante 9.4-II deutlich höheren Investitionen besonders stark aus. Eine Veränderung von mehr als 50 % gegenüber den gewählten Ansätzen verändert aber die Rangfolge der Varianten nicht.

Abb. 9.4-6 zeigt den Einfluss der Brennstoffkosten auf das Ergebnis der Wirtschaftlichkeitsberechnung. Bis zu einer Veränderung (das heißt Verteuerung) der Brennstoffpreise um 35 % gegenüber den Ansätzen verändert sich die Aussage nicht. Die Annahme sinkender Brennstoffkosten bei konstanten Stromerlösen führt zu Wärmegestehungskosten, die gegen und unter 0 errechnet werden.

Wie Abb. 9.4-7 zeigt, ist der Einfluss der betriebsgebundenen Kosten auf das Ergebnis der Wirtschaftlichkeitsberechnung gegenüber den übrigen Variablen eher von untergeordneter Bedeutung. Veränderungen um plus/minus 50 % beeinflussen die Varianten nicht wesentlich.

Zum Abschluss der Betrachtungen erfolgt eine Emissionsanalyse. Die bei den Varianten 9.4-I und 9.4-II zu erwartenden Standort-Emissionen für SO_2, NO_x, Staub und CO_2 zeigt Abb. 9.4-8.

Unter Berücksichtigung der anderenorts ersparten Emissionen für die im KWK-Betrieb eingespeisten Strommengen ergeben sich die in Abb. 9.4-9 und 9.4-10 dargestellten Verhältnisse.

Durch den höheren Brennstoffumsatz liegt Variante 9.4-I bei den Standortemissionen geringfügig über Variante 9.4-II, durch die höhere Stromeinspeisung kehrt sich dies jedoch nach Berücksichtigung der Emissionsgutschrift um (Abb. 9.4-9, 9.4-10).

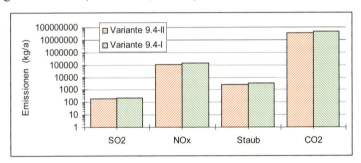

Abb. 9.4-8: Zu erwartende Emissionen am Standort, Beispiel 9.4

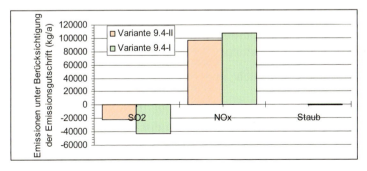

Abb. 9.4-9: Bewertete Emissionen nach Abzug der Emissionsgutschrift für KWK-Stromeinspeisung, Beispiel 9.4

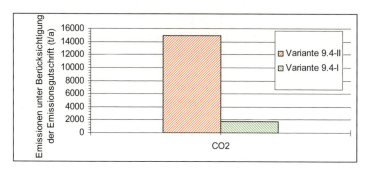

Abb. 9.4-10: Bewertete CO_2-Emission nach Abzug der Emissionsgutschrift für KWK-Stromeinspeisung, Beispiel 9.4

9.5 Wärmeauskopplung aus großen GuD-Anlagen

Der Markt der großen Standard-Kraftwerkskonzepte wird in den letzten Jahren durch eine zunehmende Standardisierung auf einige wenige modular aufgebaute Kraftwerkstypen geprägt. Dem Vorteil der hierdurch günstigen Investitionen steht eine eingeschränkte thermodynamische Effizienz gegenüber.

Bei großen Kraftwerksblöcken liegt, auch wenn eine Wärmeauskopplung vorgesehen ist, der Schwerpunkt auf der reinen Stromerzeugung. Diese Kraftwerke haben eine derart hohe Wärmeeinspeisemöglichkeit, dass die im KWK-Betrieb verfügbaren Wärmemengen nur an wenigen Standorten und auch nur im Jahresverlauf in geringem Umfang eingespeist werden können.

Im Lastbereich über 200 MWel bieten sich heute zwei Standardkraftwerkskonzepte an:

- Einwellen-Variante (1 Gasturbine, 1 Dampfturbine und 1 Generator auf einer gemeinsamen Welle),
- Mehrwellen-Variante (2 Gasturbinen mit je einem Generator und eine Dampfturbine mit einem Generator).

Diese Kraftwerkstypen erreichen im Kondensationsbetrieb elektrische Wirkungsgrade von über 57 %.

Durch die Auskopplung von Wärme wird den Dampfturbinen aber Energie entzogen, wodurch die elektrische Leistung sinkt (verringerte Stromerlöse), während gleichzeitig die Gesamteffizienz ansteigt. Die Höhe der Stromeinbuße hängt wesentlich von der exergetischen Wertigkeit des entnommenen Heizdampfes ab. Ein Gütemaß hierfür ist die Stromverlustkennziffer.

Abbildung 9.5-1 zeigt das Übersichtsschaltbild einer Standard-Einwellenanlage (400 MW$_{el}$) mit Fernwärmeauskoppelmöglichkeit. Diese FW-Auskopplung kann auch an vorh. Systemen ohne große Eingriffe nachgerüstet werden. Bedingt durch das gewählte Standard-Dampfturbinenmodell kann keine weitere Anzapfung installiert werden. Der Heizdampf wird aus der ND-Dampfleitung entnommen (3 bar, 230 °C, max. 35 MW$_{th}$). Bei Lastanstieg wird dieser Anschluss aus der kalten Zwischen-Überhitzer-Dampfleitung (KZÜ) gestützt (30 bar, 360 °C). Die FW-Auskopplung erfolgt einstufig.

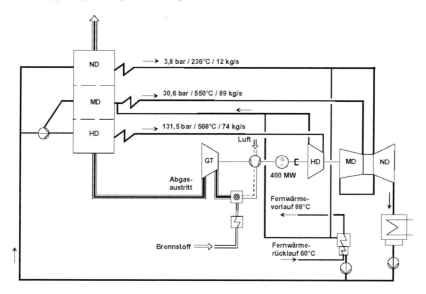

Abb. 9.5-1: Übersichtschaltbild 1-Wellen GuD-Anlage mit FW-Auskopplung

Abbildung 9.5-2 zeigt das Übersichtsschaltbild einer Standard-Mehrwellenanlage (800 MW$_{el}$) mit FW-Auskopplungsmöglichkeit. Eine Nachrüstung vorhandener Anlagen mit diesem Konzept ist möglich.

Die Mehrwellenanlage hat die doppelte Leistungsgröße der Einwellenanlage. Sie besteht aus 2 Gasturbinen und 1 Dampfturbine. Bedingt durch diesen Größenunterschied liegt der elektr. Wirkungsgrad etwa 0,7 % höher. Durch die höhere Leistung steht auch in der ND-Dampfleitung die doppelte Wärmeleistung gegenüber der 1 Wellenanlage zur Verfügung. Reicht diese Wärmeleistung nicht aus, kann zusätzlich Dampf aus der Überströmleitung zwischen MD- und ND-Turbine (4 bar, 280 °C) genutzt werden.

Abbildung 9.5-3 zeigt das Übersichtsschaltbild einer GuD-Anlage, die auf die FW-Auskopplung hin optimiert wurde. Die Anlage besteht aus nur

1 Gasturbine und 1 Dampfturbine. Die FW-Auskopplung erfolgt mehrstufig. Der erste Heizkondensator wird durch eine Entnahme aus der Überströmleitung von MD- zur ND-Turbine gespeist (2 bar, 200 °C), der zweite Heizkondensator wird mit Dampf aus der ND-Leitung bzw. der Anzapfung der MD-Turbine (3 bar, 250 °C) gespeist. Hierdurch ergibt sich eine für größere FW-Lasten günstige 2-stufige Aufwärmung.

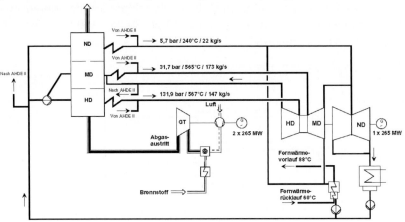

Abb. 9.5-2: Übersichtsschaltbild Mehrwellen GuD-Anlage mit FW-Auskopplung

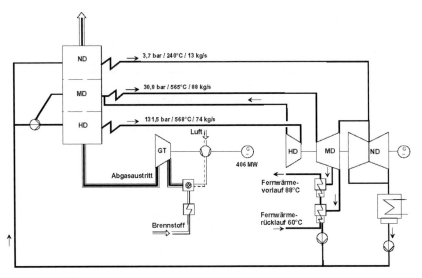

Abb. 9.5-3: Übersichtsschaltbild optimierte GuD-Anlage für FW-Auskopplung

In der in Abb. 9.5.3 dargestellten Variante sinkt mit steigender Dampfentnahme der Druck an der Entnahmestelle der Turbine ab, parallel hierzu sinkt die Kondensationstemperatur des Heizdampfes. Zur Aufrechterhaltung der FW-Vorlauftemperatur muss bei der 1-stufigen Aufheizung eine turbinenleistungsmindernde Anstauung des Entnahmeleitungsdruckes erfolgen. Die Regelung der FW-Vorlauftemp. erfolgt durch Rücklaufbeimischung.

Für die nachfolgend angegebenen Lastfälle (LF1 bis 4) wurde die Stromverlustkennziffer und der elektrische Wirkungsgrad und die Gesamteffizienz (Wärme- und Strom) für 4.500 Volllastbetriebsstunden per anno bestimmt und den Abbildungen 9.5-4 und 9.5-5/ -6 wieder geben.

	LF1	LF2	LF3	LF4	
Fernwärmelast	50	95	135	185	MWth

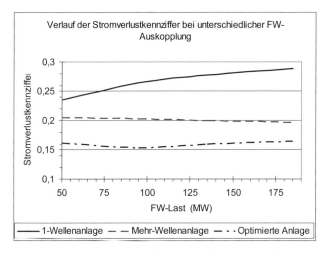

Abb. 9.5-4: GuD-Stromverlustkennziffer für verschiedene Lastfälle

An der Steigung der Kurve für die 1-Wellenanlage ist erkennbar, wie sensibel dieser Kraftwerksprozess auf die Dampfentnahme reagiert. Ursache ist die Heizdampfentnahme mit exergetisch höherwertigem Dampf aus der KZÜ, da die Entnahmeleistung der ND-Dampfleitung nicht ausreicht. Bei der GuD-Mehrwellenanlage ist nur eine geringe Veränderung der Stromverlustkennziffer zu erkennen. Ursache ist hier die große Blockleistung und der Umstand, dass die exergetische Wertigkeit des Heizdampfes in allen Laststufen ungefähr gleich hoch ist. Für die optimierte Variante ergibt sich die niedrigste Stromverlustkennziffer. Die Reaktion auf die Laständerungen ist ähnlich wie bei der Mehrwellenanlage. Der Abstand zwischen Standardlösung und optimierter Variante wird um so größer, je größer die Wärmelast ist. Generell führt hier eine steigende Wärmeabnahme zu einem höheren Brennstoffausnutzungsgrad, da neben Strom noch zusätzlich

Nutzwärme gewonnen wird. Da jedoch mit der Wärmeauskopplung Stromverluste verbunden sind, wirkt sich die Wärmeabgabe negativ auf den elektrischen Wirkungsgrad aus.

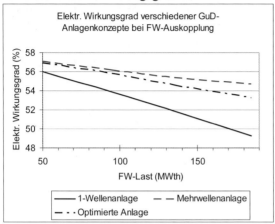

Abb. 9.5-5: elektr. GuD-Wirkungsgrad für verschiedene Lastfälle

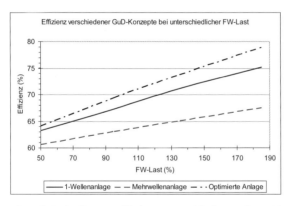

Abb. 9.5-6: Gesamteffizienz verschiedener GuD-Konzepte bei unterschiedlicher Wärmeauskopplung

Der elektrische Wirkungsgrad der optimierten GuD-Konzeption ist in allen Lastpunkten besser als der Wirkungsgrad der Standard-Varianten. Der Unterschied zwischen den Varianten steigt mit der FW-Last.

Der Gesamtwirkungsgrad (Effizienz) der Anlage steigt, aufgrund der auch bei maximaler Fernwärmeauskopplung immer noch hohen Kondensationsdampfmengen nicht über 80 % an. Insofern sind hier kleine BHKW-Anlagen mit Gesamtwirkungsgraden über 80 % durchaus wettbewerbsfähig.

Literatur

Adam T (1999) BHKW-Management, Energiewirtschaftliche Optimierung der Energieversorgung in Kläranlagen unter Berücksichtigung eines optimal stromgeführten BHKW-Managements, Energiewirtschaft und Technik

AGFW e.V., Arbeitsblatt FW 308, Zertifizierung von KWK-Anlagen, 9.7.2002

ASUE-Schriftenreihe Heft 3 - Blockheizkraftwerke Technik, Wirtschaftlichkeit und organisatorische Fragen, Vulkan-Verlag Essen, 1980

ASUE-Schriftenreihe Heft 7 - Blockheizkraftwerke Planung und Betriebserfahrungen, Vulkan-Verlag, Essen, 1982

ASUE-Schriftenreihe Heft 8 - Praxis und Wirtschaftlichkeit moderner Gastechnologien, Vulkan-Verlag, Essen, 1984

ASUE, Die ökologische Steuerreform, Vorteil für KWK-Anlagen, Verlag Rationeller Erdgaseinsatz Kaiserslautern, 2003

ASUE, Mikro-KWK, Motoren, Turbinen, Brennstoffzellen, Verlag Rationeller Erdgaseinsatz Kaiserslautern, 2001

ASUE und Energiereferat der Stadt Frankfurt, BHKW-Kenndaten 2001, Verlag Rationeller Erdgaseinsatz Kaiserslautern, 2001

Baehr H D (1992) Thermodynamik, Springer Verlag, Berlin

BlmSchG 4. Verordnung zur Durchführung des Bundesimmissionsschutzgesetzes (Verordnung über genehmigungsbedürftige Anlagen, 4. BlmSchV)

Bitterlich W, Ausmeier S, Lohmann U (2002) Gasturbinen und Gasturbinenanlagen, Darstellung und Berechnung, Teubner /VVA

Collor A, (2002) Diplomarbeit „Analyse und Bewertung der Möglichkeiten zur Kraft-Wärme-Kopplung von standardisierten GuD-Anlagenkonzepten im deutschen Fern- und Prozesswärmemarkt", Universität Flensburg,

Cube v H L, Steimle, F (1978) Wärmepumpen, Grundlagen und Praxis, VDI-Verlag, Düsseldorf

Davids, Lange (1984) Die Großfeuerungsanlagenverordnung, VDI-Verlag Düsseldorf,

"Deutsche Verbrennungsmotoren " (Übersicht, Liefermöglichkeiten) Fachgemeinschaft Kraftmaschinen im Verband Deutscher Maschinen- u. Anlagenbau e.V. (VDMA), Frankfurt/Main

DIN 1340, Brenngase: Arten, Bestandteile, Verwendung

DIN 1343, Normzustand, Normvolumen

DIN 1940, Verbrennungsmotoren, Hubkolbenmotoren: Begriffe, Formelzeichen

DIN 4751/T.1 bis T4 Wasserheizungsanlagen, offene und geschlossene Wärmeerzeugungsanlagen mit Vorlauftemperaturen bis 120 °C, Sicherheitstechnische Ausrüstung

DIN 4752, Wasserheizungsanlagen mit Vorlauftemperaturen von mehr als 110 °C, Absicherung auf Drücke über 0,5 bar, Ausrüstung und Aufstellung

DIN 6260, Verbrennungsmotoren-Teile für Hubkolbenmotoren T.1 bis T.6

DIN 6262, Verbrennungsmotoren: Arten der Aufladung; Begriffe

DIN 6271/T.1 u. T.2 mit ISO 3046/I, Verbrennungsmotoren für allgemeine Verwendung - Leistungsbegriffe, Leistungsangaben, Verbrauchsangaben, Bezugszustand

DIN 6280 T.1 u. T.2, Stromerzeugungsaggregate mit Hubkolbenverbrennungsmotoren

DIN EN 60, Flüssige Kraftstoffe: Dieselkraftstoff, Mindestanforderungen

DIN 51 857, Gasförmige Brennstoffe und sonstige Gase; Berechnung von Brennwert, Heizwert, Dichte, relativer Dichte und Wobbeindex von Gasen und Gasgemischen, März 1997

Erste Allgemeine Verwaltungsvorschrift zum Bundes-Immissionsschutzgesetz (Technische Anleitung zur Reinhaltung der Luft - TA Luft) vom 27 Februar 1986

Fähnrich R (2004) Dampfkesselrecht, Gesetze, Regeln, Erläuterungen, Forkel Verlag

Forschungszentrum Jülich (1999) Vortrag Tagung „Zukunftstechnologie Brennstoffzelle", Ulm

FTA Fachberichte, Band 6 - Blockheizkraftwerke mit Verbrennungsmotoren und Gasturbinen - Beurteilungskriterien, Vulkan-Verlag, Essen,

Gericke B (1980) An- u. Abfahrprobleme bei Abhitzesystemen, insbesondere hinter Gasturbinen, in BWK 33, 1981, Nr. 5+6, und BWK 32, Nr. 11

Gesetz zur Ordnung des Wasserhaushalts (Wasserhaushaltsgesetz - WHG) i.d.F. Bekanntmachung von 23 September 1986

Gesetz über den Vorrang Erneuerbarer Energien (Erneuerbare-Energien-Gesetz EEG), BGBl. 29.3.2000, zuletzt novelliert 7/2004

Gesetz zum Einstieg in die ökologische Steuerreform vom 3.3.1999

Gesetz zur Fortentwicklung der ökologischen Steuerreform vom 23.12.2002, BGBL, Jahrgang 2002, Nr. 87, Bonn 30.12.02

Gesetz zur Neuregelung des Rechtes der Erneuerbaren Energien im Strombereich, Sommer 2004 (elektronische Vorabfassung)

Gesetz für die Erhaltung, die Modernisierung und den Ausbau der Kraft-Wärme-Kopplung (KWK-Gesetz) vom 19.3.02, BGBL, Jahrgang 2002, Teil I Nr. 19, S.1092, Berlin 22.03.02,

Gesetz über den Handel mit Berechtigungen zur Emission von Treibhausgasen (TEHG), elektronische Vorabfassung vom Mai 2004

Gesetz über den Nationalen Allokationsplan (NAP-Gesetz), elektronische Vorabfassung, Sommer 2004

Göricke P u.a. (1988) Studie zur Technik und Wirtschaftlichkeit von Blockheizkraftwerken mit Verbrennungsmotoren und Gasturbinen. BMFT ET 5089-A

Heitmann W, Schumacher A, (1995) FDBR Fachverband Dampfkessel-, Behälter- und Rohrleitungsbau e.V., Wärmeübertragung in Dampferzeugern und Wärmeaustauschern, Vulkan Verlag

Hessisches Ministerium für Wirtschaft und Technik: Umweltanalyse von Energiesystemen, Wiesbaden, 1988

Hölter H (1984) Ein Trockenentschwefelungsverfahren für Industriekessel. Tagung: Kohle praktikabel, Düsseldorf

Jordan J, (1995) Diplomarbeit „Konzeption und Bewertung von Gasturbinenanlagen mit Abwärmenutzung für eine von einem Flugtriebwerk abgeleitete Gasturbine", TU Dresden,

Jüttemann H (1981) Wärmepumpen, Band 3, Verlag C.F. Müller, Karlsruhe

Kalenda N, Dynamische Leistungsregelung von Kleinst-Stirling-BHKW's im Inselbetrieb, Shaker Verlag GmbH

Kaltschmitt M, Huenges E, Wolff H, (1999) Energie aus Erdwärme, DVG Stuttgart

Klaist H, Emissionen von Öl-, Kohle und Gaskesselheizungen, VDI-Bericht 543/84

Klausmann H (2000) Aufbau und Einsatz von anschlussfertigen BHKW-Kompaktmodulen bis 250 kW, Vulkan Verlag

Kirn H, Hadenfeld A (1981) Wärmepumpen, Band 2, Verlag C.F. Müller, Karlsruhe,

Kremonke A (1997) Grundlage für die weitere Novellierung der Wärmeschutzverordnung - Einbeziehung von Wärmepumpen und Blockheizkraftwerken (BHKW) in die Rechenmethode zur Ermittlung des Energiebedarfs, IRB Vlg.

Kremonke A (1997) Energetische Kennwerte von Wärmepumpen sowie Bewertung von BHKW, IRB Vlg.

Krewitt W (2004) Brennstoffzellen in der Kraft-Wärme-Kopplung, Schmidt, Berlin

Kruse H, Heidelck R (2002) Heizen mit Wärmepumpen TÜV-Verlag

Landesfachausschuss "Elektrizitätsanwendung" des Verbandes der Elektrizitätswerke Baden-Württemberg (e.V.): Kriterien zur Beurteilung der Wirtschaftlichkeit von Blockheizkraftwerken, in: Elektrizitätswirtschaft Bd. 85/1986, Nr.11.

Lutzke (1975) Emissionen von Stickoxiden aus Feuerungsanlagen (Industrie und Haushalte) VDI-Bericht Nr. 247

Mineralölsteuergesetz – MinöStG, BGBl. Teil I, S. 2150, 2185, 1992, BGBl.Teil I S. 169, 1993, BGBl. Teil I, S. 147, 2000, Bonn/Berlin

Ochsner H (2001) Wärmepumpen in der Heizungstechnik, Praxishandbuch für Installateure und Planer, C. F. Müller Verlag

Olfert K (2003) Investitionen, 9. Auflage Ludwigshafen 2003

Perridon L, Steiner M (1993) Finanzwirtschaft der Unternehmung, München,

Preußer S, Anwendungsgerechte Gestaltung von Wärmepumpen-Kreisprozessen und –anlagen, Der Andere Verlag

Regner R, Kombinationstechnik GWP/BHKW, Tandem-Heizkraft-Wärmepumpen, VDI-Berichte 455

Rukes B (1991) Technik und Emissionen großer KWK-Anlagen, VDI-Berichte 923, VDI-Verlag, Düsseldorf

Schaumann G (2001) Effizienzbewertung der Kraft-Wärme-Kopplung, BWK 53, Nr. 7/8

Schaumann G (2001) Effizienzbewertung der dezentralen Wärmeerzeugung, BWK 53, Nr. 9

Schaumann G (2002) Die Wirtschaftlichkeit der Geothermie in Deutschland, BWK 54, Nr. 10

Schaumann G (21.11.2002) VWEW-Geothermie-Infotag, Bad Dürkheim,

Schaumann G (2003) Effizienzbewertung von Maßnahmen der rat. Energienutzung, VDI-Berichte 1767

Schaumann G, Gerber H (2003) Holzbefeuerte Biomasse-Stirling-BHKW, Deutsche Bundesstiftung Umwelt AZ 15340, Abschlussbericht

Schaumann G, Pohl CH (2002) Stromerzeugung aus geothermischer Niedertemperaturwärme, Symposium Geoth. Stromerzeugung, Landau 20./21.06.02

Schaumann G, Pohl CH (1996) Praxisorientierte Energiekonzepte, CF Müller Verlag Hüthig

Schuster (1983) Minderung der NOx-Emissionen aus Kraftwerksfeuerungen, VDI-Kolloquium Emissionsminderung bei Feuerungsanlagen, Essen, 10/11,

Schneider D (1990) Investitionen, Finanzierung und Besteuerung, Wiesbaden,

Schüller K H (1985) Methodisches Vorgehen bei Wirtschaftlichkeitsuntersuchungen von Kraftwerken, TÜV-Reinland,

Staiß F (2001) Jahrbuch Erneuerbare Energien 2001, Stiftung Energieforschung Baden-Württemberg

Steinborn F, (2001) BHKW-Plan-Handbuch, Wirtschaftliche Auslegung und Planung von Blockheizkraftwerken, Bieberstein, Radebeul

Stromsteuergesetz (StromStG), BGBl. Teil I S. 378, 24.03.1999, BGBl. Teil I S. 147, 2000

TA Lärm, Technische Anleitung Lärm

TA Luft, Technische Anleitung zur Reinigung der Luft, 2002

UBA-Jahresbericht 1983, Technik der Luftreinigung

Untersuchung im Rahmen des gemeinsamen Arbeitsprogramms des Bundesministers für Forschung und Technologie und des Bundesministers für Raumordnung, Bauwesen und Städtebau: Örtliche und regionale Energieversorgungskonzepte Band 10: Schadstoffbewertung der Heizsysteme

VDEW-Begriffsbestimmung Teil 1 bis 8. VWEW-Verlag, Frankfurt, 1981

VDEW: "Richtlinien für den Parallelbetrieb von Eigenerzeugungsanlagen mit dem Niederspannungsnetz des Elektrizitätsversorgungsunternehmens", VDEW-Verlag, Frankfurt, 1983

VDI-Ausschuss "Verbrennungsmotorenanlagen ": Rationelle Energieversorgung mit Verbrennungs-Motoren-Anlagen. Teil II: BHKW-Technik. Informationsschrift der VDI-Gesellschaft Energietechnik, Düsseldorf, 1987

VDI-Ausschuss "Verbrennungsmotorenanlagen": Rationelle Energieversorgung mit Verbrennungs-Motoren-Anlagen. Teil I: Der Verbrennungsmotor als Energiewandler. Informationsschrift der VDI-Gesellschaft Energietechnik, Düsseldorf, 1988

VDI-Bericht 259: Rationelle Energienutzung durch Verbrennungsmotoren in stationären Anlagen, VDI-Verlag, Düsseldorf, 1976

VDI-Bericht 287: Neue Heizsysteme, dezentrale Kraft-Wärme-Kopplung mit Verbrennungsmotoren, VDI-Verlag, Düsseldorf, 1977

VDI-Bericht Nr. 630: Blockheizkraftwerke - Stand der Technik und Umweltaspekte, VDI-Tagung, Juni 1987, Essen, 1987

VDI-Bericht 727: Blockheizkraftwerke und Wärmepumpen, VDI-Verlag, Düsseldorf, 1989

VDI-Bericht Nr. 1566: Standardisierung fördert innovative Lösungen für GuD-Anlagen, VDI-Verlag, Düsseldorf, 2000

VDI-Richtlinie 2035, Blatt 1 bis 3, Vermeidung von Schäden in Warmwasserheizungsanlagen – Steinbildung in Wassererwärmungs- und Warmwasserheizanlagen, wasserseitige Korrosion, abgasseitige Korrosion, 1996-2000

VDI-Richtlinie 2067, Blatt 1 bis 7, Berechnung der Kosten von Wärmeversorgungsanlagen, Berlin, 1982-1991

VDI-Richtlinie 2067, Blatt 1, Beiblatt: Berechnung der Kosten von Wärmeversorgungsanlagen, Betriebstechnische und wirtschaftliche Grundlagen, Wirtschaftlichkeitsberechnungsverfahren, Berlin, 1999

VDI-Richtlinie 3985: Grundsätze für Planung, Ausführung und Abnahme von Kraft-Wärme-Kopplungsanlagen mit Verbrennungskraftmaschinen, Berlin 03/2004

VDI-Richtlinie 4608: Energiesysteme – Kraft-Wärme-Kopplung, Begriffe, Defininitionen, Beispiele, Berlin 12/2001

VDI-Richtlinie 4660, Bl. 1: Umrechnung spezifischer Emissionen bei der Energieumwandlung, Berlin 04/2000

VDI-Richtlinie 4660, Bl. 2: Ermittlung zielenergiebezogener Emissionen bei der Energieumwandlung, 05/2003

Veit T, Straub W (1983) Investitionen- und Finanzplanung, Heidelberg,

Verordnung über Anforderungen an das Einleiten von Abwasser in Gewässer, AbwV – Abwasserverordnung v. 17.6.04, BGBL, Jahrgang 2004, Teil I vom 22.6.04

Verordnung über die Erzeugung von Strom aus Biomasse (Biomasseverordnung – Biomasse V) vom 21.06.2001

Verordnung über die Emission von Treibhausgasen (34. BImSchV), elektronische Vorabfassung Sommer 2004

VGB/FDBR: Jahrbuch der Dampferzeugungstechnik, Vulkan Verlag, Essen, 1989

Von Jäger, Ulrich, Greinert, Hoffmann (1999) Technische Regeln für Dampfkessel, Sicherheitstechnische Richtlinien, Normen, Auslegungen. Loseblattausgabe, Verlag Heymanns, C

Wauschkuhn A (2001) Wirtschaftlichkeitssteigerung thermischer Kraftwerke unter Berücksichtigung der Prozessdynamik, Shaker Verlag GmbH, 10.07.2001

Witte U (2001) Steinmüller Taschenbuch Dampferzeugertechnik, Vulkan Verlag,

Zschunke T, Strauss S, Energetische Kennwerte von Wärmepumpen sowie Bewertung von BHKW, Frauenhofer-Gesellschaft zur Förderung der angewandten Forschung e.V.

Sachverzeichnis

Abgas 56, 69, 71, 74, 87, 91
Abgasreinigung 44, 62, 76, 88
Abgassystem 49,
Abgaswärmetauscher 53, 57, 69, 64
Abhitzekessel 7, 14, 44
Abschreibung 50, 228, 266, 268
Absorptionskälteanlagen 32, 203 ff.
Abzinsungsfaktor 240, 241
Amortisationsrechnung 233, 236
Amortisationszeit 234, 235, 236
An- und Abfahrverluste 263
Anlagenkomponenten 42 ff., 127, 168, 194, 252 ff.
Annuität 248, 268
Arbeitsmaschinen 197, 198
Arbeitswerte 23, 166, 188, 255
Arbeitszahl 202
Aschebunker 45
Aufzinsungsfaktor 240
Ausnutzungsstunden 85, 124 ff., 168, 188, 261, 262
Austreiber 203, 204, 209, 210
Auszahlung 224
Automatisierungsgrad 271

Barwert 241, 242, 245
Baugrundstück 42
Betriebsbereitschaftsverluste 263
Betriebskosten 77
Betriebsmittelverbrauch 73
Betriebsstoffe 5, 31, 39, 227
Betriebswasser 45, 110, 149
Betriebswirkungsgrad 263, 264
Blockheizkraftwerk 7 ff., 56 ff., 82 ff., 295, 315,
Brennkammer 94, 103, 112, 115, 116, 127

Brennstoff 5 ff, 15 ff., 45 ff, 81 ff., 129 ff., 202 ff.,
Brennstoffbedarf 261, 265
Brennstoffversorgung 44, 67, 151
Brennstoffzelle 7, 14, 197, 217, 218, 219, 220
Brüdenverdichteranlagen 7, 197

Cheng-cycle 95, 101

Dampfkreislauf 50, 111
Dampfmotoren 7, 197, 198
Dampfturbinen 7 ff, 34 ff., 95 ff., 139 ff., 197 ff.,
Deckungsbeitrag 77, 91, 274, 275
Deponiegas 45, 199
Dieselmotor 7, 55, 58, 61 ff
Direktantrieb 197, 198
Druckluft 7, 45, 46
Durchsatzleistung 122
Eigenbedarf 81 ff., 119, 178 ff, 259
Einwellenaggregate 114, 115, 121
Emissionen 15ff., 34, 116, 150ff.215
Emissionsbewertung 159
Emissionsgrenzwerte 116, 162 ff.,
Emissionsminderung 71
Entaschung 45
Erschließungsmaßnahmen 42,
Fernwärme 8, 49, 167, 168, 181, 205
Frischdampf 137, 154 ff., 187

Gasmotorwärmepumpe 197
Gasturbinenleistung 97, 98, 99, 100, 105, 108, 121, 188
Gasturbinenwirkungsgrad 98 ff., 118 ff.
Gasverdichter 45, 46,
Gebäudetechnik 53, 88, 153
Gegendruckbetrieb 157, 198
Generatorleistung 134, 155, 171 ff.,

Gewinnvergleichsrechnung 230 ff.
Gleichzeitigkeitsfaktoren 23
Großwasserraumkessel 51, 105, 106, 144, 146, 150, 263
GuD-Prozess 93 ff., 187, 295 ff.

Heißwasser 9, 14, 49, 51
Heizkondensatoranlage 153
Heizkraftwerk 7, 9, 140, 167
Heizwärmebedarf 24, 204, 206, 207,
Heizwasser 7, 41, 44, 49, 52, 91, 202, 263
Heizziffer 202

Immissionswert 284 ff.
Instandhaltungskosten 88, 269
Investitionsrechnung 223, 226, 250, 252

Jahresdauerlinie 33 ff., 67 ff., 201, 213, 258, 260, 261, 265
Jahresnutzungsgrad 17 ff., 82, 121, 188, 261 ff.

Kalkulationszins 248, 251
Kälteanlage 7
Kaminanlage 44
Kapitalgebundene Kosten 26
Kapitalkosten 39, 54, 131, 215, 227, 252, 266, 269
Kapitalwertmethode 243, 245, 247, Katalysator 64, 72, 73, 74, 76, 77
Kesselanlage 9, 25, 59, 97, 105, 141, 150 ff., 188, 202, 256, 262 ff.
Kleinstlastpunkt 37, 38
Kompressionskälteanlage 208
Kondensatkreislauf 150, 152
Kosten-Nutzen-Analyse 254
Kostenoptimum 41
Kostenvergleichsrechnung 229, 231
Kühlkreislauf 110

Ladeluftkühler 70
Leistungsabstufung 37
Leistungsausfallversicherung 271
Leistungspreisgutschrift 257, 273
Leistungswerte, 81, 100, 118 ff., 173 ff., 204, 259

Leistungsziffer 202
Leittechnik 47, 48, 50, 103, 111
Luftkondensator 173
Lüftungsanlage 24, 66, 112, 151

Mikro-Gasturbine 112

Nebenanlagen 38 ff., 112 ff., 151, 188, 210, 261
Nebenkosten 267, 268, 270
Notkühler 58, 91
Notstromanlage 256, 265
Nutzenergie 6, 256, 265, 274
Nutzungsgrad 19, 16, 17, 20, 133
Nutzungsgradansätze 85, 122

Offener Gasturbinenprozess 94
Ölkühlung 151
Ottomotor 7
Oxidationskatalysator 76

Parametervariation 252, 317, 337
Personalkosten 87, 127, 194, 270
Platzverhältnisse 139, 144, 151
Primärenergieeinsparung 7, 8, 17 ff.

Rauchgasreinigung 116, 161, 163
Raumlufttechnik 53
Rentabilitätsvergleich 232
Reserve 271
Reservekesselanlage 36
Reststoffmengen 164, 266
Risikoabschätzung 275
Rohstoffe 165
Rückkühlleistung 179, 205
Rückkühlwerk 151, 205
Rücklauf 59, 91
Rücklauftemperatur 57, 58, 168

Schadstoffbilanz 2
Schadstoffemission
Schlammtrocknung
Schmieröl 48
Schwachlastzeiten 59
Sensitivitätsanalyse 251, 275
Speisewasserbehälter 133
Stahlkonstruktion 54, 154
Standortbedingungen 23
Steuern 271

Stillstandszeiten 260, 263
Stromerlös 273
Stromgutschrift 275, 336,
Stromorientierter Betrieb 57, 96, 264,
Systemempfehlung 22, 27
Systemübersicht 5, 31, 32

Teillastbetrieb 63, 91, 157, 174
Teillastbetriebspunkte 262
Thermische Jahresarbeit 84, 166, 200
Thermische Leistung 38, 83

Übergabestation 273
Umwälzpumpen 49, 57, 59, 81, 152

Verbrauchsgebundene Kosten 26, 254
Verbrennungskraftmaschine 9
Verbrennungsluft 65, 68
Verbrennungsrückstände 151, 164, 216
Verdampfer 203, 204, 209
Verflüssiger 203
Versicherungen 271 ff.
Verwaltung 271, 195
Verwaltungskosten 273
Verzinsung 230, 232, 240, 243, 245, 246, 247, 248, 268
Volllastbetriebsstunden 121, 262
Vorlauf 168
Vorlauftemperatur 41, 132, 134, 168, 172, 173, 181, 201
Vorplanung 252
Rostkessel 146, 148

Wärmeabstrahlung 153
Wärmeerzeuger 14, 16, 44,
Wärmegestehungskosten 273, 274, 275
Wärmeleistung 15, 34, 36, 59, 168, 170, 172, 174, 181, 202, 258, 260
Wärmeorientierter Betrieb 260 ff.
Wärmepumpe 197 ff.
Wärmespeicher 49, 135, 152
Wärmespeicheranlage 58
Wärmetauscher 63, 64, 134, 199, 204, 217, 261
Wärmeverluste 133, 263
Wasserrohrkessel 146, 154
Wirkungsgrad 16 ff, 154 ff., 168, 173, 179, 184 ff., 202, 213, 218, 219,

Wirtschaftlichkeitsberechnung 25ff., 35 ff., 77 ff, 87 ff., 165 ff. 205, 254

Zinsfuß 241, 243, 245, 246, 247, 248, 251
Zusatzfeuerung 14
Zweiwellenaggregate 114, 340
Zwischenüberhitzung 134, 135, 136, 155, 158

Abbildungs- und Tabellenverzeichnis

Abb.		Seite
1-1	Kapitelübersicht	3
2.0-1	Verbesserte Primärenergieausnutzung durch Auskoppeln von Kraft bei der Wärmeerzeugung	5
2.0-2	Energie-/Exergiefluss für getrennte und gekoppelte Strom- und Wärmeerzeugung (Dampf mit 200 °C)	6
2.1-1	Mögliche Primärenergieeinsparung von KWK-Anlagen durch Einsatz von KWK-Anlagen am Beispiel eines Verbrennungsmotor-BHKW	8
2.1-2	Konventionelle Wärmeversorgungsanlagen zur Dampf- und Heizwärmeversorgung	10
2.1-3	Gegenüberstellung konventioneller Stromerzeugungsanlagen mit Verbrennungsmotorenanlagen gegenüber KWK-Anlagen auf gleicher Anlagenbasis	11
2.1-4	Gegenüberstellung konventioneller Stromerzeugungsanlagen mit Gasturbinen gegenüber KWK-Anlagen auf glei-cher Anlagenbasis	12
2.1-5	Gegenüberstellung konventioneller Stromerzeugungsanlagen mit Dampfturbinen gegenüber KWK-Anlagen auf gleicher Anlagenbasis	13
2.2-1	Exergiewirkungsgrade der gekoppelten und getrennten Erzeugung von Wärme und Strom	20
2.2-2	Brennstoffausnutzungsgrad und Stromausbeute bei Wärmeauskopplung aus modernen GUD- und Steinkohlekraftwerken	20
3-1	Arbeitsschritte bei der Durchführung von Energieversorgungsstudien	22
4-1	Jahresdauerlinie des thermischen Energiebedarfs	33
4-2	Jahresdauerlinie des elektrischen Energiebedarfs	34
4-3	Anteil der KWK-Anlagenleistung an der gesamten thermischen Jahresarbeit	35
4-4	KWK-Anteils an der Gesamt-Wärmeleistung	39
5.0-1	Übersicht über die Anlagenkomponenten von KWK-Anlagen	43
5.0-2	Beispiel einer Gasversorgungsanlage mit zwei Erdgasverdichtern	46
5.0-3	Beispiel einer Heizölversorgungsanlage für ein BHKW	46

5.0-4	Aufbau der Schmierölversorgungsanlage für ein BHKW	47
5.0-5	Übersichtsschema der Schaltanlage einer KWK-Anlage	48
5.0-6	Übersichtsschaltbild der MSR-/Leittechnik einer KWK-Anlage auf Basis von Motoraggregaten	50
5.0-7	Platzbedarf typischer Heißwasserkessel (Großwasserraumkessel)	51
5.0-8	Flächenbedarf für Heizwasserkreislaufkomponenten bei KWK-Anlagen	52
5.1-1	Prinzipschaltbild einer KWK-Anlage auf Basis von Diesel-/Otto - Motoren	55
5.1-2	Anlagenschema einer KWK-Anlage auf Basis von Diesel-/Otto-Motorenanlagen für VL-Temperatur über 90°	58
5.1-3	Anlagenschema einer KWK-Anlage mit Wärmespeicher	59
5.1-4	Aufstellungsbeispiel einer KWK-Anlage mit Gas-Diesel-Motoren	61
5.1-5	Platzbedarf typischer BHKW-Aggregate (Otto- und Diesel-Gasmotoraggregate einschließlich Abgasreinigung und Wärmetauscher	62
5.1-6	BHKW-Anlage größerer Leistung	63
5.1-7	Raumhöhe typischer KWK-Anlagen mit Diesel-/Ottomotoren	64
5.1-8	Anhaltswerte für den Luftbedarf von KWK-Anlagen auf Basis von Diesel-/Ottomotoren	65
5.1-9	Anhaltswerte für den elektrischen Energiebedarf der Lüftungsanlage von Diesel-/Ottomotorenanlagen	66
5.1-10	Bild einer Komplettanlage	67
5.1-11	Übersicht Motorkonzepte einschl. Abgasreinigung	73
5.1-12	Funktionsschema 3-Wege-Katalysator	74
5.1-13	Regelschema eines nach dem "Magerkonzept" arbeitenden aufgeladenen Otto-Motoraggregates	75
5.1-14	Funktionsschema SCR-Verfahren	76
5.1-15	Typische NH3-Versorgungsanlage	77
5.1-16	Aufstellungsbeispiel KWK-Anlage mit Gas-Diesel-Motor	78
5.1-17	Aufstellungsbeispiel KWK-Anlage mit Otto-Motor	79
5.1-18	Wirkungsgrade typischer KWK-Motoraggregate	80
5.1-19	Anhaltswerte für den elektrischen Energiebedarf der bei Motorenanlagen eingesetzten Brenngasverdichter	81
5.1-20	Teillastverhalten von KWK-Anlagen auf Basis von Motoraggregaten	84
5.1-21	Investitionsansätze für Motorenanlagen Spezifische Preise für Erdgas-BHKW-Anlagen	86
5.1-22	Konditionen für Instandhaltungsverträge	88
5.1-23	Klein-BHKW der 5 kWel-Klasse	90

Abbildungs- und Tabellenverzeichnis 357

5.2-1	Typisches Prinzipschaltbild einer industriellen Gasturbinen-KWK-Anlage (hier offener Gasturbinenprozess mit Dampferzeugung)	94
5.2-2	Systemschema Gasturbinenpackage	95
5.2-3	Prinzipschaltbild einer industriellen Gasturbinen-KWK-Anlage (hier offener Gasturbinenprozess mit Heißwassererzeugung)	96
5.2-4	Verhältnis von Dampfproduktion und elektrischer Gasturbinenleistung beim offenen Gasturbinenprozess mit Abhitzekessel	97
5.2-5	Verhältnis von therm. Nutzleistung und elektr. Gasturbinenleistung beim offenen Gasturbinenprozess mit Abhitzekessel (Heißwasserproduktion)	98
5.2-6	Typisches Prinzipschaltbild einer GuD- Anlage	99
5.2-7	Verhältnis von elektrischer Gasturbinenleistung zu elektrischer Dampf-turbinenleistung beim GuD-Prozess (ohne Zusatzfeuerung)	100
5.2-8	Prinzipschema „Cheng-Prozess"	101
5.2-9	Kennfeld „Cheng-Prozess"	102
5.2-10	Aufstellungsbeispiel einer Gasturbinen-KWK-Anlage	104
5.2-11	Typische Abmessungen von Gasturbinenanlagen	106
5.2-12	Schematische Darstellung der unterschiedlichen Bauformen für Gasturbinen-Abhitzekessel	107
5.2-13	Aufstellungsbeispiel einer Gasturbinenanlage mit nachgeschaltetem Abhitzekessel (Großwasserraumkessel)	109
5.2-14	Aufstellungsbeispiel für eine Gasturbinenanlage hier offener Gasturbinenprozess mit Dampfproduktion (50 t/h, 40 bar, 450 °C.)	110
5.2-15	Aufstellungsbeispiel Mikrogasturbine	113
5.2-16	Übersichtsschema Mikrogasturbine	113
5.2-17	Schematische Darstellung der Gasturbinenbauarten	114
5.2-18	Wirkungsgrade typischer Gasturbinenaggregate	118
5.2-19	Elektrischer Energiebedarf von Brenngasverdichtern für Gasturbinenaggregate	120
5.2-20	Leistungs- und Wirkungsgradverhalten von Gasturbinenaggregaten bei unterschiedlichen Betriebsbedingungen	123
5.2-21	Spezifische Investitionen für Gasturbinenanlagen	125
5.2-22	Spezifische Investitionen für Abhitzekesselanlagen	125
5.3-1	Prinzipschaltbild Heizkraftwerk	132
5.3-2	Prinzipschaltbild zweistufige Heizwasseraufwärmung	134
5.3-3	Prinzipschaltbild Dampfturbinenprozess mit Zwischenüberhitzung	135
5.3-4	Schaltungsmöglichkeiten bei Dampfkraftwerken	138
5.3-5	Aufstellungsbeispiel KWK-Anlage mit Dampfturbine	140
5.3-6	Abmessungen von Dampfturbinen	142

5.3-7	Ausführungsbeispiel einer Gleichdruck-Dampfturbine	143
5.3-8	Aufstellungsbeispiel Axialturbinenanlage	144
5.3-9	Platzbedarf typischer öl-/gasbefeuerter Wasserrohrkessel	145
5.3-10	Brennstoffe für Rostfeuerungen	147
5.3-11	Platzbedarf typischer Rostkesselanlagen	148
5.3-12	Einfluss von Frischdampfdruck und –temperatur auf die elektrische Generatorleistung von Dampfturbinen bei Biomasse-Heizkraftwerken	155
5.3-13	Dampfqualität für den Turbinenbetrieb	156
5.3-14	Einfaches Gleichdruckturbinenkonzept durch Hintereinanderschaltung zweier Gleichdruckturbinen mit gemeinsamem Getriebe und Generator	157
5.3-15	Typische Frischdampfzustände bei Dampfkraftwerken	158
5.3-16	Emissionsgrenzwerte für Feuerungsanlagen mit festen Brennstoffen	162
5.3-17	Emissionsgrenzwerte für Feuerungsanlagen mit flüssigen Brennstoffen	163
5.3-18	Emissionsgrenzwerte für Feuerungsanlagen mit gasförmigen Brennstoffen	164
5.3-19	Verfahrensschema zu Beispiel 5.3-I (Dampfturbinen-Heizkraftwerk)	169
5.3-20	Thermische Jahresdauerlinie FW-Energiebedarf zu Beispiel 5.3-I	170
5.3-21	Berechnung der Generatorleistung von Dampfkraftwerken	171
5.3-22	Richtwerte für die Wirkungsgradansätze von Dampfturbinen	172
5.3-23	Verfahrensschema mit Berechnungsergebnissen zu Beispiel 5.3-I	175
5.3-24	Energiebilanz HD-Vorwärmer	176
5.3-25	Energiebilanz Speisewasserbehälter/-entgaser	177
5.3-26	Energiebilanz Heizkondensator	177
5.3-27	Berechnung der Dampfturbinenleistung	178
5.3-28	Leistungsaufnahme der Verbrennungsluft- und Rauchgasgebläse	180
5.3-29	Leistungsaufnahme der Fördereinrichtungen	180
5.3-30	Leistungsaufnahme der Pumpenantriebe	181
5.3-31	Berechnung der Feuerungswärmeleistung	181
5.3-32	Klemmenwirkungsgrad typischer Dampfturbinen-Heizkraftwerke	187
5.3-33	Dampfturbinen-Prozessvarianten (zu Abb. 5.3-34 und Beispiel 5.3-I)	190
5.3-34	Teillastverhalten von Dampfturbinen-Heizkraftwerken (zu Abb. 5.3-33)	191
5.4-1	Prinzipschaltbild Verbrennungsmotor-Wärmepumpenheizwerk	200
5.4-2	Jahresdauerlinie eines Verbrennungsmotor-Wärmepumpenheizwerks	201
5.4-3	Prinzipschema Absorptionskälteanlage	204

Abbildungs- und Tabellenverzeichnis 359

5.4-4	Abhängigkeit des Heizwärme-Leistungsbedarfs von der Kühlwassereintrittstemperatur bei Absorptionskälteanlagen	205
5.4-5	Verhältnis zwischen Kälteleistung und Heizwärmebedarf bei Absorptionskälteanlagen	206
5.4-6	Abhängigkeit von Kälteleistung und Kühlwassereintrittstemperatur bei Absorptionskälteanlagen	206
5.4-7	Verhältnis von Kälteleistung und Heizwärmebedarf typischer Absorptionskälteanlagen im Auslegungspunkt	207
5.4-8	Prinzipschema Kälteversorgungsanlage mit Absorptions- und Kompressionskälteanlagen (Kaltwassernetz 6/12 °C)	207
5.4-9	Strombedarf von Absorptions- und Kompressionskälteanlagen	208
5.4-10	Prinzipschema Adsorptionskälteanlage	209
5.4-11	Heizleistungsbedarf bei Adsorptionskältemaschinen	210
5.4-12	Prinzipschaltbild eines hydrothermalen geothermischen Kraftwerkes	211
5.4-13	Energie-/Exergieflussbild für ein geothermisches Heizkraftwerk	212
5.4-14	Schema des Geothermie-Heizkraftwerkes in Neustadt-Glewe	214
5.4-15	Schemabild für den Stirlingmotor der Firma Solo	216
5.4-16	Kraft-Wärme-Kopplung mit Stirlingmotor und Holzhackschnitzel-Heizkessel	216
5.4-17	Anlagenschema zum Holzhackschnitzel-Stirling-BHKW	217
5.4-18	Funktionsprinzip einer Brennstoffzelle	218
5.4-19	Brennstoffzellentypen geordnet nach Betriebstemperaturen	219
5.4-20	Brennstoffzellen-BHKW mit einer SOFC-Brennstoffzelle an der Transferstelle Bingen	220
6-1	Grafik zu Beispiel 1 für interne Verzinsung	244
7-1	Typische Wirkungsgradkennlinien für Großwasserraumkessel und Formeln zur Berechnung des Brennstoffbedarfs	265
8.3-1	Beispiel für den Handel mit Emissionsberechtigungen (Quelle	291
9.1-1	Struktur Kraft-Wärme-Kälte-Druckluft-Kopplung	296
9.1-2	Beispiel Wirkungsgrade der Kessel B und C	298
9.1-3	Verbrauchsprofile von Kälteverbrauchsstationen mit ähnlicher Frequenz	314
9.2-1	Parametervariation zu Beispiel 9.2	317
9.3-1	Übersichtsschema Biomasse-HKW	319
9.3-2	Dampfturbinen-Generatorleistung in Abhängigkeit von der Prozessdampflieferung	321
9.4-1	Schematische Anlagenübersicht – Beispiel 9.4	323
9.4-2	Geordnete Jahresdauerlinie Beispiel 9.4 – Variante 9.4-I	324
9.4-3	Geordnete Jahresdauerlinie Beispiel 9.4 – Variante 9.4-II	325
9.4-4	Variation der Stromerlöse, Beispiel 9.4	337
9.4-5	Variation der Kapitalkosten, Beispiel 9.4	337

9.4-6	Variation der Brennstoffkosten, Beispiel 9.4	338
9.4-7	Variation der betriebsgebundenen Kosten, Beispiel 9.4	338
9.4-8	Zu erwartende Emissionen am Standort, Beispiel 9.4	339
9.4-9	Bewertete Emissionen nach Abzug der Emissionsgutschrift für KWK-Stromeinspeisung, Beispiel 9.4	339
9.4-10	Bewertete CO_2-Emission nach Abzug der Emissionsgutschrift für KWK-Stromeinspeisung, Beispiel 9.4	340
9.5-1	Übersichtsschaltbild 1 – Wellen GuD-Anlage mit FW-Auskopplung	341
9.5-2	Übersichtsschaltbild Mehrwellen GuD-Anlage mit FW-Auskopplung	342
9.5-3	Übersichtsschaltbild optimierte GuD-Anlage für FW-Auskopplung	342
9.5-4	GuD-Stromverlustkennziffer für verschiedene Lastfälle	343
9.5-5	Elektr. GuD-Wirkungsgrad für verschiedene Lastfälle	344
9.5-6	Gesamteffizienz verschiedener GuD-Konzepte bei unterschiedlicher Wärmeauskopplung	344

Tabelle		**Seite**
2.2-1	Anhaltswerte für Netto-Jahresnutzungsgrade von Kondensationskraftwerken	16
4-1	Arbeitsschritte bei der Auswahl und Dimensionierung von KWK-Anlagen	30
4-2	Übersicht über die Vor- und Nachteile verschiedener KWk-Systeme	31
5.1-1	Grenzwerte nach TA-Luft für Gasmotoren (Stand 1.10.2002)	71
5.1-2	Grenzwerte nach TA-Luft für Selbstzündermotoren (Stand 1.10.2002)	72
5.1-3	Additivkosten bei Motorenanlagen (Erfahrungswerte)	77
5.1-4	Zusammenstellung der Wirkungsgradansätze	82
5.1.5	Leistungsdatenzusammenstellung	83
5.1-6	Zusammenstellung der Nutzungsgradansätze	83
5.1-7	Berechnung der jährlichen Netzeinspeisung (thermisch/elektrisch)	84
5.1-8	Typische Nutzungsgradansätze von Motorenanlagen	85
5.1-9	Investitionsansätze für KWK-Anlagen auf Motorenbasis	86
5.1-10	Wartungs- und Instandhaltungsansätze	88
5.2-1	Zulässige Emissionswerte für Gasturbinenabgas gemäß TA Luft (Juli/2002)	117
5.2-2	Gasturbinen-Wirkungsgrade	119
5.2-3	Beispiel für Übersichtstabelle der Wirkungsgradansätze	120
5.2-4	Beispieltabelle für Leistungsdatenzusammenstellung	122
5.2-5	Übersicht Gasturbinen-Nutzungsgradansätze	122

5.2-6	Beispiel für Zusammenstellungstabelle der Jahresnutzungsgradansätze	124
5.2-7	Beispiel für Zusammenstellungstabelle der Jahresarbeitsansätze	124
5.2-8	Wartungs- und Instandhaltungsansätze für Gasturbinenanlagen	128
5.3-1	Zusammenstellung der Leistungswerte (Beispiel 5.3-I)	186
5.3-2	Übersicht Wirkungsgradergebnisse (Beispiel 5.3-I)	186
5.3-3	Zusammenstellung der Jahresarbeitsansätze (Beispiel 5.3-I)	189
5.3-4	Übersicht Jahresnutzungsgradergebnisse (Beispiel 5.3-I)	189
5.3-5	Spezifische Investitionsansätze für Heizkraftwerke mit Dampfturbinen (Gesamtanlagen)	192
5.3-6	Spezifische Investitionsansätze für Heizkraftwerkskomponenten	193
5.3-7	Wartungs- und Instandhaltungsansätze für Heizkraftwerke	194
6-1	Basisdaten für folgende Beispielrechnungen	227
6-2	Beispiel zu Gewinnvergleichsrechnung	228
6-3	Beispiel für Amortisationsrechnung	233
6-4	Ausgewählte Aufzinsungsfaktoren	238
6-5	Ausgewählte Abzinsungsfaktoren	229
6-6	Beispiel für Kapitalwertberechnung	242
7-1	Beispieltabelle zur Zusammenstellung der Kostenansätze	253
7-2	Übersicht KWK-Einspeisevergütung (KWK-Bonus)	255
7-3	Vergütung für Strom aus Deponie-, Klär- und Grubengas	256
7-4	Vergütung für Strom aus Biomasse	256
7-5	Zusammenstellung der Leistungs- und Arbeitswerte (Beispieltabelle)	259
7-6	Übersicht über typische Kesselwirkungsgrade bei Heißwasserkesseln	266
7-7	Zusammenstellung der Investitionen und der Kapitalkosten (Beispieltabelle)	269
7-8	Nutzungsdauer und Annuität von KWK-Anlagenkomponenten	270
7-9	Versicherungs- und Verwaltungskostenansätze	272
7-10	Jahreskosten-/Wärmegestehungskostengegenüberstellung (Beispieltabelle)	274
7-11	Spezifische Wärmegestehungskosten (Beispieltabelle)	276
7-12	Deckungsbeitrag (Beispieltabelle)	276
7-13	Spezifischer Deckungsbeitrag (Beispieltabelle)	277
8.1-1	Emissionsfaktoren für Gebäudeheizungen und Heizwerke	282
8.1-2	Emissionsfaktoren für Motoren- und Gasturbinenanlagen	283
8.1-3	Emissionsfaktoren für Kesselanlagen	283
8.2-1	Emissionsfaktoren für die Berechnung der Emissionsgutschrift bei KWK-Stromerzeugung	285
8.2-2	Emissionsbewertungsfaktoren gemäß den IW/1-Werten der TA-Luft	287

8.2-3	CO2-Emissionsfaktoren	288
8.2-4	Emission-/Immission-Umsetzungsfaktoren	289
8.3-1	CO2-Emissionen des deutschen Kraftwerksparks und der Anteil der KWK	293
9.1-1	Tabelle Rangfolge nach Deckungsbeiträge der Aggregate	310
9.2-1	Übersichtstabelle Jahreskosten und Amortisationszeit für BHKW-Beispiel 9.2	317
9.4-1	Kostenansätze Beispiel 9.4	325
9.4-2	Leistungsdatenzusammenstellung – Variante 9.4-I	327
9.4-3	Wirkungsgradansätze Beispiel 9.4, Variante 9.4-I	328
9.4-4	Wirkungsgradansätze Beispiel 9.4, Variante 9.4-II	329
9.4-5	Leistungsdatenzusammenstellung – Variante 9.4-II	329
9.4-6	Zusammenstellung der Jahresarbeitsansätze Beispiel 9.4, Variante 9.4-I	331
9.4-7	Nutzungsgradansätze Beispiel 9.4, Variante 9.4-I	332
9.4-8	Zusammenstellung der Jahresarbeitsansätze für Beispiel 9.4, Variante 9.4-II	333
9.4-9	Nutzungsgradansätze Variante 9.4-II	334
9.4-10	Investitionen und Kapitalkosten Beispiel 9.4, Variante 9.4-I	334
9.4-11	Investitionen und Kapitalkosten Beispiel 9.4, Variante 9.4-II	335
9.4-12	Jahreskostenberechnung Beispiel 9.4, Variante 9.4-I und 9.4-II	336

Druck: Mercedes-Druck, Berlin
Verarbeitung: Stein+Lehmann, Berlin